U0022678

深智數位

前言

筆者從事 Linux 運行維護行業已有七年的時間，此間拜讀了不少相關技術圖書，但少有暢快之感。有些圖書更適合給行業內人士參考，對於初學者來說，內容過於艱深，起點或門檻過高，讓人望而卻步；還有些圖書寫得非常精彩，但並沒有創造出一個良好的學習環境，這就導致很多初學者看完之後或許可以「紙上談兵」但不具備實戰能力。

基於以上種種原因，筆者萌生了專門為準備邁入這個行業的朋友寫一本書的想法。本書從制定大綱到撰寫結束歷時三年時間，中途因為 Linux 技術更新的原因迭代過無數次，不過這也保證了本書的「與時俱進」。

本書中的內容並不是單純的 Linux 技術的「原理＋實現」，其中也包含了筆者多年來的企業實戰經驗，希望能讓各位讀者朋友對企業的工作方式和注意事項有個清晰的認識，更快地在入行、入職後上手實作。

本書的敘述很少使用官方用語，力求營造一個輕鬆愉快的學習氣氛，透過聊天的方式將 Linux 技術帶給書前的您，讓大家在一個個生活化的比喻中理解基礎知識，在趣味中學習，在快樂中成長，這是筆者動筆的初衷和願景。若是在閱讀的過程能讓您產生一種和老友聊天的感受，那便是筆者最大的欣慰了。

正如上文所說，創造良好的學習環境是一件非常重要的事情，筆者常常問自己：學習 Linux 技術，學好 Linux 技術，需要大家怎麼做到，筆者又能幫大家做些什麼呢？

首先，光讀書是不夠的，還要勤問，將讀書過程中遇到的每一個疑惑全部問出來。那「讀＋問」就可以了嗎？還不夠！還得動手實戰，練習過程中遇到的每一個顯示出錯根源都需要有人幫您指正，這樣才能真正地實現 Linux 技術的從入門到精通。

孫亞洲

目錄

Chapter 01 Linux 的來龍去脈

1.1 Linux 簡介 1-1
1.2 Linux 核心的誕生史與版本編號 1-5
1.3 "GNU is Not UNIX" 1-9
1.4 Linux 作業系統的結構 1-13
1.5 常見的 Linux 發行版本 1-14

Chapter 02 VMware Workstation 虛擬機器

2.1 虛擬機器簡介 2-1
2.2 虛擬機器的執行架構 2-2
2.3 安裝 VMware Workstation 虛擬機器 2-4
2.4 建立一個新的虛擬機器 2-7
2.5 虛擬機器的快照、複製和遷移功能 2-13
2.5.1 快照 2-13
2.5.2 複製 2-15
2.5.3 遷移 2-16

Chapter 03 初窺門徑之 Linux 作業系統的安裝部署

3.1 引言 3-1
3.2 安裝 Ubuntu Linux 作業系統 3-1

Chapter 04 略有小成之 Linux 作業系統初體驗

4.1 引言 4-1
4.2 理解 Shell 4-1

4.3 命令提示符號與語法格式 4-3
4.4 內建命令和外部命令以及命令幫助 4-5
4.5 目錄結構詳解 4-7
4.6 磁碟分割區概念 4-9
4.7 絕對路徑與相對路徑 4-11

Chapter **05** 漸入佳境之務必掌握的 Linux 命令

5.1 系統基本管理、顯示的相關命令 5-1
5.2 查看檔案內容相關命令 5-21
5.3 建立、移動檔案目錄相關命令 5-27
5.4 複製、刪除檔案目錄相關命令 5-32
5.5 檔案搜尋相關命令 5-35
5.6 打包、壓縮、解壓相關命令 5-37

Chapter **06**「上古神器」之 Vim 編輯器

6.1 Vim 編輯器簡介 6-1
6.2 三種工作模式 6-2
6.3 一些常用的基本操作 6-3
6.4 可視化（Visual）模式 6-8

Chapter **07** 融會貫通之使用者和使用者群組管理

7.1 引言 7-1
7.2 使用者和使用者群組 7-2
7.3 使用者的增加、刪除與管理命令 7-9
7.4 使用者群組的增加、刪除與管理命令 7-15

Chapter 08 登堂入室之檔案和資料夾的許可權管理

8.1 引言 8-1
8.2 檔案 / 目錄的許可權與歸屬 8-2
8.3 許可權位元 8-3
8.4 修改擁有者群組相關命令 8-5
8.5 修改檔案 / 目錄許可權相關命令 8-7

Chapter 09 駕輕就熟之 Linux 作業系統的軟體管理

9.1 引言 9-1
9.2 Linux 軟體套件分類 9-2
9.3 詳解 Deb 套件的使用方式 9-4
9.4 apt 軟體套件管理器 9-11

Chapter 10 Linux 防火牆的那點事

10.1 防火牆簡介 10-1
10.2 Linux 防火牆的工作原理 10-4
10.3 Linux 防火牆的四表五鏈 10-4
10.4 Iptables 管理工具 10-10
10.5 Firewalld 管理工具 10-20

Chapter 11 Linux 文字處理「三劍客」

11.1 引言 11-1
11.2 正規表示法 11-2
11.3 grep —— 查詢和篩選 11-6
11.4 sed —— 取行和替換 11-8

11.5 awk —— 取列和資料分析 11-14

Chapter 12 Linux Shell 指令稿程式設計零基礎閃電上手

12.1 引言 12-1
12.2 初識 Shell 指令稿 12-2
12.3 Shell 變數與作用域 12-7
12.4 Shell 命令列參數與特殊變數 12-20
12.5 Shell 字串 12-25
12.6 Shell 陣列 12-34
12.7 Shell 數學計算 12-40
12.8 Shell 常用命令 12-48
12.9 Shell 流程控制 12-51
12.9.1 if 條件判斷敘述 12-51
12.9.2 case in 條件判斷敘述 12-70
12.9.3 for 迴圈控制敘述 12-74
12.9.4 while 迴圈控制敘述 12-86
12.9.5 until 迴圈控制敘述 12-88

Chapter 13 定時任務

13.1 定時任務簡介 13-1
13.2 使用者等級的定時任務（命令）........ 13-2
13.3 系統等級的定時任務（設定檔）........ 13-7

Chapter 14 Web 伺服器架構系列之 Nginx

14.1 引言 14-1
14.2 理論知識準備 14-4

14.3 Nginx 的兩種部署方式 14-9
14.4 Nginx 設定檔的整體結構 14-17
14.5 Nginx 設定檔的每行含義 14-19
14.6 Nginx 設定檔的虛擬主機 14-23
14.7 Nginx 設定檔的 location 語法規則 14-28
14.8 Nginx 反向代理 14-38
14.9 Nginx 正向代理 14-47
14.10 Nginx 負載平衡 14-52
14.11 Nginx 平滑升級（熱部署）.................... 14-62

Chapter 15 Web 伺服器架構系列之 Apache

15.1 引言 15-1
15.2 HTTP 請求過程與封包結構 15-2
15.3 Apache 的兩種安裝方式 15-9
15.4 Apache 的 3 種工作模型 15-16
15.5 Apache 設定檔解析 15-22
15.6 Apache 虛擬主機 15-29

Chapter 16 Web 伺服器架構系列之 PHP

16.1 PHP 簡介 16-1
16.2 Module 模式（Apache）.................... 16-3
16.3 FastCGI 模式（Nginx）.................... 16-10
16.4 PHP 相關設定檔（FastCGI）.................... 16-17

Chapter 17 Web 伺服器架構系列之 Tomcat

17.1 Tomcat 簡介 17-1

17.2 Tomcat 架構剖析 17-2
17.3 Tomcat 的二進位套件安裝方式 17-6
17.4 目錄結構和主設定檔 17-10

Chapter **18** 資料庫系列之 MySQL 與 MariaDB

18.1 資料庫的世界 18-1
18.2 資料庫系統結構與類型 18-5
18.3 MySQL 和 MariaDB 的兩種安裝方式 18-9
18.4 主設定檔 18-21
18.5 資料庫的儲存引擎與資料型態 18-24
18.6 SQL 敘述命令分類和語法規則 18-29
18.7 SQL 敘述對資料庫的基本操作 18-33
18.8 SQL 敘述對資料表的基本操作 18-39
18.9 SQL 敘述對資料的基本操作 18-56
18.10 資料庫的使用者管理 18-74
18.11 資料庫的備份與恢復 18-88

Chapter **19** 資料庫系列之 Redis

19.1 Redis 簡介 19-1
19.2 Redis 的兩種部署方式 19-5
19.3 Redis 的基本操作命令 19-10

Chapter **20** 使用 LNMP 架構架設 DzzOffice 網路硬碟

20.1 LNMP 架構簡介 20-1
20.2 架設過程 20-2

Chapter 21 常見的企業服務系列之 FTP

21.1 FTP 工作原理 21-1
21.2 FTP 服務的安裝部署 21-4

Chapter 22 常見的企業服務系列之 DNS

22.1 DNS 工作原理 22-1
22.2 DNS 服務的安裝部署 22-8

Chapter 23 常見的企業服務系列之 DHCP

23.1 DHCP 工作原理 23-1
23.2 DHCP 服務的安裝部署 23-6

CHAPTER 01

Linux 的來龍去脈

1.1 Linux 簡介

我們通常把 GNU/Linux 簡稱為 Linux，Linux 對於一些沒有接觸過 IT 行業的讀者朋友來說，或許會一時之間不知道該如何入手，特別是看到密密麻麻的一行行程式，仿佛看到了「無字天書」。

其實，Linux 是一個開放原始碼的作業系統。提到作業系統，我們總會情不自禁地聯想到 Microsoft Windows，而本書介紹的 Linux 是一個相比於 Windows 而言，非常與眾不同的作業系統，具體有哪些不同之處呢？容我細細道來。

1. 區別一：操作方式

眾所皆知，Windows 的操作方式主要是在圖形介面靠滑鼠「點點點」，Windows 操作介面如圖 1-1 所示。這種操作方式對於新手而言非常友善，因為幾乎沒有門檻，不論是大人還是小孩，都能輕鬆上手。Windows 雖然也有命令列介面，但屬於附屬品，用的頻率極少。

▲ 圖 1-1　Windows 操作介面

雖然 Linux 作業系統帶有圖形介面，但操作主要還是在命令列介面以輸入命令的方式完成，如圖 1-2 所示。這種操作方式確實有一定的門檻，但並沒有各位想像中那麼高，也不需要有多好的英文基礎。

```
/usr/local
(JoshDev)joshhu:~/ $ cd /
 [18:59:00]
(JoshDev)joshhu:// $ ls
 [18:59:02]
bin   cdrom  etc   lib    lib64   lost+found  mnt  proc  run   snap  swap_file  sys  usr
boot  dev    home  lib32  libx32  media       opt  root  sbin  srv   swapfile   tmp  var
(JoshDev)joshhu:// $ cd /usr/local
 [18:59:04]
(JoshDev)joshhu:local/ $ pwd
 [18:59:09]
/usr/local
(JoshDev)joshhu:local/ $ ls
 [18:59:10]
bin  etc  games  include  lib  man  sbin  share  src
(JoshDev)joshhu:local/ $ uname -a
 [18:59:15]
Linux JoshDev 5.19.0-43-generic #44~22.04.1-Ubuntu SMP PREEMPT_DYNAMIC Mon May 22 13:39:36 UTC 2 x86_64 x86_
64 x86_64 GNU/Linux
(JoshDev)joshhu:local/ $ ls -al /etc/passwd
 [18:59:17]
-rw-r--r-- 1 root root 3107  十  27  2022 /etc/passwd
(JoshDev)joshhu:local/ $                                                              [18:59:31]
```

▲ 圖 1-2　Linux 的命令列介面

命令列操作的優勢在於功能強大，可以做任何事情，而且效率高。這效率可不是一般的高，一筆命令可以同時完成多筆任務，且速度極快。比如建立使用者，在 Windows 上建立使用者需要用滑鼠點擊大約 10 次，而透過命令列操作的話只需 1 筆命令就搞定了，整個過程就像與電腦聊天一樣。這種執行速度快、操作邏輯簡單，又可以同時處理多筆任務的操作方式，深受 Linux 運行維護工程師和程式設計師的歡迎。

2. 區別二：應用領域

如果說 Microsoft Windows 在家庭桌上型電腦（見圖 1-3）領域是主力軍的話，那 Linux 在伺服器（見圖 1-4）領域絕對是首屈一指的。

▲ 圖 1-3 家庭桌上型電腦

▲ 圖 1-4 伺服器

在任何一家網際網路企業中，伺服器都屬於核心的硬體資產，伺服器中執行著企業的核心業務軟體。屬於業務軟體範圍的有很多，比如電商、線上視訊網站、文化社區平臺、線上討論區等。總而言之，伺服器中執行的都是企業的核心業務，也是一家網際網路企業能夠吃飯的飯碗，Linux 能在伺服器領域做到首屈一指，絕對是不容小覷的。

Linux 在嵌入式領域中也佔有很大的市場，目前已應用到手機、平板電腦、路由器、電視機、機上盒、樹莓派、智慧家居等裝置中。其中，大家最為熟知的 Android 系統就是基於 Linux 研發的。

其實還有兩個高端領域也在使用 Linux。其中一個是航太領域，據了解，NASA 國際太空站上的大部分電腦都在使用定製版的 Linux 作業系統。另一個就是超級電腦領域了。全球超級電腦競賽每年會在全球評選出計算速度最快的 500 台超級電腦。目前最快的超級電腦之一「神威 · 太湖之光」位於中國江蘇省無錫市的國家超級計算中心，除此之外還有天河二號、天河一號等，這些超級電腦都在使用 Linux 作業系統。自 2017 年起，每年在全球評選出來的這些超級電腦大都在用 Linux 作業系統。

Linux 和 Windows 之間還有很多其他的區別，這裡就不一一講解了。

那麼問題來了，為什麼越來越多的領域都在使用 Linux？綜合起來還是因為 Linux 本身具備這幾個特性：安全、穩定、開放原始碼。

Linux 的安全性來自嚴格的許可權控制和開放原始碼這兩個方面。大家都知道 Windows 系統上一定要裝防毒軟體，就算你不裝，Windows 附帶的防毒軟體也會預設啟動。但在 Linux 中就不用防毒軟體，因為 Linux 是一個嚴格控制許可權的作業系統，這使得病毒無法對系統造成大規模破壞。而且相對於製造 Windows 病毒而言，製造 Linux 病毒的成本是相當高的，這要歸功於開放原始碼。開放原始碼為 Linux 的安全性提供了很大幫助，來自全球各地的頂級駭客和知名廠商都參與到 Linux 原始程式碼的維護工作中，這不僅提升了 Linux 的更新維護效率，還能在最短的時間內發現漏洞並將其修復。這就導致 Linux 病毒製造的難度係數極高，除此之外 Linux 還採用了多項措施來保護系統內部的安全性。

Linux 的穩定性是出了名的。安裝了 Linux 作業系統的伺服器可以連續執行一年以上不必關機或重新啟動，並且執行這麼長時間也不會出現反應慢、延遲之類的現象。而安裝了 Windows 作業系統的伺服器可能在執行半年後速度就跟不上了，這時就需要重新啟動伺服器來進行緩解。

還有一點能夠突出 Linux 穩定性的就是系統更新。Windows 中關於「Windows 更新」的操作其實就是在給自己系統更新，Windows 每次更新都必須重新啟動伺服器後才生效。而 Linux 作業系統的更新操作完全不需要重新啟動伺服器，而且整個更新的過程也不會影響企業業務軟體的正常執行，這就從另一方面保證了系統的穩定性。

Linux 本身是開放原始碼的，所謂的「開放原始碼」就是原始程式碼全部公佈在網際網路上，這也就意味著任何人都可以對其進行查看、分享、修改、重複使用，還可以去檢查原始程式碼有沒有漏洞、後門等，這些操作不會涉及版權問題。而 Windows 是一款需要授權的作業系統，授權是需要花錢購買的，而且就算購買了也只有使用權，Windows 的原始程式碼是受到版權保護的，買了也無法看到原始程式碼，更別說對其進行修改了。

Linux 的開放原始碼特性就注定了不會被某個人或者某家公司所擁有，它屬於全世界每個人，所有人都有權利去使用它。參與到 Linux 原始程式碼開發維護的人員都統一稱為「貢獻者」，這裡面既有個人也有企業，像 Google、Intel、IBM、Oracle 等都在積極參與 Linux 原始程式碼的開發維護，有很多程式設計師和開放原始碼組織參與其中。許多「貢獻者」參與到 Linux 原始程式碼維護和開發中，使得 Linux 相對安全和穩定；即使在使用的過程中發現了漏洞，也能在第一時間將其修復。

本章主要的目的是帶領大家全面地了解 Linux，了解它的誕生過程、它的版本編號、它的系統結構和發行版本。

1.2 Linux 核心的誕生史與版本編號

UNIX 商業化是 Linux 誕生的一個重要因素。

AT&T 公司，也就是 UNIX 作業系統的擁有者，為了與加州柏克萊大學合作開發 UNIX 系統套件，將其核心原始程式碼給共用了，因為當時並沒有太嚴謹的限制規定，導致市面上陸續出現了許多透過 UNIX 演變出來的作業系統。

陸續出現的衍生版本的類 UNIX 作業系統對於 AT&T 公司而言，不僅會使其行業地位受到威脅，還會瓜分掉很多市場。所以在 1979 年，AT&T 公司出於商業考量，決定將 UNIX 的版權收回，並且還提出了不可以向學生提供原始程式的嚴格限制。

AT&T 公司政策的變化使得當時整個學術界都深受影響。影響最嚴重的就屬教學生作業系統相關知識的教授們，因為當時的教材和工具都以 UNIX 為主，然而隨著 UNIX 商業化，這些教授再也沒辦法給學生講解

UNIX 的內部原理了，因為購買 UNIX 版權的價格過於昂貴，這種尷尬的局面導致課程難以為繼。

就在這個時候，荷蘭阿姆斯特丹自由大學的 Andrew S. Tanenbaum 教授為了能繼續作業系統的教學，決定在不使用任何 UNIX 原始程式碼的前提下，自行開發一款與 UNIX 相容的作業系統。為避免版權上的爭議，他將這款作業系統命名為 Minix（小型的 UNIX），並且將原始程式碼全部開放，免費給各所大學教學和研究。這款作業系統雖然可以免費獲取，但是 Andrew S. Tanenbaum 教授卻嚴格規定它的用途（僅限於教學使用）。因此，Minix 雖然是一款很不錯的作業系統，但並沒有獲得很好的發展。

1988 年，Linux 的發明者 Linus Benedict Torvalds 進入芬蘭赫爾辛基大學深造，並且選讀電腦科學系，在學習期間接觸到了 UNIX 作業系統。因為在當時 UNIX 已經商業化，1991 年，Linus Benedict Torvalds 在學習了作業系統原理之後，完全不滿足這些概念性的知識，於是購買了一台電腦，安裝上 Minix 作業系統，花費大量時間去研究 Minix 原始程式碼，並嘗試做一些開發。在此期間他累積了很多與核心程式設計相關的知識和經驗，並且也意識到 Minix 雖然很不錯，但只是一個用來教學的簡單作業系統，所具備的功能並不完善，而且因為 Andrew S. Tanenbaum 教授嚴格規定它僅限於教學使用，所以也無法修改完善。說到底，還是因為版權的問題。這使得 Linus Benedict Torvalds 萌發了開發一款新作業系統的念頭。

說做就做，1991 年 4 月他便開始規劃新作業系統的核心，到了 9 月份終於發佈了第一個版本——Linux 0.01 版，並邀請其他人一起來完善它，核心的原始程式碼允許任何人自由地下載和修改，社區管理員為了便於管理就將其稱為 "Linux"。初期的 Linux 僅有 1 萬行程式，雖然是個簡易的開始，但由於 Linus Benedict Torvalds 的持續維護和世界各地程式設計師的無私貢獻，原本由一個人撰寫核心程式，竟然在不知不覺中逐漸轉化成「虛擬團隊」的運作模式。

由於在短時間內獲得了大量回饋，同年 10 月份 Linus Benedict Torvalds 又發佈了第一個正式穩定版——Linux 0.02 版，並且正式對外宣佈 Linux 核心的誕生。在世界各地程式設計師的支持下，Linux 迅速發展，同時還形成了 Linux 的社區文化。

Linus Benedict Torvalds 和社區裡這群來自世界各地的程式設計師終於在 1994 年創作完成了 Linux 核心的正式版——Linux 1.0 版。這個版本的原始程式碼達到了 17 萬行，同時還加入了 X Window System 的支持，當時是按照完全自由免費的協定進行發佈的，隨後正式採用 GPL 協定。

1996 年，Linux 2.0 版本發佈，這是第一個在單系統中支援多處理器的穩定核心版本，同時也相容更多的處理器類型。在發佈 Linux 2.0 版本的同時，還將一隻可愛的企鵝作為 Linux 核心的標識（Logo）和吉祥物同步發佈，並取名為 Tux，如圖 1-5 所示。

瀏覽 Linux 核心官網容易發現，Linux 核心版本編號是由三組數字組成的，其格式為 AA.BB.CC，如圖 1-6 所示。版本類型又分成兩種：一種是穩定版，另一種是開發版。

▲ 圖 1-5　Linux 核心的 Logo 和吉祥物

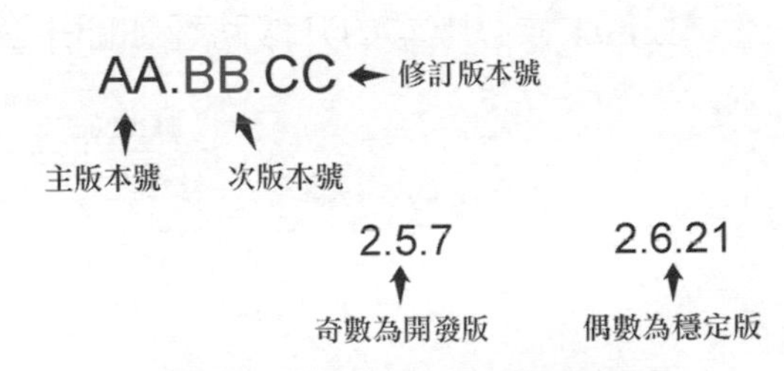

▲ 圖 1-6　Linux 核心版本編號

（1）穩定版：系統本身已經十分穩定，可以廣泛地在企業中使用，較舊的穩定版過渡到新穩定版只需要修正一些小 Bug（漏洞）即可。

（2）開發版：這一類型的版本會向核心中加入了一些新功能，本身不很穩定，可能存在嚴重 Bug，需要進行大量測試。

在圖 1-6 中，主版本編號的改變標誌著 Linux 核心有重要的功能變動；次版本編號主要用來區別核心是開發版還是穩定版，開發版用奇數表示，穩定版用偶數表示；修訂版本編號的改變表示較小的功能變動或者漏洞的修補次數。

這種透過奇數和偶數來表示開發版和穩定版的方案在 Linux 2.6 版本之後就被放棄了，現在開發版的核心用 "-rc" 表示。

Linux 穩定版和開發版之間的升級路徑如下：以一個穩定版的核心為基礎，往這個核心中增加新的功能，在增加這些新功能的過程中會產生很多大大小小的 Bug，透過不斷測試，將嚴重的、致命的 Bug 修復了，這樣一個開發版就完成了。將完成的開發版透過不斷測試，不斷地修復漏洞，使核心的執行越來越穩定，這樣就逐步升級為一個穩定版。

穩定版本的升級迭代就是為了修復一些小 Bug。那麼開發版的升級又是怎麼完成的呢？

- 開發版最初是穩定版的拷貝，隨後不斷增加新功能、修正錯誤；
- 開發版趨於穩定後將升級為穩定版。

Linux 核心版本的升級路徑如圖 1-7 所示。

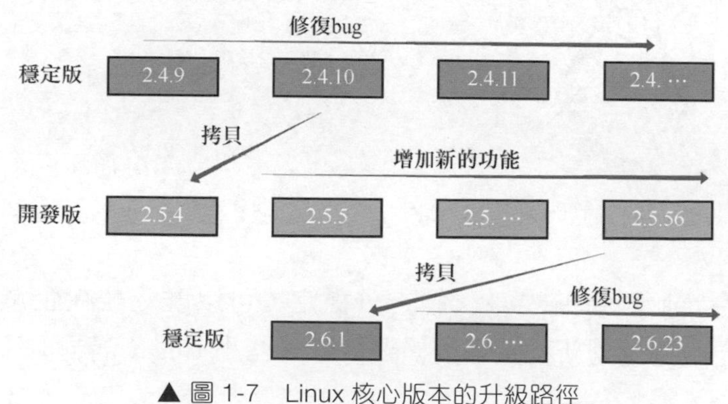

▲ 圖 1-7　Linux 核心版本的升級路徑

註：圖 1-6 和 1-7 僅用於演示，並不直接對應實際的核心版本編號。

1.3 "GNU is Not UNIX"

GNU 計畫，"GNU" 源於 "GNU is Not UNIX" 的遞迴縮寫。這項計畫的目標是建立一套完全自由的作業系統。

我們將時間線拉回到 1979 年，正如上文介紹的，在 1979 年 AT&T 公司收回了 UNIX 的版權，並且將 UNIX 打造成商品進行售賣，價格非常昂貴。而且當時不僅作業系統如此，由作業系統衍生出來的軟體也是一樣，在那個軟體逐漸商業化的年代，越來越多的軟體被打造成商品進行售賣。

麻省理工學院的一位職業駭客逐漸忍受不了作業系統和軟體的商業化轉變，他認為私藏原始程式碼是一種違反人性的罪惡行為，分享原始程式碼可以讓原創作者和所有參與者都受益良多，他立志要把執行、複製、發佈、研究和改進軟體的權利重新指定世界上的每一個人。

1983 年，他在 net.unix-wizards 新聞群組上公開發佈了 GNU 計畫，並附帶了一份《GNU 宣言》，這個計畫的 Logo 是一頭非洲牛羚，如圖 1-8 所示。

▲ 圖 1-8　GNU 計畫的 Logo

這個著名的駭客名為 Richard Matthew Stallman，他被人們稱為自由軟體運動的精神領袖，同時也是自由軟體基金會（Free Software Foundation）的創立者。

GNU 計畫的軟體開發工作於 1984 年開始，稱為 GNU 專案。GNU 的許多軟體程式是在 GNU 專案下發佈的，我們稱之為「GNU 軟體套件」。

1985 年，為了更好地實施 GNU 計畫，自由軟體基金會應運而生，該基金會的主要工作就是執行 GNU 計畫，開發更多的自由軟體，同時該基金會指定軟體使用者 4 項基本自由：

（1）不論目的為何，有執行軟體的自由；
（2）有研究該軟體執行原理和隨選改寫軟體的自由，取得該軟體原始程式碼是達成此目的的前提；
（3）有重新發佈拷貝的自由；
（4）有向公眾發佈軟體改進版的自由。

1989 年，Richard Matthew Stallman 與自由軟體基金會的律師共同起草了《GNU 通用公共協定證書》，也就是 GPL 協定，用此協定來保證 GNU 計畫中所有軟體的自由性。

到了 1990 年，自由軟體基金會已經初具規模，同時也出現了許多優秀的軟體，僅 Richard Matthew Stallman 自己就開發了 Emacs、GCC、GDB 等著名軟體，世界各地被激勵的駭客們也撰寫了大量的自由軟體。

說到這裡，各位可能發現了一個問題：咦？怎麼只有軟體，不是說要建立一個完全自由的、完整的、類似 UNIX 的作業系統嘛，只有軟體而沒有核心，能叫完整的作業系統？

其實 Richard Matthew Stallman 並沒有忘記這個初衷，他們也開發了一款叫 Hurd 的核心，但是正在開發的這個 Hurd 核心不論是專案進度還是所具備的功能都沒有達到預期效果，當時自由軟體基金會彙集了很多的軟體，但是遲遲無法開發出滿意的核心，沒有核心就組不成一套完整的作業系統，這種尷尬的狀態一直持續到 1991 年，這一年發生的事情相信大家都清楚，那就是 Linux 核心在網上公開發佈。

在 Linux 核心公開發佈時，GNU 專案已經幾乎完成了除系統核心之外的各種必備軟體的開發，到了這個時候，系統開發和軟體開發兩條時間線就已經開始重合了。

1992 年，在 Linus Benedict Torvalds 和世界各地的程式設計師、駭客們的共同努力下，Linux 核心成功與自由軟體基金會下數以百計的軟體工具相結合，完全自由的作業系統正式誕生了！

由於 Linux 核心使用了許多 GNU 軟體，GNU 計畫的開創者 Richard Matthew Stallman 提議將 Linux 作業系統改名為 "GNU/Linux"，但是絕大多數人還是習慣稱為 "Linux"。

在整個 GNU 計畫的發展史中，有兩個協定（GPL、LGPL）非常重要，對它們必須了解清楚。

"GPL" 是 GNU General Public License（GNU 通用公共許可證）的縮寫。GPL 協定的特點是具有「傳染性」，該協定規定，只要軟體中包含了遵循 GPL 協定的產品或程式，該軟體就必須也遵循 GPL 授權合約。舉例來說就是，我若是遵循了 GPL 授權合約，我未來的子子孫孫也必須遵循，因此這個協定並不適用於商用軟體。GPL 協定的圖示如 圖 1-9 所示。

▲ 圖 1-9　GPL 協定的圖示

GPL 協定的出發點是原始程式碼的開放原始碼和免費引用以及修改後衍生程式的開放原始碼和免費引用，不允許修改後將衍生的原始程式碼作為閉源的商務軟體進行發佈和銷售。GPL 開放原始碼協定的特點見表 1-1。

▼表 1-1　GPL 開放原始碼協定的特點

特　點	說　明
自由使用	允許自由地按自己的意願使用軟體
自由修改	允許自由地按自己的需要修改軟體，但修改後的軟體必須也是基於 GPL 協定授權的

特　點	說　明
自由傳播	允許自由地把軟體和原始程式碼分享給其他人； 允許自由地分享自己對軟體原始程式碼的修改
收費自由	允許在各種媒介上出售，但必須提前讓買家知道軟體可以被免費獲取

"LGPL" 是 GNU Lesser General Public License（GNU 寬通用公共許可證）的縮寫。LGPL 協定是 GPL 協定的變種，也是 GNU 為了得到更多商用軟體開發商的支持而提出的。與 GPL 的最大不同就是，LGPL 協定授權的自由軟體可以私有化，而不必公佈全部原始程式碼。LGPL 協定的圖示如圖 1-10 所示。

▲ 圖 1-10　LGPL 協定的圖示

到現在為止，開放原始碼精神已經蔓延至全球，國內外出現了許許多多的開放原始碼社區，比較著名的有 GitHub、Gitee、MySQL 社區等。隨著各種開放原始碼社區的出現，開放原始碼軟體也借著這股東風發展起來了，著名的開放原始碼軟體有 Apache、火狐瀏覽器、OpenOffice、Nginx、MariaDB 等，其中前三者的 Logo 如圖 1-11 所示。

▲ 圖 1-11　部分開放原始碼軟體的 Logo

至此，GNU 計畫的內容就講完了，整條時間線已經與 1.2 節重合起來，透過這條時間線可以基本掌握完整的 Linux 發展史。

1.4 Linux 作業系統的結構

上文已經為大家簡單介紹了 Linux 作業系統的各個組成部分，本節完整介紹 Linux 作業系統的結構。

圖 1-12 舉出了 Linux 作業系統的完整結構。如前所述，Linux 只是一個作業系統的核心，而 GNU 專案提供了大量的軟體來豐富在 Linux 核心之上的各種應用程式。

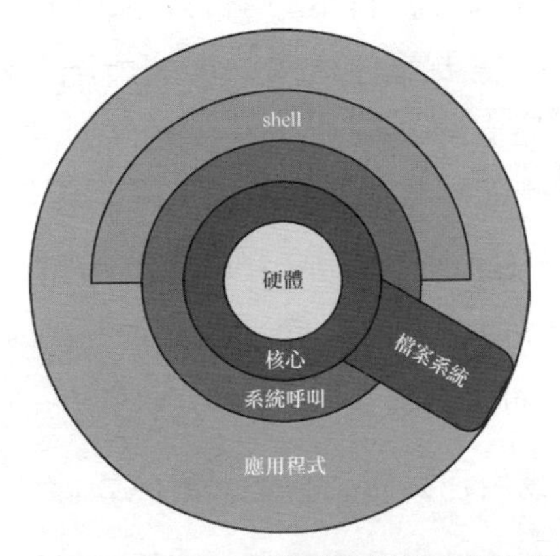

▲ 圖 1-12　Linux 作業系統的完整結構

我們根據圖 1-12，從內往外依次給大家解釋各部分的作用：

（1）硬體。硬體裝置相信大家已經非常熟悉了，平常接觸較多的硬體裝置包括 CPU、主機板、記憶體、硬碟、顯示卡及滑鼠、鍵盤等，這裡就不再贅述。

（2）核心。核心是整個作業系統的核心，從本質上看核心就是一個電腦程式，這個程式用來控制電腦中各個硬體的資源，並給上層的應用程式提供執行環境。反過來講，應用程式在執行時期必須依靠核心提供的資源，比如 CPU、磁碟空間、記憶體空間等，當核心給應用程式提供了這些資源之後，應用程式才能夠執行起來，這就是核心的作用。那麼就引出一個問題：應用程式要怎麼跟核心溝通才能讓核心合理分配資源呢？

（3）系統呼叫。為了使應用程式能夠隨時與核心進行溝通，從而獲取硬體資源，核心為應用程式提供了一些存取介面，這些介面有個統一的稱呼，叫「系統呼叫」。應用程式正是透過系統呼叫與核心進行溝通來請求資源的。

（4）檔案系統。檔案系統也屬於核心的一部分，是一種儲存和組織電腦資料的方法。檔案系統使用檔案和樹形目錄的抽象邏輯概念代替硬碟和光碟等物理裝置使用資料區塊的概念；使用者使用檔案系統來儲存資料不必關心資料實際儲存在硬碟的哪些資料區塊上，只需要記住這個檔案的所屬目錄和檔案名稱即可。具體地說，它負責為使用者建立檔案，存入、讀出、修改、轉儲檔案，控制檔案的存取，當使用者不再使用時撤銷檔案。

（5）Shell。Shell 本身是一個應用程式，但也是一個特殊的應用程式，它的作用是將使用者輸入的語言轉換成核心能看懂的語言，Shell 扮演了「翻譯官」的角色。

（6）應用程式。應用程式對應的是大量的軟體。

這就是完整的 Linux 作業系統結構。簡單來講，完整的 Linux 作業系統就是 Linux 核心加各種應用程式。

1.5 常見的 Linux 發行版本

由於 Linux 核心是開放原始碼的，GNU 專案中的軟體也是開放原始碼的，所以許多組織和企業就嗅到了商機，他們將 Linux 核心與各種軟體以及說明文檔包裝起來，並提供安裝介面和管理工具等，這就組成了基於 Linux 核心的 Linux 發行版本（Linux Distribution）。

最典型的一家公司是 Red Hat（紅帽），他們利用公開發佈的 Linux 核心加上一些開放原始碼的週邊軟體做出了一款著名的 Linux 作業系統，叫作 Red Hat Enterprise Linux，也就是紅帽作業系統。

但是，Linux 是遵循 GPL 協定的，那麼這家公司做出這款作業系統之後怎麼去賺錢呢？

其實這是可以實現的。Red Hat 先把紅帽作業系統公佈到網路上供人免費下載，GPL 協定規定無法透過賣軟體掙錢，那就賣服務，比如技術支援、技術諮詢等。舉個例子，假如在使用紅帽作業系統的過程中出現問題了，自己解決不了，那怎麼辦呢？可以來找技術支援幫你解決，當然這不是免費的，需要先購買對應的服務，這就是 Red Hat 公司的盈利之道。除此之外，收費服務專案還包括技術教育訓練、技術認證等。

Red Hat 公司還推出了「Red Hat 認證」機制，主要包括：初級的紅帽認證系統管理員（RHCSA），中級的紅帽認證工程師（RHCE），高級的紅帽認證架構師（RHCA），如圖 1-13 所示。

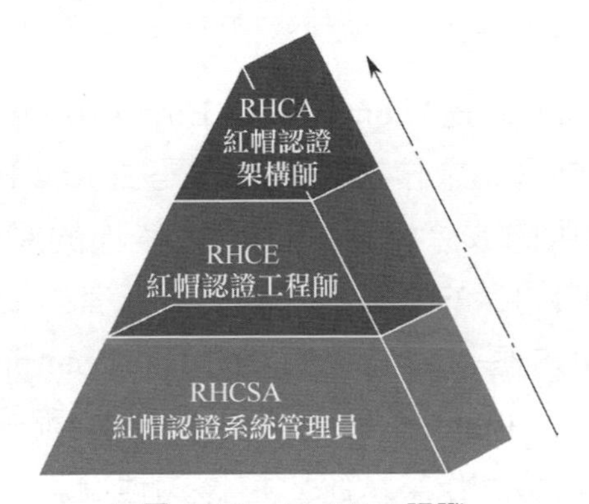

▲ 圖 1-13　Red Hat 認證

用過紅帽作業系統的都知道，它是一款商業作業系統，既然是商業的，那有些功能必然是要收費的，例如 Yum 軟體套件管理器。

這時，有一批「好心人」把紅帽作業系統的原始程式拿出來，重新編譯成另一款作業系統後再放到網際網路上，這就是 CentOS，CentOS 也叫社區版的 Red Hat Enterprise Linux，是目前主流的 Linux 作業系統之一。CentOS 中的所有功能都是免費的，而且除了 Red Hat 商標之外，其他功能跟 Red Hat 完全一樣。但 CentOS 並不向使用者提供售後服務，當然也不會承擔任何商業責任。

當然了，Linux 發行版本並不只有 Red Hat 和 CentOS，還有很多熱門的 Linux 作業系統，這裡給大家介紹幾種目前主流的 Linux 作業系統，如圖 1-14 所示。

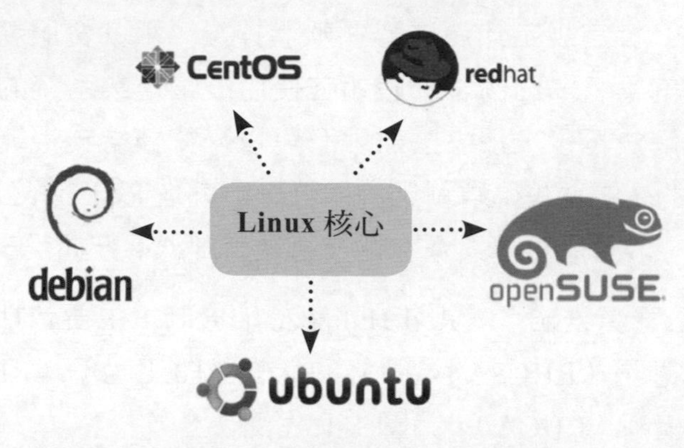

▲ 圖 1-14　主流的 Linux 作業系統

- CentOS：CentOS 是 Community Enterprise Operating System 的縮寫，譯為社區企業作業系統。它是由 Red Hat Enterprise Linux（RHEL）依照開放原始程式碼規定發佈的原始程式碼編譯而成的。由於出自同樣的原始程式碼，因此有些要求高度穩定性的伺服器以 CentOS 替代商業版的 Red Hat Enterprise Linux 使用。兩者的不同在於，CentOS 並不包含封閉原始程式碼軟體。目前很多企業都在使用這款作業系統，選擇的理由就是它相當穩定，還免費，並且在網際網路上有很多技術幫助資料。

- Red Hat Enterprise Linux：由 Red Hat 公司開發的面向商業市場的 Linux 發行版本，簡稱為 RHEL。

- Debian：由 Ian Ashley Murdock 在 1993 年開發，以其堅守 UNIX 和自由軟體的精神而聞名，其特點是自由和穩定。

- openSUSE：其前身為 SUSE Linux 和 SUSE Linux Professional，它的開發重心是為軟體開發者和系統管理者創造適用的開放原始程式碼的工具，並提供易用的桌面環境和功能豐富的伺服器環境。openSUSE 針對桌面環境進行了一系列的最佳化，是一個對 Linux 新手較為友善的 Linux 發行版本。

- Ubuntu：是基於 Debian、以桌面應用為主的 Linux 發行版本，有 3 個正式版本，包括桌上出版、伺服器版以及用於物聯網裝置和機器人的 Core 版。這是目前最流行的 Linux 發行版。

還有一些其他的發行版本，這裡就不一一介紹了。Linux 發行版本的應用領域主要包含以下 3 個方面：

- 伺服器領域：Linux 作業系統在伺服器領域的應用占非常大比例，因為其本身開放原始碼、穩定、高效的特點，在伺服器領域可以得到很好的表現。
- 個人桌面領域：此領域是 Linux 作業系統的薄弱環節。因為其介面簡單、應用軟體相對較少且缺乏娛樂性的缺點，Linux 作業系統一直被 Windows 作業系統所壓制。
- 嵌入式領域：近年來得到高速提高的領域。Linux 作業系統因為其對網路良好的支援性、成本低和可以自由裁剪軟體等特點而被廣泛應用，包括機上盒、數位電視、手機、網路電話等。

需要強調的是，"Linux" 這個詞具有多層含義，既表示 Linux 核心，又表示一類將 Linux 核心與各種自由軟體組合起來的作業系統，這些作業系統在全球伺服器市場佔重要地位。

CHAPTER 02

VMware Workstation 虛擬機器

2.1 虛擬機器簡介

俗話説，「工欲善其事，必先利其器」，本節給大家介紹一款 Linux 運行維護工程師必備的利器——VMware Workstation 虛擬機器。聽到這個名字大家可能會有些陌生，不用著急，看完本節內容後，就明白這款工具的神奇之處了。

虛擬機器的誕生是因為出現了虛擬化技術，而虛擬化技術的產生是為了解決伺服器硬體資源使用率過低的問題。

一般企業中使用的伺服器的性能都很高，但是技術人員在使用伺服器的過程中根本沒有把伺服器的性能完全利用起來，這是普遍存在的現象。舉個例子，如果伺服器的記憶體有 128 GB，那麼技術人員在平常的使用過程中可能只用了 64 GB，甚至更少，其他沒有被用到的記憶體被閒置，這就造成了系統資源的浪費。有什麼方法可以解決伺服器硬體資源使用率過低的問題嗎？有的。

這裡按筆者的理解解釋 3 個技術名詞，大家也可以融入自己的想法去理解。

（1）虛擬化：透過虛擬化技術在一台硬體電腦上虛擬出多台邏輯電腦，也可以視為在一台電腦上同時執行多個邏輯電腦，每個邏輯電腦可執行不同的作業系統，並且每個邏輯電腦都可以在相互獨立的空間內執行而互相不受影響，這樣就提高了電腦硬體資源的使用率。

（2）虛擬化技術：一種資源管理技術，它本質上不是對電腦硬體的改變，而是透過軟體的方法抽象、虛擬出電腦資源，並與底層硬體相隔離。所以，虛擬化技術能夠實現電腦硬體資源的自動化分配、排程、共用和監控等。

（3）虛擬機器：透過軟體模擬出一套具有完整硬體和系統功能的、執行在一個完全隔離環境中的完整電腦系統。虛擬機器是虛擬化技術的一種實現形式，它的優勢在於可以模擬出邏輯電腦，並安裝很多不同類型的作業系統。

綜上所述，虛擬機器是虛擬化技術的一種實現形式，而虛擬化是一個概念，VMware Workstation 就是實現這個概念的主流軟體之一。

由於 VMware Workstation 簡單易操作，且非常適合新手使用，所以本書就用這款工具給大家進行教學演示。

2.2 虛擬機器的執行架構

虛擬機器的執行架構主要有兩種：寄居架構（Hosted Architecture）和裸金屬架構（Bare Metal Architecture），這兩種執行架構決定了虛擬機器的安裝方式。電腦的普遍執行架構如圖 2-1 所示。

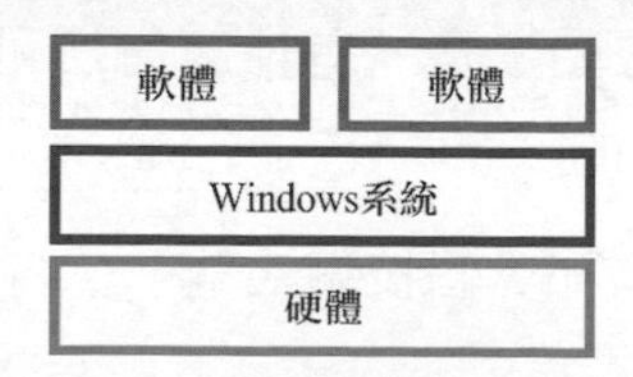

▲ 圖 2-1　電腦的普遍執行架構

由圖 2-1 可見，執行架構最底層的是電腦硬體裝置，在硬體裝置上安裝作業系統，再在作業系統上安裝一些常用的軟體，這種執行架構是最常見的。

圖 2-2 中的架構叫作寄居架構（Hosted Architecture），寄居架構偏向於部署在桌上型電腦或筆記型電腦上，虛擬機器作為一個應用軟體安裝到宿主作業系統上，位於宿主作業系統的上面。虛擬機器中可以安裝多個作業系統，在這些作業系統上可以安裝各種軟體，作業系統之間互不影響。寄居架構具有以下特點：

（1）安裝簡單，只需要像安裝軟體一樣安裝即可。

（2）相容性好，只要宿主作業系統能使用的硬體裝置，虛擬機器中的作業系統都能夠使用，另外它對物理硬體的要求也很低，幾乎所有的電腦都可以執行。

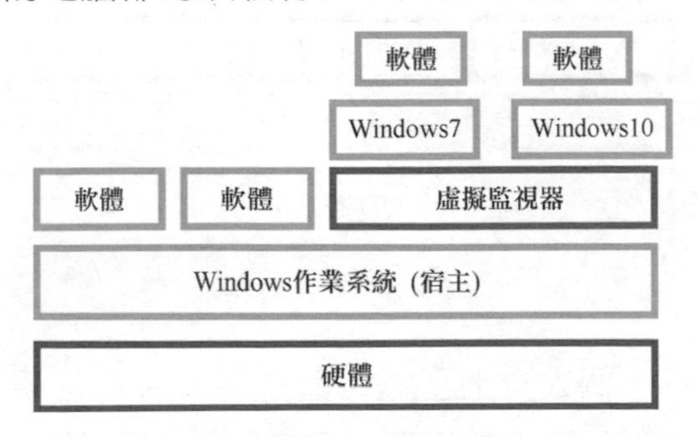

▲ 圖 2-2　寄居架構

但是寄居架構也有缺點，當宿主作業系統出現問題而無法使用時，虛擬機器中的作業系統都將無法使用。

寄居架構的虛擬機器產品有 VMware Workstation、Oracle VM Virtual Box、Microsoft Virtual PC 和 Citrix XenDesktop 等。

圖 2-3 中的架構叫作裸金屬架構（Bare Metal Architecture），也稱為原生架構，部署在硬體伺服器中，虛擬機器作為一種作業系統安裝到硬體裝置上，接管所有的硬體資源，並在其上安裝各種作業系統及應用程式，各個作業系統之間互不影響。裸金屬架構具有以下特點：

（1）虛擬機器上面的任何一個作業系統出現故障，都不會影響其他作業系統。

（2）裸金屬架構的虛擬機器性能與物理主機基本相當，這是寄居架構的虛擬機器遠遠無法比擬的。

裸金屬架構的缺點是硬體相容問題，為了保持穩定性和微核心，不會將所有硬體產品的驅動程式都放進去，僅支援主流伺服器及存放裝置。一般個人電腦所使用的硬體，在很多裸金屬架構的虛擬機器下都無法執行。

裸金屬架構的虛擬機器產品有 VMware vSphere、XenServer 和 Microsoft Hyper-V 等。

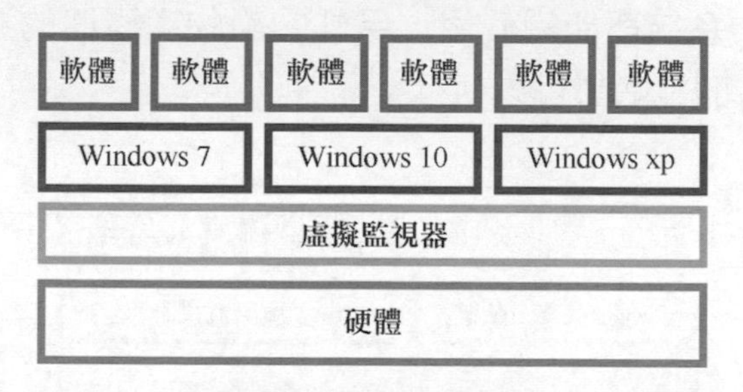

▲ 圖 2-3　裸金屬架構

一般在公司裡，個人桌上型電腦會選擇安裝寄居架構的虛擬機器產品，而硬體伺服器則會選擇使用裸金屬架構的虛擬機器產品。

2.3 安裝 VMware Workstation 虛擬機器

VMware Workstation 虛擬機器採用的是寄居架構，這是一款功能強大的桌面虛擬化軟體，筆者強烈推薦各位使用這款工具，其人性化的介面版面配置，十分適合新手入門使用。而且 VMware Workstation 虛擬機器在虛擬網路設定、拖曳共用資料夾、快照、複製、遷移等方面的表現都非常優秀。

接下來介紹 VMware Workstation 的安裝過程，安裝套件可以去官網下載。

（1）按兩下 VMware WorkStation 安裝套件，進入安裝介面，點擊「下一步」按鈕，再點擊「下一步」按鈕，接受授權合約，如圖 2-4 所示。

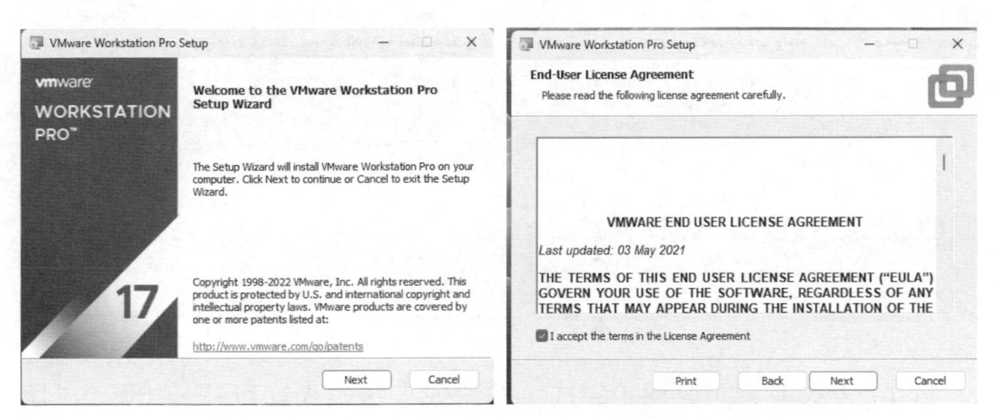

▲ 圖 2-4　進入安裝介面接受授權合約

（2）選擇 VMware Workstation 軟體安裝位置，點擊「下一步」按鈕。檢查產品更新與客戶體驗提升計畫（可以不選），繼續點擊「下一步」按鈕，如圖 2-5 所示。

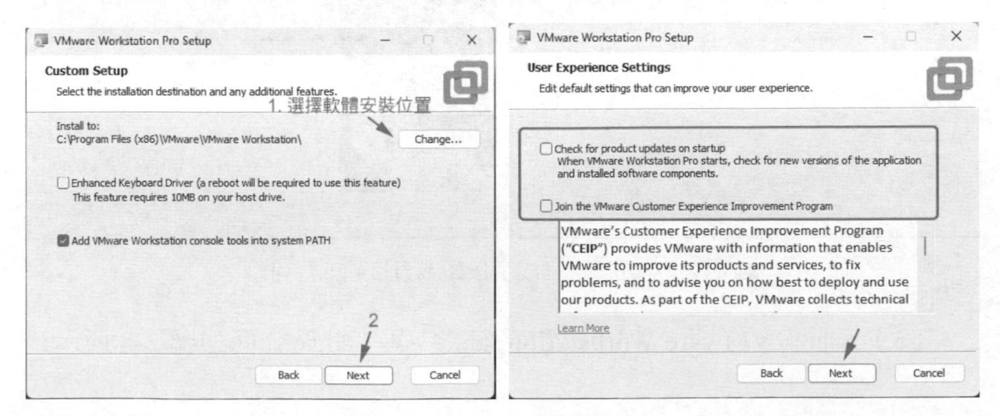

▲ 圖 2-5　選擇軟體安裝位置

（3）捷徑選為預設即可，點擊「下一步」按鈕進行安裝，如圖 2-6 所示。

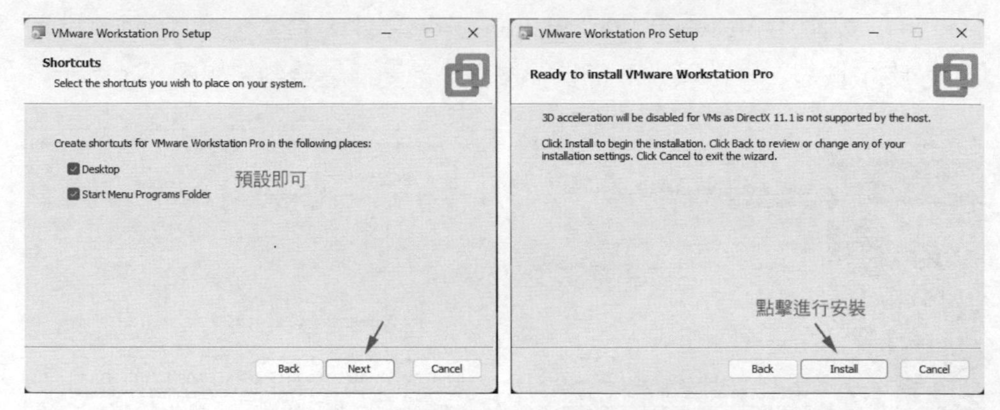

▲ 圖 2-6　預設捷徑

（4）安裝完畢，點擊「完成」按鈕或直接輸入許可證，如圖 2-7 所示。

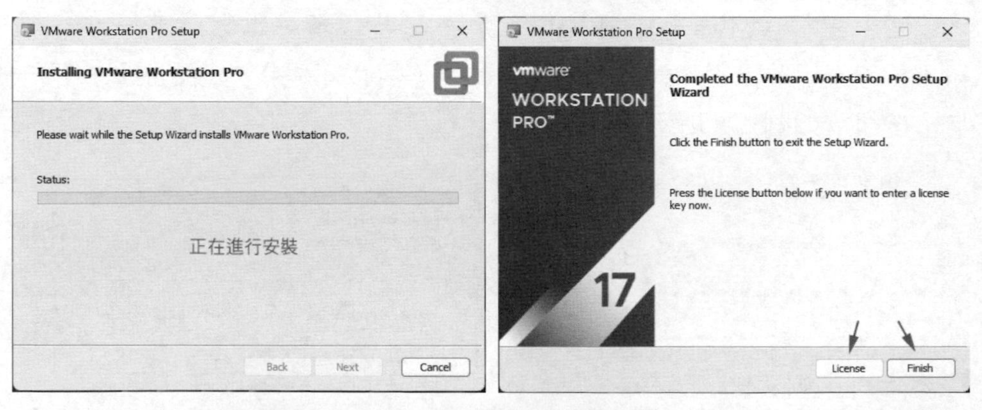

▲ 圖 2-7　點擊「完成」按鈕或直接輸入許可證

（5）至此，VMware Workstation 安裝完畢，此時介面如圖 2-8 所示。

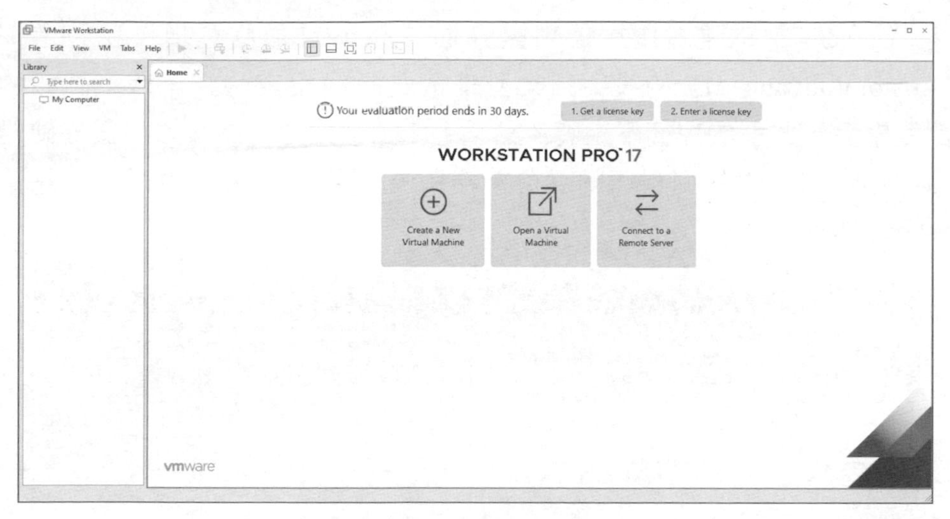

▲ 圖 2-8　安裝完畢後的介面

2.4 建立一個新的虛擬機器

VMware Workstation 的安裝已經完成了，接下來就要去建立一個虛擬機器，具體步驟如下。

（1）按兩下開啟 VMware WorkStation，點擊「檔案（F）」選項中的「New Virtual Machine」，如圖 2-9 所示。

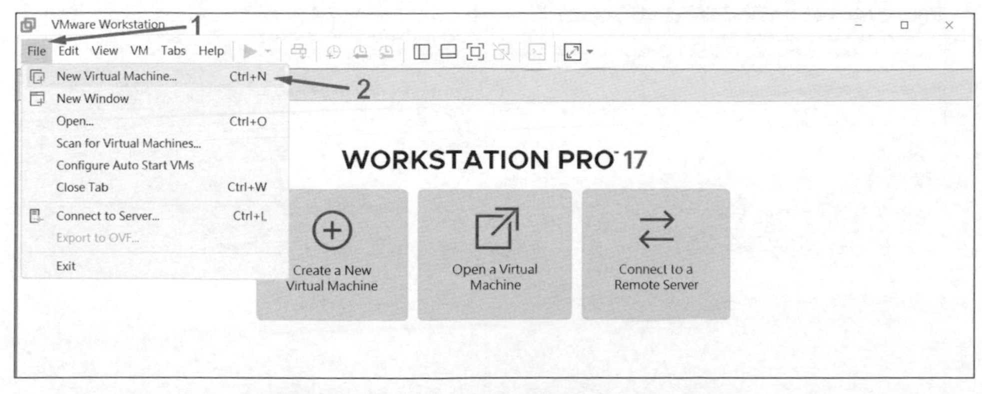

▲ 圖 2-9　點擊「新建虛擬機器（N）...」選項

（2）進入新建虛擬機器精靈介面，此處有兩個選項，我們選擇「Custom(advanced)」的設定。典型設定是高級設定的縮減版；高級的都能學會，典型的還搞不定嗎？點擊「Next」按鈕，選擇虛擬機器硬體相容性，這裡直接用對應的虛擬機器版本即可，如圖 2-10 所示。點擊「Next」按鈕。

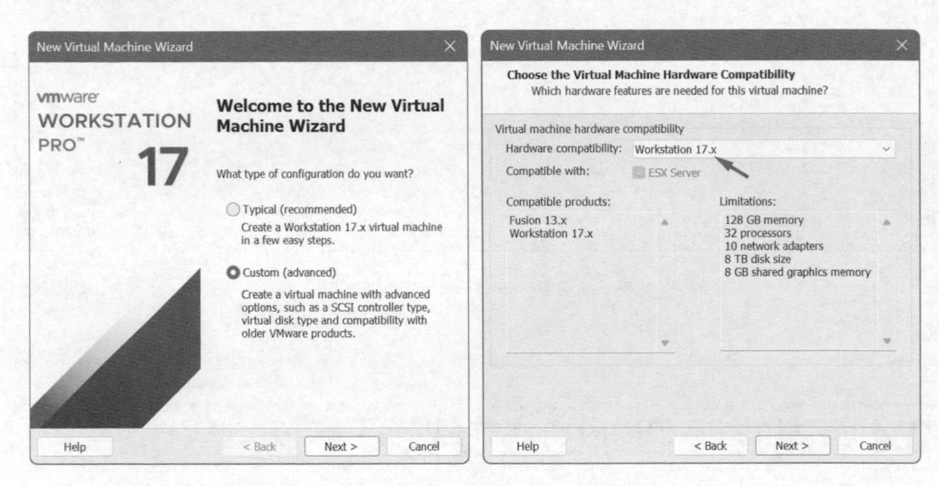

▲ 圖 2-10　選擇虛擬機器設定方式和硬體相容性

（3）安裝客戶端設備作業系統，選擇「I will install the operating system later」。點擊「Next」按鈕，選擇將要安裝的作業系統類型，這裡選擇 Linux 類型的作業系統，再選擇作業系統的版本。

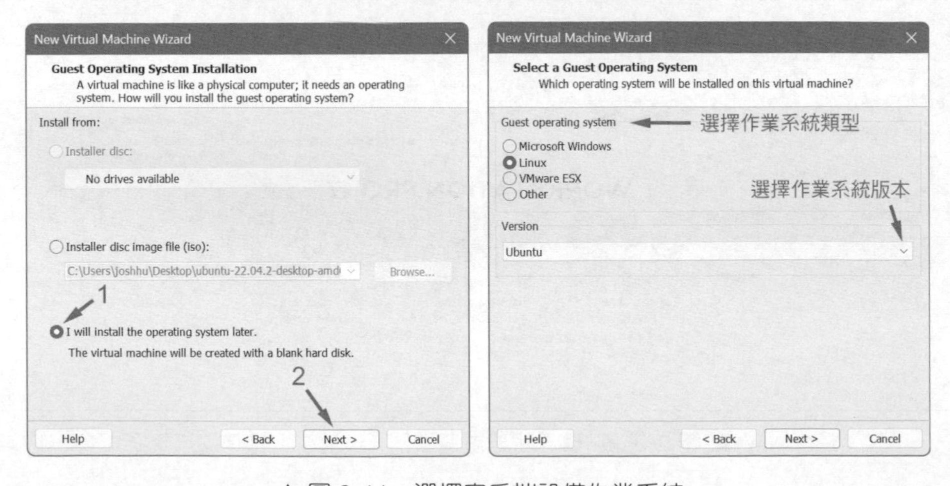

▲ 圖 2-11　選擇客戶端設備作業系統

（4）給虛擬機器命名並指定存放位置，如圖 2-12 所示。

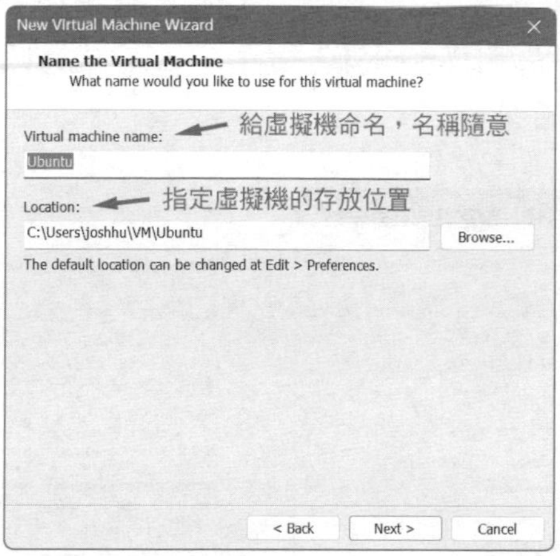

New Virtual Machine Wizard
Name the Virtual Machine
What name would you like to use for this virtual machine?
Virtual machine name:
給虛擬機命名，名稱隨意
Ubuntu
Location:
指定虛擬機的存放位置
C:\Users\joshhu\VM\Ubuntu
Browse...
The default location can be changed at Edit > Preferences.
< Back
Next >
Cancel

▲ 圖 2-12　給虛擬機器命名並指定存放位置

（5）為虛擬機器指定處理器數量，這裡建議設定為宿主機處理器數量的 1/3，切記不要把宿主機上所有處理器都分配給虛擬機器。宿主機處理器的數量的查看方式：在工作列點擊滑鼠右鍵，選擇工作管理員→性能→ CPU，查看宿主機處理器數量，如圖 2-13 所示。

工作管理員
效能
CPU
3% 4.00 GHz
記憶體
22.3/63.8 GB (35%)
磁碟 0 (C:)
SSD
0%
磁碟 1 (D:)
SSD
0%
乙太網路
乙太網路
乙太網路
乙太網路
GPU 0
1
2
CPU
3%
4.00 GHz
235
3746
208058
6:00:12:30
2.40 GHz
1
16
24
已啟用
1.4 MB
14.0 MB
30.0 MB
看這兩行
New Virtual Machine Wizard
Processor Configuration
Specify the number of processors for this virtual machine.
Processors
Number of processors:
2
Number of cores per processor:
2
Total processor cores:
4
這裏的處理器核心總數不要超過宿主機的邏輯處理器總數，建議1/3 或一半
Help
< Back
Next >
Cancel

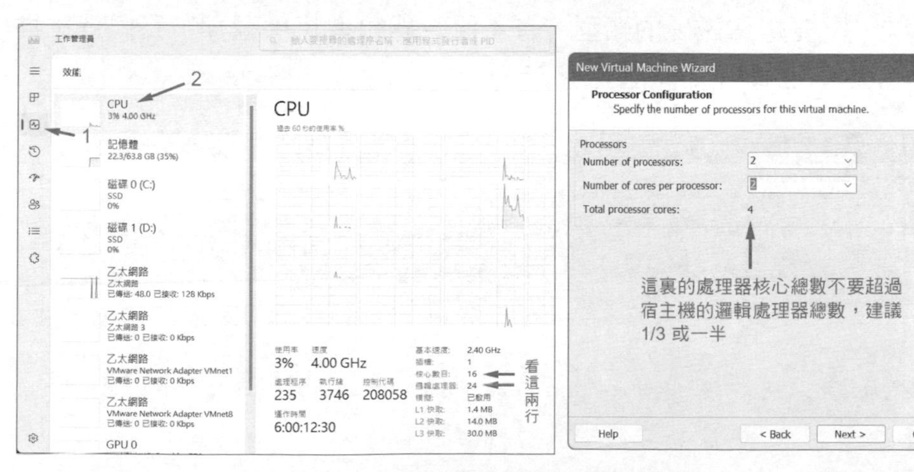

▲ 圖 2-13　為虛擬機器指定處理器數量

（6）給虛擬機器分配記憶體的方式跟上面一樣，建議為宿主機處理器數量的 1/3 或一半，切記不要把宿主機上所有記憶體都分配給虛擬機

器，此處給虛擬機器分配了 8 GB 記憶體。接下來就是設定虛擬網路，VMware Workstation 提供給使用者了 3 種網路類型，分別是網路位址轉譯（NAT）、橋接網路和僅主機模式網路。我們選擇使用網路位址轉譯（NAT），如圖 2-14 所示。

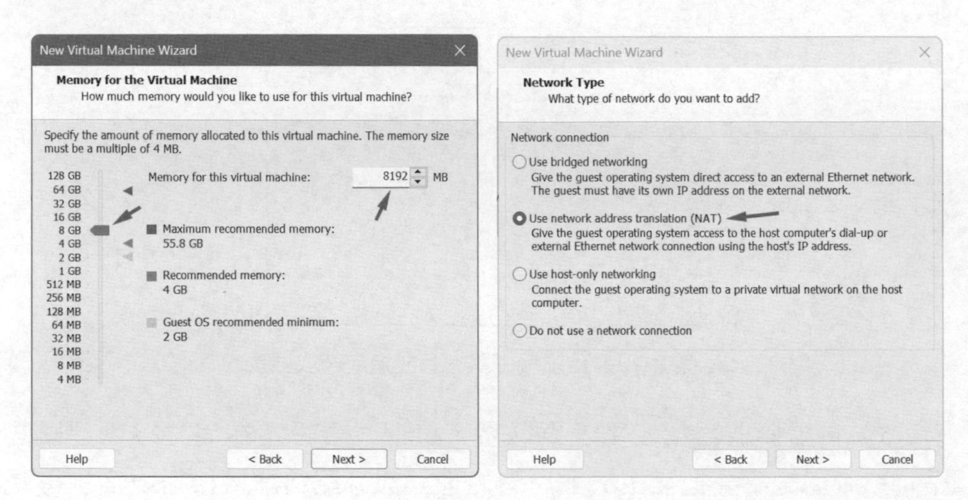

▲ 圖 2-14　給虛擬機器分配記憶體並設定虛擬網路

（7）I/O 控制器類型選擇推薦的即可，點擊「Next」按鈕。接下來建立磁碟，需要選擇磁碟的類型，有 4 種硬碟類型可供選擇，我們選擇推薦的 "SCSI（S）"，如圖 2-15 所示。

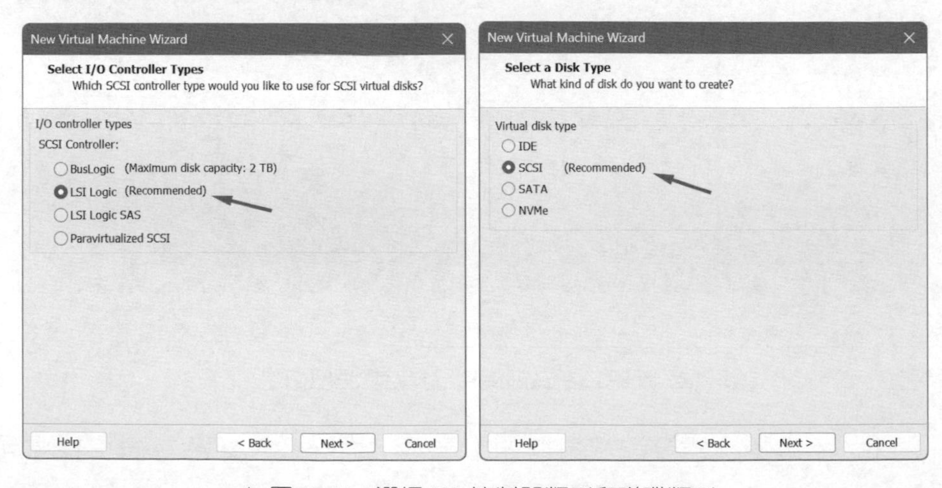

▲ 圖 2-15　選擇 I/O 控制器類型和磁碟類型

（8）選擇建立新虛擬磁碟，點擊「Next」按鈕。指定虛擬磁碟的大小，這裡要根據宿主機磁碟的大小來分配，不要超出可用的磁碟空間，如圖 2-16 所示。注意不要選擇「Allocate all disk space now」，此選項會立即佔用宿主機的磁碟空間。不選擇此選項的話，會根據虛擬機器的實際空間大小動態佔用磁碟容量。

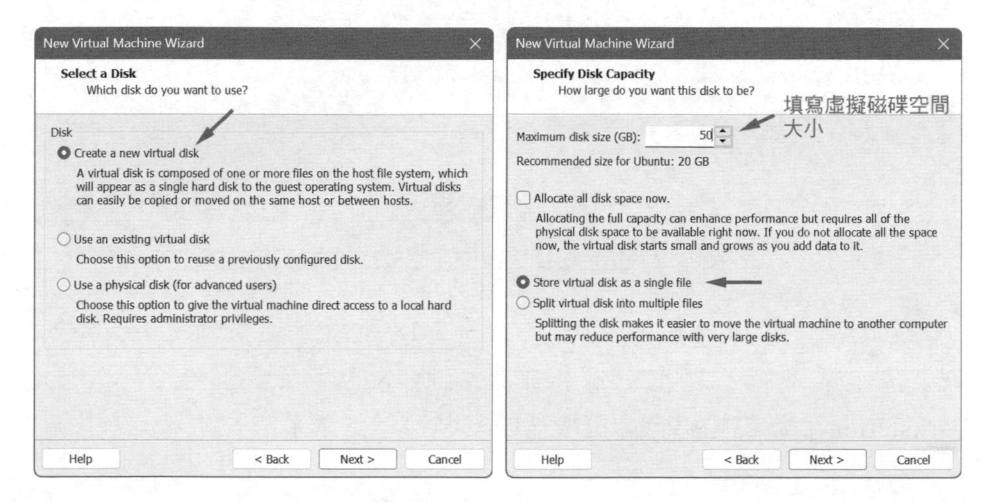

▲ 圖 2-16　選擇磁碟並指定容量

（9）將上面設定好的虛擬磁碟以檔案的方式儲存到電腦中。需要注意的是，磁碟檔案存放到哪個磁碟中，就會佔用哪個磁碟的空間，假如將磁碟檔案存放至 C 磁碟，則會佔用 C 磁碟的空間，所以最好選擇儲存到可用空間較大的磁碟中。建議將虛擬磁碟檔案放到與虛擬機器相同的資料夾中，設定好之後點擊「Next」按鈕，則將展示之前設定的內容，點擊「Finish」按鈕即可建立好虛擬機器，如圖 2-17 所示。

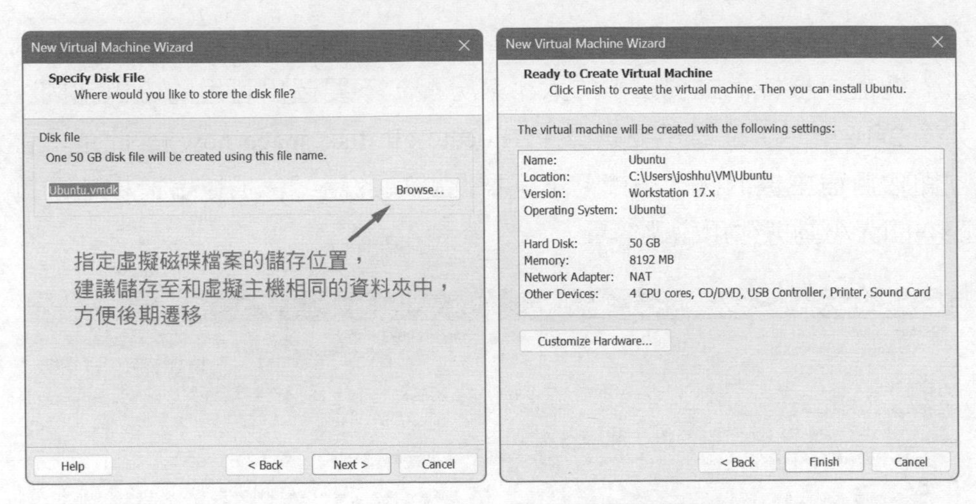

▲ 圖 2-17　指定磁碟檔案位置完成虛擬機器建立

至此，虛擬機器建立完畢，如圖 2-18 所示。目前虛擬機器並沒有安裝作業系統，之前選擇作業系統版本的步驟只是告訴 VMware Workstation 我準備在這台虛擬機器中安裝這種作業系統。

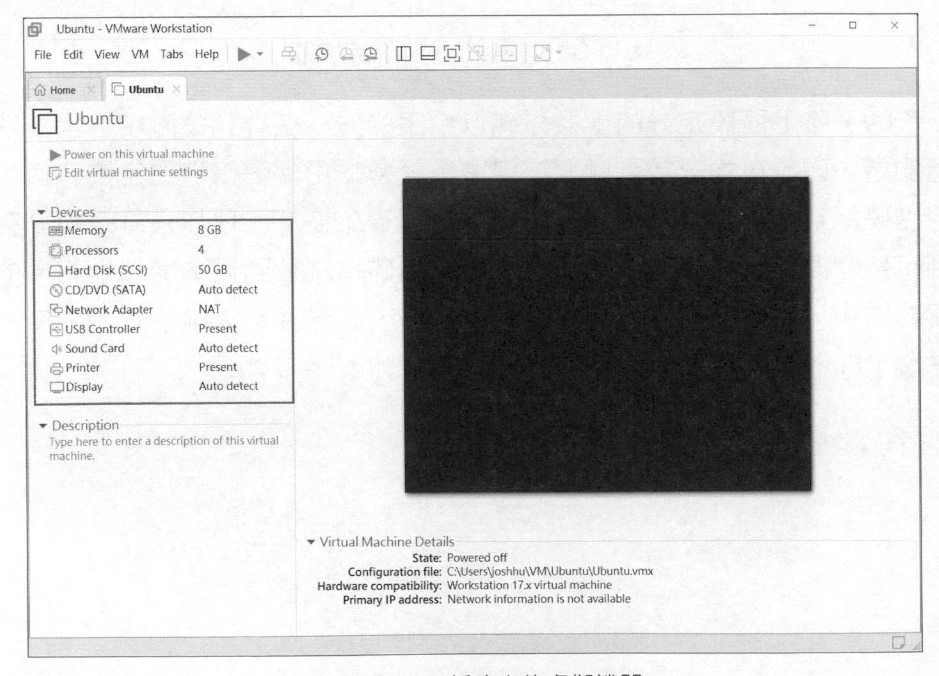

▲ 圖 2-18　新建立的虛擬機器

2.5 虛擬機器的快照、複製和遷移功能

本節介紹 VMware Workstation 中常用的 3 個功能，分別是快照、複製和遷移。

2.5.1 快照

快照是 VMware Workstation 提供給使用者的快速系統備份與還原功能，它的操作方式有兩種，分別是 Take Snapshot 和恢復快照。Take Snapshot 的過程是記錄並儲存當前時間點虛擬機器的狀態和資料，而恢復快照則是將虛擬機器的狀態和資料恢復到之前儲存的時間點。

按照圖 2-19 中步驟 1 ～ 4 在選項中開啟快照管理器，也可按步驟 5 點擊快照管理器快捷圖示（VMware Workstation 中關於快照的 3 個快捷圖示，從左向右分別是建立快照、還原快照和快照管理器）。

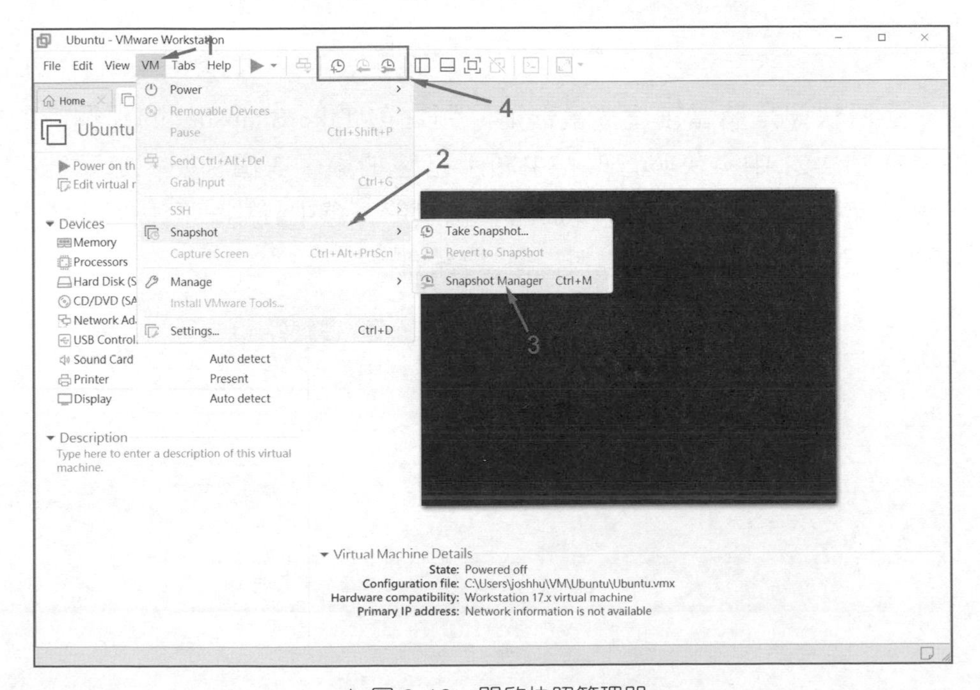

▲ 圖 2-19　開啟快照管理器

在快照管理器視窗點擊「Take Snapshot」按鈕，在彈出的 Take Snapshot 框中輸入快照名稱及描述，然後點擊「Take Snapshot」按鈕，一個快照就建立完成了，如圖 2-20 所示。建立多個快照就等於擁有了多個系統狀態還原點，建議等安裝好作業系統後再建立快照，目前建立快照沒有任何意義。

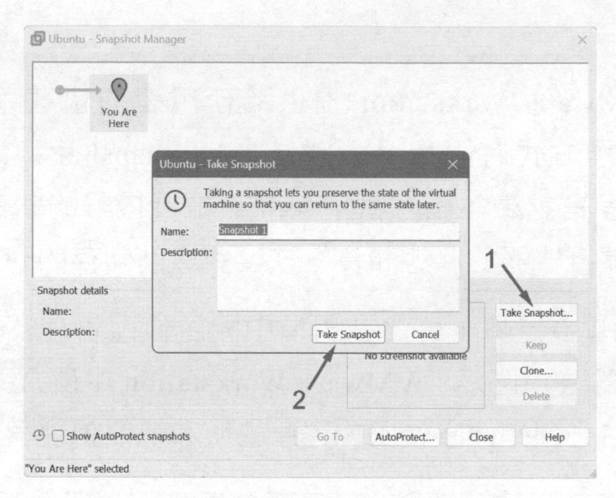

▲ 圖 2-20　建立快照

還原快照是將當前虛擬機器還原到之前 Take Snapshot 的那個時間點。在圖 2-21 中，快照管理器中顯示已經拍攝了 3 個快照，這意味著已經儲存了虛擬機器 3 個時間點的系統狀態，選中其中一個快照，點擊「轉到」按鈕，就能恢復到虛擬機器當時的狀態。

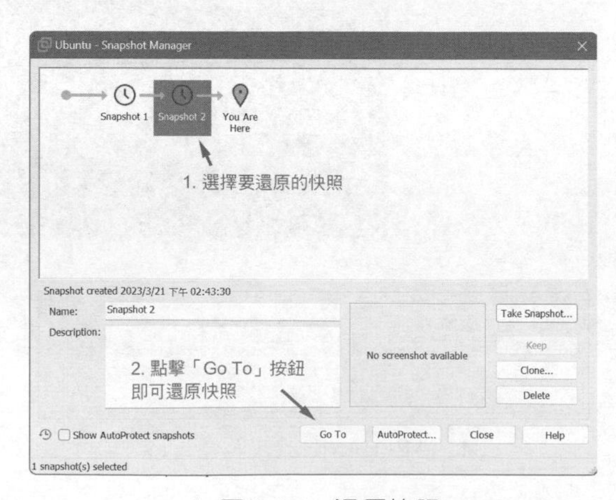

▲ 圖 2-21　還原快照

2.5.2 複製

顧名思義，複製就是複製出一台一模一樣的虛擬機器，而複製又分為連結複製與完整複製兩種類型：

（1）連結複製：複製的虛擬機器與原虛擬機器在一些資源上會共用；

（2）完整複製：複製出一個完全獨立的新虛擬機器。

按照圖 2-22 中步驟 1 ～ 4 操作，開啟複製虛擬機器精靈。

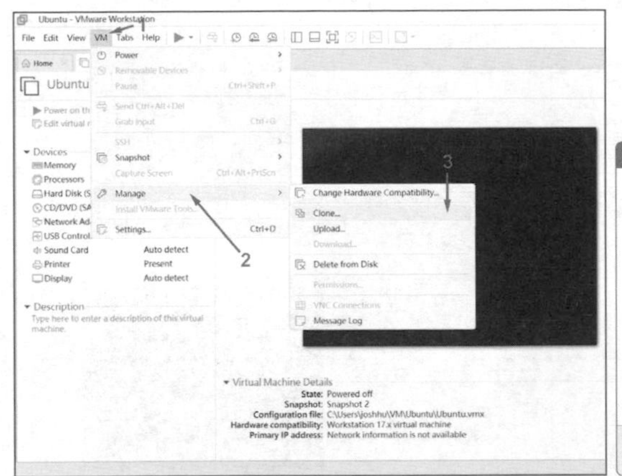

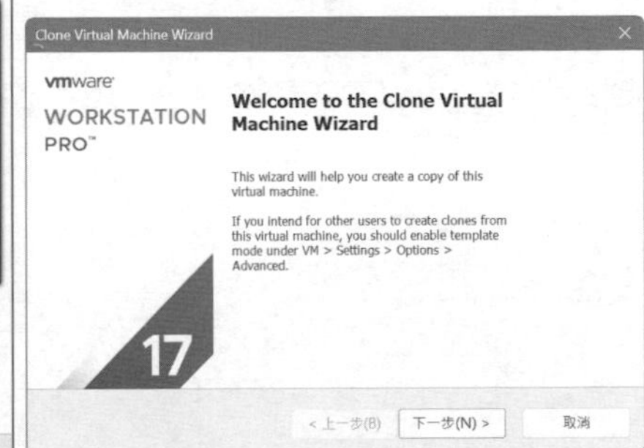

▲ 圖 2-22　開啟複製虛擬機器精靈

註：複製一台虛擬機器需要在虛擬機器關機的情況下進行操作。

可以選擇複製虛擬機器中的當前狀態，也可以選擇複製 Take Snapshot 時的虛擬機器狀態，點擊「下一步」按鈕，選擇複製虛擬機器的類型，可以使用連結複製，也可以選擇完整複製，這裡選擇「完整複製」，如圖 2-23 所示。

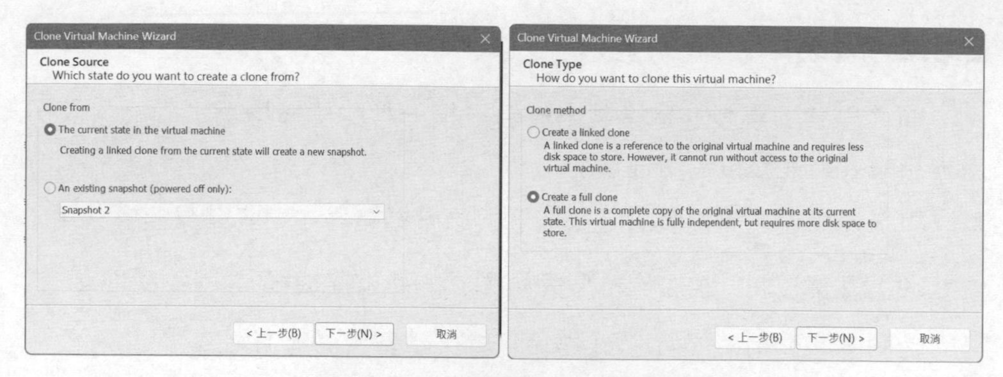

▲ 圖 2-23　選擇複製狀態和複製類型

填寫複製的新虛擬機器的名稱和儲存位置，點擊「完成」按鈕，如圖 2-24 所示。至此，虛擬機器複製完畢。

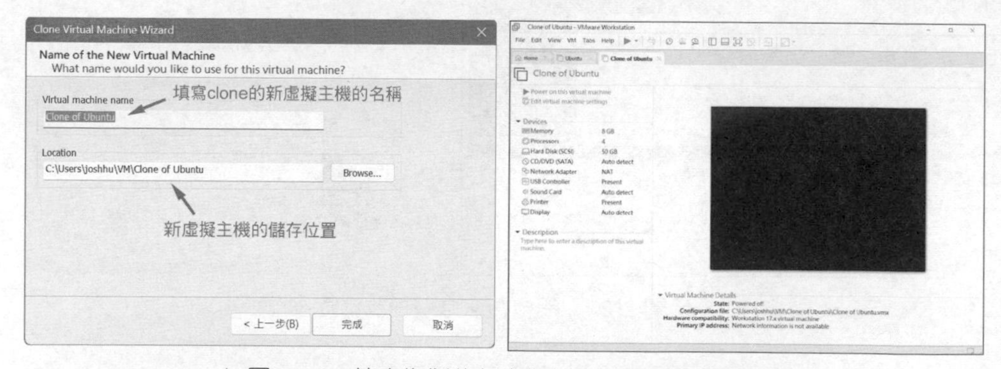

▲ 圖 2-24　填寫複製的新虛擬機器的名稱和儲存位置

複製的目的是方便快速複製出一台一模一樣的虛擬機器，複製的目標是虛擬機器本身，所以無論虛擬機器有沒有安裝作業系統均可複製，當然了，未安裝作業系統的虛擬機器複製了也沒有什麼實際意義。

2.5.3 遷移

VMware Workstation 提供了非常便捷的遷移功能，使使用者可以透過簡單的操作將虛擬機器遷移至另一台電腦中。注意，遷移的目標主機中也必須裝有 VMware Workstation 軟體。

遷移操作的具體步驟如下。

（1）找到虛擬機器在宿主機中的儲存位置，如圖 2-25 所示。

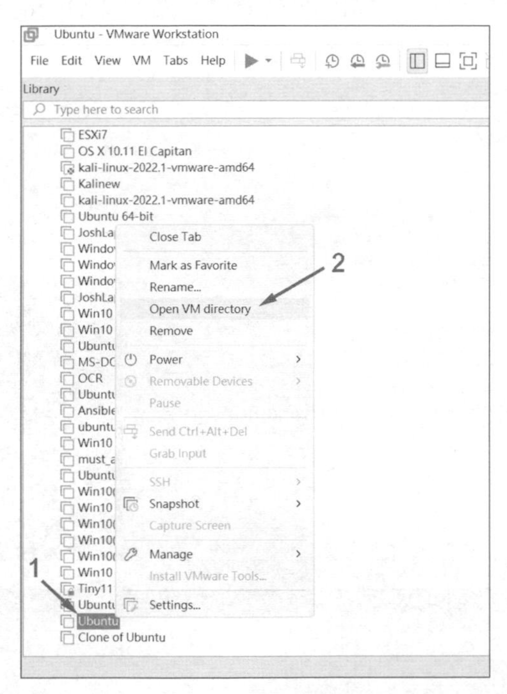

▲ 圖 2-25　找到虛擬機器在宿主機中的儲存位置

（2）對整個虛擬機器目錄進行遷移，完整地複製到另一台電腦中，如圖 2-26 所示。

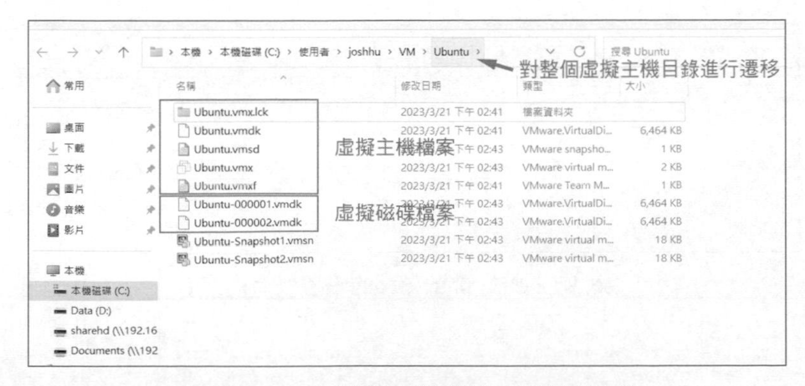

▲ 圖 2-26　對整個虛擬機器目錄進行遷移

（3）在另一台電腦中，開啟 VMware Workstation 軟體，按圖 2-27 中步驟開啟虛擬機器群組，在彈出的資料夾中找到之前複製過來的虛擬機器檔案（目錄中副檔名為 .vmx 的檔案），點擊「Open」按鈕，此時就會發現之前的虛擬機器已直接遷移到此電腦中了。

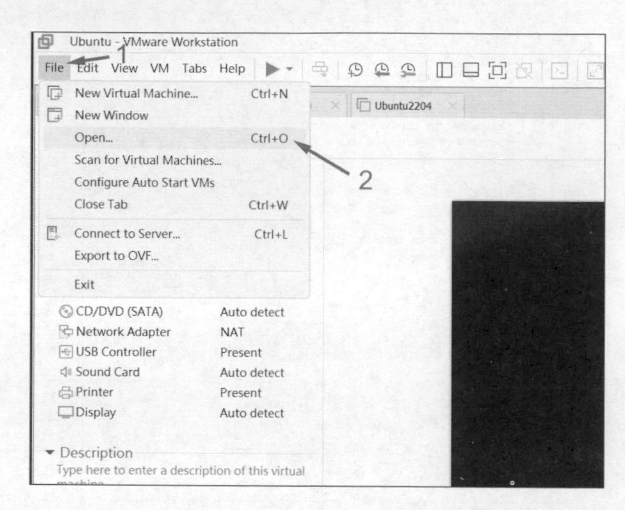

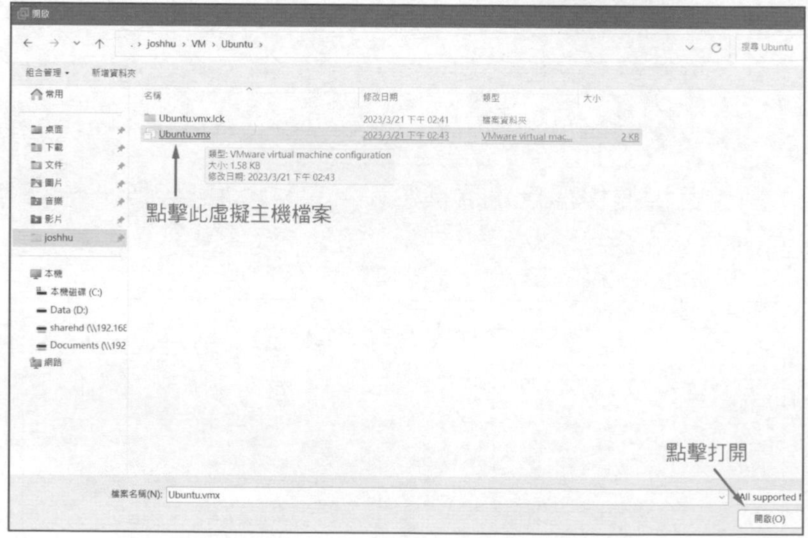

▲ 圖 2-27　開啟遷移的虛擬機器檔案

CHAPTER 03

初窺門徑之 Linux 作業系統的安裝部署

3.1 引言

虛擬機器建立好之後，下一步就該安裝作業系統了。作為一名 Linux 運行維護工程師，在企業中安裝作業系統是一件家常便飯的事。本章將完完整整地給大家演示怎麼去安裝 Linux 作業系統。

Ubuntu Linux 鏡像檔案需要去官網下載，下載完即可安裝。

3.2 安裝 Ubuntu Linux 作業系統

在之前建立好的虛擬機器中安裝，按下列步驟操作：編輯虛擬機器設定→硬體→ CD/DVD（IDE）→使用 ISO 鏡像檔案→瀏覽→選擇已下載好的鏡像檔案→開啟→確定→開啟此虛擬機器，如圖 3-1 所示。

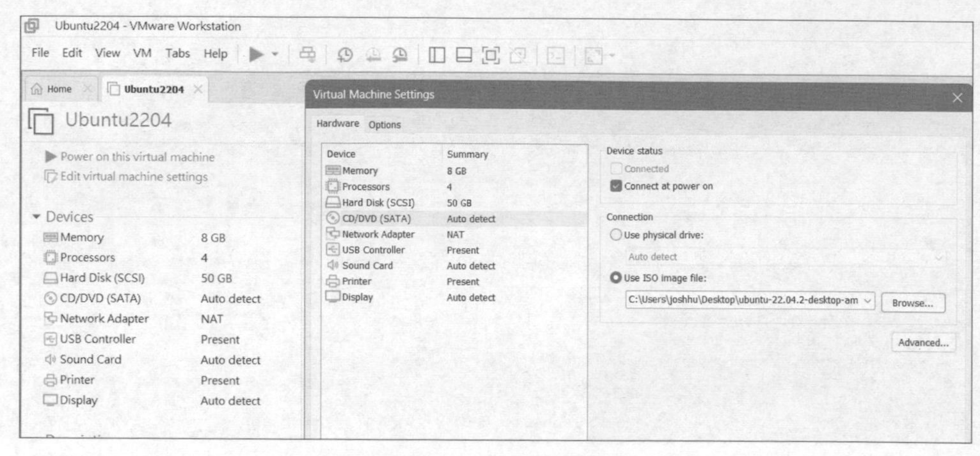

▲ 圖 3-1　啟動虛擬機

透過鍵盤的上下鍵移動到第一行，按確認鍵進行確認，如圖 3-2 所示。選擇想要在安裝過程中使用的語言，點擊「繼續」按鈕。這裡我們選擇繁體中文介面，選擇「安裝 Ubuntu」來進行安裝，如圖 3-3 所示。

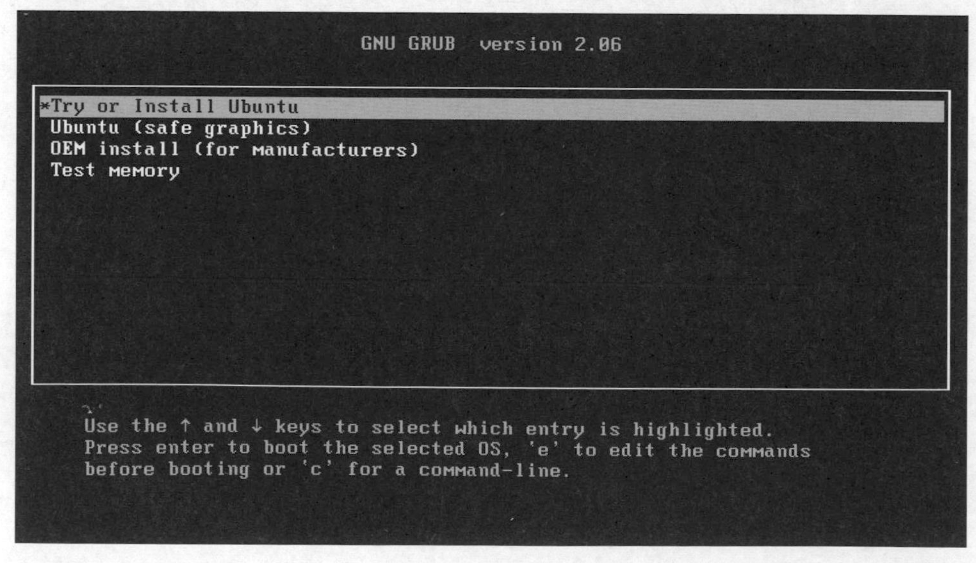

▲ 圖 3-2　選擇第一行

▲ 圖 3-3　選擇繁體中文

接下來設定以下內容：鍵盤、軟體選擇、時間和日期、安裝目的地、使用者帳號、主機名稱以及密碼等，如圖 3-4 所示。

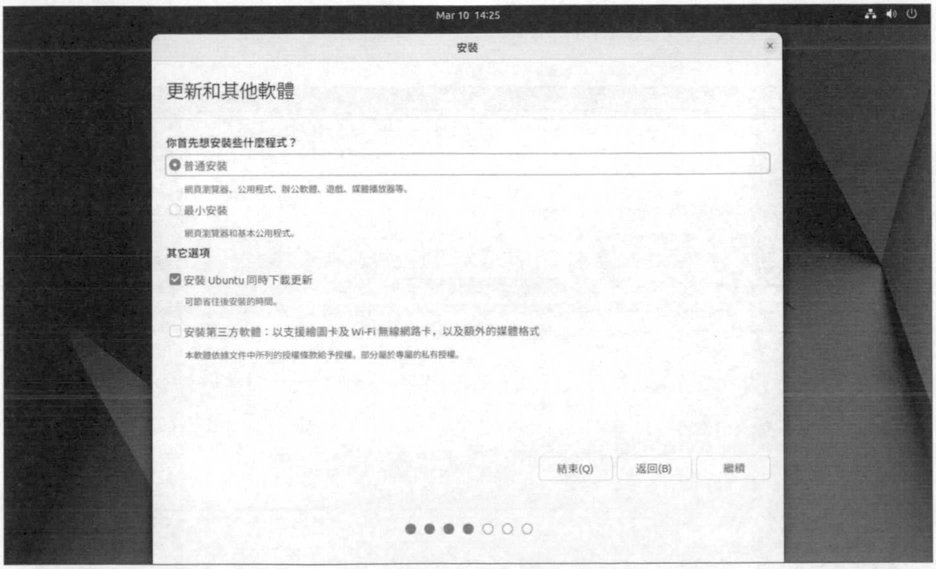

▲ 圖 3-4　軟體選擇

安裝精靈介面已經自動提供了安裝來源和軟體選擇、磁碟、時區，若需要更改這些預設值，點擊對應的圖示進行修改即可。

（1）選擇軟體，如圖 3-5 所示。

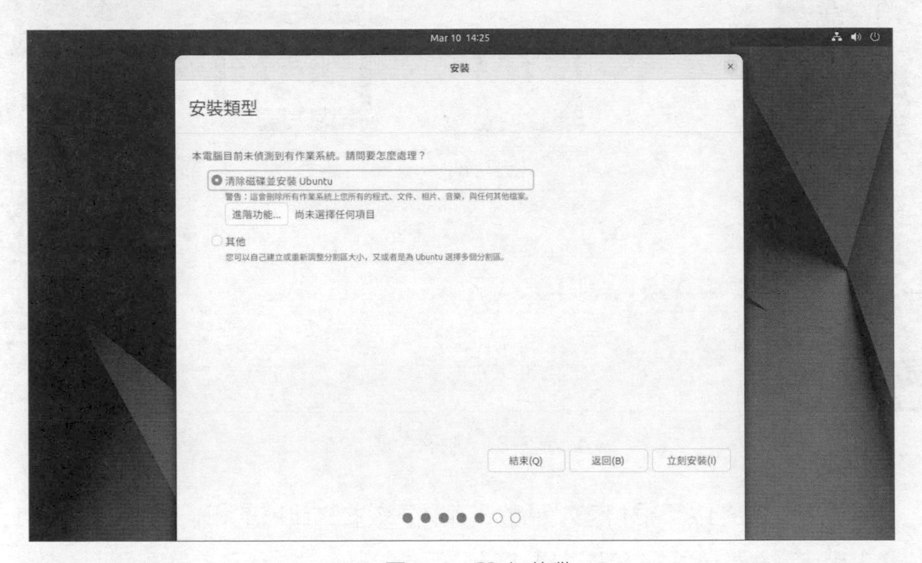

▲ 圖 3-5　設定磁碟

（2）設定磁碟，如圖 3-6 所示。

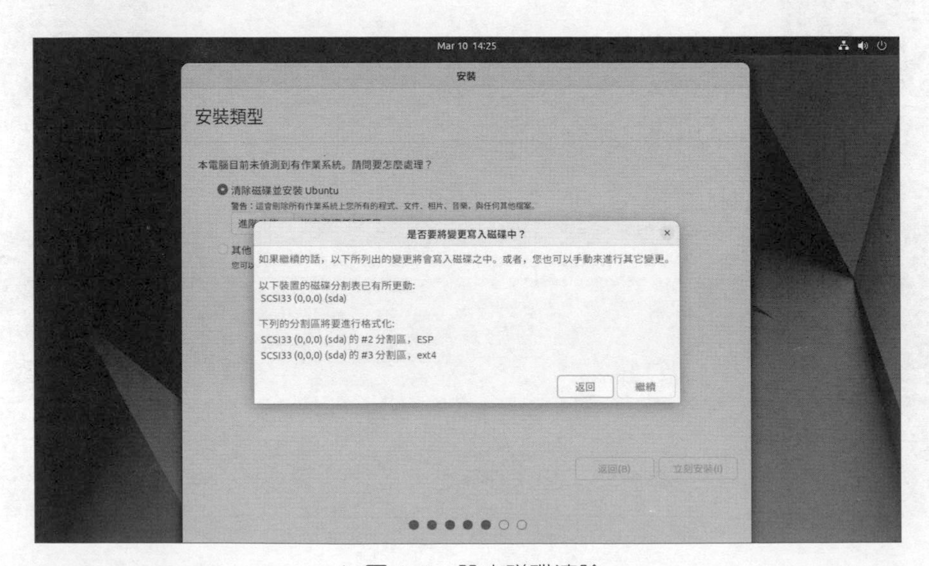

▲ 圖 3-6　設定磁碟清除

（3）選擇時區，如圖 3-7。

▲ 圖 3-7　選擇時區

（4）設定使用者帳戶、主機名稱、密碼。如圖 3-8。

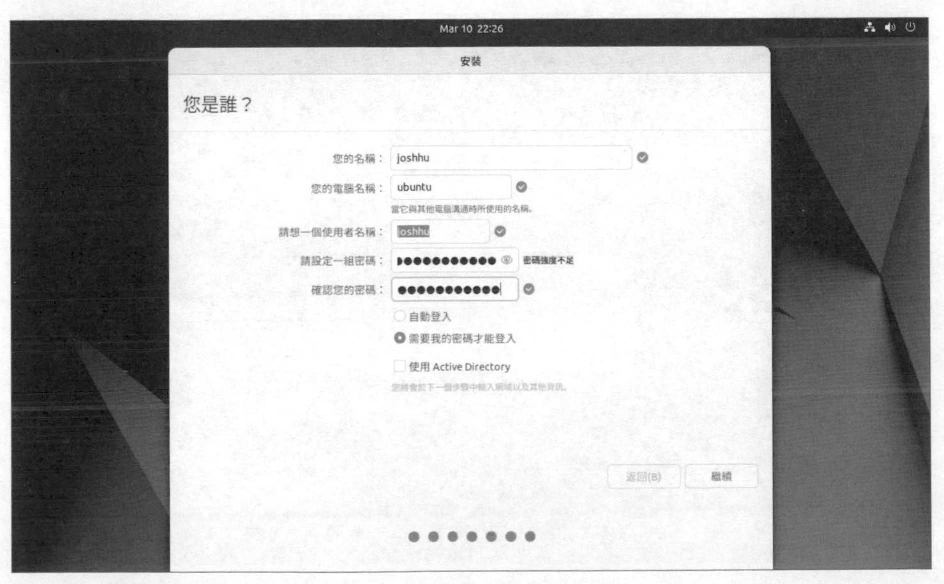

▲ 圖 3-8　設定主機名稱、帳戶、密碼

至此，所有選項都已設定完畢，點擊「開始安裝」按鈕進行安裝，如圖 3-9 所示。安裝完重啟系統如圖 3-10。

▲ 圖 3-9 開始安裝

圖 3-10 重啟系統

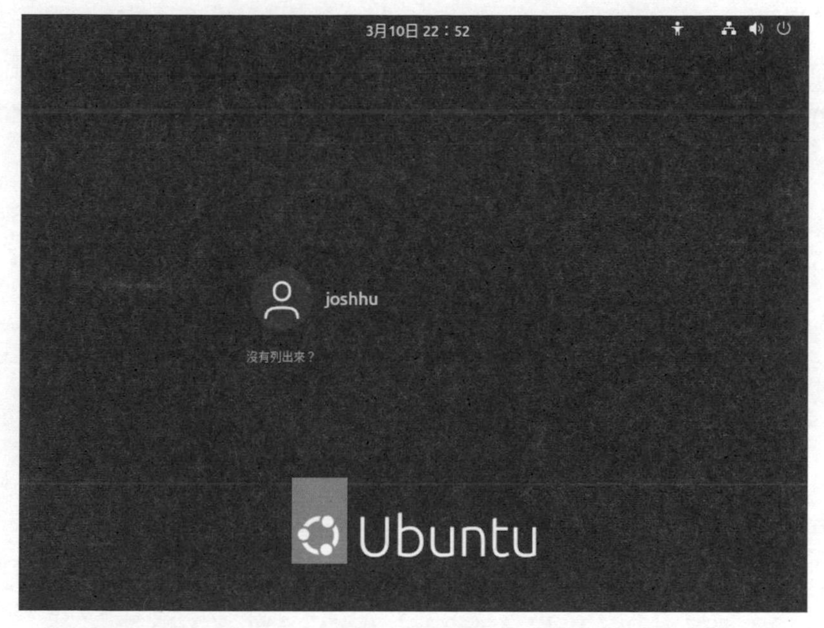

▲ 圖 3-11 重啟之後

輸入使用者名稱和密碼之後，出現歡迎介面，按照提示操作，至此 Ubuntu Linux 就安裝完成了，如圖 3-12 所示。

▲ 圖 3-12 安裝完成

CHAPTER 04

略有小成之 Linux 作業系統初體驗

4.1 引言

正如上文所述，Linux 與 Windows 有很大差別。Windows 更容易上手，靠著滑鼠點點點，就能完成一些操作；而 Linux 作業系統則需要執行各種命令完成操作，相比起來需要一些訓練，但也沒有想像中那麼難。下面正式進入 Linux 作業系統的入門學習，整章的理論知識會偏多一些，需要反覆體會和理解。

4.2 理解 Shell

之前在第 1 章也跟各位提到過 Shell，但是並沒有細緻地介紹，本節結合圖 4-1 中的結構圖完整、詳細地學習、理解 Shell。

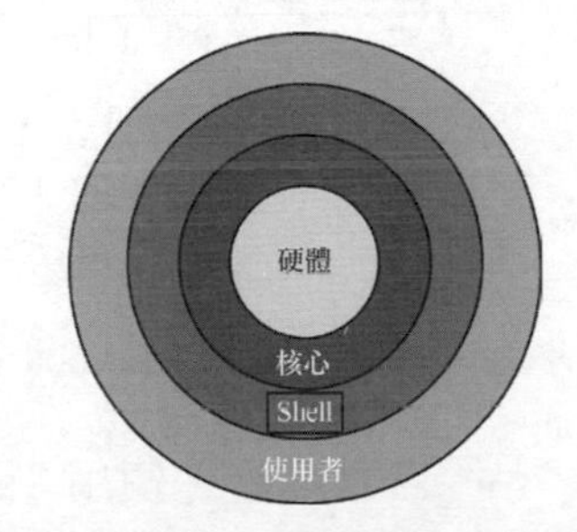

▲ 圖 4-1　Linux 作業系統結構圖

Shell 是 Linux 作業系統的命令語言，同時又是該命令語言的解譯器程式的簡稱。也就是說，Shell 既是一門程式設計語言，又是一個用 C 語言撰寫的程式軟體。

Shell 的位置處在使用者與核心之間，造成承上啟下的作用。由於安全性、複雜性和步驟繁瑣等各種原因，一般使用者是不能直接接觸 Linux 核心的，那就需要另外再開發一個程式，這個程式的作用就是接收使用者的操作命令，進行一些處理，最終將這些操作資訊傳遞給核心。這裡的處理過程可以視為「將使用者的各種操作轉換為核心能看懂的語言」，相當於一個翻譯官的角色，這樣使用者就能間接地使用作業系統核心了。Shell 是在使用者和核心之間增加的一層「代理」，既能簡化使用者的操作，又能保障核心的安全，兩全其美。

總之，Shell 是一個程式軟體，它連接了使用者和 Linux 核心，讓使用者能夠更加高效、安全、低成本地使用 Linux 核心，這就是 Shell 的本質。使用 Shell 可以實現對 Linux 作業系統的大部分管理。

Linux 作業系統有多種發行版本，這些發行版本是由不同的組織機構開發的。不同的組織機構為了發展出自己的 Linux 作業系統特色，就會開發出功能類似但特性不同的軟體，Shell 就是其中之一。不同特性的 Shell 各有所長，有的佔用資源少，有的支持高級程式設計功能，有的相容性好，有的重視使用者體驗等。常見的 Shell 類型見表 4-1。

▼表 4-1 常見的 Shell 類型

常見的 Shell 類型	介　紹
sh	全稱叫 Bourne Shell，由 AT&T 公司的 Steve Bourne 開發，是 UNIX 系統上的標準 Shell
csh	由柏克萊大學的 Bill Joy 設計，語法有點類似於 C 語言，所以才得名為 C Shell，簡稱為 csh
tcsh	csh 的增強版，加入了命令補全功能，提供了更強大的語法支援
ash	一個簡單的、輕量級的 Shell，佔用資源少，適合執行於低記憶體環境
bash	由 Brian Fox 為 GNU 專案撰寫的 UNIX Shell 和命令語言，保持了對 sh 的相容性，是許多 Linux 發行版本的預設 Shell。

Bash 作為許多 Linux 發行版本的預設 Shell，它的特性如下：

- 自動補齊：使用 Tab 鍵可以自動補全命令和路徑；

- 命令列歷史：使用上下鍵可以翻看最近執行的命令，用 Ctrl+R 複合鍵可以搜尋歷史命令，用 history 命令可以呼叫出之前執行的歷史命令記錄；
- 命令別名：用一個短命令去代替執行一段很長的命令；
- 輸入輸出重新導向和管線：改變資料流程的輸入輸出方向；
- 支援使用萬用字元和特殊符號；
- 支援變數用於條件測試以及迭代的控制結構。

這些特性後面會經常用到，這裡可先了解，不明白也沒關係，之後邊實踐邊學習，很快就能掌握。

最後再講個小知識，Shell 程式一般都是放在 /bin 或者 /usr/bin 目錄下，當前的 Linux 作業系統都支援哪些 Shell 程式，可以在 /etc/shells 檔案中透過 cat 命令查看。

```
[root@noylinux ~]# cat /etc/shells
/bin/sh
/bin/bash
----- 省略部分內容 -----
/bin/zsh
```

4.3 命令提示符號與語法格式

各位有沒有發現，當開啟命令列終端時，第一眼看到的肯定是圖 4-2 中的內容，這叫命令提示符號，它的出現意味著可以開始輸入命令了。命令提示符號並不是命令的一部分，只是造成了提示作用。

▲ 圖 4-2　命令提示符號

先來說說在圖 4-2 中各部分分別代表什麼含義（按圖中標注的序號依次說明），見表 4-2。

▼表 4-2 命令提示符號各部分含義

序號	含義
1	當前登入的使用者名稱
2	@ 與 [ ] 都表示提示符號的分隔符號，固定不變，沒有特殊含義
3	主機名稱
4	當前所在的位置，圖 4-2 中使用者當前所在的目錄是家目錄
5	用來標識當前登入的是一般使用者還是超級管理員，如果是一般使用者就用符號 $ 表示，如果是超級管理員就用符號 # 表示

註：家目錄又稱為主目錄，因為 Linux 作業系統當初是純文字介面，使用者登入後需要有一個初始登入的位置，這個初始登入位置就稱為使用者的家，超級管理員使用者的家目錄是 "/root"，而一般使用者的家目錄是「/home/ 使用者名稱」。

命令提示符號大家都明白了，那命令的語法格式又是什麼呢？

command [選項] [參數]

▲圖 4-3 命令的語法格式

由圖 4-3 可見，語法格式中的 [ ] 代表可選項，也就是有些命令可以不寫選項或參數，也能執行（執行命令的預設功能）。接下來介紹命令格式的組成部分。

（1）command：稱為命令，是必須寫的，代表想要執行的操作。

（2）選項：對命令的功能進行微調，決定這個命令將如何執行，同一個命令配合不同的選項（用空格進行分隔）可以獲得不同的結果。而不同的命令使用的選項也會有所不同。

（3）參數：命令的處理物件，可以是檔案、資料夾、使用者等，可以同時操作多個目標物件，參數可以是 0 個或多個。

執行命令的方式：按確認鍵（Enter）表示輸入結束，提交作業系統執行；若命令輸入一半發現輸錯了，可以按刪除鍵（Backspace）刪除單一字元；若命令太長只記得一半，可以用 Tab 鍵進行命令補全；若命令執行的過程中不想讓它執行了，使用 Ctrl + C 複合鍵進行中斷；若整筆命令的長度太長，可以使用反斜線 "\" 進行換行。

> **註**：command、選項和參數之間需要用空格進行分隔。

4.4 內建命令和外部命令以及命令幫助

在 Linux 作業系統中，命令可以分為內建命令和外部命令兩種類型。內建命令是作業系統附帶的，它們存在於作業系統內部，作業系統安裝好後就可以直接使用。外部命令相當於 Windows 作業系統上的 QQ、迅雷、微信等軟體程式，需要下載安裝套件完成安裝，之後才可以使用。

這兩種命令的差別見表 4-3。

▼表 4-3 內建命令與外部命令的差別

內建命令	外部命令
Shell 程式的一部分，系統中附帶	下載安裝套件進行安裝使用
作業系統啟動時載入進記憶體，由於是常駐記憶體，所以執行效率高	只有當使用者需要時才從硬碟中讀取記憶體，執行效率相對較低
命令的數量偏少	命令的數量非常多

在命令列中執行 help 命令可以查看所有的內建命令，包括其使用方式：

```
[root@noylinux ~]# help
GNU bash，版本 4.4.20(1)-release (x86_64-redhat-linux-gnu)
這些命令是內部定義的。輸入 help 命令獲取內建命令列表
 help [-dms] [模式 ...]          history [-c] [-d 偏移量] [n]
 alias [-p] [名稱[=值] ... ]     logout [n]
 exit [n]                        cd [-L|[-P [-e]] [-@]] [目錄]
 break [n]                       echo [-neE] [參數 ...]
```

```
pwd [-LP]                        for (( 運算式 1; 運算式 2; 運算式 3 )); do 命令 ; done
----- 省略部分內容 -----
```

（1）help 幫助命令。它用來查看內建命令的說明文件，下面我們隨便找一筆命令（如 pwd）查看其說明文件，執行 help 命令後，螢幕會顯示出關於這筆命令的詳細資訊和使用方式。建議大家多使用 help 命令去熟悉這些內建命令。

語法格式：

```
命令  --help
```

範例如下：

```
[root@noylinux ~]# pwd --help
pwd: pwd [-LP]
    列印當前工作目錄的名稱。
    選項：
      -L列印 $PWD 變數的值，如果它包含了當前的工作目錄
      -P列印當前的物理路徑，不帶有任何的符號連結
    預設情況下，`pwd' 的行為和帶 `-L' 選項一致
    退出狀態：除非使用了無效選項或者目前的目錄不可讀，否則傳回狀態為 0。
```

（2）man 手冊。它是以全螢幕方式顯示的線上說明，按 q 鍵可以退出，按上下鍵進行移動翻閱。比如，我們還是查 pwd 這筆命令，執行 man pwd 就可以了。

語法格式：

```
man  命令
```

範例如下：

```
PWD(1)                      User Commands                      PWD(1)
NAME
       pwd - print name of current/working directory
SYNOPSIS
       pwd [OPTION]...
```

```
DESCRIPTION
       Print the full filename of the current working directory.
       -L, --logical
              use PWD from environment, even if it contains symlinks
----- 省略部分內容 -----
REPORTING BUGS
       GNU coreutils online help: <https://www.gnu.org/software/coreutils/>
 Manual page pwd(1) line 1 (press h for help or q to quit)
```

（3）info 命令。它是另一種形式的線上說明，和 man 手冊的功能及操作方式類似，但是更加詳細。使用的語法格式為「info 命令」，同樣按 q 鍵退出。

一般獲取命令說明資訊的流程為：先用 help 命令來獲取說明資訊，用 man 手冊來進行補充；若還不明白，就去網上找中文資料；info 命令較為冷門，用得很少。

4.5 目錄結構詳解

本節主要介紹 Linux 作業系統的目錄結構，掌握目錄結構知識在 Linux 的學習中非常重要。在本節一開始，筆者將透過對比 Windows 作業系統的目錄架構，慢慢啟動大家熟悉 Linux 作業系統的目錄結構，這兩種作業系統的目錄結構還是有很大差別的。

Windows 作業系統的目錄結構相信各位應該很熟悉（見圖 4-3），它在設計的時候是有磁碟代號的概念的，開啟「我的電腦」之後就能看到 C 磁碟、D 磁碟、E 磁碟等。當大家仔細去看這些磁碟代號下面的檔案時，就能發現無論是檔案還是目錄，Windows 作業系統中的路徑都是從磁碟代號開始的。比如，在 C 磁碟目錄下查詢 Windows 資料夾，路徑是 "C:\Windows"，其他的磁碟代號同樣如此。

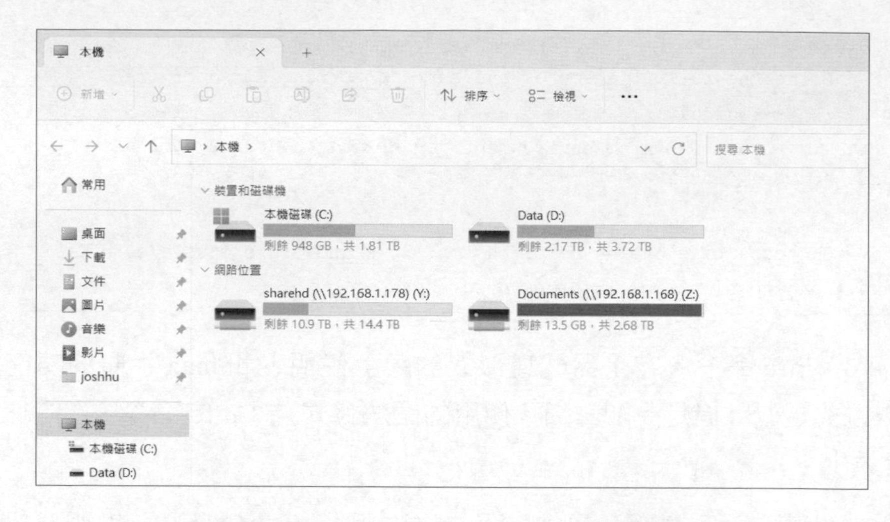

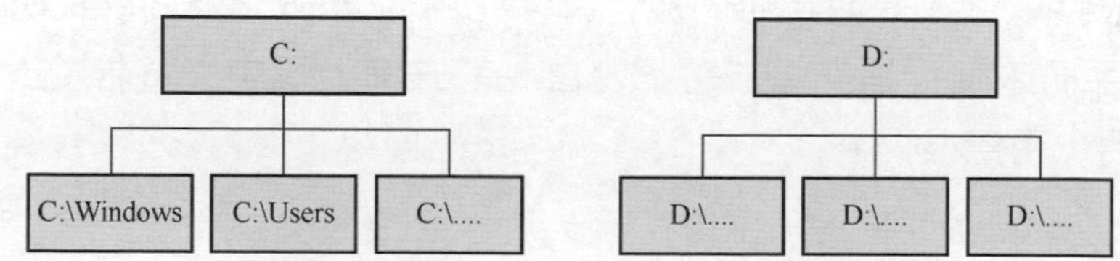

▲ 圖 4-3　Windows 作業系統的目錄結構

Linux 作業系統的目錄結構則大不相同，它採用的是層級式樹狀目錄結構，在此結構中最上層是根目錄 "/"，在此目錄下再建立其他的目錄。也就是說，Linux 作業系統中所有的目錄、檔案都在根目錄之下，根目錄 "/" 是唯一的，也是頂級的目錄，所有的檔案和目錄都以根目錄 "/" 為起點，如圖 4-4 所示。

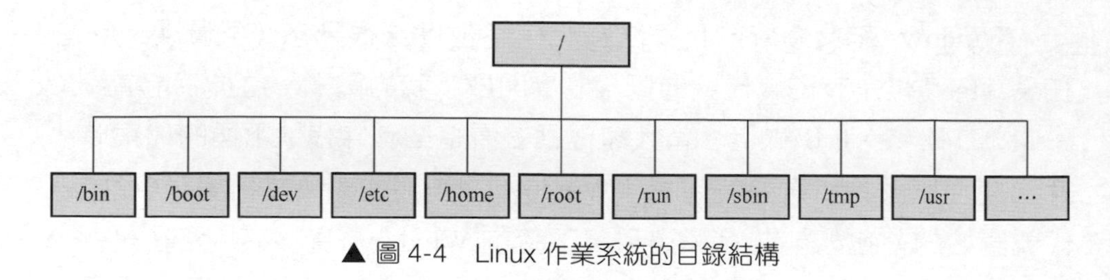

▲ 圖 4-4　Linux 作業系統的目錄結構

在 Linux 作業系統中，根目錄 "/" 是頂級目錄，根目錄的下面是一級目錄，我們使用 "ls /" 命令就可以看到根目錄中所有的一級目錄。這些目錄可不是隨隨便便就建立出來的，它們各自存放的內容都是已經規劃好的，不能胡亂存放檔案。各一級目錄及其說明見表 4-4。

▼表 4-4 一級目錄

目錄	說　明
/bin	此目錄存放著使用者經常使用的命令
/boot	存放核心和啟動系統啟動的相關核心檔案
/dev	存放各種裝置檔案
/etc	存放設定檔，系統設定檔也在這個目錄下，例如使用者帳號密碼檔案等
/home	所有一般使用者的家目錄
/root	root 使用者（超級管理員）的家目錄
/sbin	存放 root 或其他需要 root 許可權來執行的各種命令
/tmp	存放各種暫存檔案的目錄，是公用的暫存檔案儲存點
/usr	存放系統應用程式和文件
/mnt	臨時掛載點，讓使用者臨時掛載其他的檔案系統使用
/var	存放系統執行過程中經常變化的檔案，如記錄檔、處理程序 ID 檔案等
/media	用於掛載可行動裝置的臨時目錄，如隨身碟、光碟等
/opt	存放額外安裝軟體的目錄
/proc	虛擬的目錄，是系統記憶體的映射，可透過存取這個目錄來獲取系統的各種資訊
/lib	存放函數庫檔案

介紹完這些一級目錄各自的作用之後，需要大家記住各個目錄下存放的到底是什麼內容。而且在使用 Linux 作業系統的時候一定要記住，它的目錄結構是層級式樹狀目錄結構。

4.6 磁碟分割區概念

本節補充介紹 Linux 作業系統分剛區的知識。首先我們要對磁碟分割區有一個初步的了解，在 Linux 作業系統中，磁碟的分割區主要分為主分割區、擴充分割區和邏輯分割區 3 種類型，見表 4-5。

▼表 4-5 磁碟分割類型

磁碟分割區類型	說　明
主要磁碟分割區	也叫啟動分割區，用來啟動作業系統，裡面放的主要是啟動和啟動程式
擴充分割區	實際上在硬碟中是看不到的，也無法直接使用擴充分割區；必須對擴充分割區再次分割後，才能真正使用。擴充分割區再次分割產生的分割區名稱叫作邏輯分割區
邏輯分割區	專門用來存放資料，而且大部分資料都是存放在邏輯分割區中的。邏輯分割區沒有數量限制，也就是說只要硬碟足夠大，可以在擴充分割區中建立無數個邏輯分割區

註：每一塊磁碟中主要磁碟分割和擴充分割區的數量總和不能超過 4 個，邏輯分割區可以有無數個。

再來看磁碟的表現形式，上文提到過，在 Linux 作業系統中一切皆檔案，硬碟裝置也是以裝置檔案的形式存放在 "/dev" 目錄下的。

Linux 作業系統透過「字母＋數字」的組合方式來標識磁碟分割（見圖 4-5），與 Windows 作業系統上的磁碟代號不一樣，這種標識方式更加詳細，也更加靈活。Linux 磁碟分割區標識包含以下內容：

- 硬碟裝置所在目錄。
- 裝置類型。硬碟有 IDE 類型的，還有 SCSI/SATA 類型的。IDE 類型的硬碟表示為 hd，SCSI/SATA 類型的硬碟表示為 sd。
- 磁碟號。也就是磁碟的順序號碼，在 Linux 作業系統中第一顆硬碟為 a、第二顆為 b、第三顆為 c、第四顆為 d……
- 用數字區分分割區類型與數量。其中主要磁碟分割區的數字範圍為 1 ～ 4，邏輯分割區的數字從 5 開始。

▲ 圖 4-5　Linux 磁碟分割區標識方式

舉兩個例子：hda1 表示第一顆 IDE 硬碟中的第一個主要磁碟分割區；sdc7 表示第三塊 SCSI 硬碟中的第三個邏輯分割區。

最後透過圖 4-6 複習上述知識，圖中有兩顆已經分割的 IDE 類型硬碟，大家可以結合上面所講的內容，理解一下這幅圖。第一顆 IDE 類型的硬碟是 hda，第二顆 IDE 類型的硬碟是 hdb。前兩個主要磁碟分割區分別是數字 1 和 2，邏輯分割區是從數字 5 開始的，所以第一個邏輯分割區的分割區號是 5，第二個邏輯分割區的分割區號是 6。

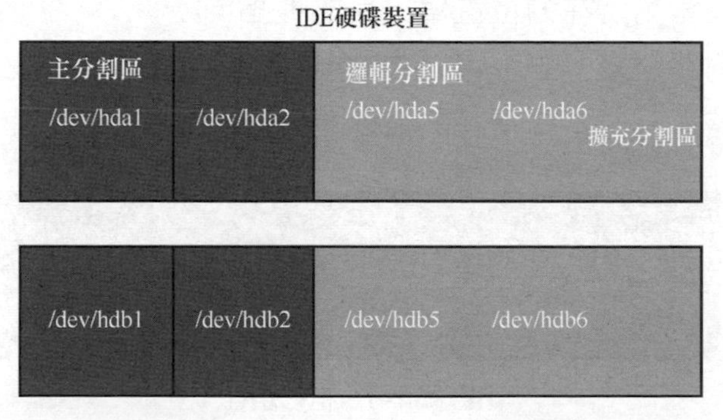

▲ 圖 4-6　IDE 硬碟裝置分割區標識

4.7 絕對路徑與相對路徑

上文介紹了 Linux 作業系統的目錄結構，大家熟悉了目錄結構後便可以隨意進入這些目錄查看相關內容了。而目錄與目錄之間的移動是有許多訣竅的，這裡給大家普及一下。

在 Linux 作業系統中分為絕對路徑和相對路徑兩種類型，絕對路徑（見圖 4-7）的優勢在於：

- 永遠都是相對於根目錄。它的標識就是第一個字元永遠都是 "/"。
- 絕對路徑的正確度更好，雖然絕對路徑相對較長但是能減少錯誤的發生。

```
[root@localhost man]# cd /usr/local/share/man/
[root@localhost man]# pwd
/usr/local/share/man
[root@localhost man]#
```

cd: 切換目錄 / 進入某目錄
pwd: 查看當前所在位置
以絕對路徑的方式進入man手冊目錄

▲ 圖 4-7　絕對路徑

而相對路徑（見圖 4-8）的優勢在於：

- 永遠都是相對於現在所處的目錄位置。它的第一個字元沒有 "/"。
- 相對於當前所在的位置舉出目的地指向。
- 比絕對路徑短一些，可以當成迅速找到檔案 / 目錄的捷徑。
- 相對路徑只對當前所在的目錄有效。

```
[root@localhost /]# pwd
/
[root@localhost /]# cd usr/local/share/man/
[root@localhost man]# pwd
/usr/local/share/man
[root@localhost man]#
```

當前在 "/" 目錄下
以相對路徑的方式進入 man 手冊目錄，所謂的相對路徑就是以當前位置為起點

▲ 圖 4-8　相對路徑

關於路徑的符號有以下 3 種：

- ～（波浪符號）：當前使用者家目錄的快捷符號；
- .（點）：目前的目錄；
- ..（兩點）：當前所處目錄的上一級目錄。

由圖 4-9 可見，在 Linux 作業系統中每個目錄都有 "." 和 ".." 這兩個符號，但是這兩個符號預設是隱藏起來的，需要透過 "ll -al" 命令進行查看。若想快速切換到上一級目錄，直接執行 "cd .." 命令即可；若想快速回到家目錄，則執行 "cd ～" 命令。

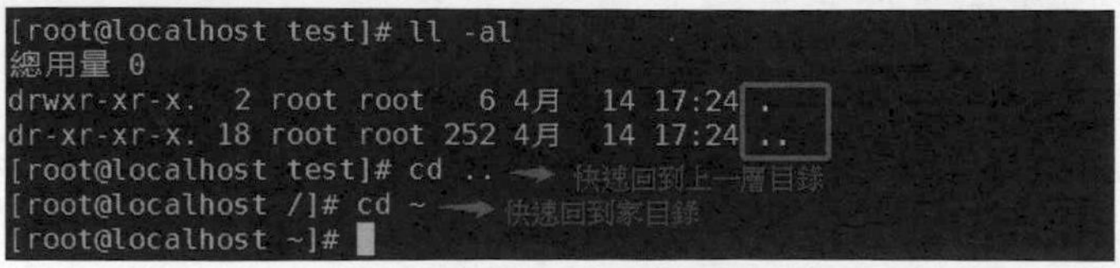

```
[root@localhost test]# ll -al
總用量 0
drwxr-xr-x.  2 root root   6 4月  14 17:24 .
dr-xr-xr-x. 18 root root 252 4月  14 17:24 ..
[root@localhost test]# cd ..
[root@localhost /]# cd ~
[root@localhost ~]#
```

快速回到上一層目錄
快速回到家目錄

▲ 圖 4-9　路徑符號

漸入佳境之務必掌握的 Linux 命令

想玩轉 Linux 作業系統，熟悉各種操作命令是必不可少的環節，也是必須踏出去的一步。或許學習 Linux 命令的過程略顯枯燥，但是要相信，成功的道路上勢必會伴隨著許多絆腳石，我們要做的就是一個接一個地邁過去。

5.1 系統基本管理、顯示的相關命令

1. shutdown

語法格式：

```
shutdown  [選項]  [時間/數字/now]
```

描述：常用於關機重新啟動操作，並且在關機或重新啟動的同時，已登入使用者全都可以看到提示資訊。需要由超級管理員 root 或具有管理員許可權的使用者來執行。

shutdown 命令的常用選項見表 5-1。

▼表 5-1 shutdown 命令的常用選項

常用選項	說　明
-h	關機。參數是 now 表示立即關機，參數是時間表示在規定時間點關機，參數是數字表示多少分鐘後關機
-r	重新啟動。參數是 now 表示立即重新啟動，參數是時間表示在規定的時間點進行重新啟動操作，參數是數字表示多少分鐘後重新啟動
-t	延遲關機時間
-k	發送警告資訊給所有已登入的使用者，只用來提示
-c	取消已經在進行的 shutdown 指令。例如，對已經執行的延遲關機或重新啟動操作，可以使用此選項進行取消

讓 Linux 作業系統 5 分鐘後關機，接著再取消 5 分鐘後的關機操作。

```
[root@noylinux ~]# date
2022年 08月 15日 星期日 17:41:50 CST
[root@noylinux ~]# shutdown -h 5
Shutdown scheduled for Sun 2022-08-15 17:46:58 CST, use 'shutdown -c' to cancel.
[root@noylinux ~]# shutdown -c
```

2. reboot

語法格式：

```
reboot  [選項]
```

描述：用來對正在執行的 Linux 作業系統執行重新啟動操作。一般在企業中執行這筆命令不用加任何選項。需要由超級管理員 root 或具有管理員許可權的使用者來執行。

reboot 命令的常用選項見表 5-2。

▼表 5-2 reboot 命令的常用選項

常用選項	說　明
-f	強制重新啟動系統
-i	關閉網路連接後再重新啟動系統
-n	儲存資料後再重新啟動系統
-w	模擬系統重新啟動操作，並不會真的將系統重新啟動

3. poweroff

語法格式：

```
poweroff  [ 選項 ]
```

描述：關閉 Linux 作業系統，關閉記錄會被寫入 /var/log/wtmp 記錄檔中。使用該命令後會立即關閉系統，不給一點反應時間，因此一般很少用這個命令來進行關機操作。需要由超級管理員 root 或具有管理員許可權的使用者來執行。

poweroff 命令的常用選項見表 5-3。

▼表 5-3 poweroff 命令的常用選項

常用選項	說　明
-w	模擬系統關機操作，並不會真的將系統關機

4. logout

語法格式：

```
logout
```

描述：退出當前登入的 Shell，等效於 Windows 中的登出命令。

```
[root@noylinux ~]# logout
```

5. exit

語法格式：

```
exit  [ 狀態值 ]
```

描述：以指定的狀態退出當前 Shell 或在 Shell 指令稿中終止當前指令稿的執行。

```
[root@noylinux ~]# exit
```

6. uname

語法格式：

```
uname  [ 選項 ]
```

描述：列印系統資訊。

uname 命令的常用選項見表 5-4。

▼表 5-4 uname 命令的常用選項

常用選項	說　明
-a	顯示全部資訊
-m	顯示機器的處理器架構
-n	顯示主機名稱
-r	顯示作業系統的發行編號

使用 uname 命令。

```
[root@noylinux ~]# uname -a
Linux noylinux 4.18.0-305.3.1.el8.x86_64 #1 SMP Tue Jun 1 16:14:33 UTC 2022
x86_64 x86_64 x86_64 GNU/Linux
[root@noylinux ~]# uname -m
x86_64
[root@noylinux ~]# uname -n
```

```
noylinux
[root@noylinux ~]# uname -r
4.18.0-305.3.1.el8.x86_64
```

7. lscpu

語法格式：

```
lscpu  [選項]
```

描述：顯示有關 CPU 架構的資訊。

lscpu 命令的常用選項見表 5-5。

▼表 5-5 lscpu 命令的常用選項

常用選項	說　明
-a	列印線上和離線 CPU
-e	以人類易讀的方式顯示 CPU 資訊

範例

使用 lscpu 命令。

```
[root@noylinux ~]# lscpu
架構： x86_64
CPU 執行模式：      32-bit, 64-bit
位元組序：          Little Endian
CPU:                4
線上 CPU 列表：     0-3
每個核的執行緒數：  1
每個座的核數：      2
廠商 ID：           GenuineIntel
BIOS Vendor ID:     GenuineIntel
CPU 系列：          6
型號：              158
型號名稱：          Intel(R) Core(TM) i7-7700HQ CPU @ 2.80GHz
----- 省略部分內容 -----
```

8. free

語法格式：

```
free [選項]
```

描述：顯示記憶體的使用情況。

free 命令的常用選項見表 5-6。

▼表 5-6 free 命令的常用選項

常用選項	說　明
-b	以 B（位元組）為單位顯示記憶體使用情況
-k	以 KB 為單位顯示記憶體使用情況
-m	以 MB 為單位顯示記憶體使用情況
-o	不顯示緩衝區調節列
-s N	每隔 N 秒列印一次記憶體資訊，持續觀察記憶體使用狀況，使用 Ctrl+C 複合鍵中斷迴圈顯示
-t	顯示記憶體總和列

範例

使用 free 命令。

```
[root@noylinux ~]# free -m
          total   used    free    shared    buff/cache  available
Mem:      7741    644     6538    10        559         6846
Swap:     5119    0       5119
```

系統記憶體資訊含義如下：

- Mem：記憶體使用情況；
- Swap：交換分割區使用情況；
- Total：實體記憶體總大小；
- Used：已經使用的記憶體量；
- Free：空閒的記憶體量；

- Shared：多個處理程序共用的記憶體總量；
- buffers/cached：快取的記憶體量；
- available：還可以被處理程序使用的實體記憶體量。

9. df

語法格式：

```
df [選項]
```

描述：顯示磁碟空間的使用情況。

df 命令的常用選項見表 5-7。

▼表 5-7 df 命令的常用選項

常用選項	說　明
-a	查看全部檔案系統，單位預設為 KB
-h	以 KB、MB、GB 的單位來顯示（推薦）

使用 df 命令。

```
[root@noylinux ~]# df -h
檔案系統              容量    已用    可用    已用(%) 掛載點
devtmpfs              3.8G    0       3.8G    0%      /dev
tmpfs                 3.8G    9.6M    3.8G    1%      /run
/dev/mapper/cl-root   44G     5.0G    40G     12%     /
/dev/sda1             1014M   243M    772M    24%     /boot
----- 省略部分內容 -----
```

10. date

語法格式：

```
date [選項] [輸出形式 | 日期時間]
```

描述：用於顯示或設定系統時間與日期。

date 命令的常用選項見表 5-8。

▼表 5-8 date 命令的常用選項

常用選項	說　明
-d <字串>	解析字串並按照指定格式輸出。字串必須加上雙引號
-s <字串>	根據字串設定系統時間與日期。字串必須加上雙引號

date 命令用到的時間與日期格式符號見表 5-9。

▼表 5-9 時間與日期格式符號表

符號	說　明	符號	說　明
%S	秒（00 ～ 60）	%r	顯示時間（12 小時制，格式為 hh:mm:ss [AP]M）
%M	分鐘（00 ～ 59）	%s	從 1970 年 1 月 1 日 00:00:00 UTC 到目前為止的秒數
%H	小時（以 00 ～ 23 格式表示）	%T	顯示時間（24 小時制）
%I	小時（以 01 ～ 12 格式表示）	%X	顯示時間格式為 %H:%M:%S
%k	小時（以 0 ～ 23 格式表示）	%Z	顯示時區
%l	小時（以 1 ～ 12 格式表示）	%c	顯示日期與時間
%d	日期（01 ～ 31）	%D	顯示日期（mm/dd/yy）
%m	月份（01 ～ 12）	%j	一年中的第幾天（001 ～ 366）
%b	月份（Jan ～ Dec）縮寫	%U	一年中的第幾周（00 ～ 53，以星期日為一周的第一天）
%B	月份（January ～ December）	%w	一周中的第幾天（0 ～ 6）
%y	年份的最後兩位數字（00 ～ 99）	%W	一年中第幾周（00 ～ 53，以星期一為一周的第一天）
%Y	完整年份（0000 ～ 9999）	%x	顯示日期格式為 mm/dd/yy
%a	星期幾（Sun ～ Sat）縮寫	%n	下一行
%A	星期幾（Sunday ～ Saturday）	%t	跳格

自訂格式輸出時間。

```
[root@noylinux ~]# date +"%Y-%m-%d %H:%M:%S"
2022-08-15 23:12:53
```

顯示歷史時間。

```
[root@noylinux ~]# date +%Y-%m-%d                # 顯示當前年月日
2022-08-15
[root@noylinux ~]# date -d "+1 day" +%Y-%m-%d   # 顯示後一天的日期
2022-08-16
[root@noylinux ~]# date -d "-1 day" +%Y-%m-%d   # 顯示前一天的日期
2022-08-14
[root@noylinux ~]# date -d "-1 month" +%Y-%m-%d # 顯示上一月的日期
2022-07-15
[root@noylinux ~]# date -d "+1 month" +%Y-%m-%d # 顯示下一月的日期
2022-09-15
[root@noylinux ~]# date -d "-1 year" +%Y-%m-%d  # 顯示前一年的日期
2021-08-15
[root@noylinux ~]# date -d "+1 year" +%Y-%m-%d  # 顯示下一年的日期
2023-08-15
```

11.top

語法格式：

```
top  [選項]  [PID|time|...]
```

描述：Linux 作業系統性能分析工具，可以即時動態地查看系統的整體執行情況，是一個綜合了多方資訊監測系統性能和執行資訊的實用工具。

top 命令的常用選項見表 5-10。

▼表 5-10 top 命令的常用選項

常用選項	說　明
-d	螢幕更新間隔時間
-p <處理程序號>	指定處理程序 ID 來監控這個處理程序的狀態
-c	顯示完整的命令
-b	以批次處理模式操作
-u <使用者名稱>	指定使用者名稱

工具中常用的互動命令如下：

- q：退出程式；
- m：切換顯示記憶體資訊；
- c：切換顯示命令名稱和完整命令列；
- i：忽略閒置和僵屍處理程序，這是一個開關式命令；
- k：終止一個處理程序；
- M：根據駐留記憶體大小進行排序；
- P：根據 CPU 使用百分比大小進行排序；
- T：根據累計時間進行排序。

使用 top 命令。

```
[root@noylinux ~]# top
top - 23:40:18 up  5:32,  3 users,  load average: 0.58, 0.58, 0.25
Tasks: 268 total,   1 running, 267 sleeping,   0 stopped,   0 zombie
%Cpu(s):  0.0 us,  1.5 sy,  0.0 ni, 98.5 id,  0.0 wa,  0.0 hi,  0.0 si,  0.0 st
MiB Mem :   7742.0 total,   5720.1 free,   1074.8 used,    947.1 buff/cache
MiB Swap:   5120.0 total,   5120.0 free,      0.0 used.   6359.9 avail Mem

    PID USER PR NI VIRT RES  SHR S%CPU %MEM TIME+ COMMAND
      1 root 20 0  252640  150569736 S  0.0  0.2  0:03.82 systemd
      2 root 20 0  0  0  0 S  0.0  0.0  0:00.03 kthreadd
      3 root 0-20   0  0  0 I  0.0  0.0  0:00.00 rcu_gp
      4 root 0-20   0  0  0 I  0.0  0.0  0:00.00 rcu_par_gp
----- 省略部分內容 -----
```

（1）第一行是系統執行時間和平均負載。

當前系統時間：23:40:18；系統執行時間：5 分 32 秒；當前登入使用者：3 個使用者；系統負載：0.58, 0.58, 0.25，這 3 個數分別是 1 分鐘、5 分鐘、15 分鐘的負載情況（當結果大於 5 的時候表示系統在超負荷運轉）。

（2）第二行是處理程序的相關資訊。

總處理程序數：150；執行：1；休眠：267；停止：0；僵屍處理程序：0。

（3）第三行 CPU 狀態相關資訊。

CPU 狀態參數見表 5-11。

▼表 5-11 CPU 狀態參數

狀態	說　明
us	使用者空間佔用 CPU 的百分比（time running un-niced user processes）
sy	核心空間佔用 CPU 的百分比（time running kernel processes）
ni	改變過優先順序的處理程序佔用 CPU 的百分比（timc running niccd uscr processes）
id	空閒 CPU 百分比（time spent in the kernel idle handler）
wa	I/O 等待的 CPU 時間百分比（time waiting for I/O completion）
hi	硬體中斷佔用 CPU 的百分比（time spent servicing hardware interrupts）
si	軟體中斷佔用 CPU 的百分比（time spent servicing software interrupts）
st	虛擬機器監控程序從這個虛擬機器竊取的時間（time stolen from this vm by the hypervisor）

（4）第四行是記憶體相關資訊。

記憶體資訊參數見表 5-12。

▼表 5-12 記憶體資訊參數

狀態	說　明
total	實體記憶體總量
free	空閒記憶體容量
used	使用中的記憶體容量
buff/cache	快取的記憶體容量

（5）第五行是交換空間相關資訊。

交換空間資訊參數見表 5-13。

▼表 5-13 交換空間資訊參數

狀態	說 明
total	交換分割區總量
free	空閒交換分割區容量
used	使用中的交換分割區容量
avail Mem	可用的交換分割區容量

（6）第六行是空格。

（7）第七行是各個處理程序的狀態及相關資訊。

處理程序狀態資訊參數見表 5-14。

▼表 5-14 處理程序狀態資訊參數

列名	說 明
PID	處理程序 ID 號，處理程序的唯一識別碼
USER	處理程序所有者的使用者名稱
PR	處理程序優先順序
NI	nice 值。負值為高優先順序，正值為低優先順序，值越小優先順序越高
VIRT	處理程序使用的虛擬記憶體總量，單位為 KB。計算公式： VIRT=SWAP+RES
RES	處理程序所駐留的記憶體大小，單位為 KB。計算公式： RES=CODE+DATA
SHR	處理程序的共用記憶體大小，單位為 KB
S	處理程序的狀態。D 表示不可中斷的睡眠狀態，R 表示執行，S 表示睡眠，T 表示被追蹤 / 已停止，Z 表示僵屍處理程序
%CPU	從上次更新到現在 CPU 時間佔用的百分比
%MEM	處理程序使用的實體記憶體百分比
TIME+	處理程序使用的 CPU 時間總計
COMMAND	處理程序名稱（命令名稱或完整命令列）

12. ps

語法格式：

```
ps ［選項］
```

描述：顯示當前時間點系統的處理程序狀態。

ps 命令的常用選項見表 5-15。

▼表 5-15 ps 命令的常用選項

常用選項	說　明
-e	顯示所有的處理程序
-f	顯示 UID、PPID、C 和 STIME 欄位
-aux	顯示所有處理程序（包含其他使用者）的詳細資訊

顯示此刻系統上所有處理程序的詳細資訊。

```
[root@noylinux ~]# ps -aux
USER  PID %CPU %MEM    VSZ   RSS  TTY STAT START  TIME COMMAND
root  1   0.0  0.1   252404  14532  ?    Rs 8月18  0:03 /usr/lib/systemd/systemd
root  2   0.0  0.0        0      0  ?     S 8月18  0:00 [kthreadd]
root  3   0.0  0.0        0      0  ?    I< 8月18  0:00 [rcu_gp]
root  4   0.0  0.0        0      0  ?    I< 8月18  0:00 [rcu_par_gp]
----- 省略部分內容 -----
```

系統處理程序資訊含義如下：

- USER：處理程序所屬的使用者；
- PID：PID 是處理程序的唯一識別碼；
- %CPU：處理程序所佔用的 CPU 資源百分比；
- %MEM：處理程序所佔用的記憶體百分比；
- VSZ：處理程序所使用的虛擬記憶體量（KB）；
- RSS：處理程序所使用的固定記憶體量（KB）；
- TTY：處理程序在哪個終端上執行，若與終端無關，則顯示「？」；
- STAT：處理程序目前的狀態；
- START：處理程序啟動的時間；
- TIME：處理程序實際使用 CPU 的時間；

- COMMAND：處理程序具體的工作指令。

在 STAT 列中，處理程序的狀態主要有以下幾種：

- R：執行狀態，程式目前正在運作；
- S：睡眠狀態，可被喚醒；
- T：停止狀態，已停止工作；
- Z：僵屍狀態。

13. netstat

語法格式：

```
netstat  [選項]
```

描述：用來列印網路系統的狀態資訊。

netstat 命令的常用選項見表 5-16。

▼表 5-16 netstat 命令的常用選項

常用選項	說　明
-a	顯示所有連線中的 socket，此選項預設不顯示網路監聽相關資訊
-n	直接顯示為 IP 位址
-p	顯示正在使用 socket 的程式辨識碼和程式名稱
-t	顯示 TCP 傳輸協定的連線狀況
-u	顯示 UDP 傳輸協定的連線狀況

顯示出所有監聽的 TCP 通訊埠相關資訊。

```
[root@noylinux ~]# netstat -anpt
Active Internet connections (servers and established)
Proto Recv-Q Send-Q  Local Address      Foreign Address    State   PID/Program name
tcp          0      0  0.0.0.0:111          0.0.0.0:*        LISTEN  1/systemd
tcp          0      0  192.168.122.1:53     0.0.0.0:*        LISTEN  1849/dnsmasq
tcp          0      0  0.0.0.0:22           0.0.0.0:*        LISTEN  1126/sshd
----- 省略部分內容 -----
```

TCP 通訊埠參數含義如下：

- Proto：網路連接的協定，一般就是 TCP 協定或 UDP 協定；
- Recv-Q：接收到的資料，已經在本地的快取中，但是還沒有被處理程序取走；
- Send-Q：從本機發送，對方還沒有收到的資料，依然在本地的快取中，不具備 ACK 標識的資料封包；
- Local Address：本機的 IP 位址和通訊埠編號；
- ForeignAddress：遠端主機的 IP 位址和通訊埠編號；
- State：鏈路狀態。

在 State 列中，鏈路狀態主要有以下幾種：

- LISTEN：監聽狀態，只有 TCP 協定需要監聽，而 UDP 協定不需要監聽；
- ESTABLISHED：已經建立連接的狀態；
- SYN_SENT：SYN 發起封包，就是主動發起連接的資料封包；
- SYN_RECV：接收到主動連接的資料封包；
- FIN_WAIT1：正在中斷的連接；
- FIN_WAIT2：已經中斷的連接，但是正在等待對方主機進行確認；
- TIME_WAIT：連接已經中斷，但是通訊端依然在網路中等待結束；
- CLOSED：關閉的連接。

14. alias

語法格式：

```
alias 別名='命令'
```

註：等號兩邊沒有空格。

描述：用於給命令定義別名。若一個命令太長，可以使用 alias 對這段長命令設定別名，直接輸入別名就能執行這段長命令。若直接執行 alias 命令，則會顯示當前所有的別名。切記！設定的別名不要和當前系統中的命令名稱重複。

給 date 的長命令定義一個別名。

```
[root@noylinux ~]# date +"%Y-%m-%d %H:%M:%S"
2022-08-19 17:59:26
[root@noylinux ~]# alias dt='date +"%Y-%m-%d %H:%M:%S"'
[root@noylinux ~]# dt
2022-08-19 17:59:41
[root@noylinux ~]# alias
alias cp='cp -i'
alias dt='date +"%Y-%m-%d %H:%M:%S"'
alias egrep='egrep --color=auto'
----- 省略部分內容 -----
```

使用 unalias 命令取消自訂的別名。

```
[root@noylinux ~]# unalias dt
[root@noylinux ~]# dt
bash: dt: 未找到命令 ...
```

15. ls

語法格式：

```
ls [選項] [參數]
```

描述：顯示目錄內容清單。ls 是使用最頻繁的命令，經常用它來查看目錄下有什麼檔案或目錄。若不加檔案或目錄，則預設顯示當前路徑。

ls 命令的常用選項見表 5-17。

▼表 5-17 ls 命令的常用選項

常用選項	說　明
-a	顯示所有檔案及目錄（以 "." 開頭的隱藏檔案 / 目錄也會列出）
-A	同 -a 選項效果，但不列出 "."（目前的目錄）和 ".."（上一級目錄）
-l	使用長格式顯示詳細資訊，即列出檔案和目錄的詳細資訊
-h	以易讀的方式顯示檔案或目錄的大小，如 "3K"、"3M"、"3G" 等，分別表示 3KB、3MB 和 3GB
-R	連同子目錄的內容一起顯示出來，也就是將該目錄下的所有檔案及子目錄下的所有檔案都顯示出來
-t	將檔案按照建立時間的先後次序排列顯示
--color	在字元模式中以顏色區分不同的檔案，預設 ls 命令的別名 "ll" 中已加入此選項，可使用 alias 命令進行查看

顯示目錄下所有檔案和目錄的詳細資訊。

```
[root@noylinux dev]# ll -al
-rw-r--r--.  1 root root         0 8月  19 21:12 123.txt
drwxr-xr-x.  2 root root       160 8月  19 20:58 block
crw-r--r--.  1 root root    10,235 8月  19 20:58 autofs
lrwxrwxrwx.  1 root root        13 8月  19 20:58 fd -> /proc/self/fd
brw-rw----.  1 root disk    8,   0 8月  19 20:58 sda
----- 省略部分內容 -----
```

（1）第一列：檔案類型與許可權（共 10 個字元）。

第 1 個字元表示檔案類型。- 表示普通檔案；d 表示資料夾 / 目錄；b 表示區塊裝置；c 表示字元裝置；l 表示符號連結檔案；p 表示管線檔案 pipe；s 表示通訊端檔案 sock。

第 2 ～ 4 個字元表示檔案擁有者的許可權，具體見表 5-18。第 5 ～ 7 個字元表示檔案的所群組的許可權。第 8 ～ 10 個字元表示檔案除擁有者群組之外其他使用者的許可權。

▼表 5-18 檔案擁有者的許可權

權　限	目標	說　明
讀許可權（r）	檔案	讀取檔案內的內容
	目錄	列出目錄中的內容
寫許可權（w）	檔案	可以對檔案進行修改
	目錄	可以在目錄下建立檔案或資料夾
執行權（x）	檔案	可以執行該檔案（指令稿 / 命令）
	目錄	可以進入該目錄內

（2）第二列：硬連結數量。檔案預設從 1 開始，目錄預設從 2 開始，關於硬連結的內容請參見 5.3 節中的 ln 命令。

（3）第三列：檔案擁有者。

（4）第四列：檔案群組。

（5）第五列：檔案大小，加上 "-h" 選項後以 "K"、"M"、"G" 等形式顯示，分別表示 KB、MB 和 GB。

（6）第六～八列：建立時間或最後一次修改時間。

（7）第九列：檔案或目錄名稱。

16. pwd

語法格式：

```
pwd  [選項]
```

描述：以絕對路徑的方式顯示使用者當前所在的工作目錄。一般在用的時候直接執行此命令，不加選項。

pwd 命令的常用選項見表 5-19。

▼表 5-19 pwd 命令的常用選項

常用選項	說　明
-L	列印環境變數 "$PWD" 的值，可能為符號連結
-P	列印當前工作目錄的物理位置

範例

顯示當前所在目錄。

```
[root@noylinux log]  # pwd
/var/log
```

17. wc

語法格式：

```
wc  [選項]  [參數]
```

描述：統計指定檔案中的行數、字數、位元組數，並將統計結果顯示輸出。

wc 命令的常用選項見表 5-20。

▼表 5-20 wc 命令的常用選項

常用選項	說　明
-c	統計位元組數
-l	統計行數
-m	統計字元數
-w	統計字數，一個字被定義為由空白、跳格或換行字元分隔的字串

範例

統計 /etc/passwd 檔案的行數、單字數和位元組數。

```
[root@noylinux ~]# wc /etc/passwd
  45   91 2348 /etc/passwd
```

18. whoami 和 who am i

描述：列印當前有效的使用者 ID 對應的名稱。

whoami 命令：

```
[root@noylinux ~]# whoami
root
```

who am i 命令：

```
[root@noylinux ~]# who am i
root     pts/0        2022-08-15 18:08 (192.168.1.1)
```

19. who 和 w

描述：顯示當前所有登入使用者的資訊。

who 命令：

```
[root@noylinux ~]# who
root     pts/0        2022-08-15 18:08 (192.168.1.1)
root     pts/1        2022-08-15 18:09 (192.168.1.1)
```

w 命令：

```
[root@noylinux ~]# w
 01:27:29 up  7:19,  3 users,  load average: 0.00, 0.00, 0.00
USER     TTY      FROM              LOGIN@   IDLE   JCPU   PCPU WHAT
root     pts/0    192.168.1.1      18:08    0.00s  0.28s  0.00s w
root     pts/1    192.168.1.1      18:09    7:14m  0.07s  0.02s -bash
```

其中各列含義如下：

- USER：登入使用者；
- TTY：終端；
- FROM：遠端登入主機；
- LOGIN@：登入時間；
- IDLE：使用者閒置時間；
- JCPU：在此終端的所有處理程序佔用時間；
- PCPU：當前處理程序佔用時間；
- WHAT：當前正在執行的命令。

5.2 查看檔案內容相關命令

1. cat

語法格式：

```
cat ［選項］［參數］
```

描述：檔案查看和連接工具，常用於查看檔案的內容。

cat 命令的常用選項見表 5-21。

▼表 5-21 cat 命令的常用選項

常用選項	說　明
-n	對輸出的所有行進行編號，即輸出的內容增加行號，從 1 開始編號
-b	只對非空行編號，從 1 開始編號
-s	遇到有連續兩行以上的空白行，轉換為一行的空白行

查看檔案內容。

```
[root@noylinux ~]# cat  /etc/passwd
root:x:0:0:root:/root:/bin/bash
bin:x:1:1:bin:/bin:/sbin/nologin
daemon:x:2:2:daemon:/sbin:/sbin/nologin
adm:x:3:4:adm:/var/adm:/sbin/nologin
----- 省略部分內容 -----
[root@noylinux ~]# cat  -n /etc/passwd
     1  root:x:0:0:root:/root:/bin/bash
     2  bin:x:1:1:bin:/bin:/sbin/nologin
     3  daemon:x:2:2:daemon:/sbin:/sbin/nologin
     4  adm:x:3:4:adm:/var/adm:/sbin/nologin
----- 省略部分內容 -----
```

2. tac

語法格式：

```
tac [選項] [參數]
```

描述：將檔案全部內容從尾到頭反向輸出到螢幕上，反向顯示檔案內容。

tac 命令的常用選項見表 5-22。

▼表 5-22 tac 命令的常用選項

常用選項	說　明
-b	在行前增加分隔符號

查看和反向查看檔案內容。

```
[root@noylinux opt]# cat 123.txt
1234
4321
[root@noylinux opt]# tac 123.txt
4321
1234
```

3. more

語法格式：

```
more [選項] [參數]
```

描述：用於查看較長的檔案內容。more 命令是以一頁一頁的方式分頁顯示的，還內建了若干快速鍵。該命令是從前向後讀取檔案的，所以在啟動時就載入整個檔案。

more 命令的常用選項見表 5-23。

▼表 5-23 more 命令的常用選項

常用選項	說　明
+n	從第 n 行開始顯示，預設是從第一行開始顯示
-n	限制每頁顯示的行數，一頁只顯示 n 行
-s	將連續的多個空行顯示為一行

工具中常用的相關互動命令如下：

- 空白鍵：顯示文字的下一頁內容；
- 確認鍵：只顯示文 字的下一行內容；
- B 鍵：顯示文字的上一頁內容；
- Q 鍵：退出 more 命令。

從檔案內容的第 15 行開始顯示。

```
[root@noylinux opt]# more +15 123.txt
```

4. less

語法格式：

```
less  [選項]  [參數]
```

描述：切分螢幕上下翻頁瀏覽檔案內容。less 命令的用法比起 more 更加有彈性，且本身的功能十分強大。

less 命令的常用選項見表 5-24。

▼表 5-24 less 命令的常用選項

常用選項	說　明
-c	檔案內容顯示完畢後，自動退出
-N	每一行行首顯示行號
-s	將連續的多個空行顯示為一行

工具中常用的相關互動命令如下：

- 上下鍵：向上移動一行和向下移動一行；
- j 鍵和 k 鍵：分別向上移動一行和向下移動一行；
- 空白鍵：向下移動一頁；
- 確認鍵：向下移動一行；
- d 鍵：向下翻半頁；
- / 字串：向下搜尋該字串；
- ? 字串：向上搜尋該字串；
- n：向前查詢下一個匹配的字串；
- N：向後查詢上一個匹配的字串；
- Q：退出 less 命令。

範例

使用 less 命令開啟檔案。

```
[root@noylinux opt]# less 123.txt
```

使用 ps 命令查看處理程序資訊並透過 less 命令進行分頁顯示。

```
[root@noylinux opt]# ps -ef |less
```

使用 less 命令同時開啟多個檔案，此時可以使用命令在多個檔案之間切換（:n：切換到下一個檔案。:p：切換到上一個檔案）。

```
[root@noylinux opt]# less  123.txt  noylinux1.txt
```

5. head

語法格式：

```
head  [選項]  [參數]
```

描述：顯示指定檔案的開頭部分內容，預設顯示檔案的前 10 行，檔案可以是一個或多個。

head 命令的常用選項見表 5-25。

▼表 5-25 head 命令的常用選項

常用選項	說　明
-n X	顯示檔案的前 X 行內容
-c X	顯示檔案的前 X 位元組內容

顯示此檔案指定行數或者位元組數的內容。

```
[root@noylinux opt]# head  -n 3 /etc/passwd
root:x:0:0:root:/root:/bin/bash
bin:x:1:1:bin:/bin:/sbin/nologin
daemon:x:2:2:daemon:/sbin:/sbin/nologin
[root@noylinux opt]# head  -c 30 /etc/passwd
root:x:0:0:root:/root:/bin/bas
```

顯示多個檔案的前 3 行內容。

```
[root@noylinux opt]# head  -n 3  /etc/passwd  /etc/group  /etc/profile
==> /etc/passwd <==
root:x:0:0:root:/root:/bin/bash
bin:x:1:1:bin:/bin:/sbin/nologin
daemon:x:2:2:daemon:/sbin:/sbin/nologin

==> /etc/group <==
root:x:0:
bin:x:1:
daemon:x:2:

==> /etc/profile <==
# /etc/profile

# System wide environment and startup programs, for login setup
```

6. tail

語法格式：

```
tail [選項] [參數]
```

描述：顯示指定檔案的尾端部分內容，常用於查看記錄檔內容。預設只顯示檔案尾端的 10 行內容。若結合 "-f" 選項，可以即時查看指定檔案尾端的最新內容。

tail 命令的常用選項見表 5-26。

▼表 5-26 tail 命令的常用選項

常用選項	說 明
-f	即時查看檔案尾端內容（使用快速鍵 Ctrl+C 結束即時查看）
-n X	顯示檔案尾端的 X 行內容
-c X	顯示檔案尾端的 X 位元組內容
-v	當有多個檔案參數時，總是輸出各個檔案名稱

顯示檔案的最後 3 行內容。

```
[root@noylinux ~]# tail -n3 /etc/passwd
sshd:x:74:74:Privilege-separated SSH:/var/empty/sshd:/sbin/nologin
tcpdump:x:72:72::/:/sbin/nologin
xiaozhou:x:1000:1000:xiaozhou:/home/xiaozhou:/bin/bash
```

若使用 "-f" 選項即時查看檔案尾端的內容，當有新資料寫入檔案尾端時，會直接顯示出來，常用於查看各種程式執行時期產生的記錄檔。

5.3 建立、移動檔案目錄相關命令

1. touch

語法格式：

```
touch [選項] [參數]
```

描述：建立新的空檔案，可以一次性建立多個檔案。touch 命令還可以用於修改檔案的時間屬性，不加時間戳記則預設修改為當前時間。

touch 命令的常用選項見表 5-27。

▼表 5-27 touch 命令的常用選項

常用選項	說明
-a	修改檔案或目錄的存取時間
-m	修改檔案或目錄的修改時間
-r	將目的檔案的時間屬性更新到此檔案
-t	將檔案時間修改為指定的日期時間，時間格式為 [[CC]YY]MMDDhhmm[.ss]，CC 表示世紀（可選）、YY 表示年（可選）、MM 表示月份（必寫）、DD 表示日期（必寫）、hh 表示小時（必寫）、mm 表示分鐘（必寫）、ss 表示秒鐘（可選）

建立檔案。

```
[root@noylinux opt]# touch noylinux1.txt
[root@noylinux opt]# ls
noylinux1.txt
[root@noylinux opt]# touch noylinux2.txt  noylinux3.txt  noylinux4.txt
noylinux5.txt
[root@noylinux opt]# ls
noylinux1.txt  noylinux2.txt  noylinux3.txt  noylinux4.txt  noylinux5.txt
```

使用 "-a" 和 "-m" 選項修改檔案的存取和修改時間。

```
[root@noylinux opt]# stat noylinux1.txt
最近存取：2022-08-17 16:09:09.232218228 +0800
最近更改：2022-08-17 16:09:09.232218228 +0800
最近改動：2022-08-17 16:09:09.232218228 +0800
[root@noylinux opt]# touch -am   noylinux1.txt
[root@noylinux opt]# stat noylinux1.txt
最近存取：2022-08-17 16:44:43.861540854 +0800
最近更改：2022-08-17 16:44:43.861540854 +0800
最近改動：2022-08-17 16:44:43.861540854 +0800
```

使用 "-t" 選項將檔案的存取時間改為指定的日期。

```
[root@noylinux opt]# stat noylinux1.txt
最近存取：2022-08-17 16:44:43.861540854 +0800
最近更改：2022-08-17 16:44:43.861540854 +0800
最近改動：2022-08-17 16:44:43.861540854 +0800
[root@noylinux opt]# touch -at 2601071231   noylinux1.txt
[root@noylinux opt]# stat noylinux1.txt
最近存取：2026-01-07 12:31:00.000000000 +0800
最近更改：2022-08-17 16:44:43.861540854 +0800
最近改動：2022-08-17 17:00:28.977341104 +0800
```

2. mkdir

語法格式：

```
mkdir  [選項]  [目錄...]
```

描述：用於建立目錄。

mkdir 命令的常用選項見表 5-28。

▼表 5-28 mkdir 命令的常用選項

常用選項	說 明
-p	遞迴建立目錄，若路徑中的某些目錄不存在，加上此選項後，系統將自動建立這些不存在的目錄

一次性建立多個目錄。

```
[root@noylinux opt]# mkdir ny1 ny2 ny3 ny4
[root@noylinux opt]# ls
ny1  ny2  ny3  ny4
```

遞迴建立嵌套的多層目錄，若最終目錄的上一層目錄不存在，則一併建立。

```
[root@noylinux opt]# mkdir -p  folder1/folder2/folder3/folder4
[root@noylinux opt]# tree folder1  #tree 命令用來以樹狀結構查看整個目錄結構
folder1
└── folder2
    └── folder3
        └── folder4

3 directories, 0 files
```

3. ln

語法格式：

```
ln [選項] [原始檔案|目錄] [連結目標]
```

描述：用來為檔案建立連結。建立的連結可以分為硬連結和軟連結（也稱為符號連結）。預設使用硬連結。

- 硬連結：透過索引節點進行連接的連結檔案。
- 軟連結：軟連結檔案以路徑的形式存在，類似於 Windows 上的捷徑，此檔案中包含有原始檔案的位置資訊。

註：不論是硬連結還是軟連結都不會將原本的檔案完全複製，只會佔用非常少的磁碟空間；在建立軟連結檔案時，指定原始檔案必須寫成絕對路徑的形式。

軟連結和硬連結的特性比較見表 5-29。

▼表 5-29 特性比較

	軟連結	硬連結
應用範圍	檔案、目錄	檔案
儲存位置	可以與原始檔案處於不同的檔案系統	必須與原始檔案處在同一檔案系統
刪除原始檔案後	故障	有效

ln 命令常用的選項見表 5-30。

▼表 5-30 ln 命令的常用選項

常用選項	說　明	常用選項	說　明
-s	使用軟連結（符號連結）	-f	強行刪除任何已存在的目的檔案
-v	顯示詳細的處理過程	-b	為每個已存在的目的檔案建立備份檔案

對目錄和檔案建立軟連結。

```
[root@noylinux opt]# ls
folder1  ny1  ny2  ny3  ny4  ny5  noylinux1.txt  noylinux2.txt  noylinux3.txt
noylinux4.txt  noylinux5.txt
[root@noylinux opt]# ln -s /opt/noylinux1.txt   /opt/Symboliclink1.txt
[root@noylinux opt]# ln -s /opt/folder1    /opt/FolderSymboliclink1
[root@noylinux opt]# ls -al
lrwxrwxrwx. 1 root root 17 8月  18 13:39 Symboliclink1.txt -> /opt/noylinux1.
txt
lrwxrwxrwx. 1 root root 12 8月  18 13:39 FolderSymboliclink1 -> /opt/folder1
....
```

4. cd

語法格式：

```
cd ［選項］ ［絕對路徑 | 相對路徑 | ~ | . | .. | - ］
```

描述：切換使用者當前工作目錄。

cd 命令常用的特殊符號見表 5-31。

▼表 5-31 cd 命令常用的特殊符號

特殊符號	說　明	特殊符號	說　明
～	當前使用者的家目錄	..	上一級目錄
.	目前的目錄	-	上一次所在的目錄

切換目錄。

```
[root@noylinux ~]# cd /usr/local/            # 使用絕對路徑
[root@noylinux local]# pwd
/usr/local
[root@noylinux local]# cd ./share/man/       # 使用相對路徑
[root@noylinux man]# pwd
/usr/local/share/man
[root@noylinux man]# cd ..                   # 切換到上一層目錄
[root@noylinux share]# pwd
/usr/local/share
[root@noylinux share]# cd -                  # 切換到上一次所在目錄
/usr/local/share/man
[root@noylinux man]# pwd
/usr/local/share/man
[root@noylinux man]# cd ~                    # 切換到家目錄
[root@noylinux ~]# pwd
/root
```

5. mv

語法格式：

```
mv  [選項]  [原始檔案或目錄]  [目的檔案或目錄]
```

描述：用來對檔案或目錄重新命名，或者將檔案從一個目錄移到另一個目錄中。

mv 命令的常用選項見表 5-32。

▼表 5-32 mv 命令的常用選項

常用選項	說　明
-b	當目的檔案或目錄已經存在時，先備份再完成覆蓋操作
-f	強制覆蓋。當目的檔案或目錄已經存在時，直接覆蓋，不進行詢問
-i	當目的檔案或目錄已經存在時，會先詢問是否覆蓋目的檔案
-n	當目的檔案或目錄已經存在時，不進行覆蓋操作

對檔案重新命名，目錄重新命名也是如此。

```
[root@noylinux opt]# ls
123.txt
[root@noylinux opt]# mv 123.txt 456.txt
[root@noylinux opt]# ls
456.txt
```

移動檔案到指定目錄，移動目錄也是如此。

```
[root@noylinux opt]# mv 456.txt    /mnt/
[root@noylinux opt]# ls /mnt/
456.txt  hgfs
```

5.4 複製、刪除檔案目錄相關命令

1. cp

語法格式：

```
cp ［選項］ ［原始檔案或目錄］ ［目的檔案或目錄］
```

描述：用來將一個或多個原始檔案或者目錄複寫到指定的目的檔案或目錄。檔案複製的過程可以進行重新命名操作。

cp 命令的常用選項見表 5-33。

▼表 5-33 cp 命令的常用選項

常用選項	說　明
-f	強行複製檔案或目錄，不論目的檔案或目錄是否已存在
-i	覆蓋目標名稱相同檔案或目錄時提醒使用者確認
-p	複製的過程中保留原始檔案或目錄的屬性
-r	遞迴複製目錄，將指定目錄下的所有檔案與子目錄一併處理
-b	覆蓋已存在的目的檔案前將目的檔案備份

註：在複製多個檔案或者目錄時，目標位置必須是資料夾，且存在。

複製檔案。

```
[root@noylinux opt]# ls
nyinux2.txt  noylinux1.txt
[root@noylinux opt]# cp noylinux1.txt   noylinux5.txt   #複製過程中重新命名
[root@noylinux opt]# ls
nyinux2.txt  noylinux1.txt  noylinux5.txt
[root@noylinux opt]# cp noylinux5.txt   /mnt/            #將檔案複製到指定目錄下
[root@noylinux opt]# ls /mnt/
456.txt   hgfs   nyinux1.txt  noylinux5.txt
[root@noylinux opt]# cp noylinux5.txt   /mnt/noylinux6.txt  #將檔案複製到指定目
                                                              錄下並重新命名
[root@noylinux opt]# ls /mnt/
456.txt   hgfs   nyinux1.txt  noylinux5.txt  noylinux6.txt
[root@noylinux opt]# ls noylinux/
noylinux1.txt  noylinux5.txt
[root@noylinux opt]# cp -rf noylinux   /mnt/       #強制複製整個資料夾到指定目錄下
[root@noylinux opt]# ls /mnt/noylinux/
noylinux1.txt  noylinux5.txt
```

2. rm

語法格式：

```
rm  [選項] [檔案或目錄]
```

描述：用於刪除指定的檔案或目錄。使用 rm 命令要格外小心，因為一旦刪除了，就很難再恢復。特別是 "rm -rf /" 與 "rm -rf /*" 這兩筆命令，千萬不要使用 root 使用者或擁有超級管理員許可權的使用者執行，一旦執行了會刪除 Linux 作業系統根目錄下的所有檔案，直接導致伺服器癱瘓。

rm 命令的常用選項見表 5-34。

▼表 5-34 rm 命令的常用選項

常用選項	說　明
-i	刪除檔案或目錄之前先詢問使用者，得到使用者肯定再進行刪除
-r 或 -R	遞迴刪除，將指定目錄下的所有檔案和子目錄一起刪除
-f	強制刪除檔案和目錄，不會進行詢問
-v	顯示命令執行的詳細過程

註：執行 rm 命令時預設帶有此選項，使用 alias 別名能找到 "alias rm='rm -i'" 這一項。

強制刪除檔案和目錄，且不進行詢問。

```
[root@noylinux opt]# ls
123.txt  nyfolder  noylinux
[root@noylinux opt]# ls noylinux/
noylinux1.txt  noylinux5.txt
[root@noylinux opt]# rm -rf 123.txt   noylinux
[root@noylinux opt]# ls
nyfolder
```

5.5 檔案搜尋相關命令

1. which

語法格式：

```
which [選項] [參數]
```

描述：查詢並顯示給定命令的絕對路徑，環境變數 $PATH 中儲存了查詢命令時需要遍歷的目錄，which 命令會在環境變數 $PATH 設定的目錄裡查詢符合條件的檔案。一般在使用 which 命令的過程中不會加選項。

which 命令的常用選項見表 5-35。

▼表 5-35 which 命令的常用選項

常用選項	說 明
-n	指定檔案名稱長度
-p	與 -n 參數相同，但包括了檔案的路徑
-w	指定輸出時欄位的寬度

搜尋 bash 命令的位置。

```
[root@noylinux ~]# which bash
/usr/bin/bash
[root@noylinux ~]# echo $PATH   # 在此變數路徑下搜尋
/usr/local/sbin:/usr/local/bin:/usr/sbin:/usr/bin:/root/bin
```

2. find

語法格式：

```
find  [查詢範圍]  [查詢條件運算式]
```

描述：用來在指定目錄下查詢檔案，並傳回檔案或目錄的絕對路徑。當不增加查詢範圍時，預設在目前的目錄下查詢子目錄和檔案。

find 命令的常用選項見表 5-36。

▼表 5-36 find 命令的常用選項

常用選項	說　明
-name	根據檔案 / 目錄名稱進行查詢，可以使用萬用字元（?,*）。 ？：匹配檔案名稱中一個任意字元，*：匹配檔案名稱中任意數量的任意字元
-size n	根據檔案大小進行查詢，使用（+ / －）設定大於或小於 n 的檔案，常用單位為 KB、MB、GB
-user 使用者名稱	查詢符號和指定的擁有者名稱的檔案或目錄
-mtime -n +n	根據檔案的更改時間來查詢檔案，-n 表示檔案更改時間距離現在 n 天以內，+n 表示檔案更改時間距離現在 n 天以前
-amin < 分鐘 >	查詢在指定時間曾被存取過的檔案或目錄，單位以分鐘計算
-type < 檔案類型 >	只尋找符合指定檔案類型的檔案

其中，在 "-type" 選項中，可供選擇的檔案類型主要有以下幾種：

- d：資料夾；
- f：一般檔案；
- b：區塊裝置；
- c：字元裝置檔案；
- l：符號連結檔案；
- p：管線檔案。

在 /var 目錄下查詢以 cron 開始的檔案。

```
[root@noylinux ~]# find /var -name  cron*
/var/lib/selinux/targeted/active/modules/100/cron
/var/log/cron-20130122
/var/log/cron-20220816
----- 省略部分內容 -----
```

在 /etc 目錄下查詢所有的目錄。

```
[root@noylinux ~]# find /etc -type d
/etc
/etc/yum
/etc/dnf/modules.d
/etc/dnf/aliases.d
/etc/dnf/modules.defaults.d
----- 省略部分內容 -----
```

在 /var/log 目錄下查詢大小超過 2 MB 的檔案。

```
[root@noylinux ~]# find /var/log  -size 2M
/var/log/messages-20220815
```

5.6 打包、壓縮、解壓相關命令

1. tar

語法格式：

```
tar  [ 主選項 + 輔選項 ]  [ 套件名稱 ]  [ 目的檔案或目錄 ]
```

描述：tar 命令是 Linux 下最常用的打包程式。使用 tar 命令打出來的套件稱為 tar 套件，因為 tar 類別檔案的副檔名通常是 ".tar"。

每筆 tar 命令只能有一個主選項，而輔助選項可以有多個。常用的主選項和輔助選項見表 5-37 和 5-38。

▼表 5-37 常用主選項

主選項	說　明
-c	新建一個歸檔檔案，即打包
-x	從歸檔中解出檔案
-t	列出歸檔內容
-r	追加檔案至歸檔結尾
-u	更新原壓縮檔中的檔案

▼表 5-38 常用輔助選項

輔助選項	說　明	輔助選項	說　明
-z	使用 gzip 壓縮方式	-d	記錄檔案的差別
-j	使用 bzip2 壓縮方式	-W	確認壓縮檔的正確性
-v	顯示操作過程	-k	保留原始檔案不覆蓋
-f	指定壓縮檔	-C	指定套件的解壓路徑
-t	顯示壓縮檔的內容	-p	使用壓縮前檔案的原來屬性

註：建議 tar 命令執行時的位置和要打包的檔案在同一路徑下。

複習一下目前各種壓縮檔類型的壓縮和解壓命令，見表 5-39。

▼表 5-39 各壓縮檔類型的壓縮和解壓命令

類　型	壓　縮	解　壓
.tar	tar -cvf	tar -xvf
.gz	gzip	gzip -d 或 gunzip
.bz2	bzip2 -z	bzip2 -d 或 bunzip2
.tar.gz	tar -zcvf	tar -zxvf
.tar.bz2	tar -jcvf	tar -jxvf
.rar	rar	unrar
.zip	zip	unzip

將整個 /etc 目錄全部打包，並將 tar 類別檔案放到 /tmp/ 目錄下。

```
[root@noylinux /]# tar  -cvf /tmp/etc.tar   /etc       # 僅打包
[root@noylinux /]# tar -zcvf /tmp/etc.tar.gz /etc      # 打包並以 gzip 方式壓縮
[root@noylinux /]# tar -jcvf /tmp/etc.tar.bz2 /etc     # 打包並以 bzip2 方式壓縮
[root@noylinux /]# ll -lh /tmp/
-rw-r--r--. 1 root root  27M 8月  20 16:46 etc.tar
-rw-r--r--. 1 root root 4.4M 8月  20 16:48 etc.tar.bz2
-rw-r--r--. 1 root root 6.0M 8月  20 16:48 etc.tar.gz
----- 省略部分內容 -----
```

查看壓縮檔中的內容。

```
[root@noylinux tmp]# tar -tvf etc.tar
drwxr-xr-x root/root         0 2022-08-19 17:54 etc/
-rw-r--r-- root/root       579 2022-08-06 10:25 etc/fstab
-rw------- root/root         0 2022-08-06 10:25 etc/crypttab
-----省略部分內容-----
[root@noylinux tmp]# tar -ztvf etc.tar.gz
drwxr-xr-x root/root         0 2022-08-19 17:54 etc/
-rw-r--r-- root/root       579 2022-08-06 10:25 etc/fstab
-rw------- root/root         0 2022-08-06 10:25 etc/crypttab
-----省略部分內容-----
[root@noylinux tmp]# tar -jtvf etc.tar.bz2
drwxr-xr-x root/root         0 2022-08-19 17:54 etc/
-rw-r--r-- root/root       579 2022-08-06 10:25 etc/fstab
-rw------- root/root         0 2022-08-06 10:25 etc/crypttab
-----省略部分內容-----
[root@noylinux tmp]# tar -ztvf etc.tar.bz2  # -z 選項和壓縮方式不匹配，顯示出錯！
gzip: stdin: not in gzip format
tar: Child returned status 1
tar: Error is not recoverable: exiting now
```

註：用什麼方式壓縮的 tar 套件，在查看或解壓的時候就要帶上相對應的選項去操作！

將壓縮檔解壓到指定目錄（預設解壓到目前的目錄）。

```
[root@noylinux tmp]# tar -xvf etc.tar      # 預設解壓到目前的目錄
[root@noylinux tmp]# tar -zxvf etc.tar.gz -C /opt/     # 加上 -C 選項後，將會解壓到
                                                          指定的目錄
[root@noylinux tmp]# tar -jxvf etc.tar.bz2 -C /home/  # 加上 -C 選項後，將會解壓到
                                                          指定的目錄
```

2. zip

語法格式：

```
zip [參數] [壓縮檔名] [要壓縮的檔案 / 目錄]
```

描述：用 zip 壓縮方式壓縮檔或目錄，或者對檔案進行打包操作。檔案使用該命令壓縮後會另外產生具有 ".zip" 副檔名的壓縮檔。

zip 命令的常用選項見表 5-40。

▼表 5-40 zip 命令的常用選項

常用選項	說　明
-h	顯示說明介面
-m	將檔案壓縮並加入壓縮檔後，刪除原始檔案，即把檔案移到壓縮檔中
-r	遞迴處理，將指定的目錄下的所有子目錄及檔案一起處理
-S	包含系統檔案和隱含檔案（S 是大寫）
-q	安靜模式，在壓縮的時候不顯示指令的執行過程
-d	從壓縮檔內刪除指定的檔案

將 /etc 整個目錄進行壓縮，做成壓縮檔，並存放到 /mnt 目錄下，壓縮檔不加路徑會預設儲存到目前的目錄下。

```
[root@noylinux ~]# zip -r -q   /mnt/etc.zip  /etc
[root@noylinux ~]# ll -h /mnt/
-rw-r--r--. 1 root root 11M 8月  20 22:20 etc.zip
```

壓縮時不加路徑。

```
[root@noylinux opt]# pwd
/opt
[root@noylinux opt]# ls
nyfolder
[root@noylinux opt]# zip -r -q etc.zip /etc
[root@noylinux opt]# ll -h
總用量 11M
-rw-r--r--. 1 root root 11M 8月  20 22:21 etc.zip
```

3. unzip

語法格式：

```
unzip [選項] [壓縮檔名稱]
```

描述：用於解壓由 zip 命令壓縮的 ".zip" 壓縮檔。

unzip 命令的常用選項見表 5-41。

▼表 5-41 unzip 命令的常用選項

常用選項	說　明
-p	將解壓縮的結果顯示到螢幕上，但不會執行任何的轉換
-l	顯示壓縮檔內所包含的檔案
-v	執行時顯示詳細的資訊
-P ＜密碼＞	使用 zip 的密碼選項（P 是大寫）
-d ＜目錄＞	指定檔案解壓縮後所要儲存的目錄
-x ＜檔案＞	指定不要處理 zip 壓縮檔中的哪些檔案

範例

查看壓縮檔內的內容。

```
[root@noylinux opt]# unzip -l etc.zip
Archive:  etc.zip
  Length      Date    Time    Name
---------  ---------- -----   ----
        0  08-20-2022 22:18   etc/
     2889  08-20-2022 22:21   etc/mtab
      579  08-05-2022 23:24   etc/fstab
----- 省略部分內容 -----
```

對壓縮檔進行解壓操作，加 "-d" 選項可以指定解壓後存放的位置。

```
[root@noylinux opt]# ls /home/
xiaozhou
[root@noylinux opt]# unzip etc.zip -d /home/
Archive:  etc.zip
```

```
   creating: /home/etc/
 extracting: /home/etc/mtab
  inflating: /home/etc/fstab
 extracting: /home/etc/crypttab
----- 省略部分內容 -----
[root@noylinux opt]# ls /home/
etc  xiaozhou
```

CHAPTER 06

「上古神器」之 Vim 編輯器

6.1 Vim 編輯器簡介

Vim 的全稱為 "Vi IMproved"，是一款開放原始碼的、高度可訂製的文字編輯工具。它本身是由 Vi 編輯器發展而來的升級版。Vim 編輯器的第一個版本由 Bram Moolenaar 在 1991 年發佈，它在 Vi 編輯器的基礎上增加了許多功能，使這款工具使用簡單、功能強大，經過幾年的發展，它已成為許多 Linux 發行版本預設使用的文字編輯器。圖 6-1 中就是 Vim 編輯器的 Logo。

▲ 圖 6-1 Vim 編輯器的 Logo

Vim 編輯器因其程式補全、編譯和錯誤跳躍等方便程式設計的功能特別豐富，在程式設計師中被廣泛使用，和 Emacs 並列成為類 UNIX 系統使用者最喜歡的文字編輯器，筆者身邊從事 IT 技術的朋友都在使用這款文字編輯器。能夠得到這麼多使用者的認可離不開它的 3 種工作模式：命令模式、編輯模式和末行模式。這 3 種工作模式有各自的用途，且三者之間能夠相互配合、相互切換，這使得工作效率能夠得到極大的提升。

雖然剛接觸的時候大家可能對這 3 種工作模式有些不適應，但用習慣後就會由衷地感覺「真不錯！」

6.2 三種工作模式

在使用 Vim 編輯器開啟某個檔案時，預設就處於命令模式中，在此模式下一般可對檔案內容進行常規的編輯操作，例如，複製、貼上、刪除和翻頁等。我們可以使用方向（上、下、左、右）鍵或 k、j、h、l 鍵來移動游標位置。

在命令模式下按 i、a、o 幾個鍵都可以進入編輯模式，進入編輯模式的標識就是在頁面的最下方出現一行字「-- 插入 --」。編輯模式就是對檔案內容進行編輯操作，當檔案編輯完成後按 Esc 鍵即可重新返回命令模式。

在命令模式下按冒號鍵（：）可以進入到末行模式，進入末行模式的標識就是頁面的底部出現 "："，並且游標會直接移動到底部冒號的位置。在此模式下可以進行儲存、退出、查詢、替換、顯示行號、切分螢幕和另存為等操作。若想重新回到命令模式，按 Esc 鍵即可，還可以在末行模式執行完命令之後自動回到命令模式（執行命令按確認鍵）。Vim 編輯器的 3 種工作模式如圖 6-2 所示。

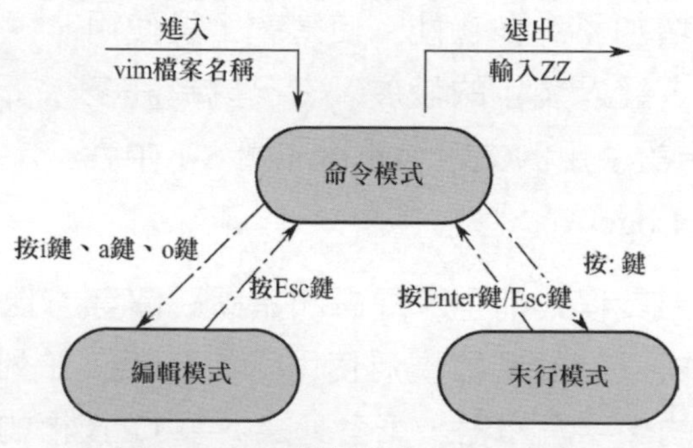

▲ 圖 6-2　Vim 編輯器的 3 種工作模式

一般在企業中，Vim 編輯器除了用來編輯文件之外還有很多用途，例如寫 Shell 指令稿、寫 Python 程式、多文件編輯和嵌入式開發等。接下來就一邊介紹它的基本用法一邊演示怎麼去使用。

6.3 一些常用的基本操作

為了讓大家儘快熟悉這 3 種工作模式，這裡的基本操作就按模式分開來寫，把每種模式的用法都介紹清楚，讓大家直觀地感受到 3 種工作模式各自的作用。

使用 Vim 編輯器開啟檔案的格式：

```
vim [+行號 | +/模式字串] 檔案名稱
```

先給大家演示使用 Vim 編輯器開啟檔案的各種「姿勢」：

（1）直接開啟檔案，讓游標停留在檔案的首行。

```
[root@noylinux opt]# vim nypass.txt
```

（2）開啟檔案後，讓游標停留在指定的行中。

```
[root@noylinux opt]# vim +6  nypass.txt
```

（3）開啟檔案後，讓游標停留在最後一行。

```
[root@noylinux opt]# vim +  nypass.txt
```

（4）Vim 編輯器支援模式匹配，開啟檔案後將游標停留在檔案中第一個與指定模式字串匹配的那行上。

```
[root@noylinux opt]# vim  +/root  nypass.txt
```

註：這裡我們用 /etc/passwd 這個檔案進行演示，但是因為該檔案是系統中的敏感檔案，亂改的話會導致使用者登入顯示出錯等問題，所以我們複製這份檔案到其他目錄進行演示。

1. 命令模式

命令模式下的基本操作包括游標移動、刪除、撤銷、複製、貼上和替換等，這些操作都有對應的按鍵，具體見表 6-1。

▼表 6-1 命令模式下的基本操作

操作	操作對象	按鍵
游標移動	單一字元	上、下、左、右鍵
		k、j、h、l 鍵
	單字	w 鍵：移動游標到下一個單字的單字首
		b 鍵：移動游標到上一個單字的單字首
		e 鍵：移動游標到下一個單字的單詞尾
	行首、行尾	移至行尾：使用 "$" 符號
		移至行首：使用數字 "0" 或符號 "^"
	指定行	數字 + 確認鍵：先輸入數字，然後按確認鍵跳躍，數字為行號
		數字 +G 鍵：先輸入數字，然後按大寫 G 鍵跳躍，數字為行號
刪除	游標後的單一字元	x 鍵
	游標所在的整行	按兩下 d 鍵
	游標以下的 n 行	n 鍵＋ d 鍵＋ d 鍵
	游標以下的所有內容	d 鍵＋ G 鍵
	從游標處到行尾	D 鍵
撤銷	上一次的操作	u 鍵
	剛才的多次操作	多按幾次 u 鍵
複製	游標所在的單行	y 鍵＋ y 鍵
	游標以下的 n 行	n 鍵＋ y 鍵＋ y 鍵
貼上	複製的內容	P 鍵
替換	游標所在的單一字元	r 鍵
	從游標所在的位置開始替換字元，輸入會覆蓋後面的文字內容，直到按 Esc 鍵結束替換操作	R 鍵

2. 編輯模式

編輯模式下的快速鍵作用見表 6-2。

▼表 6-2 編輯模式下的快速鍵作用

按鍵	說　明
i	在當前游標所在的位置前面插入鍵盤輸入的內容，游標後的文字對應向右移動
I	在游標所在行的行首插入鍵盤輸入的內容，行首是該行的第一個非空白字元
a	在當前游標所在位置後面插入鍵盤輸入的內容
A	在游標所在行的行尾插入鍵盤輸入的內容
o	在游標所在行的下面新插入一行。游標停在新行的行首，等待鍵盤輸入的內容
O	在游標所在行的上面新插入一行。游標停在新行的行首，等待鍵盤輸入的內容

3. 末行模式

在末行模式下的儲存與退出指令見表 6-3。

▼表 6-3 末行模式下的儲存與退出指令

指令	說　明
w	儲存文件內容，但不退出
q	不儲存修改的內容，直接退出
!	強制性操作

將文件內容儲存並退出 Vim 編輯器時可以將這 3 個指令結合起來使用。

```
:wq!    # 在末行模式輸入 3 個指令之後，強制儲存並退出，按確認鍵執行！
:n        表示將游標跳躍到第 n 行，執行完指令將自動轉到命令模式
:45     # 在末行模式輸入數字 45，按確認鍵會將游標跳躍到第 45 行，並自動轉到命令模式
```

末行模式下的基本操作見表 6-4。

▼表 6-4 末行模式下的基本操作

作　用		按鍵與具體格式
行號設定	顯示行號	set nu
	取消顯示行號	set nonu

作　用		按鍵與具體格式
顏色幫助 （預設開啟）	開啟顏色幫助	syn on
	關閉顏色幫助	syn off
右下角狀態	開啟	set ruler
	關閉	set noruler
批次替換	自訂範圍	替換起始行，替換結束行 s/ 來源字串 / 替換後的字串 /g
	全域範圍	%s/ 來源字串 / 替換後的字串 /g

註：右下角中顯示的內容有游標所在的行和列、內容顯示的百分比。

其中，在批次替換中使用的兩個運算式的各關鍵部分含義如下：

- 替換起始行：輸入行號，從哪一行開始搜尋。
- 替換結束行：輸入行號，搜尋到哪一行結束。
- 來源字串：要替換的內容。
- 替換後的字串：替換成什麼內容。
- /：分割符號，固定不變。
- %：全域，整個檔案。
- s：替換命令。
- g 在命令尾端：對所有搜尋到的字串進行替換。
- 不加 g：只對第一次搜尋到的字串進行替換。

替換字串的不同方式如下：

（1）在全域中只將第一個搜尋到的 root 字串替換為 noylinux。

```
:%s/root/noylinux/
```

（2）在全域中將搜尋到的所有 root 字串全部替換為 noylinux。

```
:%s/root/noylinux/g
```

（3）從第 7 行至第 23 行範圍內搜尋 nologin 字串，並將其全部替換為 logout 字串。

```
:7,23  s/nologin/logout/g
```

註：替換操作完成後別忘記儲存檔案！

在 Vim 編輯器中做程式開發工作少不了註釋這個操作，Vim 編輯器可以同時進行多行註釋，多行註釋的操作也是在末行模式下進行的，具體的語法格式如下：

- 增加多行註釋（#）：
  起始行，終止行 s/^/#/g
- 取消多行註釋（#）：
  起始行，終止行 s/^#//g
- 增加多行註釋（//）：
  起始行，終止行 s/^/\/\//g
- 取消多行註釋（//）：
  起始行，終止行 s/^\/\///g

註：不同的開發語言用的註釋符號也不一樣，Bash、Python 使用 "#" 作為單行註釋，而 C/C++、Java、PHP 這些開發語言則使用 "//" 作為單行註釋。

對 Shell 指令稿中的 1 ～ 3 行進行註釋操作。

```
:1,3  s/^/#/g
```

Vim 編輯器的一些常用的基本操作就介紹到這裡，本節的內容需要多多練習，但是也不需要完全按照案例去操作，可以適當地做出一些改變，學習技術重在靈活應用。

6.4 可視化（Visual）模式

本節介紹 Vim 編輯器的另一種工作模式，上文介紹的針對文字內容的操作模式，要麼是對單一字元進行操作，要麼是對某行進行操作。那有沒有一種針對某列或某塊區域進行操作的模式呢？

有的！為了便於選取文字內容，Vim 編輯器引入了可視化（Visual）模式。可視化（Visual）模式就是在整個文字內容中讓大家選取一塊區域，這塊區域可以是幾個字元、幾行內容或幾列內容，針對整塊選中的區域進行一系列的操作。

可視化模式下的操作又分為 3 種衍生模式，如圖 6-3 所示。

（1）字元可視化模式：以單一字元為單位選擇目標文字內容。

（2）行可視化模式：以行為單位選擇目標文字內容。

（3）區塊可視化模式：按照區塊的方式選擇目標文字內容。

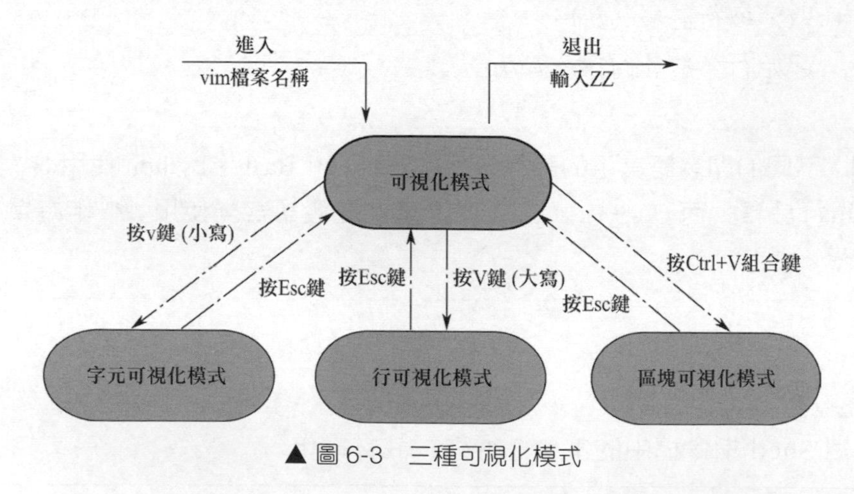

▲ 圖 6-3　三種可視化模式

那怎樣選取文字內容呢？進入到可視化模式後，以游標的位置為起點，透過上、下、左、右鍵或 h、j、k、l 鍵來移動游標可進行區域選取。

在 3 種可視化模式下使用游標選取區域的選取單位是有區別的，剛才也說過，有的以字元為單位、有的以行為單位、有的按區塊的方式選擇。這裡就以 "/etc/passwd" 檔案為例進行一個最直觀的演示，把在 3 種模式下選取文字內容的區別展示給大家。

> **註**：千萬不要直接編輯修改 "/etc/passwd" 檔案，稍有不慎就會引起作業系統崩潰！為了系統安全考慮，我們將此檔案拷貝一份到 /opt 目錄下，演示操作 /opt 目錄下的 "passwd" 檔案。

```
[root@noylinux opt]# cp /etc/passwd  /opt/  # 拷貝此檔案到 /opt 目錄下
[root@noylinux opt]# vim /opt/passwd        # 對拷貝的副本進行演示操作
```

使用 Vim 編輯器開啟 "/opt/passwd" 檔案後，預設是在命令模式下，按小寫的 v 鍵進入字元可視化模式，透過方向鍵進行選擇，如圖 6-4 所示。

在圖 6-4 中，數字 1 指的位置是進入可視化模式時游標最初所在的位置，數字 2 指的位置是對游標進行移動之後最終所在的位置。

```
root:x:0:0:root:/root:/bin/bash
bin:x:1:1:bin:/bin:/sbin/nologin
daemon:x:2:2:daemon:/sbin:/sbin/nologin
adm:x:3:4:adm:/var/adm:/sbin/nologin
lp:x:4:7:lp:/var/spool/lpd:/sbin/nologin
sync:x:5:0:sync:/sbin:/bin/sync
shutdown:x:6:0:shutdown:/sbin:/sbin/shutdown
halt:x:7:0:halt:/sbin:/sbin/halt
mail:x:8:12:mail:/var/spool/mail:/sbin/nologin
operator:x:11:0:operator:/root:/sbin/nologin
games:x:12:100:games:/usr/games:/sbin/nologin
-- 可视 --
```

1
2
識別標識

▲ 圖 6-4　進入字元可視化模式

目前是在字元可視化模式下，可以直接在此模式下進入行可視化模式，只需要按大寫的 V 鍵即可（不需要先回到命令模式後再按 V 鍵切換），如圖 6-5 所示。

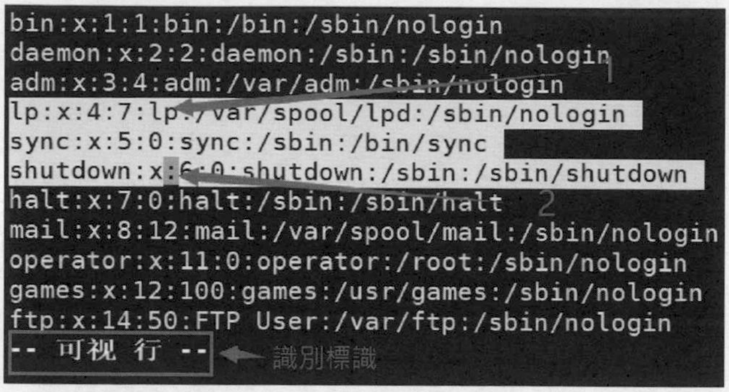

```
bin:x:1:1:bin:/bin:/sbin/nologin
daemon:x:2:2:daemon:/sbin:/sbin/nologin
adm:x:3:4:adm:/var/adm:/sbin/nologin
lp:x:4:7:lp:/var/spool/lpd:/sbin/nologin
sync:x:5:0:sync:/sbin:/bin/sync
shutdown:x:6:0:shutdown:/sbin:/sbin/shutdown
halt:x:7:0:halt:/sbin:/sbin/halt
mail:x:8:12:mail:/var/spool/mail:/sbin/nologin
operator:x:11:0:operator:/root:/sbin/nologin
games:x:12:100:games:/usr/games:/sbin/nologin
ftp:x:14:50:FTP User:/var/ftp:/sbin/nologin
-- 可视 行 --
```


▲ 圖 6-5　進入行可視化模式

在圖 6-5 中，數字 1 指的位置是切換到行可視化模式時游標最初所在的位置，數字 2 指的位置是對游標進行移動之後最終所在的位置。

目前是在行可視化模式下，可以直接在此模式下進入到區塊可視化模式，只需要按 "Ctrl+V" 複合鍵即可，如圖 6-6 所示。

```
adm:x:3:4:adm:/var/adm:/sbin/nologin
lp:x:4:7:lp:/var/spool/lpd:/sbin/nologin
sync:x:5:0:sync:/sbin:/bin/sync
shutdown:x:6:0:shutdown:/sbin:/sbin/shutdown
halt:x:7:0:halt:/sbin:/sbin/halt
mail:x:8:12:mail:/var/spool/mail:/sbin/nologin
operator:x:11:0:operator:/root:/sbin/nologin
games:x:12:100:games:/usr/games:/sbin/nologin
ftp:x:14:50:FTP User:/var/ftp:/sbin/nologin
nobody:x:65534:65534:Kernel Overflow User:/:/sbi
dbus:x:81:81:System message bus:/:/sbin/nologin
-- 可视 块 --
```


▲ 圖 6-6　區塊視覺化模式

在圖 6-6 中，數字 1 指的位置是切換到區塊可視化模式時游標最初所在的位置，數字 2 指的位置是對游標進行移動之後最終所在的位置。

學習完選取文字內容之後，接下來就需要學習該如何處理選取的區域，這裡給大家羅列了一些常用的快速鍵，見表 6-5。

▼表 6-5 常用的快速鍵

按鍵	說　明
d	刪除選中區域的文字
c	修改選中區域的文字，順序是先刪除選中的文字，再輸入想要的內容
r	替換選中區域的文字，將選中的文字替換成單一字元
I	在選中的文字區域前面插入
A	在選中的文字區域後面插入
u	將選中區域的大寫字元全部改為小寫字元
U	將選中區域的小寫字元全部改為大寫字元
～	將選中區域的文字大小寫互調
>	將選中部分右移（縮排）一個 Tab 鍵規定的長度
<	將選中部分左移一個 Tab 鍵規定的長度
y	對選中區域進行複製操作
p	將複製的內容貼上到游標之後
P	將複製的內容貼上到游標之前

接下來我們透過兩個實用案例的演示幫助大家掌握上述操作。

範例

把選中文字內容註釋起來。

操作步驟：Ctrl+V 複合鍵→ 選取目標區塊 → I 鍵（大寫）→ # 鍵→ Esc 鍵，如圖 6-7 所示。

```
root:x:0:0:root:/root:/bin/bash
bin:x:1:1:bin:/bin:/sbin/nologin
daemon:x:2:2:daemon:/sbin:/sbin/nologi
adm:x:3:4:adm:/var/adm:/sbin/nologin
lp:x:4:7:lp:/var/spool/lpd:/sbin/nolog
sync:x:5:0:sync:/sbin:/bin/sync
shutdown:x:6:0:shutdown:/sbin:/sbin/sh
halt:x:7:0:halt:/sbin:/sbin/halt
mail:x:8:12:mail:/var/spool/mail:/sbin
operator:x:11:0:operator:/root:/sbin/n
caoxiaopeng:x:1004:1005::/home/caoxiao
~
-- 可视 块 --
```

選中目標區塊，按大寫 I 鍵

```
#root:x:0:0:root:/root:/bin/bash
#bin:x:1:1:bin:/bin:/sbin/nologin
#daemon:x:2:2:daemon:/sbin:/sbin/nolo
#adm:x:3:4:adm:/var/adm:/sbin/nologin
#lp:x:4:7:lp:/var/spool/lpd:/sbin/nol
#sync:x:5:0:sync:/sbin:/bin/sync
#shutdown:x:6:0:shutdown:/sbin:/sbin/
#halt:x:7:0:halt:/sbin:/sbin/halt
#mail:x:8:12:mail:/var/spool/mail:/sb
#operator:x:11:0:operator:/root:/sbin
#caoxiaopeng:x:1004:1005::/home/caoxi
~
```

然後按 # 鍵，最後按 Esc 鍵即可

▲圖 6-7　將選中文字內容註釋起來

將選中區域的所有小寫字元轉換為大寫。

操作步驟：Ctrl+V 複合鍵→ 選取目標區塊 → U 鍵（大寫），如圖 6-8 所示。

```
#root:x:0:0:root:/root:/bin/bash
#bin:x:1:1:bin:/bin:/sbin/nologin
#daemon:x:2:2:daemon:/sbin:/sbin/nologin
#adm:x:3:4:adm:/var/adm:/sbin/nologin
#lp:x:4:7:lp:/var/spool/lpd:/sbin/nologir
#sync:x:5:0:sync:/sbin:/bin/sync
#shutdown:x:6:0:shutdown:/sbin:/sbin/shut
#halt:x:7:0:halt:/sbin:/sbin/halt
#mail:x:8:12:mail:/var/spool/mail:/sbin/r
#operator:x:11:0:operator:/root:/sbin/nol
#caoxiaopeng:x:1004:1005::/home/caoxiaope
~
-- 可视 块 --   選中目標後，按大寫U鍵
```

```
#root:x:0:0:root:/root:/bin/bash
#bin:x:1:1:bin:/BIN:/SBIN/NOlogin
#daemon:x:2:2:daEMON:/SBIN:/sbin/nol
#adm:x:3:4:adm:/VAR/ADM:/SBIn/nologi
#lp:x:4:7:lp:/vaR/SPOOL/LPD:/sbin/no
#sync:x:5:0:sync:/SBIN:/BIN/sync
#shutdown:x:6:0:SHUTDOWN:/SBin:/sbin
#halt:x:7:0:halt:/SBIN:/SBIN/halt
#mail:x:8:12:maiL:/VAR/SPOOL/mail:/s
#operator:x:11:0:OPERATOR:/Root:/sbi
#caoxiaopeng:x:1004:1005::/Home/caox
```

▲ 圖 6-8　將選中區域的小寫字元轉換為大寫

註：在選取目標區塊時，按 o 鍵可以改變選取區域延伸的方向。

CHAPTER 07

融會貫通之使用者和使用者群組管理

7.1 引言

Linux 是一個多使用者與多工的分時作業系統，一般在企業中，如果有技術人員需要使用 Linux 作業系統，那必須先向 Linux 運行維護工程師申請一個普通帳號，然後以這個普通帳號的身份登入到系統中。

在企業中所有的硬體伺服器，包括伺服器上安裝作業系統都統一歸屬運行維護工程師管理。由於大部分企業的伺服器上安裝的都是 Linux 作業系統，所以這個職務又叫作 Linux 運行維護工程師。

在企業中，Linux 運行維護工程師對系統帳號的管理是十分嚴格的。在 Linux 作業系統中使用者的類型一般分為超級管理員（root）、系統使用者和一般使用者三類：

（1）超級管理員：即 root 使用者，在整個 Linux 作業系統中許可權最高，許可權最高也意味著風險最高，若操作失誤就可能使整個系統崩潰。

（2）系統使用者：預設不登入作業系統，用於執行和維護系統的各種服務。

（3）一般使用者：一般供技術人員工作使用，許可權會受到管理員的限制。

所以，在企業中關於 Linux 作業系統帳號管理的情況一般是這樣的：root 帳號由 Linux 運行維護工程師和技術主管掌控，其他技術人員若要登入作業系統只能使用一般使用者帳號。

歸根結底還是為了保障 Linux 作業系統的安全，讓技術人員使用一般使用者帳號一方面可以使 Linux 運行維護工程師很方便地去追蹤正在使用作業系統的使用者，必要的時候還可以控制他們的操作。另一方面是每個一般使用者都有自己的家目錄且相互之間不受影響，這就為每個使用者提供了安全性保護，比如使用者 A 想查看使用者 B 系統裡的某個檔案，這是不允許的，除非使用者 A 授予許可權，不然使用者 B 沒辦法隨意查看其他使用者的檔案。

7.2 使用者和使用者群組

正如上文所述，企業中使用的 Linux 作業系統一般都會有非常多的使用者，這些使用者有著各自不同的作用，有的用來做測試、有的用來執行服務、有的用來做開發等。作為一名 Linux 運行維護工程師，就需要管理好這些使用者。那麼多的使用者，逐一去管理會特別吃力，而且耗費精力，那怎麼辦呢？有辦法！將一些工作內容相似的使用者群組成一個使用者群組，透過管理這個群組就間接地管理了這些使用者。

舉個簡單的例子，某個企業的技術部門中有 50 個技術人員，分別是 C 開發工程師、Java 開發工程師、Web 前端工程師和測試工程師，每個人在 Linux 作業系統上都有各自的使用者帳號。在作業系統上建立 C 開發群組、Java 開發群組、Web 開發群組和測試群組 4 個使用者群組，把相關的使用者帳號放到各自對應的使用者群組中，管理這 4 個使用者群組就等於管理了這 50 個使用者，所以給使用者分組是 Linux 作業系統對使用者進行集中管理和控制存取權限的一種手段，透過自訂使用者群組，可以簡化使用者管理工作。

1. 使用者

Linux 作業系統中與使用者相關的設定檔有兩個，分別是 "/etc/passwd" 和 "/etc/shadow"，"/etc/passwd" 檔案專門用於存放作業系統中所有使用者的帳號資訊，而且所有使用者都有許可權查看此檔案的內容，但是只有 root 管理員才能進行修改。基於這種特性，早期一些駭客很容易地獲取到密碼字串進行暴力破解，所以之後專門對此檔案進行了改進，將密碼專門存放到 "/etc/shadow" 檔案中，並做了嚴格的許可權控制，而 "/etc/passwd" 檔案中關於密碼的那一段內容改用預留位置 "x" 做標識。

我們來看一下 "/etc/passwd" 檔案的內容，檔案中的每一行代表一個使用者，每行內容用 ":" 作為分隔符號劃分成 7 個欄位，每個欄位都有各自所代表的含義，具體見表 7-1。

```
[root@noylinux ~]# cat /etc/passwd
root:x:0:0:root:/root:/bin/bash
bin:x:1:1:bin:/bin:/sbin/nologin
daemon:x:2:2:daemon:/sbin:/sbin/nologin
----- 省略部分內容 -----
tcpdump:x:72:72::/:/sbin/nologin
xiaozhou:x:1000:1000:xiaozhou:/home/xiaozhou:/bin/bash
noylinux:x:1001:1001::/home/noylinux:/bin/bash
```

▼表 7-1 "/etc/passwd" 檔案 7 個欄位的含義

段位置	說　明
第一段	使用者名稱，這是使用者在登入時使用的帳號名稱，在系統中是唯一的，不能重複
第二段	使用者密碼，早期該欄位是用於存放帳號密碼的，後來由於安全原因，把密碼轉移到 "/etc/shadow" 檔案中，這裡改用預留位置 "x" 做標識
第三段	使用者標識號（UID），相當於身份證，UID 一般由整數表示，在不同的 Linux 發行版本中，UID 值的範圍也有所不同，但是在系統中每個使用者都有唯一的 UID，系統管理員（root）的 UID 為 0

段位置	說　明
第四段	組標識號（GID），使用者對應的初始群組 ID 號，也是由整數表示的，在不同的 Linux 發行版本中，GID 值的範圍也有所不同，當增加帳戶時，預設會同時建立一個與使用者名稱相同且 UID 和 GID 相同的群組。在系統中每個群組都有唯一的 GID
第五段	全名或註釋，包含一些關於使用者的介紹信息，並無實際作用
第六段	使用者家目錄，登入後先進入的目錄，預設為「/home/ 使用者名稱」格式的目錄
第七段	當前使用者登入後預設使用的 Shell 解譯器。如果不希望使用者登入系統，可以用 usermod 命令或者手動修改 passwd 檔案，將該欄位改為 /sbin/nologin 即可。稍微留意就會發現，大部分系統使用者的這個欄位都是 /sbin/nologin，表示禁止登入系統，這也是出於系統安全的考慮

接下來再講解一下 "/etc/shadow" 檔案中各個欄位的含義。同樣，在檔案中每一行代表一個使用者，使用 ":" 作為分隔符號將每行使用者資訊劃分為 9 個欄位，具體見表 7-2。大家要注意這個檔案只有 root 使用者能夠讀取其中的內容，其他使用者沒有許可權，這就保證了使用者密碼的安全性。

```
[root@noylinux ~]# cat /etc/shadow
root:$6$JQrTGnEj3ndRUiwa$Pf5/qKwrjjADVuaUJl0QwHdXQ1i8kQSV.lmz5mLW1ZoPzJk.
:18847:0:99999:7:::
bin:*:18397:0:99999:7:::
----- 省略部分內容 -----
xiaozhou:$6$7/w.37JMhvkICq43j3yEZBesZ5LEIHvEMCoGhn5wPLWMXOMWbKSvQbKav/
::0:99999:7:::
noylinux:!!:18867:0:99999:7:::
```

▼表 7-2 "/etc/shadow" 檔案 9 個欄位的含義

段位置	說　明
第一段	使用者名稱，與 "/etc/passwd" 檔案中的使用者名稱有相同的含義
第二段	加密的密碼資訊，這裡儲存的是真正加密的密碼。目前密碼採用的是 SHA512 雜湊加密演算法。SHA512 雜湊加密演算法的加密等級高，保證了安全性。需要注意的是，這串加密後的密碼千萬不能手動修改，否則系統將無法辨識密碼導致密碼故障。容易發現，系統使用者的這一段顯示的密碼都是 "!!" 或 "*"，

段位置	說　明
	這代表沒有密碼是不能登入的。新建立的使用者如果不設定密碼，它的密碼項也是 "!!"，代表該使用者未設定密碼，不能登入
第三段	最後一次修改密碼的時間
第四段	密碼最短修改時間間隔，預設值為 0。也就是說，該欄位規定了從第三欄位開始，多長時間之內不能修改密碼。若是 0，則表示密碼可以隨時修改；若是 20，則表示密碼修改後的 20 天之內不能再次修改密碼
第五段	密碼的最長有效期，預設值為 99999
第六段	提前多少天警告使用者需要修改密碼，預設值為 7 天。距離需要更改密碼的第 7 天開始，使用者每次登入都會向該使用者發出「修改密碼」的警告資訊
第七段	密碼過期後的寬限天數，在密碼過期後，使用者如果還是沒有修改密碼，則在此欄位規定的寬限天數內，使用者還可以登入系統進行工作。如果過了寬限天數，系統會將該使用者的密碼設為故障，密碼故障後使用者將無法登入系統
第八段	使用者帳號故障時間
第九段	保留欄位（未使用）

以上就是在 Linux 作業系統中關於記錄使用者資訊的兩個設定檔，我們之前經常說 root 使用者在 Linux 作業系統中擁有最高許可權，但是大家可能沒有體驗過 root 使用者的許可權高到哪種程度，這次我們就玩得刺激一點（一定要在虛擬機器中進行嘗試並提前做好快照！因為我們這次要對作業系統進行「破壞性」實驗），做好快照後使用 root 使用者刪除 "/etc/passwd" 和 "/etc/shadow" 這兩個檔案：

```
[root@noylinux ~]# rm -rf /etc/passwd  /etc/shadow
```

登出 root 使用者，一般登出的作用是退出該使用者的登入並返回到使用者登入介面，但是當我們刪除了 "/etc/passwd" 和 "/etc/shadow" 這兩個設定檔之後，再進行登出操作。由圖 7-1 可見，系統螢幕一片漆黑，所有按鍵都沒反應並且系統上的所有使用者都無法登入。當我們重新啟動時就會發現，螢幕一直在轉圈圈，沒有任何反應。

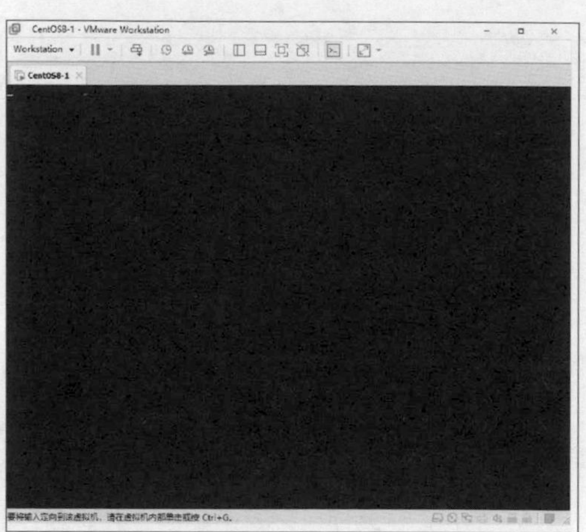

▲ 圖 7-1　登出使用者

現在大家能理解 root 使用者的許可權有多麼恐怖了吧，可能一不小心敲錯了的一筆命令就能使整個系統癱瘓！所以說在企業中非必要的話，能不用 root 帳號就不用 root 帳號，因為 root 不止是擁有最高許可權的帳號，還是擁有最大破壞力的帳號。

嘗試過上述操作的讀者可以直接恢復快照，快照恢復後就又可以繼續愉快地「玩耍」了。沒聽我勸告不做快照就直接刪除檔案的朋友，您目前有兩種選擇：一種是重新啟動進入單使用者模式，從備份檔案（/etc/passwd-）中進行恢復，若是您將實驗玩得更徹底把所有檔案都刪乾淨的話，那只能重裝系統了。

關於使用者資訊相關的設定檔就先介紹到這裡，接下來介紹使用者群組。

2. 使用者群組

給使用者分組是 Linux 作業系統中對使用者進行管理和控制存取權限的一種手段，透過自訂使用者群組，可以在很多程式上簡化使用者管理工作。

使用者與使用者群組之間有以下 4 種對應關係：

（1）一對一：一個使用者只歸屬在一個使用者群組中，是群組中的唯一成員。

（2）一對多：一個使用者可以是多個使用者群組中的成員，此使用者具有多個使用者群組的共同許可權。

（3）多對一：多個使用者可以存在一個群組中，這些使用者具有和群組相同的許可權。

（4）多對多：多個使用者可以存在於多個使用者群組中，也就是以上 3 種關係的擴充。

與使用者群組相關的設定檔也有兩個，分別是 "/etc/group" 和 "/etc/gshadow"。"/etc/group" 檔案專門用於存放系統中所有使用者群組的資訊，而且所有使用者都有許可權查看這個檔案的內容，但是只有 root 管理員才能進行修改。與使用者密碼一樣，群組密碼也專門存放到 "/etc/gshadow" 檔案中，並且也做了嚴格的許可權控制，這個檔案只有 root 使用者才能讀取其中的內容，其他使用者沒有任何許可權，這就保證了使用者群組密碼的安全性。

我們先來看 "/etc/group" 檔案的內容，檔案中的每一行代表一個使用者群組，每行內容用 ":" 作為分隔符號劃分成 4 個欄位，每個欄位都有各自所代表的含義，具體見表 7-3。

```
[root@noylinux ~]# cat /etc/group
root:x:0:
bin:x:1:
daemon:x:2:
----- 省略部分內容 -----
xiaozhou:x:1000:
noylinux:x:1001:
```

▼表 7-3 "/etc/group" 檔案 4 個欄位的含義

段位置	說　明
第一段	群組名稱，也就是使用者群組的名稱，由字母或數字組成。與 "/etc/passwd" 檔案中的使用者名稱一樣，群組名稱也不能重複
第二段	群組密碼，與 "/etc/passwd" 檔案一樣，這裡的預留位置 "x" 僅僅是密碼的標識，真正加密後的群組密碼預設儲存在 "/etc/gshadow" 檔案中
第三段	群組標識號（GID），使用者群組的 ID 號，在整個作業系統中 GID 是唯一的，一般建立使用者時自動建立的群組 GID 會與 UID 相同
第四段	群組中的使用者，這裡會列出該群組中包含的所有使用者。需要注意的是，如果該使用者群組是這個使用者的初始群組，則使用者不會寫入到這個欄位，可以這麼理解，這個欄位顯示的使用者都是這個使用者群組的附加使用者

使用者群組密碼：使用者設定密碼是為了在登入時驗證身份，那使用者群組設定密碼的作用是什麼呢？使用者群組密碼主要用來指定群組管理員，由於系統中的使用者帳號非常多，root 管理員可能沒有時間和精力對這些使用者的群組進行即時的調整，這時就可以給使用者群組指定群組管理員，如果有使用者需要加入或退出某使用者群組，可以由該群組的群組管理員替代 root 管理員進行管理。但是這個功能目前已經很少使用了，因為現在有 sudo 命令，管理時基本不會設定群組密碼。

初始群組與附加群組：每個使用者都可以加入多個附加群組，但只能屬於一個初始群組。所以，若需要把使用者加入其他群組，就需要以附加群組的形式增加進入。在一般情況下，初始群組就是在建立使用者的時候作業系統自動建立的和使用者名稱名稱相同的群組。

同樣，"/etc/gshadow" 檔案中的每一行代表一個使用者群組，每行內容用 ":" 作為分隔符號劃分成 4 個欄位，每個欄位都有各自所代表的含義，具體見表 7-4。

```
[root@noylinux ~]# cat /etc/gshadow
root:::
bin:::
daemon:::
----- 省略部分內容 -----
```

```
xiaozhou:!::
noylinux:!::
```

▼表 7-4 "/etc/gshadow" 檔案 4 個欄位的含義

段位置	說　明
第一段	群組名稱，與 "/etc/group" 檔案中的群組名稱相對應
第二段	群組密碼，就像上文提到的，大多數管理員通常不會去設定群組密碼，因此該欄位常為空，但有時為 "!"，表示該使用者群組沒有群組密碼，也沒有設定群組管理員
第三段	群組管理員
第四段	群組中的附加使用者，該欄位用於顯示使用者群組中有哪些附加使用者，和 "/etc/group" 檔案中附加群組顯示的內容相同

至此，與使用者和使用者群組相關的 4 個重要設定檔就介紹完了，接下來介紹與使用者相關的各種命令。

7.3 使用者的增加、刪除與管理命令

1. useradd

語法格式：

```
useradd ［選項］ 使用者名稱
```

描述：用來建立使用者帳號。

useradd 命令的常用選項見表 7-5。

▼表 7-5 useradd 命令的常用選項

常用選項	說　明
-u	指定 UID 號（預設系統遞增）
-d	指定家目錄，預設為「/home/ 使用者名稱」
-e	使用者帳戶將被禁用的日期，日期以 YYYY-MM-DD 格式指定
-g	指定使用者的初始群組名稱（或 GID 號）

常用選項	說　明
-G	指定使用者的附加群組名稱（或 GID 號）
-m	自動為使用者建立並初始化家目錄
-s	指定使用者登入時預設使用的 Shell
-D	查看新建使用者的預設設定項（/etc/default/useradd）

建立新使用者，暫時先不設定密碼。

```
[root@noylinux ~]# useradd user1
[root@noylinux ~]# tail -n 2 /etc/passwd
noylinux:x:1001:1001::/home/noylinux:/bin/bash
user1:x:1002:1002::/home/user1:/bin/bash
[root@noylinux ~]# tail -n 2 /etc/shadow
noylinux:$6$q0l8Lgs9d6Sk2DwfDspfPJyogQFy7ZfA.ROSoucXvGWzbcQcz9y7j1:18868:0:
99999:7:::
user1:!!:18868:0:99999:7:::
```

使用 useradd 命令建立使用者的詳細過程如下：

（1）作業系統讀取 "/etc/login.defs" 和 "/etc/default/useradd" 這兩個設定檔，看這兩個檔案的內容就明白，存放的都是建立使用者時預設的設定參數。

（2）根據這兩個設定檔中定義的預設設定參數去增加使用者，增加使用者的過程中會自動建立對應的初始使用者群組，同時還會在 "/etc/passwd"、"/etc/group"、"/etc/shadow"、"/etc/gshadow" 這 4 個檔案中增加一行關於這個使用者和群組的相關資訊。

（3）自動在 "/etc/default/useradd" 設定檔設定的目錄下建立使用者的家目錄，預設是在 "/home" 目錄下。

（4）複製 "/etc/skel" 目錄中的所有檔案到此使用者的家目錄中，此目錄下的檔案是隱藏檔案，所以得使用 ls -a 命令查看。

建立使用者過程中涉及的幾個檔案如下：

（1）/etc/login.defs：設定使用者帳號限制相關的設定檔。

```
[root@noylinux ~]# egrep -v "^#|^$"  /etc/login.defs
MAIL_DIR   /var/spool/mail   # 建立使用者時要在此目錄建立一個使用者 mail 檔案
UMASK      022               # 許可權遮罩初始化值
HOME_MODE     0700           # 使用者家目錄的許可權
PASS_MAX_DAYS 99999          # 密碼的最長有效期
PASS_MIN_DAYS 0              # 密碼最短修改時間間隔
PASS_MIN_LEN  5              # 密碼的最小長度
PASS_WARN_AGE 7              # 提前多少天警告使用者需要修改密碼
UID_MIN       1000           # 一般使用者標識號（UID）的最小值
UID_MAX          60000       # 一般使用者標識號（UID）的最大值
SYS_UID_MIN      201         # 系統使用者標識號（UID）的最小值
SYS_UID_MAX      999         # 系統使用者標識號（UID）的最大值
GID_MIN       1000           # 一般使用者群組標識號（GID）的最小值
GID_MAX             60000    # 一般使用者群組標識號（GID）的最大值
SYS_GID_MIN         201      # 系統使用者群組標識號（GID）的最小值
SYS_GID_MAX         999      # 系統使用者群組標識號（GID）的最大值
CREATE_HOME   yes            # 使用 useradd 命令建立使用者時自動建立家目錄
USERGROUPS_ENAB yes          # 刪除使用者時是否同時刪除初始使用者群組
ENCRYPT_METHOD SHA512        # 使用者密碼採用的加密方式，預設使用 SHA512
```

（2）/etc/default/useradd。

```
[root@noylinux ~]# cat /etc/default/useradd
# useradd defaults file
GROUP=100               # 若使用 useradd 命令建立使用者時沒有指定群組，並且
                          /etc/login.defs 設定檔中的 USERGROUPS_ENAB 設定項為 no 或者
                          useradd 使用了 -N 選項，此設定項將在建立使用者
                          時使用此使用者群組 GID
HOME=/home              # 預設建立使用者時家目錄存放的位置
INACTIVE=-1             # 是否啟用帳號過期，-1 表示不啟用
EXPIRE=                 # 帳號終止日期，不設定表示不啟用
SHELL=/bin/bash         # 新使用者預設所用的 shell 類型
SKEL=/etc/skel          # 新使用者家目錄中的預設環境檔案存放路徑
CREATE_MAIL_SPOOL=yes   # 建立電子郵件 (mail) 檔案
```

（3）/etc/skel 目錄下的隱藏檔案。

```
[root@noylinux ~]# ls -a /etc/skel/
.bash_logout            # 使用者每次退出登入時執行此設定檔
.bash_profile           # 使用者每次登入時執行此設定檔
.bashrc                 # 使用者每次進入新的 Bash 環境時執行此設定檔
```

正如上文介紹的，所有關於使用者和使用者群組相關的設定檔之間都是相互連結的。

2. passwd

語法格式：

```
passwd  [選項]  使用者名稱
```

描述：用 useradd 命令建立完使用者後還無法登入，因為沒有設定密碼，passwd 命令就是用來設定使用者的認證資訊的，包括使用者密碼、密碼過期時間等，除此之外還可以用此命令重置使用者密碼。

passwd 命令的常用選項見表 7-6。

▼表 7-6 passwd 命令的常用選項

常用選項	說　明
-u	解開已上鎖的帳號
-l	鎖定使用者帳號
-s	列出密碼的相關資訊，僅系統管理員才能使用
-d	刪除密碼，僅系統管理員才能使用

註：一般使用者和超級許可權使用者都可以使用 passwd 命令，但一般使用者只能更改自己的使用者密碼，而超級許可權使用者可以更改所有使用者的密碼。

一般使用者重置密碼。

```
[user1@noylinux ~]$ passwd
更改使用者 user1 的密碼。
Current password:      # 這裡輸入的是目前使用者的密碼
新的 密碼：
無效的密碼： 密碼未透過字典檢查，太簡單或太有規律
passwd: 鑒定權杖操作錯誤
[user1@noylinux ~]$
[user1@noylinux ~]$ passwd
更改使用者 user1 的密碼。
Current password:
新的 密碼：
重新輸入新的 密碼：
passwd：所有的身份驗證權杖已經成功更新
```

使用 root 使用者強行重置一般使用者的密碼。

```
[root@noylinux ~]# passwd user1
更改使用者 user1 的密碼。
新的 密碼：
重新輸入新的 密碼：
passwd：所有的身份驗證權杖已經成功更新
```

3. usermod

語法格式：

```
usermod  [ 選項 ]  使用者名稱
```

描述：用於修改使用者的各種屬性。

usermod 命令的常用選項見表 7-7。

▼表 7-7 usermod 命令的常用選項

常用選項	說　明
-d < 目錄 >	修改使用者的家目錄，目錄必須使用絕對路徑
-c 日期	修改帳號的有效期限，格式為 "YYYY-MM-DD"，用此選項修改故障時間就等於修改 "/etc/shadow" 檔案中的第 8 個欄位
-u UID	修改使用者的 UID

常用選項	說　明
-g 群組名稱	修改使用者的初始使用者群組，對應的 "/etc/passwd" 檔案中使用者資訊的第 4 欄位（GID）也會發生改變
-G 群組名稱	修改使用者的附加群組，把使用者加入其他使用者群組，對應的 "/etc/group" 檔案也會發生改變
-l	更改使用者帳號的登入名稱
-L	鎖定使用者密碼，使密碼無效
-U	解除使用者的密碼鎖定
-s <Shell>	修改使用者登入後所使用的 Shell

將使用者 user1 的登入 Shell 修改為 sh，家目錄改為 "/home/tttt"，並將此使用者附加到 noylinux 使用者群組中。

```
[root@noylinux ~]# tail -n 1 /etc/passwd
user1:x:1002:1002::/home/user1:/bin/bash
[root@noylinux ~]# tail -n 2 /etc/group
noylinux:x:1001:
user1:x:1002:
[root@noylinux home]# mkdir tttt
[root@noylinux home]# ls
noylinux  tttt  user1  xiaozhou
[root@noylinux ~]# usermod -s /bin/sh -d /home/tttt -G noylinux user1
[root@noylinux ~]# tail -n 1 /etc/passwd
user1:x:1002:1002::/home/tttt:/bin/sh
[root@noylinux ~]# tail -n 2 /etc/group
noylinux:x:1001:user1
user1:x:1002:
```

4. userdel

語法格式：

```
userdel  [-r]  使用者名稱
```

描述：用於刪除給定的使用者以及與使用者相關的檔案。若不加選項，則僅刪除使用者帳號，而不刪除相關檔案。-r 選項表示刪除使用者的同時，刪除與使用者相關的所有檔案。

刪除使用者 user2 並且連同 user2 的家目錄一起刪除。

```
[root@noylinux home]# ls
noylinux  tttt  user1  user2  xiaozhou
[root@noylinux home]# userdel  -r user2
[root@noylinux home]# ls
noylinux  tttt  user1  xiaozhou
```

5. id

語法格式：

```
id  使用者名稱
```

描述：列印真實、有效的使用者和所在群組的資訊。

查詢使用者 user2 的使用者 ID 和相關使用者群組 ID。

```
[root@noylinux home]# id user2
uid=1003(user2) gid=1003(user2) 群組=1003(user2),1004(group1)
```

7.4 使用者群組的增加、刪除與管理命令

1. groupadd

語法格式：

```
groupadd  [選項]  群組名稱
```

描述：用於建立一個新的使用者群組，新使用者群組的資訊將被增加到系統檔案中。

groupadd 命令的常用選項見表 7-8。

▼表 7-8 groupadd 命令的常用選項

常用選項	說　明
-g GID	指定新建使用者群組的 ID
-r	建立系統群組

增加使用者群組 user5。

```
[root@noylinux home]# groupadd  user5
[root@noylinux home]# tail -n 1 /etc/group
user5:x:1002:
```

2. groupmod

語法格式：

```
groupmod  [選項]  群組名稱
```

描述：用於修改使用者群組的各種屬性。

groupmod 命令的常用選項見表 7-9。

▼表 7-9 groupmod 命令的常用選項

常用選項	說　明
-g GID	修改群組 ID
-n 新群組名稱	修改群組名稱

將使用者群組 user5 的群組名稱修改為 user9。

```
[root@noylinux home]# groupmod  -n  user9 user5
[root@noylinux home]# tail -n 1 /etc/group
user9:x:1002:
```

3. groupdel

語法格式：

```
groupdel  群組名稱
```

描述：用於刪除指定的群組，本命令可修改的群組檔案包括 /ect/group 和 /ect/gshadow。若該群組中仍包括某些使用者，則必須先刪除這些使用者後，方能刪除群組。

刪除使用者群組 user9。

```
[root@noylinux home]# groupdel user9
[root@noylinux home]# tail -n 1 /etc/group
noylinux:x:1001:
```

4. gpasswd

語法格式：

```
gpasswd  [選項]  群組名稱
```

描述：用於管理使用者群組。是群組檔案 /etc/group 和 /etc/gshadow 的管理工具。

gpasswd 命令的常用選項見表 7-10。

▼表 7-10 gpasswd 命令的常用選項

常用選項	說　明
-a 使用者名稱 群組名稱	將使用者加入使用者群組中
-d 使用者名稱 群組名稱	將使用者從使用者群組中移除

常用選項	說　明
-A 使用者 1, 使用者 2,… 群組名稱	將使用者群組交給這些使用者去管理，設定為群組管理員
-M 使用者 1, 使用者 2,… 群組名稱	將這些使用者加入此使用者群組中

將使用者 user1 和 user2 加入到新建立的 group1 群組中。

```
[root@noylinux home]# useradd user1
[root@noylinux home]# useradd user2
[root@noylinux home]# groupadd group1
[root@noylinux home]# tail -n 1 /etc/group
group1:x:1004:
[root@noylinux home]# tail -n 1 /etc/group
group1:x:1004:user1,user2
```

從使用者群組 group1 中刪除使用者 user1。

```
[root@noylinux home]# gpasswd  -d  user1  group1
正在將使用者 "user1" 從 "group1" 群組中刪除
[root@noylinux home]# tail -n 1 /etc/group
group1:x:1004:user2
```

5. groups

語法格式：

```
groups  使用者群組名稱
```

描述：用於查詢使用者所屬的使用者群組。

查詢使用者 user2 所屬的使用者群組：

```
[root@noylinux home]# groups user2
user2 : user2 group1
```

CHAPTER 08

登堂入室之檔案和資料夾的許可權管理

8.1 引言

在學習檔案許可權管理之前要搞清楚一個問題：在 Linux 作業系統中為什麼需要設定不同的許可權，所有使用者都直接使用管理員身份不好嗎？不是更省事嗎，為什麼非得做許可權管理呢？

在家庭環境中使用的電腦沒必要進行許可權控制，因為能接觸到電腦的也就是幾個自己信任的人，而且家庭中使用電腦也無非是玩遊戲、瀏覽網頁而已。在這種情況下，可以放心地讓所有使用者直接使用管理員身份登入。

但在企業環境下就不一樣了，因為除了個人的辦公電腦之外還會有伺服器，企業的伺服器上存放的都是非常重要的核心資料，能登入到伺服器進行工作的人員也很多。假如人人都使用 root 帳號在伺服器上工作，而不做許可權管理的話，那某一天有員工不小心刪除了核心資料檔案，可能就會導致整個企業的業務進行不下去，那損失可就大了。以筆者身邊真實發生的事情為例，一個做 Java 開發的朋友（下文稱小 A）就沒有這種許可權管理的意識，誰要是來問他要作業系統帳號，小 A 圖省事直接就會給 root 帳號，結果某天有一個員工不小心執行了一個危險的命令（rm -rf /），直接把伺服器裡所有的檔案全刪了，Linux 作業系統當場崩潰，所以，作為一名 Linux 運行維護工程師，一定要有許可權管理的意識。

你或許會想：「不允許他們登入到伺服器不就可以了」，只能說很難，因為技術人員或多或少都需要登入到 Linux 作業系統上進行工作，有的需要查看記錄檔排除問題、有的要做測試、有的需要調整設定檔等。所以我們無論如何都繞不開許可權管理這四個字，在企業中，許可權管理是 Linux 運行維護工程師的一項重要工作，許可權控制得好，一般就不會出什麼問題，而且劃分得越詳細越好，最好能達到「什麼樣的人只允許做什麼樣的事情」這種程度。

對檔案和目錄做許可權管理本質上就是對使用者進行管理。大家試想一下，對檔案和目錄做了許可權管理之後誰會去使用這些檔案呢？還是使用者，因此也就間接性地對使用者做了許可權管理。

許可權管理的作用可歸納如下：

（1）維護資料的安全，什麼樣的人只允許做什麼樣的事情；

（2）透過許可權的劃分和管理來實現多使用者、多工的執行機制；

（3）區分層級，符合公司管理模型。

所以做許可權管理可以根據不同的工作和職責需要，合理地分配使用者等級和許可權等級。

8.2 檔案 / 目錄的許可權與歸屬

這裡再給大家重新溫習一下檔案 / 目錄的許可權與歸屬，由圖 8-1 可見，使用 ls –l 命令會顯示檔案的詳細資訊，此選項顯示的這 7 列的含義見表 8-1。

```
drwxr-xr-x. 151 root root 8192 8月  22 13:16 etc
-rw-r--r--.   1 root root 2622 3月  14 15:16 /etc/passwd
```

▲ 圖 8-1　檔案的許可權與歸屬

▼表 8-1 檔案的許可權與歸屬中 7 列的含義

位 置	說 明
第一列	規定了不同的使用者對檔案所擁有的許可權
第二列	引用計數，檔案的引用計數代表該檔案的硬連結數，而目錄的引用計數代表該目錄有多少個一級子目錄
第三列	擁有者，檔案擁有者，也就是這個檔案屬於哪個使用者。預設擁有者是檔案的建立使用者
第四列	群組，預設群組是檔案擁有者的初始群組，就是建立使用者時系統自動建立的組
第五列	大小，預設單位是位元組
第六列	檔案修改時間，檔案狀態修改時間或檔案資料修改時間都會更改這個時間（不是建立檔案的時間）
第七列	檔案名稱或目錄名

註：本章講的都是與第一列、第三列、第四列相關的內容。

8.3 許可權位元

在 Linux 作業系統中常見的許可權有 3 種，分別是：r、w、x，除此之外還會有一些特殊許可權，例如，s 和 t。具體見表 8-2。

▼表 8-2 Linux 系統中的許可權位元

權 限	目標與作用	表現形式
r（讀取許可權）	對於檔案，可讀取檔案的內容	字元表示：r 八進制表示：4
	對於目錄，可讀取整個目錄結構	
w（寫入許可權）	對於檔案，可對檔案內容進行更改	用字元表示：w 用八進制表示：2
	對於目錄，可以在目錄中進行以下操作：新建檔案與資料夾、刪除檔案和資料夾、對檔案或資料夾進行重新命名、移動檔案與資料夾的位置	
x（執行許可權）	對於檔案，可執行指令稿、程式等	用字元表示：x 用八進制表示：1
	對於目錄，表示使用者可以進入此目錄，也就是使用 cd 命令進入該目錄	

權　限	目標與作用	表現形式
-	沒有任何許可權	用字元表示：- 用八進制表示：0
s	只針對二進位可執行檔，任何人執行這個檔案產生的處理程序都屬於檔案的擁有者	特殊許可權 Setuid
	對於二進位可執行檔，任何人執行此檔案產生的處理程序都屬於檔案的群組	特殊許可權 Setgid
	對於目錄，有 sgid 許可權時任何在此目錄中建立的檔案都屬於目錄的群組	
t（黏著位元）	此許可權只針對目錄，對於檔案無效	—
	設定在其他使用者（Other）位置上	
	目錄內的檔案只有擁有者或者 root 使用者才可以刪除	
	允許各使用者在目錄中任意寫入、刪除檔案，但是禁止刪除其他使用者的檔案，只能刪除自己的檔案	

剛開始看不明白這些許可權不用著急，我們後續會透過實驗來一步一步讓大家理解這些許可權的作用，這裡先根據圖 8-2 所示許可權位元帶大家弄清如何看懂檔案或目錄中的許可權。

```
-rw-r--r--.  1 root root
drwxr-xr-x. 41 root bin
```

▲ 圖 8-2　許可權位元

在圖 8-2 中，前半部分表示不同使用者對檔案所擁有的許可權，共 11 個字元，其含義見表 8-3。

▼表 8-3 11 個字元含義

位　置	說　明
第一個字元	檔案類型
第二個字元	擁有者（User）的讀取許可權，若為 "-" 表示沒有該許可權
第三個字元	擁有者（User）的寫入許可權
第四個字元	擁有者（User）的執行許可權
第五個字元	群組（Group）的讀取許可權
第六個字元	群組（Group）的寫入許可權

位　置	說　明
第七個字元	群組（Group）的執行許可權
第八個字元	其他人（Other）的讀取許可權
第九個字元	其他人（Other）的寫入許可權
第十個字元	其他人（Other）的執行許可權，若有黏著位元的話也會在此位置
第十一個字元	此檔案受 SELinux 的安全規則約束

Linux 作業系統中檔案的基本許可權由 9 個字元組成，分別為擁有者、群組和其他使用者，用於規定是否對檔案有讀、寫和執行許可權，如圖 8-3 所示。第一組也就是檔案擁有者擁有對檔案的讀和寫許可權，但是沒有執行許可權；第二組是群組中的使用者只擁有讀取許可權，也就是說，群組中的這部分使用者只能讀取檔案內容，無法修改檔案；第三組是其他使用者，擁有寫入許可權。

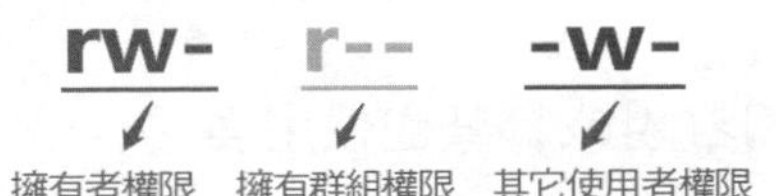

▲ 圖 8-3　擁有者、群組、其他使用者許可權

接觸 Linux 作業系統時間長了就會發現，系統中的大多數檔案的擁有者和所屬群組都是 root 使用者，這也就是 root 使用者能成為超級管理員且許可權足夠大的原因之一。

8.4 修改擁有者群組相關命令

chown

語法格式：

```
chown  [選項]  user[:group]  file...
```

描述：用來變更檔案或目錄的擁有者和群組，支援萬用字元。

chown 命令的常用選項見表 8-4。

▼表 8-4 chown 命令的常用選項

常用選項	說明
-v	顯示指令執行過程
-R	遞迴處理，將指定目錄下的所有檔案及子目錄一併處理
-f	不顯示錯誤資訊
-h	只對符號連結的檔案做修改，不更改其他任何相關檔案
--help	線上說明
--version	顯示版本資訊
--reference=<參考檔案或目錄>	把指定檔案 / 目錄的擁有者與所屬群組全部設成和參考檔案 / 目錄的擁有者與所屬群組相同

將檔案的擁有者和群組改為其他使用者。

```
[root@noylinux opt]# touch T1.txt
[root@noylinux opt]# ll
總用量 0
-rw-r--r--. 1 root root 0 9月   3 15:49 T1.txt
[root@noylinux opt]# chown user1:user1 T1.txt   # 將檔案的擁有者和群組轉移到 user1
                                                  使用者下
[root@noylinux opt]# ll
總用量 0
-rw-r--r--. 1 user1 user1 0 9月   3 15:49 T1.txt
```

註：在使用 chown 命令修改檔案 / 目錄的擁有者和群組時，要保證目標使用者（或使用者群組）存在，否則該命令無法正確執行，會提示 "invalid user" 或者 "invaild group"。

root 使用者擁有最高許可權，可以修改任何檔案的許可權，而一般使用者只能修改自己的檔案許可權。

8.5 修改檔案 / 目錄許可權相關命令

chmod

語法格式（見圖 8-4）：

```
chmod  [選項]  [ugoa][+-=][rwx]  file...
```

描述：用來變更檔案或目錄的許可權。

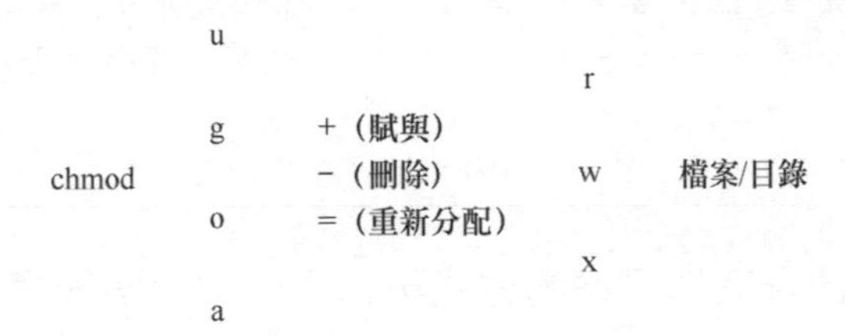

▲ 圖 8-4　chmod 命令的語法格式

chmod 命令的常用選項見表 8-5。

▼表 8-5 chmod 命令的常用選項

常用選項	說　明
-v	顯示指令執行過程
-R	遞迴處理，將指定目錄下的所有檔案及子目錄一併處理
-f	不顯示錯誤資訊
--help	線上說明
--version	顯示版本資訊

其中各部分含義如下：

- [ugoa]：u 表示該檔案的擁有者（User）；g 表示與該檔案的擁有者屬於同一個群組（Group）；o 表示其他使用者（Other）；a 表示這三者皆是，全部的使用者（ALL）。
- [+-=]：+ 表示指定某個許可權，- 表示取消某個許可權，= 表示重新分配唯一的許可權。
- [rwx]：r 表示讀取許可權，w 表示寫入許可權，x 表示執行許可權。

給檔案的擁有者指定讀、寫、執行許可權，群組指定寫入許可權，其他使用者沒有任何許可權。

```
[root@noylinux opt]# touch 123.txt
[root@noylinux opt]# ll
總用量 0
-rw-r--r--. 1 root root 0 9月   3 16:30 123.txt
[root@noylinux opt]# chmod u+rwx 123.txt     # 給擁有者增加讀寫執行許可權
[root@noylinux opt]# chmod g=w 123.txt       # 給群組重新分配為寫入（w）許可權
[root@noylinux opt]# chmod o=- 123.txt       # 其他使用者設定為沒有任何許可權
[root@noylinux opt]# ll
-rwx-w----. 1 root root 0 9月   3 16:30 123.txt
```

使用數字修改檔案許可權的方式再進行一次上面的實驗。

```
[root@noylinux opt]# touch 321.txt
[root@noylinux opt]# ll
總用量 0
-rwx-w----. 1 root root 0 9月   3 16:30 123.txt
-rw-r--r--. 1 root root 0 9月   3 16:35 321.txt
[root@noylinux opt]# chmod 720 321.txt     # 使用數字修改檔案許可權的方式給檔案調整許
                                            可權
[root@noylinux opt]# ll
總用量 0
-rwx-w----. 1 root root 0 9月   3 16:30 123.txt
-rwx-w----. 1 root root 0 9月   3 16:35 321.txt
```

這裡給大家詳細說一下使用數字修改檔案許可權的方式，上文介紹過各個許可權用八進制 / 數字表示的形式：r=4、w=2、x=1、-=0。

根據上面的案例，檔案調整後的許可權是：rwx-w----，則按數字換算可表示為

- 擁有者 = rwx = 4+2+1 = 7；
- 群組 = -w- = 0+2+0 = 2；
- 其他 = --- = 0+0+0 = 0。

這也就是為什麼可以透過案例中的 "chmod 720 321.txt" 命令達到同樣的效果。

再舉個例子，假如要將檔案 / 目錄的許可權調整為 rw--wxr-x，那使用數字表示法就是 635：

- 擁有者 = rw- = 4+2+0 = 6；
- 群組 = -wx = 0+2+1 = 3；
- 其他 = r-x = 4+0+1 = 5。

在 Linux 作業系統上建立一個檔案驗證一下：

```
[root@noylinux opt]# ll
總用量 0
-rwx-w----. 1 root root 0 9月   3 16:30 123.txt
-rwx-w----. 1 root root 0 9月   3 16:35 321.txt
-rw-r--r--. 1 root root 0 9月   3 17:04 456.txt
[root@noylinux opt]# chmod 635 456.txt
[root@noylinux opt]# ll
----- 省略部分內容 -----
-rw--wxr-x. 1 root root 0 9月   3 17:04 456.txt
```

在 chmod 命令中，用字元表示許可權的方式比較直觀，一看就能明白是給誰指定什麼許可權；而用數字表示許可權的方式就相對便捷一些，需要給誰指定什麼許可權透過一筆命令就完成。兩種方式除了許可權的表示形式外沒什麼區別，大家習慣哪種就用哪種。

CHAPTER 09

駕輕就熟之 Linux 作業系統的軟體管理

9.1 引言

至此，大家對 Linux 作業系統已經有了一個基本的認識，也能動手實現一些簡單的操作，本章主要介紹如何在 Linux 作業系統中安裝和管理各種軟體程式。

將本章內容放到這個位置是希望發揮承上啟下的作用，上文介紹了使用者和使用者群組的管理，系統許可權的管理，接下來就應該是系統軟體管理的相關內容了，這是承上；啟下就是下文會講很多在企業中常用的軟體服務，這些軟體服務都需要安裝部署，所以就需要先學習本章內容。

筆者認為，如果一個作業系統沒有安裝任何的軟體程式，那它的功能始終是有限的，只有安裝軟體程式後，系統的功能和發展才會充滿無限的可能性。Linux 作業系統同樣如此，它本身所具備的功能是有限的，只有在安裝了各種軟體程式後，才能發揮更大的作用。

在 Linux 作業系統中軟體的安裝方法是否和在 Windows 作業系統中一樣呢？答案是不一樣的，Linux 和 Windows 是完全不同的作業系統，軟體套件的安裝和管理也是截然不同的。

所以本章就是帶領大家學習一種新的、專屬於 Linux 作業系統的軟體套件安裝和管理方法，這部分內容學扎實了，後續在學習各種軟體服務安裝部署時就會輕鬆許多。

9.2 Linux 軟體套件分類

Linux 作業系統中的軟體套件非常多，而且幾乎都是經 GPL 協定授權的，GPL 協定之前給大家講過，它是具有「傳染性」的，透過引用 GPL 協定下的開來源程式程式開發出的新軟體也必須遵循 GPL 協定。所以 GPL 協定下的開放原始碼軟體擴散的方式是以樹狀結構無限擴散的，這也就是現如今 GPL 協定下的軟體如此多的原因之一。

Linux 作業系統中的軟體套件大致可以分為兩類：原始程式套件與二進位套件。

1. 原始程式套件

原始程式套件裡面是一大堆原始程式碼檔案，是由程式設計師按照特定的格式和語法撰寫出來的程式檔案。原始程式套件中的程式檔案是無法直接安裝到作業系統上的，因為電腦只認識二進位語言，也就是 0 和 1 的組合。因此，原始程式套件的安裝需要一名「翻譯官」將原始程式碼檔案翻譯成二進位語言，這名「翻譯官」通常被稱為編譯器。

編譯指的就是將原始程式碼轉換為能被電腦執行的二進位程式的翻譯過程。編譯器的功能就是把原始程式碼翻譯為二進位碼，讓電腦辨識並且執行！

大家試想一下，編譯操作由誰來完成呢，編譯器？編譯器只是一個供使用者使用的工具而已，操作的過程還是由使用者完成。使用者可以使用編譯器指定編譯的選項，例如編譯的時候要增加 / 刪除程式的某個功能等。也就是說，使用者可以在編譯時自訂程式的功能。

這裡複習一下原始程式套件的優缺點：

（1）優點：①能接觸到程式的原始程式碼檔案，可以對程式本身進行修改。②編譯時能夠對程式本身的功能進行自訂，只保留一些需要的功能，其他的都捨棄，也就是打造一款符合自身需求的軟體程式。

（2）缺點：①編譯步驟繁瑣，因為編譯時會用到很多選項和編譯環境，沒有安裝編譯環境或缺少必要的編譯選項都沒法編譯成功。②編譯時間長，舉個例子，MySQL 資料庫的原始程式套件大小約為 60MB，編譯安裝過程需要半小時到一小時之間，具體還得看電腦性能。

透過這些優缺點的比較容易發現，原始程式套件的編譯安裝對初學者是很不友善的，不僅要耗費大量的編譯時間，還需要特定的編譯環境。況且有很多使用者並不熟悉程式語言，在安裝過程中初學者只能祈禱程式編譯過程不要顯示出錯，否則很難解決問題。

2. 二進位套件

為了解決使用原始程式套件安裝方式出現的問題，二進位套件應運而生，成為 Linux 軟體套件的第二種安裝方式。

二進位套件就是原始程式套件經過成功編譯後生成的套裝程式。二進位套件在發佈之前就已經完成了所有的編譯工作，因此使用者安裝軟體的速度較快，與在 Windows 下安裝軟體的速度差不了多少，而且程式的安裝過程顯示出錯機率也大大減小。

目前，Linux 作業系統主要的二進位套件管理系統有兩種：RPM 套件管理系統和 DPKG 套件管理系統。

（1）RPM 套件管理系統：最早由 Red Hat 研發，其功能強大，安裝、升級、 詢和移除非常簡單方便，因此很多 Linux 發行版本都預設將它作為軟體套件管理系統，例如 Red Hat、Fedora、CentOS、Rocky 等。

（2）DPKG 套件管理系統：它是伊恩 · 默多克於 1993 年建立，為 Debian 作業系統專門開發的軟體套件管理系統。DPKG 與 RPM 十分相似，同樣被用於安裝、移除和 ".deb" 軟體套件相關的資訊。主要應用在 Debian 和 Ubuntu 作業系統中。

RPM 套件管理系統和 DPKG 套件管理系統的原理和形式大同小異，學會其中一個，另一個也就無師自通了。這裡給大家複習一下二進位套件的優缺點：

優點：①套件管理系統簡單，只透過幾個命令就可以實現軟體的安裝、升級、 詢和移除。②安裝速度比原始程式套件安裝快得多。

缺點：①經過編譯之後無法直接看到原始程式碼。②軟體安裝時功能的選擇不如原始程式套件靈活。③軟體套件與軟體套件之間存在依賴性。例如，在安裝軟體 a 時需要先安裝軟體 b 和軟體 c，而在安裝軟體 b 時又需要先安裝軟體 d 和軟體 e。這就需要先安裝軟體 d 和軟體 e，然後安裝軟體 b 和軟體 c，最後才能安裝成功軟體 a。軟體套件管理系統能極佳地降低這種依賴性，比如說，安裝軟體 a，它會將軟體 a 依賴的所有軟體一次性都給安裝上，大大減少了我們的工作量。

原始程式套件與二進位套件這兩種安裝方式各有優缺點，大家可以根據安裝環境和自身需求來選擇，一般在作業系統中能使用二進位套件就儘量使用二進位套件，沒辦法使用二進位套件的情況下再選擇原始程式套件進行安裝部署。

9.3 詳解 Deb 套件的使用方式

Ubuntu 是一種基於 Linux 的作業系統，而 dpkg 指令是一種在 Ubuntu 中管理 .deb 軟體套件的工具。如果你想要學習如何使用 dpkg 指令，請按照以下步驟：

步驟 1：開啟終端機

首先，開啟 Ubuntu 終端機。你可以在桌面左上角的活動視窗中搜尋「終端機」，或者按下「Ctrl+Alt+T」鍵組合快捷鍵，即可開啟終端機。

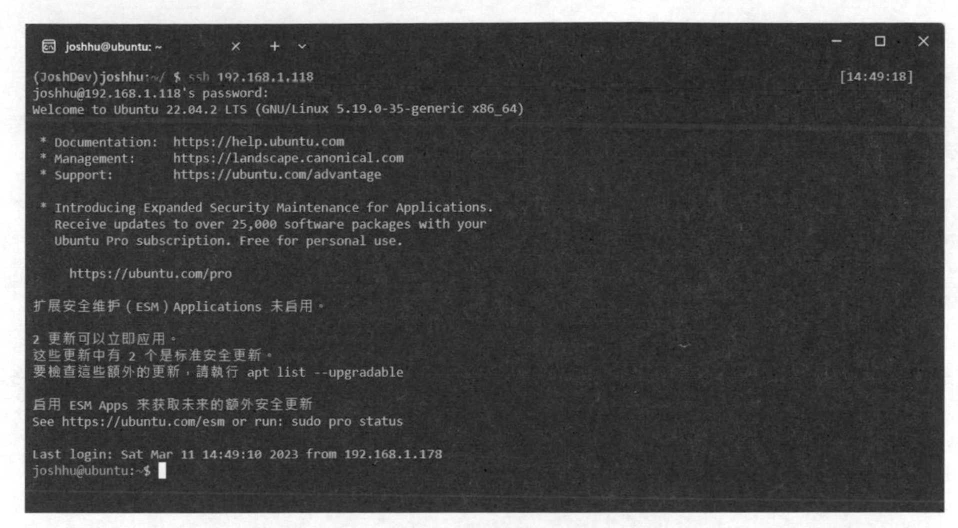

▲ 圖 9-1　開啟終端機

步驟 2：查看軟體套件資訊

在終端機中輸入以下指令可以查看當前系統上已安裝的軟體套件資訊：

```
dpkg -l
```

```
joshhu@ubuntu: ~
要求=U:未知/I:安裝/R:刪除/P:清除/H:保留
| 狀態=N:未安裝/I:已安裝/C:設定檔/U:已解開/F:半設定/H:半安裝/W:待觸發/T:未觸發
|/ 錯誤?=(無)/R:須重新安裝（狀態，錯誤：大寫=有問題）
||/ 名稱                       版本                          硬體平台     簡介
+++-==========================-=============================-============-==================
ii  accountsservice            22.07.5-2ubuntu1.3            amd64        query and manipulat>
ii  acl                        2.3.1-1                       amd64        access control list>
ii  acpi-support               0.144                         amd64        scripts for handlin>
ii  acpid                      1:2.0.33-1ubuntu1             amd64        Advanced Configurat>
ii  adduser                    3.118ubuntu5                  all          add and remove user>
ii  adwaita-icon-theme         41.0-1ubuntu1                 all          default icon theme >
ii  alsa-base                  1.0.25+dfsg-0ubuntu7          all          ALSA driver configu>
ii  alsa-topology-conf         1.2.5.1-2                     all          ALSA topology confi>
ii  alsa-ucm-conf              1.2.6.3-1ubuntu1.4            all          ALSA Use Case Manag>
ii  alsa-utils                 1.2.6-1ubuntu1                amd64        Utilities for confi>
ii  amd64-microcode            3.20191218.1ubuntu2           amd64        Processor microcode>
ii  anacron                    2.3-31ubuntu2                 amd64        cron-like program t>
ii  apg                        2.2.3.dfsg.1-5build2          amd64        Automated Password >
ii  apparmor                   3.0.4-2ubuntu2.1              amd64        user-space parser u>
ii  apport                     2.20.11-0ubuntu82.3           all          automatically gener>
ii  apport-gtk                 2.20.11-0ubuntu82.3           all          GTK+ frontend for t>
ii  apport-symptoms            0.24                          all          symptom scripts for>
ii  appstream                  0.15.2-2                      amd64        Software component >
ii  apt                        2.4.8                         amd64        commandline package>
ii  apt-config-icons           0.15.2-2                      all          APT configuration s>
ii  apt-config-icons-hidpi     0.15.2-2                      all          APT configuration s>
ii  apt-utils                  2.4.8                         amd64        package management >
ii  aptdaemon                  1.1.1+bzr982-0ubuntu39        all          transaction based p>
ii  aptdaemon-data             1.1.1+bzr982-0ubuntu39        all          data files for clie>
lines 1-29
```

▲ 圖 9-2　列出所有列表

這個指令將列出所有已安裝的軟體套件名稱、版本號、描述等資訊。你可以使用上下箭頭按鍵滾動螢幕。

步驟 3：安裝軟體套件

如果你要安裝一個新的軟體套件，可以使用以下指令：

```
sudo dpkg -i package_file.deb
```

其中，「package_file.deb」指代你要安裝的軟體套件檔案名稱。在這個指令中，「sudo」表示需要系統管理員權限，因為安裝軟體需要存取系統的根目錄。安裝完成後，軟體套件會被放置在系統的「/usr/bin」目錄下。

```
joshhu@ubuntu:~$ sudo dpkg -i
.cache/                                  圖片/
.config/                                 影片/
.local/                                  文件/
google-chrome-stable_current_amd64.deb   桌面/
snap/                                    模板/
下載/                                    音樂/
公共/
joshhu@ubuntu:~$ sudo dpkg -i google-chrome-stable_current_amd64.deb
[sudo] joshhu 的密碼：
選取了原先未選的套件 google-chrome-stable。
（讀取資料庫 ... 目前共安裝了 180825 個檔案和目錄。）
正在準備解包 google-chrome-stable_current_amd64.deb……
解開 google-chrome-stable (111.0.5563.64-1) 中...
設定 google-chrome-stable (111.0.5563.64-1) ...
update-alternatives: 在自動模式下以 /usr/bin/google-chrome-stable 來提供 /usr/bin/x-www-browser (x-www-browser)
update-alternatives: 在自動模式下以 /usr/bin/google-chrome-stable 來提供 /usr/bin/gnome-www-browser (gnome-www-browser)
update-alternatives: 在自動模式下以 /usr/bin/google-chrome-stable 來提供 /usr/bin/google-chrome (google-chrome)
執行 mailcap (3.70+nmu1ubuntu1) 的觸發程式……
執行 gnome-menus (3.36.0-1ubuntu3) 的觸發程式……
執行 desktop-file-utils (0.26-1ubuntu3) 的觸發程式……
執行 man-db (2.10.2-1) 的觸發程式……
joshhu@ubuntu:~$
```

▲ 圖 9-3　安裝 Google Chrome 瀏覽器

步驟 4：卸載軟體套件

如果你想要卸載一個已經安裝的軟體套件，可以使用以下指令：

```
sudo dpkg -r package_name
```

其中，「package_name」指代你要卸載的軟體套件名稱。在這個指令中，「sudo」表示需要系統管理員權限，因為卸載軟體需要訪問系統的根目錄。

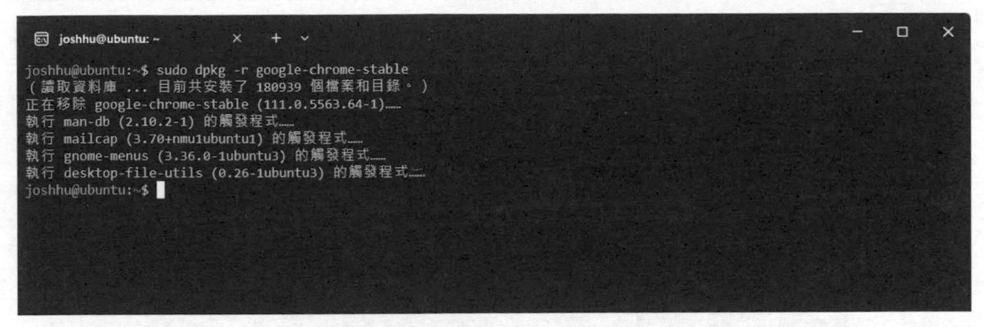

▲ 圖 9-4　卸載 Google Chrome

步驟 5：強制卸載軟體套件

如果你遇到了無法正常卸載軟體套件的問題，可以使用以下指令：

```
sudo dpkg -P package_name
```

其中，「package_name」指代你要卸載的軟體套件名稱。在這個指令中，「sudo」表示需要系統管理員權限，因為強制卸載軟體需要訪問系統的根目錄。

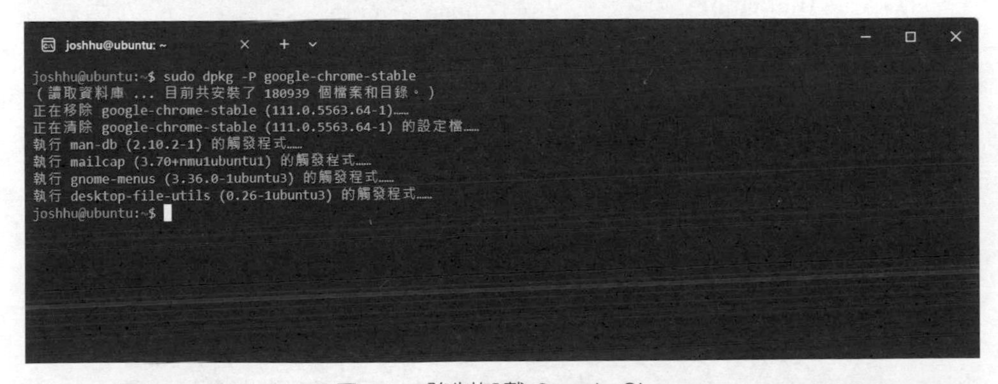

▲ 圖 9-5　強制卸載 Google Chrome

步驟 6：重新配置軟體套件

有時候，當你安裝或卸載軟體套件後，可能需要重新配置這個軟體套件。這可以使用以下指令完成：

```
sudo dpkg-reconfigure package_name
```

其中，「package_name」指代你要重新配置的軟體套件名稱。在這個指令中，「sudo」表示需要系統管理員權限，因為重新配置軟體需要訪問系統的根目錄。

```
joshhu@ubuntu: ~
joshhu@ubuntu:~$ sudo dpkg-reconfigure google-chrome-stable
[sudo] joshhu 的密碼：
joshhu@ubuntu:~$
```

▲ 圖 9-6 重新設定套件檔案

步驟 7：查找軟體套件

如果你需要查找某個軟體套件的名稱，可以使用以下指令：

```
sudo dpkg -S file_name
```

其中，「file_name」指代你要查找的檔案名稱。這個指令將列出包含該檔案的軟體套件名稱。

```
joshhu@ubuntu:~$ sudo dpkg -S google-chrome
google-chrome-stable: /usr/share/man/man1/google-chrome-stable.1.gz
google-chrome-stable: /usr/share/man/man1/google-chrome.1.gz
google-chrome-stable: /opt/google/chrome/google-chrome
google-chrome-stable: /usr/share/doc/google-chrome-stable
bash-completion: /usr/share/bash-completion/completions/google-chrome
google-chrome-stable: /usr/share/doc/google-chrome-stable/changelog.gz
google-chrome-stable: /usr/share/gnome-control-center/default-apps/google-chrome.xml
google-chrome-stable: /usr/share/menu/google-chrome.menu
google-chrome-stable: /usr/bin/google-chrome-stable
google-chrome-stable: /usr/share/applications/google-chrome.desktop
google-chrome-stable: /usr/share/appdata/google-chrome.appdata.xml
bash-completion: /usr/share/bash-completion/completions/google-chrome-stable
google-chrome-stable: /etc/cron.daily/google-chrome
google-chrome-stable: /opt/google/chrome/cron/google-chrome
joshhu@ubuntu:~$
```

▲ 圖 9-7 查找套件

步驟 8：清除軟體套件殘留檔案

有時候，卸載軟體套件後可能會留下一些殘留檔案，這些檔案可能佔用系統空間，因此你需要清除這些殘留檔案。這可以使用以下指令完成：

```
sudo dpkg -P package_name
```

```
joshhu@ubuntu:~$ sudo dpkg -P google-chrome-stable
(讀取資料庫 ... 目前共安裝了 180939 個檔案和目錄。)
正在移除 google-chrome-stable (111.0.5563.64-1)……
正在清除 google-chrome-stable (111.0.5563.64-1) 的設定檔……
執行 man-db (2.10.2-1) 的觸發程式……
執行 mailcap (3.70+nmu1ubuntu1) 的觸發程式……
執行 gnome-menus (3.36.0-1ubuntu3) 的觸發程式……
執行 desktop-file-utils (0.26-1ubuntu3) 的觸發程式……
joshhu@ubuntu:~$
```

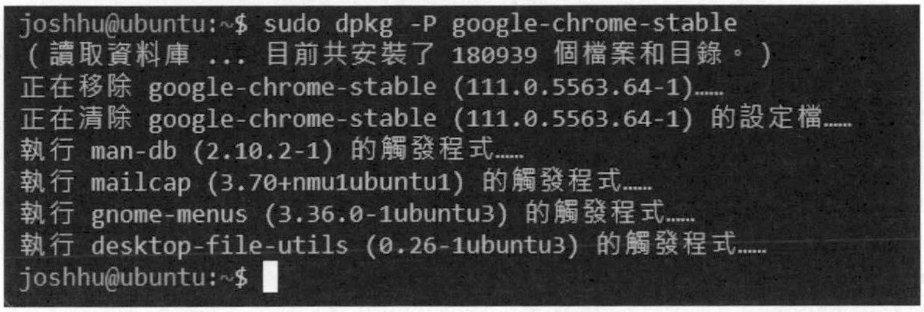

▲ 圖 9-8 清除套件

其中，「package_name」指代你要清除殘留檔案的軟體套件名稱。在這個指令中，「sudo」表示需要系統管理員權限，因為清除軟體套件殘留檔案需要訪問系統的根目錄。

步驟 9：總結

使用 dpkg 指令可以方便地管理 Ubuntu 中的軟體套件，包括安裝、卸載、重新配置等操作。請按照上述步驟操作，可以使你更熟悉使用 dpkg 指令。

指令	描述
dpkg	Debian 套件管理系統
dpkg -i [package.deb]	安裝一個 deb 套件
dpkg -r [package]	移除一個套件
dpkg -P [package]	移除一個套件及其相關的設定檔
dpkg -L [package]	列出一個已安裝套件的檔案清單
dpkg -l [package]	列出所有已安裝的套件
dpkg -s [package]	列出一個已安裝套件的詳細資訊

指令	描述
dpkg -S [file]	查詢指定檔案屬於哪一個套件
dpkg -c [package.deb]	列出一個 deb 套件中的檔案清單
dpkg -I [package.deb]	列出一個 deb 套件的詳細資訊，但不安裝
dpkg --unpack [package.deb]	解開套件檔案，但不安裝
dpkg --configure [package]	配置一個已安裝套件
dpkg --reconfigure [package]	重新配置一個已安裝套件
dpkg --audit [package]	檢查套件檔案的完整性和一致性
dpkg --verify [package]	驗證套件檔案的完整性和一致性
dpkg --get-selections	列出所有已安裝套件及其狀態（已安裝、未安裝）
dpkg --set-selections	將套件狀態設定為已安裝或未安裝
dpkg --clear-selections	清除所有套件的狀態設定
dpkg-query	用於查詢套件資訊，例如查詢已安裝套件的版本、套件提供的檔案等
dpkg-query -L [package]	列出一個已安裝套件的檔案清單
dpkg-query -l [pattern]	以模式匹配方式列出所有已安裝的套件
dpkg-query -s [package]	列出一個已安裝套件的詳細資訊
dpkg-query -W --showformat	格式化顯示已安裝的套件
dpkg-divert	用於修改系統中的檔案
dpkg-divert --list [pattern]	列出已設定的檔案轉移規則
dpkg-divert --add [file]	新增一個檔案轉移規則
dpkg-divert --remove [file]	移除一個檔案轉移規則
dpkg-statoverride	用於管理檔案的擁有者、群組和權限
dpkg-statoverride --list [file]	列出已設定的檔案權限
dpkg-statoverride --add [file]	新增一個檔案權限設定
dpkg-statoverride --remove [file]	移除一個檔案權限設定
dpkg-split	將一個大型的套件檔案分割成多個小檔案
dpkg-split [package.dsc]	將一個原始碼套件檔案分割成多個小檔案
dpkg-checkbuilddeps	檢查建置套件所需的依賴項
dpkg-buildpackage	建置一個 deb 套件

指令	描述
dpkg-buildpackage -rfakeroot	在模擬的根目錄下建置套件，以避免編譯過程中修改主機的檔案
dpkg-buildpackage -us -uc	建置一個套件，不使用 GPG 簽名
dpkg-buildflags	用於設定建置套件時的編譯選項
dpkg-buildflags --get	列出目前的建置選項
dpkg-buildflags --set [options]	設定新的建置選項
dpkg-gencontrol	用於建立控制檔案（control file）
dpkg-gencontrol -c [options]	指定一個控制檔案的配置檔
dpkg-genchanges	用於建立套件的 .changes 檔案
dpkg-genchanges -sa	包含原始碼檔案的 .changes 檔案
dpkg-shlibdeps	檢查套件所需的共享函式
dpkg-shlibdeps -p [package]	列出一個套件所需的共享函式

9.4 apt 軟體套件管理器

Ubuntu Linux 是一種非常流行的作業系統，它基於 Debian Linux 發行版，並且使用 APT（Advanced Package Tool）來安裝、升級和移除軟體套件。APT 是一個強大的工具，可以讓用戶輕鬆地管理系統中的軟體，並且具有自動解決依賴關係等功能。本文將介紹如何在 Ubuntu Linux 中使用 APT。

1. APT 的基本使用

要使用 APT，首先需要開啟終端機。在 Ubuntu 中，可以按下 Ctrl+Alt+T 鍵組合開啟終端機，也可以在應用程式選單中找到終端機應用程式。

▲ 圖 9-9　開啟一個終端機

在終端機中，可以使用以下命令來使用 APT：

- apt-get update：更新軟體套件列表。
- apt-get upgrade：升級已安裝的軟體套件。
- apt-get install package-name：安裝一個軟體套件。
- apt-get remove package-name：移除一個軟體套件。
- apt-get autoremove：自動移除不需要的軟體套件。
- apt-get purge package-name：完全移除一個軟體套件及其設定檔。

在使用 APT 之前，需要確保系統已經連接到網際網路。如果系統無法連接到網際網路，APT 將無法正常工作。可以使用 ping 命令檢查系統是否能夠與網際網路通信。

2. 下面將介紹如何使用 APT 進行一些常見的操作

❑ 更新軟體套件列表

在 Ubuntu 中，軟體套件列表包含可用於安裝的所有軟體套件。要更新軟體套件列表，可以使用以下命令：

```
sudo apt-get update
```

```
joshhu@ubuntu: ~
joshhu@ubuntu:~$ sudo apt-get update
下載:1 http://security.ubuntu.com/ubuntu jammy-security InRelease [110 kB]
已有:2 http://tw.archive.ubuntu.com/ubuntu jammy InRelease
下載:3 http://tw.archive.ubuntu.com/ubuntu jammy-updates InRelease [119 kB]
下載:4 http://tw.archive.ubuntu.com/ubuntu jammy-backports InRelease [107 kB]
下載:5 http://tw.archive.ubuntu.com/ubuntu jammy-updates/main amd64 Packages [943 kB]
下載:6 http://tw.archive.ubuntu.com/ubuntu jammy-updates/main i386 Packages [455 kB]
下載:7 http://tw.archive.ubuntu.com/ubuntu jammy-updates/main amd64 DEP-11 Metadata [101 kB]
下載:8 http://tw.archive.ubuntu.com/ubuntu jammy-updates/universe i386 Packages [603 kB]
下載:9 http://tw.archive.ubuntu.com/ubuntu jammy-updates/universe amd64 Packages [883 kB]
下載:10 http://tw.archive.ubuntu.com/ubuntu jammy-updates/universe amd64 DEP-11 Metadata [268 kB]
下載:11 http://tw.archive.ubuntu.com/ubuntu jammy-updates/universe amd64 c-n-f Metadata [18.0 kB]
下載:12 http://tw.archive.ubuntu.com/ubuntu jammy-updates/multiverse amd64 DEP-11 Metadata [940 B]
下載:13 http://security.ubuntu.com/ubuntu jammy-security/main amd64 DEP-11 Metadata [41.4 kB]
下載:14 http://tw.archive.ubuntu.com/ubuntu jammy-backports/main amd64 DEP-11 Metadata [7996 B]
下載:15 http://tw.archive.ubuntu.com/ubuntu jammy-backports/universe amd64 DEP-11 Metadata [12.5 kB]
下載:16 http://security.ubuntu.com/ubuntu jammy-security/universe amd64 DEP-11 Metadata [17.1 kB]
取得 3688 kB 用了 2s (2001 kB/s)
正在讀取套件清單... 完成
joshhu@ubuntu:~$
```

▲ 圖 9-10　更新軟體列表

此命令將更新軟體套件列表，以便能夠安裝最新的軟體套件。

❑ 升級已安裝的軟體套件

要升級已安裝的軟體套件，可以使用以下命令：

```
sudo apt-get upgrade
```

```
joshhu@ubuntu:~$ sudo apt-get upgrade
正在讀取套件清單... 完成
正在重建相依關係... 完成
正在讀取狀態資料... 完成
籌備升級中... 完成
下列套件將會被升級：
  libldb2 python3-ldb systemd-hwe-hwdb
升級 3 個，新安裝 0 個，移除 0 個，有 0 個未被升級。
需要下載 2908 B/197 kB 的套件檔。
此操作完成之後，會多佔用 1024 B 的磁碟空間。
是否繼續進行 [Y/n]？ [Y/n] y
下載:1 http://tw.archive.ubuntu.com/ubuntu jammy-updates/main amd64 systemd-hwe-hwdb all 249.11.3 [2908 B]
取得 2908 B 用了 0s (124 kB/s)
（讀取資料庫 ... 目前共安裝了 180825 個檔案和目錄。）
正在準備解包 .../python3-ldb_2%3a2.4.4-0ubuntu0.22.04.1_amd64.deb……
Unpacking python3-ldb (2:2.4.4-0ubuntu0.22.04.1) over (2:2.4.4-0ubuntu0.1) ...
正在準備解包 .../libldb2_2%3a2.4.4-0ubuntu0.22.04.1_amd64.deb……
Unpacking libldb2:amd64 (2:2.4.4-0ubuntu0.22.04.1) over (2:2.4.4-0ubuntu0.1) ...
正在準備解包 .../systemd-hwe-hwdb_249.11.3_all.deb……
Unpacking systemd-hwe-hwdb (249.11.3) over (249.11.2) ...
設定 systemd-hwe-hwdb (249.11.3) ...
設定 libldb2:amd64 (2:2.4.4-0ubuntu0.22.04.1) ...
設定 python3-ldb (2:2.4.4-0ubuntu0.22.04.1) ...
執行 libc-bin (2.35-0ubuntu3.1) 的觸發程式……
執行 udev (249.11-0ubuntu3.7) 的觸發程式……
joshhu@ubuntu:~$
```

▲ 圖 9-11　更新所有軟體

此命令將升級所有已安裝的軟體套件至最新版本。

❑ 安裝軟體套件

要安裝一個軟體套件，可以使用以下命令：

```
sudo apt-get install package-name
```

例如，要安裝 Firefox 瀏覽器，可以使用以下命令：

```
sudo apt-get install firefox
```

此命令將下載並安裝 Firefox 瀏覽器。

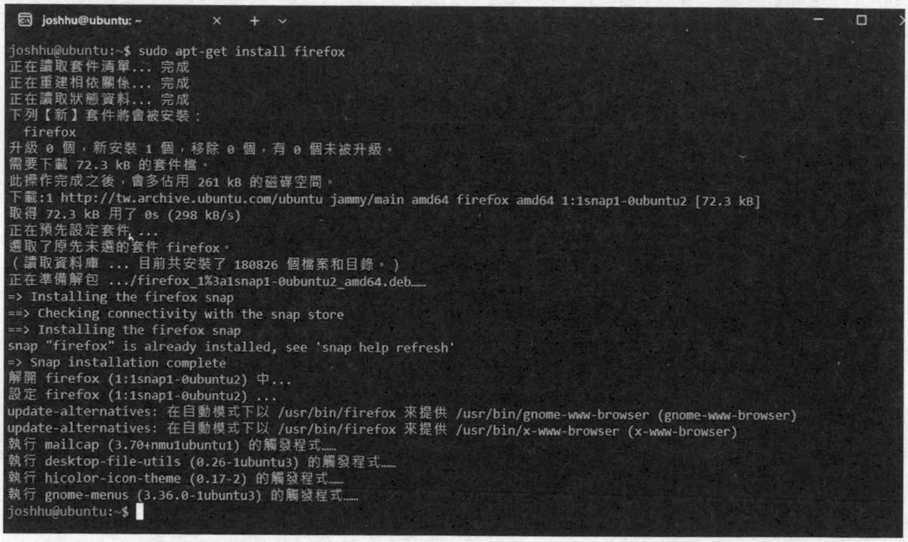

```
joshhu@ubuntu: ~
joshhu@ubuntu:~$ sudo apt-get install firefox
正在讀取套件清單... 完成
正在重建相依關係... 完成
正在讀取狀態資料... 完成
下列【新】套件將會被安裝：
  firefox
升級 0 個，新安裝 1 個，移除 0 個，有 0 個未被升級。
需要下載 72.3 kB 的套件檔。
此操作完成之後，會多佔用 261 kB 的磁碟空間。
下載:1 http://tw.archive.ubuntu.com/ubuntu jammy/main amd64 firefox amd64 1:1snap1-0ubuntu2 [72.3 kB]
取得 72.3 kB 用了 0s (298 kB/s)
正在預先設定套件 ...
選取了原先未選的套件 firefox。
(讀取資料庫 ... 目前共安裝了 180826 個檔案和目錄。)
正在準備解包 .../firefox_1%3a1snap1-0ubuntu2_amd64.deb......
=> Installing the firefox snap
==> Checking connectivity with the snap store
==> Installing the firefox snap
snap "firefox" is already installed, see 'snap help refresh'
=> Snap installation complete
解開 firefox (1:1snap1-0ubuntu2) 中...
設定 firefox (1:1snap1-0ubuntu2) ...
update-alternatives: 在自動模式下以 /usr/bin/firefox 來提供 /usr/bin/gnome-www-browser (gnome-www-browser)
update-alternatives: 在自動模式下以 /usr/bin/firefox 來提供 /usr/bin/x-www-browser (x-www-browser)
執行 mailcap (3.70+nmu1ubuntu1) 的觸發程式......
執行 desktop-file-utils (0.26-1ubuntu3) 的觸發程式......
執行 hicolor-icon-theme (0.17-2) 的觸發程式......
執行 gnome-menus (3.36.0-1ubuntu3) 的觸發程式......
joshhu@ubuntu:~$
```

▲ 圖 9-12　安裝 Firefox 瀏覽器

❑ 移除軟體套件

要移除一個軟體套件，可以使用以下命令：

```
sudo apt-get remove package-name
```

例如，要移除 Firefox 瀏覽器，可以使用以下命令：

```
sudo apt-get remove firefox
```

此命令將從系統中移除 Firefox 瀏覽器。

```
joshhu@ubuntu: ~
joshhu@ubuntu:~$ sudo apt-get remove firefox
正在讀取套件清單... 完成
正在重建相依關係... 完成
正在讀取狀態資料... 完成
下列套件將會被【移除】:
  firefox
升級 0 個，新安裝 0 個，移除 1 個，有 0 個未被升級。
此操作完成之後，會空出 261 kB 的磁碟空間。
是否繼續進行 [Y/n]? [Y/n] y
(讀取資料庫 ... 目前共安裝了 180841 個檔案和目錄。)
正在移除 firefox (1:1snap1-0ubuntu2)......
執行 hicolor-icon-theme (0.17-2) 的觸發程式......
執行 gnome-menus (3.36.0-1ubuntu3) 的觸發程式......
執行 mailcap (3.70+nmu1ubuntu1) 的觸發程式......
執行 desktop-file-utils (0.26-1ubuntu3) 的觸發程式......
joshhu@ubuntu:~$
```

▲ 圖 9-13　移除 firefox

❑ 自動移除不需要的軟體套件

在安裝、升級和移除軟體套件時，APT 會自動處理依賴關係。如果一個軟體套件被移除後，它依賴的其他軟體套件已經沒有被使用，APT 將自動移除這些不需要的軟體套件。要手動執行此操作，可以使用以下命令：

```
sudo apt-get autoremove
```

此命令將自動移除所有不需要的軟體套件。

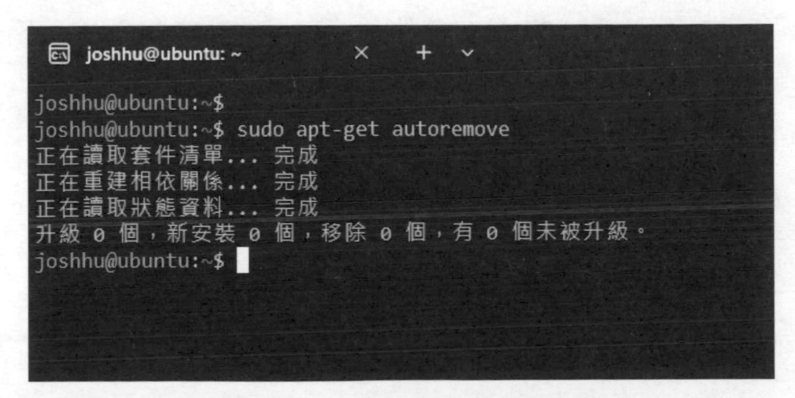

▲ 圖 9-14　自動移除所有不需要的套件

❑ 完全移除軟體套件及其設定檔

如果要完全移除一個軟體套件及其設定檔，可以使用以下命令：

```
sudo apt-get purge package-name
```

例如，要完全移除 Firefox 瀏覽器及其設定檔，可以使用以下命令：

```
sudo apt-get purge firefox
```

此命令將完全移除 Firefox 瀏覽器及其設定檔。

```
joshhu@ubuntu: ~
joshhu@ubuntu:~$
joshhu@ubuntu:~$ sudo apt-get purge firefox
正在讀取套件清單... 完成
正在重建相依關係... 完成
正在讀取狀態資料... 完成
下列套件將會被【移除】：
  firefox*
升級 0 個，新安裝 0 個，移除 1 個，有 0 個未被升級。
此操作完成之後，會多佔用 0 B 的磁碟空間。
是否繼續進行 [Y/n]？ [Y/n] y
（讀取資料庫 ... 目前共安裝了 180826 個檔案和目錄。）
正在清除 firefox (1:1snap1-0ubuntu2) 的設定檔……
joshhu@ubuntu:~$
```

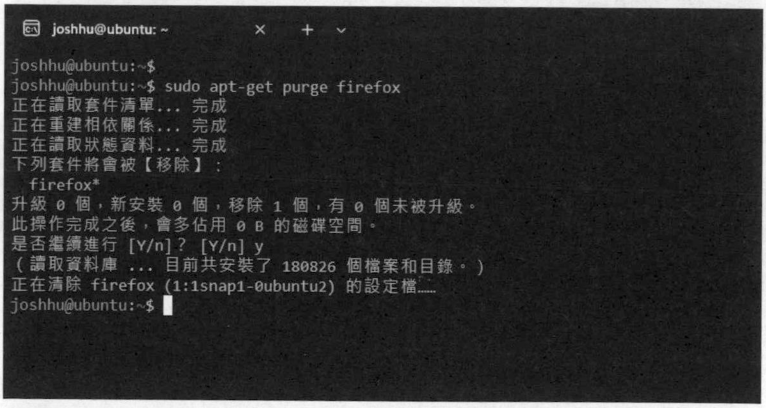

▲ 圖 9-15　完全清除 firefox 套件

3. 進階使用

除了基本使用外，APT 還有其他一些有用的功能和命令，下面將介紹一些常見的功能和命令。

❑ 列出特定軟體套件的詳細資訊

要列出特定軟體套件的詳細資訊，可以使用以下命令：

```
apt-cache show package-name
```

例如，要列出 Firefox 瀏覽器的詳細資訊，可以使用以下命令：

```
apt-cache show firefox
```

此命令將列出 Firefox 瀏覽器的詳細資訊，包括版本號、說明、依賴關係等。

```
joshhu@ubuntu: ~
joshhu@ubuntu:~$ sudo apt-cache show firefox
Package: firefox
Architecture: amd64
Version: 1:1snap1-0ubuntu2
Priority: optional
Section: web
Origin: Ubuntu
Maintainer: Ubuntu Mozilla Team <ubuntu-mozillateam@lists.ubuntu.com>
Bugs: https://bugs.launchpad.net/ubuntu/+filebug
Installed-Size: 255
Provides: gnome-www-browser, iceweasel, www-browser, x-www-browser
Pre-Depends: debconf, snapd
Depends: debconf (>= 0.5) | debconf-2.0
Breaks: firefox-dbg (<< 1:1snap1), firefox-dev (<< 1:1snap1), firefox-geckodriver (<< 1:1snap1), firefox-mozsymbols (<<
1:1snap1)
Replaces: firefox-dbg (<< 1:1snap1), firefox-dev (<< 1:1snap1), firefox-geckodriver (<< 1:1snap1), firefox-mozsymbols (<
< 1:1snap1)
Filename: pool/main/f/firefox/firefox_1snap1-0ubuntu2_amd64.deb
Size: 72292
MD5sum: 4cfb8522595425213edbd3440dfaab6c
SHA1: ec27ebd8fca2d918add69c94f1163b593fd4fb66
SHA256: ddccd2ef5cc7291364ab4998e57d684aac993488ae561bb67ed31ddb617659cc
SHA512: 35cb18af47666668b77357132f7786946fe2f90abba2fc5abd55f73124de672645a07ac97a6e12ca66b77d892f07356f3a69d8c321b5b657
b39419b146681f2a
Description-en: Transitional package - firefox -> firefox snap
 This is a transitional dummy package. It can safely be removed.
 .
 firefox is now replaced by the firefox snap.
Description-md5: 28593f0f24b1284477e30b88c6717ba4
```

▲ 圖 9-16　列出有關 firefox 的資訊（略）

❑ 搜尋可用的軟體套件

要搜尋可用的軟體套件，可以使用以下命令：

```
apt-cache search search-term
```

例如，要搜尋名稱中包含 "firefox" 的軟體套件，可以使用以下命令：

```
apt-cache search firefox
```

此命令將列出所有名稱中包含 "firefox" 的軟體套件。

```
joshhu@ubuntu: ~
joshhu@ubuntu:~$ sudo apt-cache search firefox
firefox - Transitional package - firefox -> firefox snap
hunspell-nl - Dutch dictionary for Hunspell
libmozjs-91-0 - SpiderMonkey JavaScript library
libmozjs-91-dev - SpiderMonkey JavaScript library - development headers
amule-gnome-support - ed2k links handling support for GNOME web browsers
bleachbit - delete unnecessary files from the system
buku - Powerful command-line bookmark manager
cbindgen - Generates C bindings from Rust code
chrome-gnome-shell - GNOME Shell extensions integration for web browsers
dh-cargo - debhelper buildsystem for Rust crates using Cargo
edubuntu-artwork - edubuntu themes and artwork
elpa-atomic-chrome - edit a web-browser text entry area with Emacs
firefox-locale-af - Transitional package - firefox-locale-af -> firefox snap
firefox-locale-an - Transitional package - firefox-locale-an -> firefox snap
firefox-locale-ar - Transitional package - firefox-locale-ar -> firefox snap
firefox-locale-as - Transitional package - firefox-locale-as -> firefox snap
firefox-locale-ast - Transitional package - firefox-locale-ast -> firefox snap
firefox-locale-az - Transitional package - firefox-locale-az -> firefox snap
firefox-locale-be - Transitional package - firefox-locale-be -> firefox snap
firefox-locale-bg - Transitional package - firefox-locale-bg -> firefox snap
firefox-locale-bn - Transitional package - firefox-locale-bn -> firefox snap
firefox-locale-br - Transitional package - firefox-locale-br -> firefox snap
firefox-locale-bs - Transitional package - firefox-locale-bs -> firefox snap
firefox-locale-ca - Transitional package - firefox-locale-ca -> firefox snap
firefox-locale-cak - Transitional package - firefox-locale-cak -> firefox snap
firefox-locale-cs - Transitional package - firefox-locale-cs -> firefox snap
firefox-locale-csb - Transitional package - firefox-locale-csb -> firefox snap
firefox-locale-cy - Transitional package - firefox-locale-cy -> firefox snap
firefox-locale-da - Transitional package - firefox-locale-da -> firefox snap
```

▲ 圖 9-17　列出所有有關 firefox 的套件

❑ 安裝從 PPA 中提供的軟體套件

PPA（Personal Package Archive）是一個 Ubuntu 社區提供的服務，允許用戶在自己的個人儲存倉庫中上傳和共享軟體套件。如果需要安裝從 PPA 中提供的軟體套件，可以使用以下命令：

```
sudo add-apt-repository ppa:ppa-name/ppa
```

例如，要新增名為 "webupd8team" 的 PPA，可以使用以下命令：

```
sudo add-apt-repository ppa:webupd8team/java
```

此命令將新增名為 "webupd8team" 的 PPA，該 PPA 提供了 Java 軟體套件。

```
joshhu@ubuntu: ~

joshhu@ubuntu:~$ sudo add-apt-repository ppa:webupd8team/java
Repository: 'deb https://ppa.launchpadcontent.net/webupd8team/java/ubuntu/ jammy main'
Description:
The Oracle JDK License has changed for releases starting April 16, 2019.

The new Oracle Technology Network License Agreement for Oracle Java SE is substantially different from prior Oracle JDK
licenses. The new license permits certain uses, such as personal use and development use, at no cost -- but other uses a
uthorized under prior Oracle JDK licenses may no longer be available. Please review the terms carefully before downloadi
ng and using this product. An FAQ is available here: https://www.oracle.com/technetwork/java/javase/overview/oracle-jdk-
faqs.html

Oracle Java downloads now require logging in to an Oracle account to download Java updates, like the latest Oracle Java
8u211 / Java SE 8u212. Because of this I cannot update the PPA with the latest Java (and the old links were broken by Or
acle).

For this reason, THIS PPA IS DISCONTINUED.

UPDATE:

For Oracle Java 17, see a different PPA -> https://www.linuxuprising.com/2021/09/how-to-install-oracle-java-17-lts-on.ht
ml

Old description:

Oracle Java (JDK) Installer (automatically downloads and installs Oracle JDK8). There are no actual Java files in this P
PA.

Important -> Why Oracle Java 7 And 6 Installers No Longer Work: http://www.webupd8.org/2017/06/why-oracle-java-7-and-6-i
nstallers-no.html
```

▲ 圖 9-18　新增 webupd8team 的 PPA

4. 總表

命令	說明
apt-cache depends package-name	顯示一個軟體套件所依賴的其他軟體套件
apt-cache dump	顯示 APT 中的高速緩存資訊
apt-cache madison package-name	列出可用的軟體套件及其版本
apt-cache policy package-name	顯示軟體套件的候選版本和系統中已安裝的版本
apt-cache search search-term	搜尋可用的軟體套件
apt-cache show package-name	顯示特定軟體套件的詳細資訊
apt-get autoremove	自動移除不需要的軟體套件
apt-get build-dep package-name	安裝構建軟體套件所需的所有依賴關係
apt-get changelog package-name	顯示軟體套件的變更記錄檔
apt-get clean	清除 APT 下載的安裝檔案
apt-get dist-upgrade	執行完整的發行版升級
apt-get download package-name	下載一個軟體套件的 .deb 檔案
apt-get dselect-upgrade	執行 dselect 的升級

命令	說明
apt-get install package-name	安裝一個軟體套件
apt-get upgrade	升級已安裝的軟體套件
apt-get remove package-name	移除一個軟體套件
apt-get source package-name	下載並提取一個軟體套件的原始碼
apt-get clean	清除 APT 下載的安裝檔案
apt-get autoclean	自動清除不需要的安裝檔案
apt-get check	檢查軟體套件的完整性
apt-get download package-name	下載一個軟體套件的 .deb 檔案
apt-get edit-sources	編輯 APT 倉庫清單
apt-get dselect-upgrade	執行 dselect 的升級
apt-get clean	清除 APT 下載的安裝檔案
apt-get autoclean	自動清除不需要的安裝檔案
apt-get check	檢查軟體套件的完整性
apt-get download package-name	下載一個軟體套件的 .deb 檔案
apt-get edit-sources	編輯 APT 倉庫清單
apt-get dselect-upgrade	執行 dselect 的升級
apt-get full-upgrade	執行完整的升級，包括升級依賴關係
apt-get help	顯示 APT 命令的說明
apt-get history	顯示 APT 操作的歷史紀錄
apt-get moo	輕鬆的一個小梗圖
apt-get check	檢查軟體套件的完整性
apt-get install package-name=version	安裝指定版本的軟體套件
apt-get policy package-name	顯示軟體套件的候選版本和系統中已安裝的版本
apt-get clean	清除 APT 下載的安裝檔案
apt-get source package-name	下載並提取一個軟體套件的原始碼
apt-get update	更新軟體套件列表

5. 總結

APT 是 Ubuntu Linux 中非常強大的一個工具，可以讓用戶輕鬆地管理系統中的軟體。在本文中，我們介紹了如何列出已安裝的軟體套件、列出特定軟體套件的詳細資訊、搜尋可用的軟體套件、安裝從 PPA 中提供的軟體套件等進階功能和命令。掌握這些命令可以讓用戶更加靈活地使用 APT，更好地管理 Ubuntu Linux 系統中的軟體。

最後，需要注意的是，在使用 APT 時要小心，特別是在移除軟體套件時。如果移除了某個軟體套件，可能會影響到系統的正常運作。因此，在移除軟體套件之前，最好先確保該軟體套件可以被移除而不會對系統造成任何不良影響。

CHAPTER 10

Linux 防火牆的那點事

10.1 防火牆簡介

正式介紹 Linux 防火牆之前先帶大家了解一下流量的分類，流量按傳輸方向可以分為流入流量和流出流量。圖 10-1 是觀看某視訊網站時所產生的流量，透過 Linux 作業系統的流量監控器可以很明顯看出兩種流量的輸送量。

（1）流入流量：接受從區域網和網際網路中傳輸過來的資訊所產生的流量。

（2）流出流量：在網路上發出資訊所產生的流量。

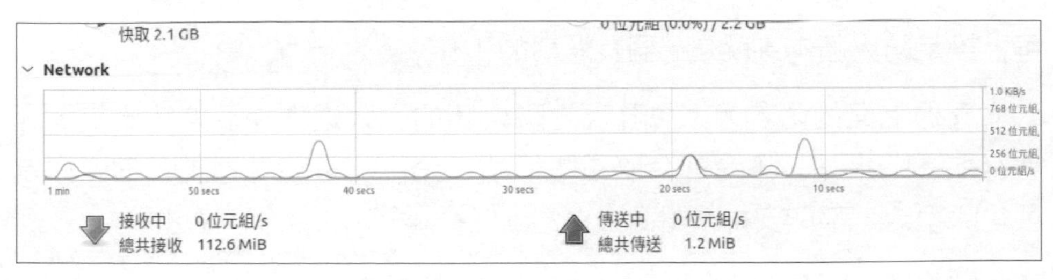

▲ 圖 10-1　流入與流出流量

防火牆是一種網路安全工具，最基本的功能就是隔離網路，透過將網路劃分成不同的區域（大部分的情況下稱為 Zone），制定出不同區域之間的存取控制策略來控制不同信任程度區域間傳送的資料流程。說穿了就是專門用來控管流量傳輸，是內部安全網路和不可信網路之間的屏障。

圖 10-2 中展示的是防火牆在企業網路架構中的應用場景之一，可以看到防火牆置放的位置位於整個企業內部網路的出入口，這樣置放的好處就是企業中所有網路裝置的流量（流入 / 流出）都要經過防火牆。防火牆在的作用顯而易見，就是透過控管整個企業中流入 / 流出的流量達到控管所有網路裝置的目的，一般控管流量主要是為了保護企業內部的網路安全，防止受到駭客入侵，其次就是防止員工「摸魚」。

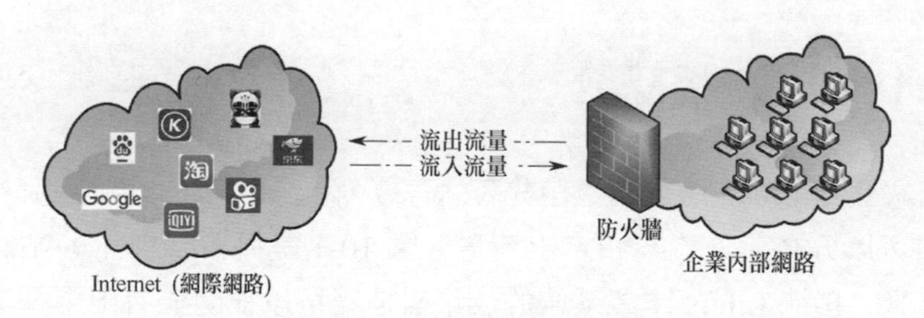

▲ 圖 10-2　防火牆應用場景

防火牆的使用方法主要是設定規則，透過規則來規範各種流量的進出，這是一門技術活，要按照「流量只能往此處傳輸資料，其餘地方都拒絕」的邏輯來設定規則。有人會問了，萬一有員工必須瀏覽某些網站進行工作卻被防火牆攔截了怎麼辦呢？沒關係，到時候再給他開通即可，設定防火牆本身就是一個長週期的工作。

透過上面的內容大家會發現，防火牆的強大之處在於控管流量，允許存取哪些網站，不允許存取哪些網站，允許流量往哪裡走，不允許流量往哪裡走，都能安排得明明白白的。

防火牆的種類有哪些？

這個問題需要從兩個方面來看，一個是從邏輯方面來看，防火牆可以分為以下兩種：

（1）主機防火牆：針對單台電腦進行防護。

（2）網路防火牆：處於網路入口或邊緣位置，對網路的出入口進行防護控管。

網路防火牆和主機防火牆之間並不會產生衝突，大家可以這麼理解，網路防火牆主要用於整個企業內部網路的防護（大環境 / 集體方面的防護）。而主機防火牆主要用於個人單台電腦的防護。

另一個是從物理方面來看，防火牆可以分為以下兩種：

（1）硬體防火牆：在硬體等級實現部分防火牆功能，另一部分功能基於軟體實現。特點：性能強，成本高。圖 10-3 中的 USG6309E-AC 就是典型的硬體防火牆。

▲ 圖 10-3　HUAWEI 企業級防火牆 USG6309E-AC

（2）軟體防火牆：在應用軟體等級實現防火牆的功能，執行在作業系統中。特點：性能相對較低，成本低。圖 10-4 中的 Iptables 是典型的軟體防火牆。

```
[root@nylinux ~]# iptables  -vnL
Chain INPUT (policy ACCEPT 0 packets, 0 bytes)
 pkts bytes target     prot opt in     out     source               destination
    0     0 ACCEPT     udp  --  virbr0 *       0.0.0.0/0            0.0.0.0/0            udp dpt:53
    0     0 ACCEPT     tcp  --  virbr0 *       0.0.0.0/0            0.0.0.0/0            tcp dpt:53
    0     0 ACCEPT     udp  --  virbr0 *       0.0.0.0/0            0.0.0.0/0            udp dpt:67
    0     0 ACCEPT     tcp  --  virbr0 *       0.0.0.0/0            0.0.0.0/0            tcp dpt:67
  131 18366 ACCEPT     all  --  *      *       0.0.0.0/0            0.0.0.0/0            ctstate RELATED,ESTABLISHED
    0     0 ACCEPT     all  --  lo     *       0.0.0.0/0            0.0.0.0/0
  141 13093 INPUT_direct  all  --  *      *       0.0.0.0/0            0.0.0.0/0
  141 13093 INPUT_ZONES_SOURCE  all  --  *      *       0.0.0.0/0            0.0.0.0/0
  141 13093 INPUT_ZONES  all  --  *      *       0.0.0.0/0            0.0.0.0/0
    1    40 DROP       all  --  *      *       0.0.0.0/0            0.0.0.0/0            ctstate INVALID
  139 12993 REJECT     all  --  *      *       0.0.0.0/0            0.0.0.0/0            reject-with icmp-host-prohibited

Chain FORWARD (policy ACCEPT 0 packets, 0 bytes)
 pkts bytes target     prot opt in     out     source               destination
    0     0 ACCEPT     all  --  *      virbr0  0.0.0.0/0            192.168.122.0/24     ctstate RELATED,ESTABLISHED
    0     0 ACCEPT     all  --  virbr0 *       192.168.122.0/24     0.0.0.0/0
    0     0 ACCEPT     all  --  virbr0 virbr0  0.0.0.0/0            0.0.0.0/0
    0     0 REJECT     all  --  *      virbr0  0.0.0.0/0            0.0.0.0/0            reject-with icmp-port-unreachable
    0     0 REJECT     all  --  virbr0 *       0.0.0.0/0            0.0.0.0/0            reject-with icmp-port-unreachable
    0     0 ACCEPT     all  --  *      *       0.0.0.0/0            0.0.0.0/0            ctstate RELATED,ESTABLISHED
    0     0 ACCEPT     all  --  lo     *       0.0.0.0/0            0.0.0.0/0
    0     0 FORWARD_direct  all  --  *      *       0.0.0.0/0            0.0.0.0/0
```

▲ 圖 10-4　Linux 軟體防火牆之 Iptables

10.2 Linux 防火牆的工作原理

大家要記住，防火牆的核心功能一定是資料封包過濾！我們要帶著這個理念學習 Linux 防火牆。

Linux 作業系統中附帶的防火牆由以下兩部分組成：

（1）Netfilter。可以稱為資料封包過濾機制，它是 Linux 核心中一個非常強大的資料封包處理模組，本身擁有網路位址轉譯（NAT）、資料封包內容修改、資料封包過濾等功能。透過這些功能容易發現，真正實現防火牆功能的其實就是這個元件。

（2）防火牆管理工具。可以把 Netfilter 看作是一個工作框架，這個框架按照規則（Rule）控管資料封包，但它本身並沒有設定規則的功能。防火牆管理工具就是用來設定規則的。說得再直白一點，防火牆管理工具的作用是維護規則，而真正使用規則做事的是 Linux 核心的 Netfilter。常見的防火牆管理工具有兩個，分別是 Iptables 和 Firewalld。

順便解釋一下規則，其實就是 Linux 運行維護工程師透過防火牆管理工具為 Netfilter 預先定義的條件，規則的定義一般是：如果資料封包標頭符合對應的條件，則處理該資料封包。規則是由來源位址、目標位址、傳輸協定和服務類型等元素組成的。處理資料封包的動作有透過、拒絕和捨棄等。

10.3 Linux 防火牆的四表五鏈

「四表」和「五鏈」，這兩個名詞是 Linux 防火牆中的核心知識。

首先說「五鏈」：鏈（Chain）在這裡指的是資料封包經過的路徑。既然作用是控管資料封包，那肯定是在資料封包必須經過的位置進行控管才有效。所以 Netfilter 的創作者在 Linux 核心空間選了 5 個位置作為控管資料流程量的地方，這 5 個位置被稱為 5 個鉤子函數（Hook Function），也叫 5 個規則鏈，基本上能將資料封包所有要經過的路徑徹底封鎖住，也就是說資料封包不論往哪裡走都會經過至少其中一個位置。

這 5 個位置分別是（見圖 10-5，按照資料封包從進到出的順序）：

（1）PREROUTING：負責剛剛到達本機的資料封包，即資料封包進入路由表之前。

（2）INPUT：負責過濾進入本機的資料封包。

（3）FORWARD：負責轉發流經此主機的資料封包。

（4）OUTPUT：負責處理從本機向外發出去的資料封包。

（5）POSTROUTING：負責向外部發送到網路卡介面之前的資料封包。

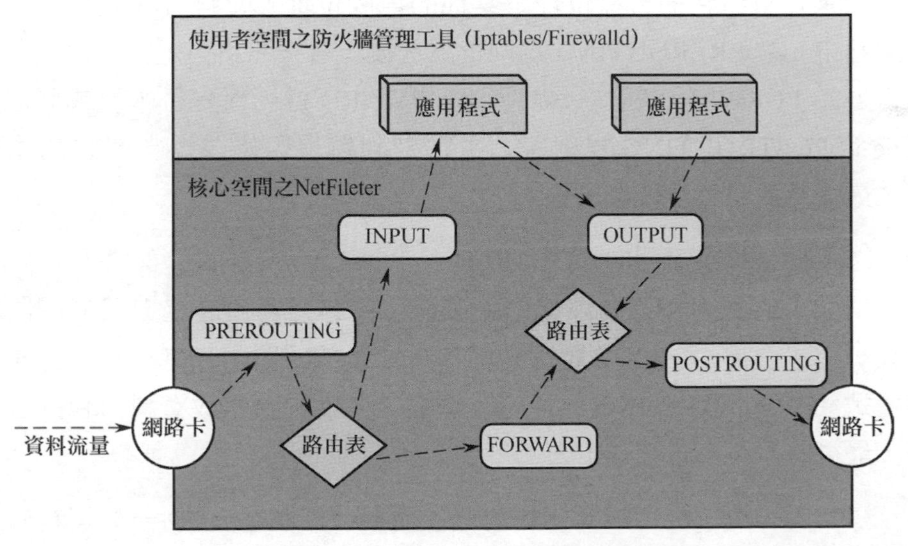

▲ 圖 10-5　資料封包經過五鏈的順序

註：大多數情況下，Iptables 被用來設定從外部網路進入 Linux 作業系統的資料封包，所以 INPUT 規則鏈會經常用到。

圖 10-5 描述了不同資料流程量從電腦網路卡進來之後的行進路徑：

（1）入站資料流程向（PREROUTING → INPUT）。

資料流程量從電腦網路卡進入網路防火牆中，會先被 PREROUTING 規則鏈處理，比如是否修改資料封包位址等，之後會按照路由表進行路由選擇，判斷該資料封包應該發往何處，如果資料封包的目標位址是電腦本身，那麼核心會將其傳遞給 INPUT 鏈進行處理，INPUT 鏈決定資料封包是否允許通過等，允許通過以後，再向上傳遞給使用者空間的應用程式或服務，應用程式接收到資料封包之後會進行回應，回應的過程需要看出站資料流程向。

（2）轉發資料流程向（PREROUTING → FORWARD → POSTROUTING）。

如果資料封包的目標位址是其他的電腦位址，資料流程量進入網路防火牆中，被 PREROUTING 規則鏈處理後，會按照路由選擇，由核心將其傳遞給 FORWARD 鏈進行處理，FORWARD 鏈判斷是否轉發或攔截，再交給 POSTROUTING 規則鏈，由它來判斷是否修改資料封包的位址等，最後將資料封包轉發出去。

（3）出站資料流程向（OUTPUT → POSTROUTING）。

電腦上的應用程式向外部位址發送資料封包時會經過自己的網路防火牆，首先會被 OUTPUT 規則鏈處理，之後按照路由表進行路由選擇，再傳遞給 POSTROUTING 規則鏈，由它來判斷是否修改資料封包的位址等，最後將資料封包發送出去。

這是 Netfilter 規定的 5 個規則鏈，簡稱「五鏈」，任何一個資料封包只要經過本機，必定會經過這五個鏈中至少其中一個鏈。

接下來說「四表」：Iptables 內建了 4 個表（Table），包括 Filter 表、Nat 表、Mangle 表和 Raw 表，每種表對應了不同的功能，而且我們定義的規則也都超不出這 4 個表的能力範圍。

- Filter 表：負責過濾資料封包。
- Nat 表：負責網路位址轉譯，用於修改來源 IP 或目標 IP，也可以改通訊埠。
- Mangle 表：負責資料封包管理，拆解封包、做出修改並重新封裝功能。
- Raw 表：負責資料封包追蹤，決定資料封包是否被狀態追蹤機制處理。

註：這裡說的是 Iptables 管理工具，Firewalld 用的是另一種不同的方法。

大家可以這麼理解，表就是用來儲存設定的規則的，資料封包到了某條鏈上，Netfilter 會先去對應的表中查詢設定的規則，然後決定這個資料封包是放行、捨棄、轉發還是修改，每個鏈中都擁有哪些表。

- PREROUTING 鏈：Raw 表、Mangle 表、Nat 表。
- INPUT 鏈：Mangle 表、Nat 表、Filter 表。
- FORWARD 鏈：Mangle 表、Filter 表。
- OUTPUT 鏈：Raw 表、Mangle 表、Nat 表、Filter 表。
- POSTROUTING 鏈：Mangle 表、Nat 表。

註：CentOS/RHEL 7 的 INPUT 鏈中擁有 Nat 表，CentOS/RHEL 6 中沒有。

反過來看，這「四表」中的規則可以被哪些鏈使用呢？

- Filter 表：INPUT 鏈、FORWARD 鏈、OUTPUT 鏈。
- Nat 表：PREROUTING 鏈、INPUT 鏈、OUTPUT 鏈、POSTROUTING 鏈。
- Raw 表：PREROUTING 鏈、OUTPUT 鏈。
- Mangle 表：PREROUTING 鏈、INPUT 鏈、FORWARD 鏈、OUTPUT 鏈、POSTROUTING 鏈。

結合上面所有的描述，再給大家繪製一幅完整的「四表五鏈」關係圖，如圖 10-6 所示。

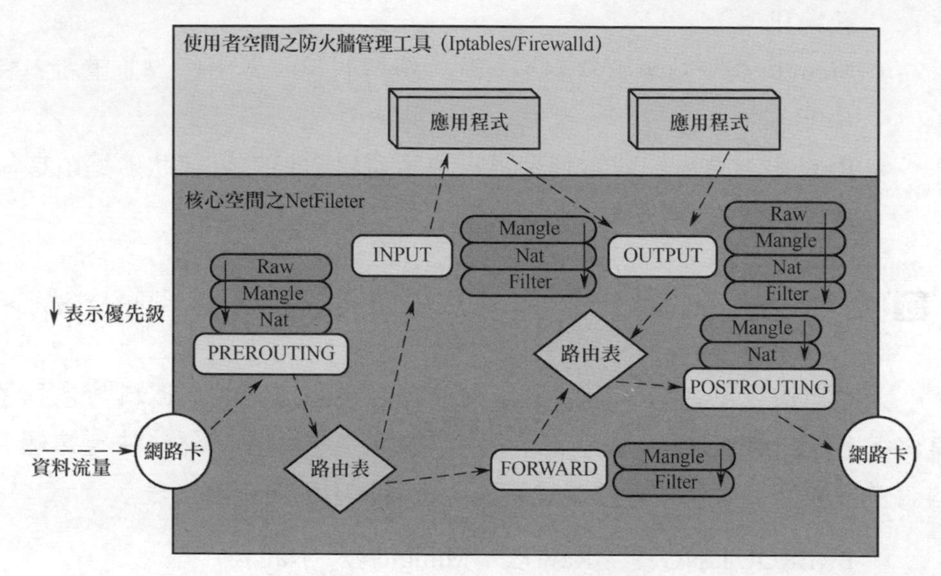

▲ 圖 10-6 「四表五鏈」關係圖

注意看每條規則鏈上的規則優先順序，也就是檢查資料封包時的規則順序，每條規則鏈上的規則都是從上往下依次匹配的，一旦匹配上對應的規則就不再往下匹配了，若是一筆規則都沒有匹配上則會執行預設的規則。

預設的規則是由我們自己設定的，也就是黑白名單，預設將資料封包捨棄說明採用的是白名單，若預設的規則是允許資料封包透過則採用的是黑名單。在企業的生產環境中設定防火牆規則一般都非常嚴謹，所以大多數使用者都會採用白名單。

> **註**：白名單的機制是我們要把所有人都當作「壞人」，只放行「好人」；而黑名單的機制正好相反，把所有人都當成「好人」，只拒絕「壞人」。

最後再補充兩個基礎知識。

第一個基礎知識，在防火牆設定規則匹配對應的資料封包時，常用的匹配條件見表 10-1。

▼表 10-1 常用的匹配條件

匹配條件	匹配條件
來源 IP 位址	來源通訊埠範圍
目標 IP 位址	目標通訊埠範圍
來源通訊埠	網路卡 MAC 位址
目標通訊埠	網路卡介面名稱
來源位址範圍	目標位址範圍
網路通訊協定：TCP、UDP、ICMP……	

第二個基礎知識，當防火牆根據設定好的規則匹配到相對應的資料封包時，常見的處理操作見表 10-2。

▼表 10-2 處理操作

處理操作	說　明
ACCEPT	將資料封包放行
DROP	悄悄捨棄資料封包，不回復任何回應資訊
REJECT	明示拒絕資料封包透過並通知對方拒收的資訊
LOG	將資料封包資訊記錄到系統記錄檔中，再傳遞給下一筆規則進行匹配處理
DNAT	目標位址轉換
SNAT	來源位址轉換
MASQUERADE	位址欺騙 / 來源位址偽裝，實現來源位址轉換
REDIRRECT	通訊埠編號重新導向
MARK	給資料封包打上一個標記，以便作為後續過濾條件的判斷依據

10.4 Iptables 管理工具

Iptables 的前身是 Ipfw，它是開發者從 FreeBSD 系統中移植過來一款簡易的存取控制工具，這款工具能實現在 Linux 核心中對資料封包進行檢測的功能，但是實現功能的過程非常困難且繁瑣，所以開發者對這款工具不斷地進行修改和最佳化。當 Linux 核心的版本迭代到 2 系列時，這款工具迎來了它的第一次變身，在功能上實現了定義多筆規則，並將它們串聯起來共同發揮作用，同時名稱也改為 Ipchains。再一次的變身是在 Linux 核心迭代到 2.4 版本後，Ipchains 在功能上將規則組成一個清單，實現了絕對詳細的存取控制功能（四表），名稱改為 Iptables。管理工具的發展歷程見表 10-3。

▼表 10-3 管理工具的發展歷程

發展歷程	Linux 核心 2.0 及之前版本：封包過濾機制是 Ipfw，管理工具是 Ipfwadm
	Linux 核心 2.0 ～ 2.2 版本：封包過濾機制是 Ipchain，管理工具是 Ipchains
	Linux 核心 2.4 版本以後：封包過濾機制是 Netfilter，管理工具是 Iptables
	Linux 核心 4.0 版本以後：封包過濾機制是 Nftables，管理工具是 Firewalld

Iptables 的語法格式如下：

```
iptables  [-t 表名稱]  選項  [規則鏈名稱]  [條件匹配]  [-j 採取的動作]
```

Iptables 的常用選項見表 10-4。

▼表 10-4 Iptables 的常用選項

常用選項	說　明
-t 表名稱	指定要操作的表，若不指定則預設指定 filter 表
-P 鏈名稱（DROP|ACCEPT）	設定指定規則鏈的預設規則
-F	清空指定規則鏈中所有的規則
-A	追加，在指定規則鏈的尾端新增一個規則（匹配優先順序）
-I num	插入，把當前規則插入到指定規則鏈，預設插入第一行（匹配優先順序）

常用選項	說　明
-D num	刪除，刪除指定規則鏈中的某一筆規則
-R num	修改 / 替換指定規則鏈中的某筆規則，可以按規則序號和內容進行替換
-N chain	新建一筆使用者自己定義的規則鏈（chain 規則鏈名稱）
-X chain	刪除指定表中使用者自訂的規則鏈，刪除之前需要將裡面的規則清空
-L	查看指定規則鏈中所有的規則

需要注意的是，-L 選項後面可以加規則鏈，表示查看指定表的指定鏈中的具體規則，除此之外，-L 選項還可以使用幾個輔助選項，見表 10-5。

▼表 10-5　-L 選項的常用輔助選項

輔助選項	說　明
-n	以數字格式顯示位址和通訊埠，不然會以主機名稱 / 域名的方式顯示
-v	顯示詳細資訊
-vv|-vvv	更多詳細資訊
-x	在計數器上顯示精確值，不做單位換算
--line-numbers	顯示規則的行號

條件匹配見表 10-6。

▼表 10-6　條件匹配

匹配條件	條件分類	對應匹配選項
匹配 IP 位址	匹配來源位址	-s IP[MASK]
	匹配目標位址	-d IP[MASK]
匹配網路通訊協定	TCP	-p tcp --dport port[:port] 匹配封包的目標通訊埠或通訊埠範圍
		-p tcp --sport port[:port] 匹配封包的來源通訊埠或通訊埠範圍
		-p tcp --tcp-fiags 指定 tcp 的標識位元 （SYN|ACK|FIN|PSH|RST|URG）

<table>
<tr><th>匹配條件</th><th>條件分類</th><th>對應匹配選項</th></tr>
<tr><td rowspan="3">匹配網路通訊協定</td><td rowspan="2">UDP</td><td>-p udp --dport port[:port]
匹配封包的目標通訊埠或通訊埠範圍</td></tr>
<tr><td>-p udp --sport port[:port]
匹配封包的來源通訊埠或通訊埠範圍</td></tr>
<tr><td>ICMP</td><td>-p icmp --icmp-type type
匹配封包的狀態類型</td></tr>
<tr><td rowspan="2">匹配網路卡名</td><td>從這片網卡流入的資料</td><td>-i 網路卡名稱</td></tr>
<tr><td>從這片網卡流出的資料</td><td>-o 網路卡名稱</td></tr>
<tr><td rowspan="2">啟動多通訊埠擴充</td><td>匹配多個來源通訊埠</td><td>-m multiport --sports port[,port|,port:port]...</td></tr>
<tr><td>匹配多個目標通訊埠</td><td>-m multiport --dport port[,port|,port:port]...</td></tr>
<tr><td>獲取幫助</td><td>—</td><td>-h</td></tr>
</table>

採取的動作見表 10-2，表示對匹配到的資料封包進行的處理操作。

註：（1）在 Iptables 命令中所有的規則鏈名稱必須大寫。

```
INPUT | OUTPUT | FORWARD | PREROUTING | POSTROUTING
```

（2）在 Iptables 命令中所有的表名稱必須小寫。

```
filter | nat | mangle | raw
```

（3）在 Iptables 命令中所有的動作必須大寫。

```
ACCEPT | DROP | SNAT | DNAT | MASQUERADE | ...
```

（4）在 Iptables 命令中所有的匹配選項必須小寫。

```
-s | -d | -m | -p | ...
```

這裡需要介紹一下重要的基礎知識，如果對這個基礎知識不了解清楚的話，做後面的案例會困難重重，那就是 Iptables 工具的 -L 選項。不少讀者會說：「這個我知道啊，不就是用來查看規則的嘛。」是，它確實是用來查看某個表中的規則鏈及規則的，但是當執行完該命令後會顯示一大堆內容，相信大多數入門的朋友看到這些內容免不了三條線。所以這裡著重介紹一下每一塊區域各自代表著什麼意思。

使用 Iptables 工具的 -L 選項查看 Filter 表中所有的規則鏈及規則，結果如圖 10-7 所示。

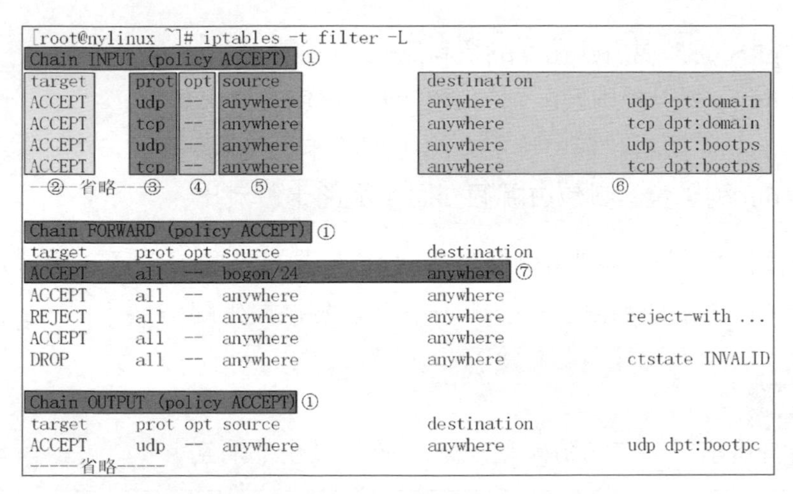

▲ 圖 10-7　Filter 表中所有的規則鏈及規則

為了讓大家能夠更直觀地看出顯示的內容，筆者給圖 10-7 中每一塊區域標注了不同的序號進行區分。各區域含義見表 10-7。

▼表 10-7　-L 選項顯示內容含義

區域	說　明
①	規則鏈的名稱及其預設規則，filter 表中所有規則鏈的預設規則都是放行（ACCEPT）
②	target 列，表示採取的動作：放行（ACCEPT）、拒絕（REJECT）、捨棄（DROP）……
③	prot 列，表示使用的網路通訊協定：所有網路通訊協定（all）、tcp、udp、icmp……
④	opt 列，額外的選項說明
⑤	source 列，規則中要匹配的來源 IP 位址。可以是單一 IP 位址，也可以是一個網段

區域	說　明
⑥	destination 列，規則中要匹配的目標 IP 位址。可以是單一 IP 位址，也可以是一個網段
⑦	規則，這裡主要為了給大家解釋怎麼才算是一筆規則，在顯示的各個規則鏈中，每一行就算是一筆規則

如果想查看更多詳細內容，可以使用 -nvL 選項，使用 -nvL 選項查看會多出來幾列內容：

- pkts 列：規則匹配到的資料封包的個數。
- bytes 列：規則匹配到的資料封包封包的大小總和。
- in 列：資料封包由哪個介面（網路卡）流入。
- out 列：資料封包由哪個介面（網路卡）流出。

下面將透過一系列案例幫助大家將上述知識融會貫通，學會之後只有勤加練習才能成為自己的技術，不然就會慢慢生疏。

查看目前已存在的防火牆規則，並將其全部清空。

```
[root@noylinux ~]# iptables -L
Chain INPUT (policy ACCEPT)
target     prot opt source          destination
ACCEPT     udp  --  anywhere          anywhere              udp dpt:domain
ACCEPT     tcp  --  anywhere          anywhere              tcp dpt:domain
ACCEPT     udp  --  anywhere          anywhere              udp dpt:bootps
----- 省略部分內容 -----
prohibited

Chain FORWARD (policy ACCEPT)
target     prot opt source           destination
ACCEPT     all  --  anywhere           bogon/24      ctstate RELATED, ESTABLISHED
ACCEPT     all  --  bogon/24           anywhere
ACCEPT     all  --  anywhere           anywhere
----- 省略部分內容 -----

Chain OUTPUT (policy ACCEPT)
```

```
target     prot opt source         destination
ACCEPT     udp  --  anywhere        anywhere            udp dpt:bootpc
----- 省略部分內容 -----

[root@noylinux ~]# iptables -F    # 清空所有規則鏈中的規則
[root@noylinux ~]# iptables -L    # 再次查看
Chain INPUT (policy ACCEPT)
target     prot opt source               destination

Chain FORWARD (policy ACCEPT)
target     prot opt source               destination

Chain OUTPUT (policy ACCEPT)
target     prot opt source               destination
----- 省略部分內容 -----
```

註：防火牆的案例不像之前案例那樣是單一的，這裡筆者做成一整個從易到難的流程案例，整個過程走下來後，常用的一些防火牆設定就都能掌握了。

嘗試修改規則鏈上的預設策略，所有規則鏈上的預設規則都是放行，我們把其中的 INPUT 規則鏈的預設規則設定為拒絕。需要注意的是，規則鏈上的拒絕動作只能是 DROP，不能設定為 REJECT。

```
[root@noylinux ~]# iptables -P INPUT DROP
[root@noylinux ~]# iptables -L
Chain INPUT (policy DROP)
target     prot opt source               destination

Chain FORWARD (policy ACCEPT)
target     prot opt source               destination

Chain OUTPUT (policy ACCEPT)
target     prot opt source               destination
----- 省略部分內容 -----
```

經過上面的設定，不論是什麼樣的資料封包，只要目標位址是本機器的預設都會被拒絕。為什麼呢？因為規則鏈中沒有設定任何規則，當有資料封包進入本機器時，只能按照預設規則進行操作，而預設規則又被我們設定為了拒絕。

現在我們向 INPUT 規則鏈頭部增加一筆規則，允許 ICMP 協定的資料封包透過，查看對方主機使用的是否是 Ping 命令（Ping 命令用的就是 ICMP 協定），所以允許 ICMP 協定的資料封包透過就是變相地允許別人 Ping 通自己，讓別人知道這台主機是「活躍」的。

```
[root@noylinux ~]# iptables -I INPUT -p icmp -j ACCEPT
[root@noylinux ~]# iptables -L
Chain INPUT (policy DROP)
target     prot opt source               destination
ACCEPT     icmp --  anywhere             anywhere

Chain FORWARD (policy ACCEPT)
target     prot opt source                   destination

Chain OUTPUT (policy ACCEPT)
target     prot opt source                   destination
```

刪除剛才那筆允許 ICMP 協定透過的規則。

```
[root@noylinux ~]# iptables -D INPUT 1    # 刪除 INPUT 規則鏈中的第一筆規則
[root@noylinux ~]# iptables -L
Chain INPUT (policy DROP)
target     prot opt source                   destination

Chain FORWARD (policy ACCEPT)
target     prot opt source                   destination

Chain OUTPUT (policy ACCEPT)
target     prot opt source                   destination
```

再把 INPUT 規則鏈的預設規則改為放行（ACCEPT）。

```
[root@noylinux ~]# iptables -P INPUT ACCEPT
[root@noylinux ~]# iptables -L
Chain INPUT (policy ACCEPT)
target     prot opt source               destination

Chain FORWARD (policy ACCEPT)
target     prot opt source               destination

Chain OUTPUT (policy ACCEPT)
target     prot opt source               destination
```

增加一筆限制單一通訊埠存取的規則，在 INPUT 規則鏈中設定只允許指定網段的主機存取本機的 22 通訊埠。這筆規則具有一定的實用性，因為 22 通訊埠是用於 SSH 服務的，也就是遠端存取控制的通訊埠，所以能連接此通訊埠的主機也就具有連接控制此機器的資格。

```
[root@noylinux ~]# iptables -I INPUT -s 192.168.1.0/24 -p tcp --dport 22 -j
ACCEPT
# 只允許在 192.168.1.1~192.168.1.254 之間的主機存取此主機的 22 通訊埠
[root@noylinux ~]# iptables -A INPUT -p tcp --dport 22 -j REJECT
# 拒絕其他網段的主機存取此通訊埠
[root@noylinux ~]# iptables -nL
Chain INPUT (policy ACCEPT)
target  prot opt source           destination
ACCEPT  tcp  --  192.168.1.0/24    0.0.0.0/0      tcp dpt:22
REJECT  tcp  --  0.0.0.0/0  0.0.0.0/0  tcp dpt:22 reject-with icmp-port-
unreachable

Chain FORWARD (policy ACCEPT)
target     prot opt source               destination

Chain OUTPUT (policy ACCEPT)
target     prot opt source               destination
```

增加一筆針對單一通訊埠存取的規則，拒絕任何主機用 TCP 和 UDP 協定存取此主機的 3306 通訊埠。

```
[root@noylinux ~]# iptables -I INPUT -p tcp   --dport 3306  -j REJECT
[root@noylinux ~]# iptables -I INPUT -p udp   --dport 3306  -j REJECT
[root@noylinux ~]# iptables -nL
Chain INPUT (policy ACCEPT)
target     prot opt source               destination
REJECT  udp  --  0.0.0.0/0    0.0.0.0/0   udp dpt:3306 reject-with icmp-port-
unreachable
REJECT  tcp  --  0.0.0.0/0   0.0.0.0/0   tcp dpt:3306 reject-with icmp-port-
unreachable
ACCEPT  tcp  --  192.168.1.0/24   0.0.0.0/0   tcp dpt:22
REJECT  tcp  --  0.0.0.0/0  0.0.0.0/0   tcp dpt:22 reject-with icmp-port-
unreachable

Chain FORWARD (policy ACCEPT)
target  prot opt source               destination

Chain OUTPUT (policy ACCEPT)
target  prot opt source               destination
```

增加一筆針對 MAC 位址存取的規則，禁止接收來自 MAC 位址為 00:0C:29:27:55:3F 的主機資料封包。

```
[root@noylinux ~]# iptables -A INPUT -m mac --mac-source 00:0c:29:27:55:3F -j
DROP
[root@noylinux ~]# iptables -nL
Chain INPUT (policy ACCEPT)
target     prot opt source               destination
REJECT   udp  --  0.0.0.0/0      0.0.0.0/0 udp dpt:3306 reject-with icmp-
port-unreachable
REJECT   tcp  --  0.0.0.0/0      0.0.0.0/0 tcp dpt:3306 reject-with icmp-
port-unreachable
ACCEPT  tcp  --  192.168.1.0/24  0.0.0.0/0 tcp dpt:22
REJECT   tcp  --  0.0.0.0/0         0.0.0.0/0 tcp dpt:22 reject-with icmp-
port-unreachable
DROP     all  --  0.0.0.0/0         0.0.0.0/0 MAC 00:0C:29:27:55:3F
```

增加一筆開放本機一段連續通訊埠的規則。

```
[root@noylinux ~]# iptables -A INPUT -p tcp --dport 900:1024 -j ACCEPT #開放
本機的一段連續通訊埠
[root@noylinux ~]# iptables -A INPUT -p tcp -m multiport --dport
50,51,52,53,1300:1400 -j ACCEPT     #開放本機的一段連續通訊埠+多個自訂通訊埠
[root@noylinux ~]# iptables -nL
Chain INPUT (policy ACCEPT)
target   prot opt source         destination
REJECT   udp  -- 0.0.0.0/0    0.0.0.0/0 udp dpt:3306 reject-with icmp-port-
unreachable
REJECT   tcp  --   0.0.0.0/0    0.0.0.0/0 tcp dpt:3306 reject-with icmp-port-
unreachable
ACCEPT   tcp  --   192.168.1.0/24 0.0.0.0/0 tcp dpt:22
REJECT   tcp  --   0.0.0.0/0    0.0.0.0/0 tcp dpt:22 reject-with icmp-port-
unreachable
DROP  all  --   0.0.0.0/0      0.0.0.0/0 MAC 00:0C:29:27:55:3F
ACCEPT   tcp  --   0.0.0.0/0    0.0.0.0/0 tcp dpts:900:1024
ACCEPT   tcp  --   0.0.0.0/0    0.0.0.0/0 multiport dports
50,51,52,53,1300:1400

Chain FORWARD (policy ACCEPT)
target     prot opt source               destination

Chain OUTPUT (policy ACCEPT)
target     prot opt source               destination
```

最後需要特別說明的是，使用 Iptables 設定的規則若是沒儲存的話，之前設定的所有規則會在作業系統下一次重新啟動後故障。怎樣才能讓這些規則永久儲存呢？需要執行儲存命令 "service iptables save"，將規則儲存至 /etc/sysconfig/iptables 檔案中。

10.5 Firewalld 管理工具

本章主要介紹 Firewalld，還是老規矩，先介紹原理，之後再帶大家動手實踐。首先在 Ubuntu Linux 下安裝 Firewalld 的方法為

```
sudo apt update
sudo apt install firewalld
```

Firewalld 是一款動態防火牆管理工具，而 Iptables 是靜態防火牆管理工具。雖然都是防火牆管理工具，但這兩者之間的區別還是蠻大的。

先說靜態防火牆，它管理防火牆規則的模式是 Linux 運行維護工程師將新的防火牆規則增加進 /etc/sysconfig/iptables 設定檔當中，這個檔案是 Iptables 用來設定防火牆規則的，用命令設定的規則只是臨時生效，而增加到設定檔中的規則是永久有效的，當規則增加進去之後，執行 "service iptables reload" 命令進行多載，使新增加或修改之後的規則生效。表面上看是我們僅僅執行了這些操作，實際上 Iptables 在背後還進行了很多操作，它要將舊防火牆規則全部清空，再重新載入所有的防火牆規則（讀取 /etc/sysconfig/iptables 設定檔），包括新修改的，而如果設定了需要多載（Reload）核心模組的規則，在這個過程的背後還會包含移除和重新載入核心模組的動作，這就存在很大的隱憂，特別是在網路非常繁忙的系統中，每一分每一秒都會有大量的資料湧入，如果在系統執行中多載防火牆規則，不僅會消耗大量的系統資源，嚴重的甚至還會出現封包遺失現象。我們把這種哪怕只修改一筆規則也要對所有的規則進行重新載入的模式稱作靜態防火牆。

動態防火牆的出現就是為了解決這種隱憂，它的運作模式可以動態修改單筆規則，動態管理規則集，允許更新規則而不破壞現有階段和連接，也不需要重新開機服務。

需要著重說明的是，Firewalld 和 Iptables 之間有相同點，同時也有不同點。

相同的是它倆自身都不具備防火牆的功能，也就是資料封包過濾功能，都需要透過核心的 Netfilter 框架來實現。它們的作用都是維護規則，而真正使用規則做事的是 Netfilter。

註：Firewalld 在 v0.6.0 版本之後，會將規則交由核心層面的 Nftables 封包過濾框架來處理。

不同的是，Firewalld 和 Iptables 的結構和使用方法不一樣。Iptables 透過「四表五鏈」的概念來工作。而 Firewalld 引用了一種新的概念叫作區域（Zone）管理，透過這種概念即使不理解「四表五鏈」和網路通訊協定也可以實現大部分功能。區域管理的模式是透過將整個網路劃分成不同的區域（9 個初始化區域），制定出不同區域之間的存取控制策略，從而控制不同程式之間傳輸的資料流程。這種模型不僅能夠定義出主機所連接的整個網路環境的可信等級，還定義了新連接的處理方式，具體見表 10-8。

▼表 10-8 Firewalld 的 9 個初始化區域

區域名稱	預設規則策略
信任區域（trusted）	所有的流量都允許通過
家庭區域（home）	拒絕流入的流量，除非與流出的流量（回應的資料封包）相關；與 ssh、mdns、ipp-client、amba-client、dhcpv6-client 服務相關的流量也允許通過
工作區域（work）	拒絕流入的流量，除非與流出的流量（回應的資料封包）相關；與 ssh、ipp-client 與 dhcpv6-client 服務相關的流量也允許通過
公共區域（public）	拒絕流入的流量，除非與流出的流量（回應的資料封包）相關；與 ssh、dhcpv6-client 服務相關的流量也允許通過
內部區域（internal）	預設規則策略與 home 區域相同。
外部區域（external）	拒絕流入的流量，除非與流出的流量（回應的資料封包）相關；與 ssh 服務相關的流量也允許通過；預設將透過此區域轉發的 IPv4 流出的流量進行位址偽裝，常用在路由器等啟用偽裝的外部網路
隔離區域（DMZ）	也稱為非軍事區域。拒絕流入的流量，除非與流出的流量相關；與 ssh 服務相關的流量也允許通過

區域名稱	預設規則策略
阻塞區域（block）	拒絕流入的流量，除非與流出的流量相關
捨棄區域（drop）	拒絕流入的流量，除非與流出的流量相關，並且不產生包含 ICMP 協定的錯誤響應

註：在預設情況下，Firewalld 使用公共區域作為預設區域。

除此之外，Firewalld 還預設提供了 9 個相對應的設定檔：block.xml、dmz.xml、drop.xml、external.xml、home.xml、internal.xml、public.xml、trusted.xml 和 work.xml，這些檔案都儲存在 "/usr/lib /firewalld/zones/" 目錄下。

Firewalld 資料處理流程（首先檢查資料封包的來源位址）如下：

（1）若來源位址連結到特定的區域，則執行該區域指定的規則。

（2）若來源位址未連結到特定的區域，則使用傳入網路卡介面的區域並執行該區域所指定的規則。

（3）若網路卡介面未連結到特定的區域，則使用預設區域並執行該區域指定的規則。

資料封包處理流程的優先順序：綁定來源位址的區域規則 > 網路卡介面綁定的區域規則 > 預設區域的規則。

Firewalld 的設定方式主要有 3 種：Firewall-config（見圖 10-8）、Firewall-cmd（見圖 10-9）和直接編輯 /etc/firewalld/ 下的 XML 設定檔（見圖 10-10）。其中 Firewall-cmd 是命令列管理工具，Firewall-config 是圖形化管理工具，圖形化管理工具適用於安裝桌面環境的 Linux 作業系統。

▲ 圖 10-8 圖形化管理工具 Firewall-config

```
[root@nylinux ~]# firewall-cmd --get-active-zones
libvirt
  interfaces: virbr0
public
  interfaces: ens33
```

▲ 圖 10-9 命令列管理工具 Firewall-cmd

```
[root@nylinux zones]# vim /etc/firewalld/zones/public.xml

<?xml version="1.0" encoding="utf-8"?>
<zone>
  <short>Public</short>
  <description>For use in public areas. You do not trust the other
tions are accepted.</description>
  <service name="ssh"/>
  <service name="dhcpv6-client"/>
  <service name="cockpit"/>
</zone>
```

▲ 圖 10-10 XML 設定檔

接下來介紹 Firewalld 的使用方式，先從命令列工具開始，因為 Linux 作業系統的使用場景還是命令列居多。

Firewalld 防火牆工具有兩種設定模式：

（1）執行時期模式（Runtime Mode）：當前記憶體中執行的防火牆設定，在系統或 Firewalld 服務重新啟動（Restart）、多載（Reload）、停止時設定會故障。

（2）永久模式（Permanent Mode）：重新啟動或多載防火牆時所讀取的規則設定，是永久儲存在設定檔中的。

與此模式相關的選項有 3 個：--reload、--permanent 和 –runtime-to-permanent，這 3 個選項會在下面詳細講解，同時也會在演示的過程中展示這 3 個選項的效果。常用的命令見表 10-9。

▼表 10-9 常用的命令

常用命令	說明
systemctl status firewalld	查看 Firewalld 的狀態
firewall-cmd --state	查看 Firewalld 的狀態
systemctl start firewalld	啟動
systemctl stop firewalld	停止
systemctl enable firewalld	開機自啟動
systemctl disable firewalld	取消開機自啟動
firewall-cmd --reload	動態更新防火牆規則，無須重新啟動
firewall-cmd --complete-reload	更新防火牆規則時需要斷開連接，類似重新啟動的操作
firewall-cmd --runtime-to-permanent	將當前防火牆執行時期的所有設定寫進規則設定檔中，使之永久有效
--permanent	輔助選項，增加規則時使用此選項可以將規則設定為永久生效，但是需要重新開機 Firewalld 服務或執行 firewall-cmd --reload 命令重新載入防火牆規則後才能生效。若不帶有此選項，表示設定臨時生效規則，這些規則會在作業系統或 Firewalld 服務重新啟動、多載、停止後故障

表 10-9 中的命令非常簡單，這裡就不再一一演示了，接下來介紹的一系列命令應用性較強，難度較大，所以會邊介紹邊演示。

（1）firewall-cmd --get-active-zones。

用途：查看網路卡介面所對應的網路區域，透過演示可以看到，主機的網路卡介面 ens33 對應的是 public 區域。

```
[root@noylinux firewalld]# ip a
1: lo: <LOOPBACK,UP,LOWER_UP> mtu 65536 qdisc noqueue state UNKNOWN group
default qlen 1000
    link/loopback 00:00:00:00:00:00 brd 00:00:00:00:00:00
    inet 127.0.0.1/8 scope host lo
       valid_lft forever preferred_lft forever
    inet6 ::1/128 scope host
       valid_lft forever preferred_lft forever
2: ens33: <BROADCAST,MULTICAST,UP,LOWER_UP> mtu 1500 qdisc fq_codel state UP
group default qlen 1000
    link/ether 00:0c:29:3a:f7:30 brd ff:ff:ff:ff:ff:ff
    inet 192.168.1.128/24 brd 192.168.1.255 scope global dynamic
noprefixroute ens33
       valid_lft 1609sec preferred_lft 1609sec
    inet6 fe80::20c:29ff:fe3a:f730/64 scope link noprefixroute
       valid_lft forever preferred_lft forever
[root@noylinux firewalld]# firewall-cmd --get-active-zones
public
  interfaces: ens33
```

（2）firewall-cmd --zone=< 區域名稱 > --list-all。

用途：顯示指定區域的網路卡、資源、通訊埠及服務等設定資訊。

（3）firewall-cmd --list-all-zones。

用途：查看所有區域的設定資訊。

```
[root@noylinux firewalld]# firewall-cmd --zone=public --list-all
public (active)
  target: default
  icmp-block-inversion: no
  interfaces: ens33
  sources:
  services: cockpit dhcpv6-client ssh
  ports:
```

```
----- 省略部分內容 -----
[root@noylinux firewalld]# firewall-cmd --list-all-zones
dmz
  target: default
  icmp-block-inversion: no
  interfaces:
  sources:
  services: ssh
----- 省略部分內容 -----

drop
  target: DROP
  icmp-block-inversion: no
  interfaces:
  sources:
  services:
----- 省略部分內容 -----

public (active)
  target: default
  icmp-block-inversion: no
  interfaces: ens33
  sources:
  services: cockpit dhcpv6-client ssh
----- 省略部分內容 -----
```

(4) firewall-cmd --get-default-zone。

用途：查看 Firewalld 防火牆所使用的預設區域。

(5) firewall-cmd --set-default-zone=< 區域名稱 >。

用途：更改 Firewalld 防火牆使用的預設區域。

```
[root@noylinux firewalld]# firewall-cmd --get-default-zone       # 查看預設區域
public
[root@noylinux firewalld]# firewall-cmd --set-default-zone=home # 更改預設區域
success
[root@noylinux firewalld]# firewall-cmd --get-default-zone       # 查看預設區域
home
[root@noylinux firewalld]# firewall-cmd --set-default-zone=public # 更改預設區域
```

```
success
[root@noylinux firewalld]# firewall-cmd --get-default-zone   #查看預設區域
public
```

下面介紹幾筆工作中常用的通訊埠操作命令：

（1）firewall-cmd --zone=< 區域名稱 > --list-ports。

用途：查看指定區域中所有已開啟或開放的通訊埠。

（2）firewall-cmd --zone=< 區域名稱 > --add-port=< 通訊埠編號 >/< 協定 >。

用途：設定規則，將某個通訊埠加入指定區域中。

（3）firewall-cmd --zone=public --add-port=< 通訊埠編號 >-< 通訊埠編號 >/< 協定 > --permanent。

用途：設定規則，將一段連續的通訊埠編號加入指定區域中。

（4）firewall-cmd --zone=public --add-port={< 通訊埠編號 >,< 通訊埠編號 >,< 通訊埠編號 >,< 通訊埠編號 >}/< 協定 >。

用途：設定規則，一次性將多個通訊埠編號加入指定區域中。

（5）firewall-cmd --zone=< 區域名稱 > --remove-port=< 通訊埠編號 >/< 協定 >。

用途：將某個區域已開放的通訊埠移除。關閉之前在防火牆開放的通訊埠。

```
[root@noylinux firewalld]# firewall-cmd --zone=public --list-ports
#查看公共區域開放的通訊埠，為空就是之前並沒有增加任何通訊埠

[root@noylinux firewalld]# firewall-cmd  --list-ports
#不使用 --zone 選項指定區域的話，預設是查看預設區域（public）

[root@noylinux firewalld]# firewall-cmd --zone=public  --add-port=80/tcp
#增加指定在公共區域開放 tcp 協定的 80 通訊埠的規則，不使用 --zone 選項的話，預設同上
success
[root@noylinux firewalld]# firewall-cmd  --list-ports
#再次查看，發現已經成功增加上去了，但這是臨時的，重新啟動後就會故障
80/tcp
```

```
[root@noylinux firewalld]# cat /etc/firewalld/zones/public.xml
# 透過 Firewalld 的公共區域設定檔就可以驗證是否是臨時的，設定檔中並沒有 80 通訊埠的規則
   <?xml version="1.0" encoding="utf-8"?>
   <zone>
   <short>Public</short>
   <description>For use in public areas. You do not trust the other computers
on networks to not harm your computer. Only selected incoming connections are
accepted.</description>
   <service name="ssh"/>
   <service name="dhcpv6-client"/>
   <service name="cockpit"/>
   </zone>
[root@noylinux firewalld]# firewall-cmd --permanent  --zone=public  --add-
port=80/tcp
# 透過 --permanent 選項讓這筆規則永久生效，其實就是把這筆規則加入 Firewalld 的設定檔中
success
[root@noylinux firewalld]# firewall-cmd  --list-ports
80/tcp
[root@noylinux firewalld]# cat /etc/firewalld/zones/public.xml
# 再次查看 Firewalld 的公共區域設定檔就可以發現，已經把規則加入設定檔中了
   <?xml version="1.0" encoding="utf-8"?>
   <zone>
   <short>Public</short>
   <description>For use in public areas. You do not trust the other computers
on networks to not harm your computer. Only selected incoming connections are
accepted.</description>
   <service name="ssh"/>
   <service name="dhcpv6-client"/>
   <service name="cockpit"/>
   <port port="80" protocol="tcp"/>   ### 看這裡！！！
   </zone>
[root@noylinux firewalld]# firewall-cmd --reload
# 這筆命令是必不可少的，動態更新防火牆規則，使規則生效！
success
[root@noylinux firewalld]# firewall-cmd --zone=public  --remove-port=80/tcp
# 移除剛才增加的 80 通訊埠
success
[root@noylinux firewalld]# firewall-cmd  --list-ports
[root@noylinux firewalld]# cat /etc/firewalld/zones/public.xml
# 透過 Firewalld 的公共區域設定檔發現 80 通訊埠還會有，因為之前增加規則是使其永久生效
```

```
   <?xml version="1.0" encoding="utf-8"?>
   <zone>
   <short>Public</short>
   <description>For use in public areas. You do not trust the other computers
on networks to not harm your computer. Only selected incoming connections are
accepted.</description>
   <service name="ssh"/>
   <service name="dhcpv6-client"/>
   <service name="cockpit"/>
   <port port="80" protocol="tcp"/>
   </zone>
[root@noylinux firewalld]# firewall-cmd --zone=public  --remove-port=80/tcp
--permanent
# 在移除此通訊埠時，也需要加上 --permanent 選項，才能將其永久移除
success
[root@noylinux firewalld]# cat /etc/firewalld/zones/public.xml
   <?xml version="1.0" encoding="utf-8"?>
   <zone>
   <short>Public</short>
   <description>For use in public areas. You do not trust the other computers
on networks to not harm your computer. Only selected incoming connections are
accepted.</description>
   <service name="ssh"/>
   <service name="dhcpv6-client"/>
   <service name="cockpit"/>
   </zone>
[root@noylinux firewalld]# firewall-cmd --reload
# 最後再動態更新防火牆規則
success
[root@noylinux firewalld]# firewall-cmd --zone=public --add-port=8000-9000/
tcp --permanent
# 增加一段連續的通訊埠編號，且永久有效
success
[root@noylinux firewalld]# firewall-cmd --reload
success
[root@noylinux firewalld]# firewall-cmd  --list-ports
8000-9000/tcp
[root@noylinux firewalld]# firewall-cmd --zone=public --add-port=
{80,3306,6379,8080}/tcp -permanent
# 一次性增加多個通訊埠編號，且永久有效
```

```
success
[root@noylinux firewalld]# firewall-cmd --reload
success
[root@noylinux firewalld]# firewall-cmd  --list-port
80/tcp 3306/tcp 6379/tcp 8080/tcp 8000-9000/tcp
```

常用的通訊埠操作命令介紹完後再給大家介紹一些與服務相關的防火牆操作命令：

（1）firewall-cmd --get-services。

用途：查看防火牆中所有可使用的服務。

（2）firewall-cmd --list-service。

用途：查看預設區域內所有允許存取的服務。

（3）firewall-cmd --zone=< 區域名稱 >--list-services。

用途：查看指定區域內所有允許存取的服務。

（4）firewall-cmd --add-service=< 服務名稱 > --zone=< 區域名稱 >。

用途：將某個服務增加到指定的區域，不加 --zone 選項將會增加到預設區域，加上 --permanent 選項可使這個規則永久生效。

（5）firewall-cmd --add-service={< 服 務 名 稱 >,< 服 務 名 稱 >,...} --zone=< 區域名稱 >。

用途：同時將多個服務增加到指定區域中，--zone 選項與 --permanent 選項的使用同上。

（6）firewall-cmd --remove-service=< 服務名稱 > --zone=< 區域名稱 >。

用途：將指定區域中已增加的服務移除，若是設定為永久有效的規則，加上 --permanent 選項就可以永久移除。

```
[root@noylinux firewalld]# firewall-cmd --get-services
# 查看 Firewalld 防火牆支援的所有服務名稱
dhcp dhcpv6 dhcpv6-client dns ftp  git grafana
http https imap imaps ntp ssh snmp svn jenkins
telnet tentacle tftp tftp-client zabbix-agent
zabbix-server mysql nfs nfs3 openvpn samba samba-client
----- 省略部分內容 -----
```

```
[root@noylinux firewalld]# firewall-cmd --list-service
# 查看預設區域內所有允許存取的服務
cockpit dhcpv6-client ssh
[root@noylinux firewalld]# firewall-cmd --zone=public  --list-services
# 查看指定區域（public）內所有允許存取的服務
cockpit dhcpv6-client ssh
[root@noylinux firewalld]# firewall-cmd --zone=home  --list-services
# 查看指定區域（home）內所有允許存取的服務
cockpit dhcpv6-client mdns samba-client ssh
[root@noylinux firewalld]# firewall-cmd  --add-service=http  --zone=public
# 增加 http 服務到公共區域，允許其他人存取本機的 http 服務（臨時）
success
[root@noylinux firewalld]# firewall-cmd --list-service
# 查看預設區域（public）的服務清單，只允許這幾個服務被存取
cockpit dhcpv6-client http ssh
[root@noylinux firewalld]# cat /etc/firewalld/zones/public.xml
# 驗證是否永久有效的方法一，看 public 設定檔中是否存在剛才增加的 http 服務
   <?xml version="1.0" encoding="utf-8"?>
   <zone>
   <short>Public</short>
   <description>For use in public areas. You do not trust the other computers
on networks to not harm your computer. Only selected incoming connections are
accepted.</description>
   <service name="ssh"/>
   <service name="dhcpv6-client"/>
   <service name="cockpit"/>
   </zone>
[root@noylinux firewalld]# firewall-cmd --reload
# 驗證是否永久有效的方法二，重新載入防火牆規則後發現 http 沒有了
success
[root@noylinux firewalld]# firewall-cmd --list-service
cockpit dhcpv6-client ssh
[root@noylinux firewalld]# firewall-cmd  --add-service=http  --zone=public
--permanent
# 現在我們將這筆規則加上 --permanent 選項，設定為永久有效
success
[root@noylinux firewalld]# firewall-cmd --list-service
cockpit dhcpv6-client ssh
[root@noylinux firewalld]# firewall-cmd --reload
# 動態更新防火牆規則
```

```
success
[root@noylinux firewalld]# firewall-cmd --list-service
#http 服務已經增加進去了
cockpit dhcpv6-client http ssh
[root@noylinux firewalld]# cat /etc/firewalld/zones/public.xml
# 再來看 public 設定檔，發現新增加一行 http 服務的設定
   <?xml version="1.0" encoding="utf-8"?>
   <zone>
   <short>Public</short>
   <description>For use in public areas. You do not trust the other computers
on networks to not harm your computer. Only selected incoming connections are
accepted.</description>
   <service name="ssh"/>
   <service name="dhcpv6-client"/>
   <service name="cockpit"/>
   <service name="http"/>
   </zone>
[root@noylinux firewalld]# firewall-cmd  --add-service={telnet,ftp,svn,mysql}
--zone=public --permanent
# 一次性增加多個服務到公共區域中，並設定為永久有效
success
[root@noylinux firewalld]# firewall-cmd --list-service
cockpit dhcpv6-client http ssh
[root@noylinux firewalld]# firewall-cmd --reload
success
[root@noylinux firewalld]# firewall-cmd --list-service
# 動態更新防火牆規則之後，所增加的這幾個服務都已生效
cockpit dhcpv6-client ftp http mysql ssh svn telnet
[root@noylinux firewalld]# cat /etc/firewalld/zones/public.xml
# 驗證剛才增加的那幾個服務是否永久有效
   <?xml version="1.0" encoding="utf-8"?>
   <zone>
   <short>Public</short>
   <description>For use in public areas. You do not trust the other computers
on networks to not harm your computer. Only selected incoming connections are
accepted.</description>
   <service name="ssh"/>
   <service name="dhcpv6-client"/>
   <service name="cockpit"/>
   <service name="http"/>
```

```
    <service name="telnet"/>
    <service name="ftp"/>
    <service name="svn"/>
    <service name="mysql"/>
    </zone>
[root@noylinux firewalld]# firewall-cmd   --remove-service={ftp,telnet}
--zone=public --permanent
# 使用此命令永久性刪除剛才已增加好的兩個服務，否則再次執行 firewall-cmd --reload 命令，被
刪除的服務又會重新生效
success
[root@noylinux firewalld]# firewall-cmd --list-service
cockpit dhcpv6-client ftp http mysql ssh svn telnet
[root@noylinux firewalld]# firewall-cmd --reload
success
[root@noylinux firewalld]# firewall-cmd --list-service
# 動態更新防火牆規則後可以看到，要刪除的兩個服務已經沒有了
cockpit dhcpv6-client http mysql ssh svn
[root@noylinux firewalld]# cat /etc/firewalld/zones/public.xml
#public 設定檔中的那兩個服務也被刪除了。當然還可以透過命令重新增加回來
    <?xml version="1.0" encoding="utf-8"?>
    <zone>
    <short>Public</short>
    <description>For use in public areas. You do not trust the other computers
on networks to not harm your computer. Only selected incoming connections are
accepted.</description>
    <service name="ssh"/>
    <service name="dhcpv6-client"/>
    <service name="cockpit"/>
    <service name="http"/>
    <service name="svn"/>
    <service name="mysql"/>
    </zone>
```

Firewalld 命令列工具（Firewall-cmd）的常用操作就講到這裡，掌握了上述這些命令，基本就可以在企業日常工作中按需求設定一些規則了。下面再向大家介紹一下圖形化工具（Firewall-config）的用法。一般在企業中使用命令列工具偏多一些，圖形化工具用得非常少，我們可以簡單了解這款工具的用法，它的操作也十分簡便。

圖 10-11 是 Firewall-config 工具剛開啟時的介面，各個區域所代表的作用如下：

（1）工作列，在工作列中的選項列有這麼幾項需要理解。

- 多載防火牆：與 --reload 選項功能相同，動態更新防火牆規則。
- 更改連接區域：與（3）中的功能相同，若有多片網卡或網路卡介面，可以對其單獨設定規則。
- 改變預設區域：與 --set-default-zone= 選項功能相同，更改 Firewalld 防火牆預設的區域。
- 應急模式：捨棄所有傳入和傳出的資料封包。
- 將 Runtime 設定為永久設定：與 --runtime-to-permanent 選項功能相同，將當前防火牆執行時期所有的設定寫進規則設定檔中，使之永久有效。

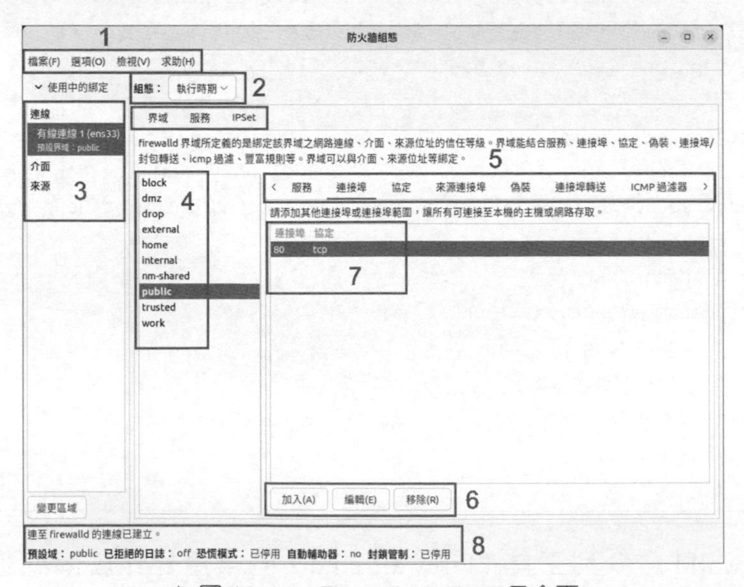

▲ 圖 10-11　Firewall-config 工具介面

（2）選擇 Firewalld 防火牆工具的設定模式（執行時期模式 / 永久模式）。

（3）選擇在哪個網路卡介面或網路卡上設定防火牆規則。

（4）選擇在哪個網路區域中設定規則。

（5）設定規則時所採用的方式，包括以設定服務的方式來編輯規則、以設定通訊埠編號的方式和以設定協定的方式等。每種方式有不同的編輯形式，上文我們用命令列工具給大家演示了服務和通訊埠編號這兩種常用的設定方式。

（6）選好設定方式之後，就要編輯具體允許哪些因素透過，哪些因素拒絕。例如選擇通訊埠設定方式之後，就要增加允許哪些通訊埠開放允許存取、修改之前已經增加好的通訊埠或刪除已有的通訊埠。

（7）目前已設定好或已生效的具體規則。在這裡可以看到之前使用命令列工具進行演示時所設定過的通訊埠編號，在服務那一列也能看到之前已經增加過的服務。

（8）Firewall-config 工具的一些執行狀態。

接下來簡單演示一下如何用圖形化工具增加一個通訊埠：選擇通訊埠那一列，點擊「增加」按鈕，準備開放一個通訊埠，如圖 10-12 所示。

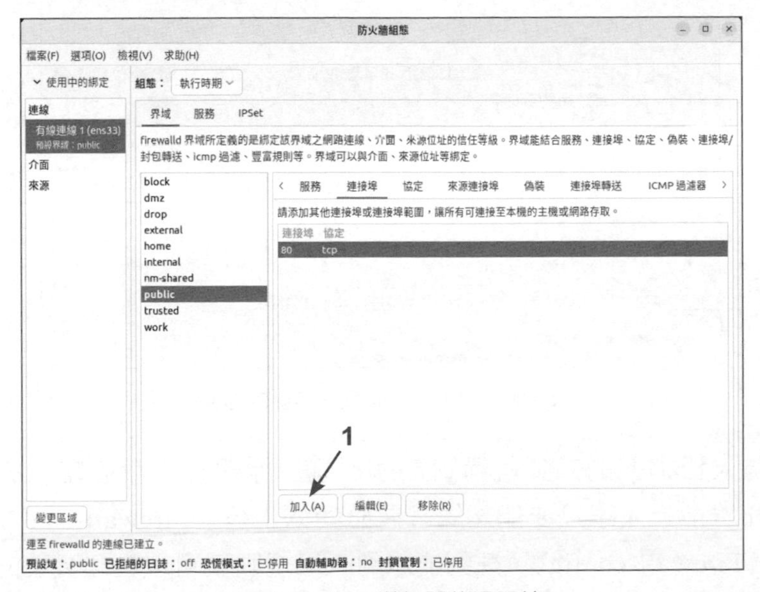

▲ 圖 10-12　增加開放通訊埠

在彈出的視窗中輸入通訊埠編號，可以輸入單一通訊埠編號，也可以輸入一串連續的通訊埠編號範圍。選擇對應的網路通訊協定，這裡選擇 TCP 協定，最後點擊「確定」按鈕即可，如圖 10-13 所示。

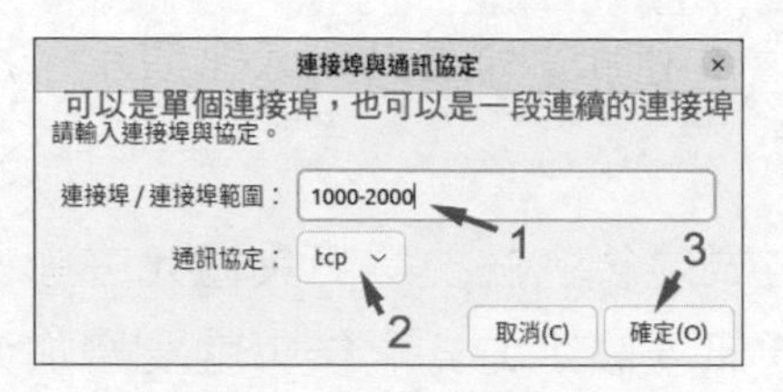

▲ 圖 10-13　增加通訊埠

由圖 10-14 可見，通訊埠已經增加好了，顯示在了清單中，至此，開放的這一段通訊埠編號已生效，保險起見，我們再點擊選項中的多載防火牆，動態更新一下防火牆規則。

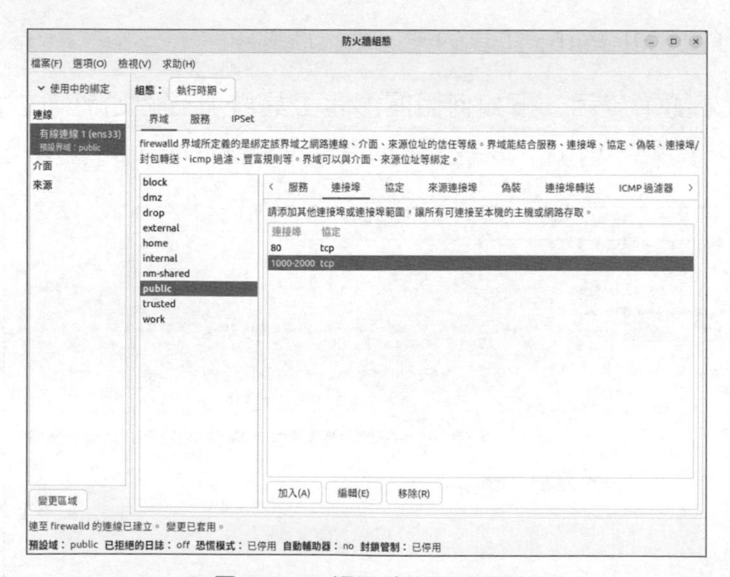

▲ 圖 10-14　通訊埠增加後的效果

與防火牆相關的知識就講到這裡，直接編輯防火牆設定檔的方式在就先不介紹了，大家只要能熟練掌握命令列工具（Firewall-cmd）和圖形化工具（Firewall-config），達到能想到一筆規則就可以輕鬆實現的程度，那麼在企業實戰中，關於 Linux 防火牆設定的基本工作都不在話下了。

CHAPTER

11

Linux 文字處理「三劍客」

11.1 引言

Linux 作業系統的理念是一切皆是檔案，對 Linux 的操作其實就是對檔案的處理，包括對檔案內容進行查看、篩選、替換和修改等操作。

怎樣才能更好地處理檔案呢？一個就幾行字的小檔案是很好處理的，我們可以用 Vim 編輯器開啟檔案直接進行處理，用不了多長時間。而如果是一個好幾十萬行內容的檔案呢，再用 Vim 編輯器是不是就不太合適了。

再者，如果想按特定的規則截取檔案中的某些內容怎麼辦？想統計一下檔案中時間戳記出現的次數怎麼辦？想只顯示檔案中包含某個單字的行怎麼辦？想只顯示檔案中某個字母或某個數字開頭的行怎麼辦？或是想只查看檔案內容的第 3 列怎麼辦？又或者想只查看系統中網路卡的 Mac 位址怎麼辦？

看到上面這些需求之後，相信大家應該知道本章大致要講什麼內容了吧？沒錯！就是利用 Linux 文字處理「三劍客」對文字進行深度處理。

這裡的深度處理其實是兩層含義，一層是對檔案本身及內容做複雜、繁瑣的處理，就如同上面提出的那幾個操作需求。另一層是實現對文字內容的自動化處理，而非手動處理。Vim 編輯器需要我們使用鍵盤和滑鼠不斷地對文字內容進行互動式修改，而自動化處理僅需要執行一筆命令，剩下的操作讓工具幫助完成。

Linux 文字處理「三劍客」就是這麼一組工具，它們分別是 grep、sed、awk，可以將它們看作 3 筆命令，也可以看成 3 個工具，都是可以的。把它們用好了就能對文字做一些複雜的、繁瑣的操作了，而且還可以提升 Linux 運行維護工程師的工作效率。

先簡單介紹一下這 3 個工具：

（1）grep：強大的文字搜尋工具，擅長查詢和篩選。

（2）sed：非互動式的、面向字元流的編輯器，擅長截取行和替換。

（3）awk：強大的文字分析工具，擅長截取列和資料分析。

接下來的篇幅將圍繞這 3 款工具展開講解，不過在這之前必須先掌握一些基礎知識。Linux 文字處理「三劍客」是以正規表示法作為基礎的，而在 Linux 作業系統中，支援兩種正規表示法，分別為標準正規表示法和擴充正規表示法。在掌握好正規表示法後，我們再具體講解「三劍客」的用法。

11.2 正規表示法

正規表示法又稱規則運算式（Regular Expression），顧名思義，這肯定是跟公式相關的，沒錯！正規表示法其實是對字串操作的一種邏輯公式，在這個公式中有很多事先已經定義好的字元，這些字元之間相互組合會形成一筆筆規則，這些規則就是用來匹配字串的，這裡的字串可以是文字內容，也可以是命令輸出的結果。

Linux 文字處理「三劍客」有的擅長查詢和篩選、有的擅長取行和替換、有的擅長取列和資料分析。這些操作都需要對字串進行匹配，而匹配的功能就是由正規表示法完成的。簡單來說就是，grep、sed、awk 這 3 個工具需要透過正規表示法去匹配某個字串，而且也只有這 3 款工具能與正規表示法相互配合。

Linux 作業系統支援標準正規表示法和擴充正規表示法。擴充正規表示法的出現是因為標準正規表示法在實際的使用過程中有許多符號都需要逸出，如果不逸出，這些符號在 Linux 作業系統上表達的含義就會有很大的差異。而擴充正規表示法可以省略很多這種需要逸出的符號，這樣就降低了在 Linux 作業系統上操作的繁瑣性。

預設正規表示法工作在貪婪模式下，去匹配盡可能多的內容。

註：逸出字元 "\" 用於去除特殊符號的特殊意義，保留符號本身的字面意思。

標準正規表示法中的匹配符號及含義見表 11-1。

▼表 11-1 標準正規表示法中的匹配符號及含義

方式	符號	說明
匹配字元和次數	.	匹配任意單一字元
	*	匹配其前面的字元任意次
	.*	匹配任意長度的任意字元
	\?	匹配其前面的字元 0 次或者 1 次
	\{m,n\}	匹配其前面的字元至少 m 次，最多 n 次
	\{m\}	匹配其前面字元 m 次
	\{m,\}	匹配其前面字元至少 m 次
	\{0,n\}	匹配其前面字元最多 n 次
	\{1,\}	匹配其前面字元至少 1 次，最多無限次
	[ ]	匹配指定範圍內的任意單一字元
	[^]	匹配指定範圍外的任意單一字元

方　式	符　號	說　明
匹配字元集合	[[:digit:]]	匹配單一數字，等價於 [0-9]
	[[:lower:]]	匹配單一小寫字母，等價於 [a-z]
	[[:upper:]]	匹配單一大寫字母，等價於 [A-Z]
	[[:punct:]]	匹配單一標點字元
	[[:space:]]	匹配單一空白字元
	[[:alpha:]]	匹配單一字母，等價於 [A-Za-z]
	[[:alnum:]]	匹配單一字母或數字，等價於 [A-Za-z0-9]
位置錨定匹配	^	錨定行首，此字元後面的任意內容必須出現在行首
	$	錨定行尾，此字元前面的任意內容必須出現在行尾
	^$	空白行
	\<	錨定詞首，其後面增加的任意字元必須作為單字的首部出現
	\>	錨定詞尾，其前面增加的任意字元必須作為單字的尾部出現
	\< \>	其中間增加的任意字元必須精確匹配
分組與後向引用	\(\)	使括號內的內容成為一個組，一個整體
	\1	引用第一個左括號和與之對應的右括號之間包括的所有內容

註：後向引用的意思是前面出現什麼，後面就可以呼叫什麼，後面可以引用前面出現過的字元。

擴充正規表示法中的匹配符號及含義見表 11-2。

▼表 11-2　擴充正規表示法中的匹配符號及含義

方式	符號	說　明
字元匹配	.	匹配任意單一字元
	[ ]	匹配指定範圍內的任意單一字元
	[^]	匹配指定範圍外的任意單一字元

<table>
<tr><th>方式</th><th>符號</th><th>說　明</th></tr>
<tr><td rowspan="4">次數
匹配</td><td>*</td><td>匹配其前面的字元任意次（次數）</td></tr>
<tr><td>?</td><td>匹配其前面的字元 1 次或 0 次</td></tr>
<tr><td>+</td><td>匹配其前面字元至少 1 次（" ？ " 與 "+" 結合等效於 "*"）</td></tr>
<tr><td>{ }</td><td>匹配其前面的字元至少 1 次，最多 n 次（不需要加脫意符號）</td></tr>
<tr><td rowspan="3">位置
錨定</td><td>\<</td><td>錨定詞首，其後面增加的任意字元必須作為單字的首部出現</td></tr>
<tr><td>\></td><td>錨定詞尾，其前面增加的任意字元必須作為單字的尾部出現</td></tr>
<tr><td>\< \></td><td>其中間增加的任意字元必須精確匹配</td></tr>
<tr><td rowspan="2">分組和後
向引用</td><td>( )</td><td>使內容成為一個組，一個整體（不需要加脫意符號，真正意義上分組）</td></tr>
<tr><td>\1</td><td>引用第一個左括號和與之對應的右括號之間包括的所有內容</td></tr>
<tr><td rowspan="3">或者（|）</td><td>a | b</td><td>a 或者 b</td></tr>
<tr><td>C | cat</td><td>C 或者 cat</td></tr>
<tr><td>(C|c)at</td><td>Cat 或者 cat</td></tr>
</table>

在正規表示法中，常用的匹配符號就是上面介紹的這些，一下子就都記住是不現實的，要用！勤用！俗話説熟能生巧，多用用熟悉了就能掌握其中的技巧了。

大家有沒有發現，這裡只介紹了它們的含義並沒有配合案例，因為正規表示法要與 Linux 文字處理「三劍客」搭配起來使用，因此在下文的案例中，都是以工具加正規表示法的形式演示。

正規表示法並沒有固定的用法，幾個字元組合形成的規則用另外的幾個字元組合起來同樣能達到一樣的效果。看大家怎麼去靈活運用了，熟練掌握之後，一種規則可以用兩三種甚至五六種方式組合字元進行匹配，大家要仔細揣摩下文介紹的關於 Linux「三劍客」文字處理的各種案例，讀懂案例後要動手去做，同時嘗試著用其他的組合方式看看能不能達到同樣的效果。

11.3 grep —— 查詢和篩選

grep 的全稱為 global search regular expression and print out the line，它是一款強大的文字搜尋工具，能使用正規表示法搜尋文字，並把匹配到的行列印出來。

grep 工具還有個「哥哥」和「弟弟」，分別是 egrep 和 fgrep，它們分別用於不同的場景。

- grep：原生的 grep 命令，使用標準正規表示法作為匹配標準。
- egrep：擴充版的 grep，相當於 grep –E，使用擴充正規表示法作為匹配標準。
- fgrep：簡化版的 grep，不支援正規表示法，但搜尋速度快，系統資源使用率低。

grep 命令的語法格式如下：

```
grep  [選項]  匹配規則  檔案名稱
```

grep 命令將根據匹配規則去匹配文字內容。grep 命令的常用選項見表 11-3。

▼表 11-3 grep 命令的常用選項

常用選項	說　明
-c	列印符合要求的個數
-i	忽略大小寫的差別
-n	輸出符合要求的行及其行號
-o	只顯示匹配到的字元（串）
-q	靜默模式，不輸出
-r	當指定要查詢的是目錄而非檔案時，遍歷所有的子目錄
-v	反向查詢，也就是列印不符合要求的行
-A n	A 後面跟一個數字 n，列印符合要求的行及其下面 n 行
-B n	B 後面跟一個數字 n，列印符合要求的行及其上面的 n 行

常用選項	說　明
-C n	C 後面跟一個數字 n，列印符合要求的行及其上下各 n 行
-E	使用擴充正規表示法 , egrep = grep -E
-H	當搜尋多個檔案時，顯示匹配檔案名稱首碼
-h	當搜尋多個檔案時，不顯示匹配檔案名稱首碼
-P	呼叫的 Perl 正規表示法
--color	突顯匹配上的字串，grep 命令預設帶此選項

用兩種方式篩選 /etc/passwd 檔案中以大小寫字母 s 開頭的行及其行號。

```
[root@noylinux ~]# grep -in '^s' /etc/passwd          # 方式一
6:sync:x:5:0:sync:/sbin:/bin/sync
7:shutdown:x:6:0:shutdown:/sbin:/sbin/shutdown
15:systemd-coredump:x:999:997:systemd Core Dumper:/:/sbin/nologin
16:systemd-resolve:x:193:193:systemd Resolver:/:/sbin/nologin
30:saslauth:x:992:76:Saslauthd user:/run/saslauthd:/sbin/nologin
33:sssd:x:984:984:User for sssd:/:/sbin/nologin
39:setroubleshoot:x:979:978::/var/lib/setroubleshoot:/sbin/nologin
44:sshd:x:74:74:Privilege-separated SSH:/var/empty/sshd:/sbin/nologin
[root@noylinux ~]# grep -n '^[Ss]' /etc/passwd      # 方式二
6:sync:x:5:0:sync:/sbin:/bin/sync
7:shutdown:x:6:0:shutdown:/sbin:/sbin/shutdown
15:systemd-coredump:x:999:997:systemd Core Dumper:/:/sbin/nologin
16:systemd-resolve:x:193:193:systemd Resolver:/:/sbin/nologin
30:saslauth:x:992:76:Saslauthd user:/run/saslauthd:/sbin/nologin
33:sssd:x:984:984:User for sssd:/:/sbin/nologin
39:setroubleshoot:x:979:978::/var/lib/setroubleshoot:/sbin/nologin
44:sshd:x:74:74:Privilege-separated SSH:/var/empty/sshd:/sbin/nologin
```

查詢 /etc/passwd 檔案中不包含 /bin/bash 的行。

```
[root@noylinux ~]# grep -v '/bin/bash' /etc/passwd
bin:x:1:1:bin:/bin:/sbin/nologin
daemon:x:2:2:daemon:/sbin:/sbin/nologin
adm:x:3:4:adm:/var/adm:/sbin/nologin
```

```
lp:x:4:7:lp:/var/spool/lpd:/sbin/nologin
sync:x:5:0:sync:/sbin:/bin/sync
shutdown:x:6:0:shutdown:/sbin:/sbin/shutdown
----- 省略部分內容 -----
```

在多個檔案中匹配含有 root 的行，在匹配的行前面不加檔案名稱 / 加檔案名稱。

```
[root@noylinux ~]# grep -h 'root' /etc/passwd  /etc/group
root:x:0:0:root:/root:/bin/bash
operator:x:11:0:operator:/root:/sbin/nologin
root:x:0:
[root@noylinux ~]# grep -H 'root' /etc/passwd  /etc/group
/etc/passwd:root:x:0:0:root:/root:/bin/bash
/etc/passwd:operator:x:11:0:operator:/root:/sbin/nologin
/etc/group:root:x:0:
```

查看以大寫字母開頭的檔案。

```
[root@noylinux ~]# ls | grep "^[A-Z]"
Text.txt
```

獲取作業系統中網路卡的 MAC 位址。

```
[root@noylinux ~]# ifconfig |grep ether |head -n 1 | grep -o  "[a-f0-9A-F]\\
([a-f0-9A-F]\\:[a-f0-9A-F]\\)\\{5\\}[a-f0-9A-F]"
00:0c:29:3a:f7:30
```

11.4 sed —— 取行和替換

sed 的全稱為 stream editor，它是一個串流編輯器，串流編輯器非常適合執行重複的編輯操作，這種重複編輯的工作如果由人工手動完成，會花費大量的時間和精力，使用此工具可以簡化對檔案的反覆操作，提高工作效率。

Vim 編輯器採用的是互動式文字編輯模式，使用者可以用鍵盤互動式地增加、修改或刪除文字中的內容，而 sed 採用串流編輯模式，最明顯的特點就是 sed 在處理資料之前，需要預先提供一組「操作」，sed 會按照此「操作」來自動處理資料。

sed 處理資料的流程如下：

（1）每次僅讀取一行內容；

（2）把當前要處理的行儲存在臨時緩衝區中，這個臨時緩衝區可以稱為「模式空間」(Pattern Space)；

（3）sed 命令會根據之前提供的「操作」處理緩衝區中的內容；

（4）處理完成後，把緩衝區的內容輸出到螢幕上；

（5）處理下一行，不斷重複，直到檔案尾端。

需要注意的是，sed 預設不直接修改原始檔案的內容，而是把資料複製到緩衝區中，修改也僅限於緩衝區中的資料，再將修改後的資料輸出到螢幕。如果想要直接修改原始檔案中的內容可以使用 -i 選項。sed 命令的語法格式如下：

```
sed  [選項]  'script'   檔案名稱
```

註：'script' 中包含兩個內容，一個是位址定界，明確我們要操作的範圍；另一個是操作命令，例如替換、插入、刪除某行等。

sed 命令的常用選項見表 11-4。

▼表 11-4 sed 命令的常用選項

常用選項	說　明
-i	直接編輯原始檔案內容，而非輸出到螢幕上
-e 'script'	在 sed 命令中指定多個 script，多點編輯功能，同時完成多個「操作」
-n	取消預設的自動輸出，sed 預設會在螢幕上輸出所有文字內容，使用 -n 選項後只顯示處理過的行
-r	支援使用擴充正規表示法

'script' 的位址邊界（定界）見表 11-5。

▼表 11-5 'script' 的位址邊界（定界）

操作範圍	操作符號	說　明
不給位址		預設對全文進行處理
單位址	n	指定第 n 行，對此行進行編輯操作
	/pattern/	指定模式匹配到的每一行，這裡的模式匹配用的是標準正規表示法，若想使用擴充正規表示法則需要用 -r 選項
位址範圍	n,m	從第 n 行開始至第 m 行的範圍
	n,+m	從第 n 行開始至往後 m 行的範圍
	n,/pattern/	從第 n 行開始，至指定模式匹配到的那一行
	/pattern1/, /pattern2/	從 pattern1 模式匹配開始，至 pattern2 模式匹配之間的範圍
步進	1～2	以 1 為起始行，步進 2 行向下匹配，表示所有的奇數行
	2～2	以 2 為起始行，步進 2 行向下匹配，表示所有的偶數行

'script' 的操作命令如下：

（1）a：在匹配的行下面插入指定的內容，a 命令的位置在定界後面，不加邊界表示檔案的每一行，插入多行內容使用 \n 進行分割。例如：

- sed 'a B' 1.txt 表示在檔案 1.txt 中每一行的下面都插入一行內容，內容為 B。
- sed '1,2a B' 1.txt 表示在檔案 1.txt 中 1~2 行的下面插入一行內容，內容為 B。
- sed '1,2a B\nC\nD' 1.txt 表示在檔案 1.txt 中 1~2 行的下面分別插入 3 行，3 行內容分別是 B、C、D。

（2）i：在匹配的行上面插入指定的內容，i 命令的位置在定界後面，使用方式與命令 a 基本一樣。

（3）c：將匹配的行替換為指定的內容，c 命令的位置在定界後面。例如：

- sed 'c ABCDEF' 1.txt 表示將 1.txt 檔案中所有行的內容都分別替換為指定內容，內容為 ABCDEF。
- sed '1,2c B' 1.txt 表示將 1.txt 檔案中 1~2 行的內容替換為 B。注意這裡的 1~2 行替換說的是將這兩行所有的內容合到一起替換為一個內容，內容為 B。
- sed '1,2c A\nB\nC' 1.txt 表示將 1.txt 檔案中 1~2 行內容分別替換為 A 和 B，多出來的一行可以視為插入一行內容，內容為 C。這樣等於是替換了兩行內容又插入一行內容。

（4）d：刪除匹配的行，d 命令的位置在定界後面。例如：

- sed 'd' 1.txt 表示將 1.txt 檔案中所有的行全部刪除，因為不加邊界所以表示檔案的每一行。
- sed '1,3d' 1.txt 表示將 1.txt 檔案中 1~3 行的內容刪除。

（5）y：替換匹配的字元，可以替換多個字元但不能替換字串，也不支持正規表示法。在替換多個字元時，來源字元和目標字元中的每個字元都需要一一對應，個數不能多也不能少。例如：

- sed 'y/123/abc/' 1.txt 表示將 1.txt 檔案中的字元 1、字元 2、字元 3 替換為字元 a、字元 b、字元 c。

（6）r：讀取指定檔案內容並增加到目的檔案指定行的下面。

- sed '2r /etc/passwd' 1.txt 表示讀取 /etc/passwd 檔案中的內容並插入 1.txt 檔案第 2 行的下面。

（7）[address]s/pattern/replacement/flags：操作命令 s 表示條件替換，是 sed 中用得最多的操作命令，因為支持正規表示法，所以功能十分強大，下面介紹各部分含義：

- [address]：位址邊界 / 定界。
- s：替換操作。
- /：分隔符號，也可以使用其他的符號，例如，=、@、# 等。

- pattern：需要替換的內容。
- replacement：要替換的新內容。

（8）flags：標記或功能，包括下面幾個：

- n：1 ～ 512 之間的數字，表示指定要替換的字串出現第幾次時才進行替換操作。
- g：對所有匹配到的內容進行替換，或稱為全域替換，如果沒有 g 標記，則只會對第一次匹配成功的行進行替換操作。
- p：會列印在替換命令中指定模式匹配的行。此標記一般與 -n 選項搭配在一起使用。
- w file：將緩衝區中的內容另存到指定的檔案中。
- &：用正規表示法匹配的內容進行替換。
- \n：匹配第 n 個子字串，該標記會在 pattern 中用 \(\) 指定。

將檔案 1.txt 中匹配到的 root 字元替換為大寫的 ROOT 字元（只替換第一次匹配到的或進行全域替換）。

```
[root@noylinux opt]# sed 's/root/ROOT/' 1.txt # 只替換第一次匹配成功的
ROOT:x:0:0:root:/root:/bin/bash
bin:x:1:1:bin:/bin:/sbin/nologin
----- 省略部分內容 -----

[root@noylinux opt]# sed 's/root/ROOT/g' 1.txt   # 全域替換
ROOT:x:0:0:ROOT:/ROOT:/bin/bash
bin:x:1:1:bin:/bin:/sbin/nologin
----- 省略部分內容 -----
```

註：使用 cp 命令拷貝 /etc/passwd 檔案為副本檔案 1.txt 進行實驗，千萬不要直接對 /etc/passwd 檔案進行操作。

將檔案 1.txt 中所有 /bin/bash 字串替換為 /sbin/nologin（使用逸出字元 "\"）。

```
[root@noylinux opt]# sed 's/\/bin\/bash/\/sbin\/nologin/g' 1.txt
root:x:0:0:root:/root:/sbin/nologin
bin:x:1:1:bin:/bin:/sbin/nologin
daemon:x:2:2:daemon:/sbin:/sbin/nologin
----- 省略部分內容 -----
user1:x:1002:1002::/home/user1:/sbin/nologin
user2:x:1003:1003::/home/user2:/sbin/nologin
apache:x:48:48:Apache:/usr/share/httpd:/sbin/nologin
```

將檔案 1.txt 中每行第二次匹配到的冒號（：）替換成井號（#）。

```
[root@noylinux opt]# sed 's/\:/\#/2'  1.txt
root:x#0:0:root:/root:/bin/bash
bin:x#1:1:bin:/bin:/sbin/nologin
daemon:x#2:2:daemon:/sbin:/sbin/nologin
adm:x#3:4:adm:/var/adm:/sbin/nologin
----- 省略部分內容 -----
user1:x#1002:1002::/home/user1:/bin/bash
user2:x#1003:1003::/home/user2:/bin/bash
apache:x#48:48:Apache:/usr/share/httpd:/sbin/nologin
```

篩選檔案 1.txt，列印包含 2 個 o 的字元的行。

```
[root@noylinux opt]# sed -nr '/o{2}/'p 1.txt
root:x:0:0:root:/root:/bin/bash
lp:x:4:7:lp:/var/spool/lpd:/sbin/nologin
mail:x:8:12:mail:/var/spool/mail:/sbin/nologin
operator:x:11:0:operator:/root:/sbin/nologin
setroubleshoot:x:979:978::/var/lib/setroubleshoot:/sbin/nologin
```

篩選檔案 1.txt，列印包含 4 個數字的行。

```
[root@noylinux opt]# sed -nr '/[0-9]{4}/'p 1.txt
nobody:x:65534:65534:Kernel Overflow User:/:/sbin/nologin
xiaozhou:x:1000:1000:xiaozhou:/home/xiaozhou:/bin/bash
```

```
noylinux:x:1001:1001::/home/noylinux:/bin/bash
user1:x:1002:1002::/home/user1:/bin/bash
user2:x:1003:1003::/home/user2:/bin/bash
```

使用 -e 選項對 1.txt 檔案進行多個匹配條件的篩選。

```
[root@noylinux opt]# sed  -nr -e '/[0-9]{4}/'p  -e '/o{2}/'p  1.txt
#注：-nr 也可以寫成 -n  -r
root:x:0:0:root:/root:/bin/bash
lp:x:4:7:lp:/var/spool/lpd:/sbin/nologin
mail:x:8:12:mail:/var/spool/mail:/sbin/nologin
----- 省略部分內容 -----
```

將 1.txt 檔案的 1 ～ 10 行內容中的 root 替換成 ABCD 顯示出來，但是不會真的替換，只是顯示被替換的行。

```
[root@noylinux opt]# sed  -n  '1,10s/root/ABCD/gp' 1.txt
ABCD:x:0:0:ABCD:/ABCD:/bin/bash
operator:x:11:0:operator:/ABCD:/sbin/nologin
```

11.5 awk —— 取列和資料分析

awk 的名稱是由 3 個創始人 Alfred Aho、Peter Weinberger 和 Brian Kernighan 姓氏的字首組成的，它誕生於 20 世紀 70 年代末期，是一款功能非常強大的文字資料分析處理工具。

awk 主要用於資料分析和格式化輸出，簡單來說，awk 會對資料進行分析並將處理結果輸出。再講細一些，首先 awk 會將檔案逐行讀取，讀取的方式與 sed 類似，都是以檔案的單行內容作為處理單位；接著將讀取的行以空白鍵或 Tab 鍵作為分隔符號進行切片，切片後的欄位叫作「資料欄位」，再對資料欄位進行各種分析處理；最後輸出處理結果，預設輸出到螢幕上，也可以輸出到檔案中。

awk 的操作相對複雜一些，因為它的 3 位創始人在開發此工具的時候就將它定義為「樣式掃描和處理語言」，我們可以將它看作是一門語言，就和 Shell 程式設計語言一樣，擁有語言的 awk 無疑是十分強大的，它可以進行樣式裝入、串流控制、數學運算、處理程序控制敘述等，甚至可以使用內建的變數和函數。

awk 的功能非常多，這裡我們只需要把它擅長的領域介紹給大家就夠用了，其他的功能大家可以自己嘗試探索。awk 的 3 種使用方式如下：

（1）命令列方式：使用 awk 工具以命令列的方式在 Linux 作業系統的終端中去執行操作。

（2）Shell 指令稿方式：將所有的 awk 命令插入檔案中，並將此檔案指定執行許可權，使用 awk 命令直譯器作為指令稿的首行，透過執行指令稿的形式執行檔案中所有的 awk 命令。

（3）插入檔案中：將所有的 awk 命令插入一個單獨的檔案中，再透過 awk 的 -f 選項呼叫此檔案。

本節以命令列方式為主介紹 awk 命令的使用方式。awk 的語法格式為：

```
awk [選項] 'pattern{command}' 檔案名稱
```

其中，'pattern{command}' 部分需要用單引號 '' 括起來，而 command 部分要用 { } 括起來。

pattern 表示匹配規則，與前面講的 sed 命令中的匹配方式大致相同，都是用來匹配整個文字資料中符合匹配規則的內容，同樣也支援邊界和正規表示法。如果不指定匹配規則，則預設匹配文字中所有的行。

command 表示執行命令，就是對資料進行怎樣的處理。如果不指定執行命令，則預設輸出匹配到的行。

awk 命令的常用選項見表 11-6。

▼表 11-6 awk 命令的常用選項

常用選項	說明
-F 自訂分隔符號	指定以自訂分隔符號作為分隔符號，對文字內容的每行進行切片，awk 命令預設以空白鍵和 Tab 鍵作為分隔符號
-f file	從指令稿中讀取 awk 命令，以插入到檔案中的方式執行
-v var=value	自訂變數，在 awk 命令執行之前，先設定一個變數 var，然後給變數 var 賦值 value，變數名稱與變數的值自訂即可

awk 命令的位址邊界（與 sed 中的匹配方式大致相同）見表 11-7。

▼表 11-7 awk 命令的位址邊界

操作符	說明
不給位址	處理檔案的所有行
/pattern/	處理正規匹配對應的行
!/pattern/	處理正規不匹配的行
關聯運算式	結果為「真」才會被處理
n,m{...}	處理第 n 行至第 m 行的文字內容
BEGIN{ }	在開始處理文字之前執行一些命令（前置處理）

常用的 command 命令如下：

- print：列印、輸出（主要）。
- printf：格式化輸出。

資料欄位變數如下：

- $0：表示整個當前行。
- $1：表示文本行中的第 1 個資料欄位。
- $2：表示文本行中的第 2 個資料欄位。
- $n：表示文本行中的第 n 個資料欄位。

其他內建變數如下：

- FS：輸入欄位分隔符號，預設為空格。
- OFS：輸出欄位分隔符號，預設為空格。
- RS：輸入記錄分隔符號，預設為分行符號 \n。

- ORS：輸出記錄分隔符號，預設為分行符號 \n。
- NF：欄位數量。
- NR：記錄號。
- NFR：多個檔案分別計數，記錄號。
- FILENAME：當前檔案名稱。
- FIELDWIDTHS：定義資料欄位的寬度。
- ARGC：命令列的參數。
- ARGV：陣列，儲存的是命令列給定的各參數。

操作符號：

- 算數操作符號：+，-，/，*。
- 複製操作符號：=，+=，-=，/=，++，--。
- 比較操作符號：>，<，>=，<=，!=，==。

邏輯操作符號：

- &&：與。
- ||：或。
- !：非。

註：awk 允許一次性執行多筆命令。要想在命令列中使用多筆命令，只需要在命令之間輸入分號（；）即可。awk 在處理文字內容時，會透過欄位分隔符號對檔案的每一行進行切片，切片後的欄位叫作「資料欄位」，awk 會自動給每個資料欄位分配一個變數。

看到這裡大家可能會產生一種要放棄的想法，這款工具怎麼會有這麼多的用法，該如何掌握呢？

不要著急，也不要氣餒，前面羅列出來的是 awk 的所有用法，但在平常使用中只需要用到其中的一部分。還是那句話，工具很強大也很全面，但是我們只需要掌握它最擅長的功能即可，其他的用法大家有時間可以慢慢鑽研。

接下來我們將透過一系列的案例來展示 awk 工具擅長的功能，熟悉工具最好的方法就是多去使用、多去琢磨、多去變通。

範例

取列，以冒號為分隔符號，提取 /etc/passwd 檔案的第一列（使用者名稱）、第三列（PID）、第六列（家目錄）和第七列（Shell 類型）。

```
[root@noylinux ~]# awk -F ':' '{print $1,$3,$6,$7}' /etc/passwd # 採用選項的方式
root 0 /root /bin/bash
bin 1 /bin /sbin/nologin
----- 省略部分內容 -----
user1 1002 /home/user1 /bin/bash
user2 1003 /home/user2 /bin/bash
apache 48 /usr/share/httpd /sbin/nologin

[root@noylinux ~]# awk 'BEGIN{FS=":"} {print $1, $3,$6,$7}' /etc/passwd
# 採用變數的方式
root 0 /root /bin/bash
bin 1 /bin /sbin/nologin
----- 省略部分內容 -----
user1 1002 /home/user1 /bin/bash
user2 1003 /home/user2 /bin/bash
apache 48 /usr/share/httpd /sbin/nologin

[root@noylinux ~]# awk 'BEGIN{FS=":";OFS="+++"} {print $1, $3,$6,$7}' /etc/passwd
# 輸出時預設資料欄位之間用空格分開，這裡使用 OFS 變數改為自訂的分隔符號
root+++0+++/root+++/bin/bash
bin+++1+++/bin+++/sbin/nologin
----- 省略部分內容 -----
user1+++1002+++/home/user1+++/bin/bash
user2+++1003+++/home/user2+++/bin/bash
apache+++48+++/usr/share/httpd+++/sbin/nologin
```

以冒號為分隔符號，取 /etc/passwd 檔案中 PID 大於 999 的行。

```
[root@noylinux ~]# awk -F ":" '$3>999'  /etc/passwd
nobody:x:65534:65534:Kernel Overflow User:/:/sbin/nologin
xiaozhou:x:1000:1000:xiaozhou:/home/xiaozhou:/bin/bash
```

```
noylinux:x:1001:1001::/home/noylinux:/bin/bash
user1:x:1002:1002::/home/user1:/bin/bash
user2:x:1003:1003::/home/user2:/bin/bash
[root@noylinux ~]# awk -F ":" '$3>999{print $1,$3,$6,$7}'  /etc/passwd
# 篩選出 PID 大於 999 的行之後可以自訂顯示某個欄位
nobody 65534 / /sbin/nologin
xiaozhou 1000 /home/xiaozhou /bin/bash
noylinux 1001 /home/noylinux /bin/bash
user1 1002 /home/user1 /bin/bash
user2 1003 /home/user2 /bin/bash
```

使用 awk 的程式設計功能統計 /etc/passwd 檔案中使用者的總數。

```
[root@noylinux ~]# awk '{i++;print $0;} END{print "user total is ", i}' /etc/
passwd
root:x:0:0:root:/root:/bin/bash
bin:x:1:1:bin:/bin:/sbin/nologin
----- 省略部分內容 -----
user1:x:1002:1002::/home/user1:/bin/bash
user2:x:1003:1003::/home/user2:/bin/bash
apache:x:48:48:Apache:/usr/share/httpd:/sbin/nologin
user total is  50
```

提取作業系統上的網路資訊。

```
[root@noylinux ~]# ifconfig ens33 | awk -F "[ :]+" '/inet /{print $3}'
# 網路卡的 IP 位址
192.168.1.128
[root@noylinux ~]# ifconfig ens33 | awk -F "[ :]+" '/inet /{print $5}'
# 網路卡的子網路遮罩
255.255.255.0
[root@noylinux ~]# ifconfig ens33 | awk -F "[ :]+" '/inet /{print $7}'
# 網路卡的廣播位址
192.168.1.255
[root@noylinux ~]# ifconfig ens33 | awk -F "[ ]+" '/ether /{print $3}'
# 網路卡的 MAC 位址
00:0c:29:3a:f7:30
```

統計 /etc/ 目錄下所有以 .conf 結尾的檔案總大小（單位：位元組）。

```
[root@noylinux ~]# ls -l /etc/*.conf |awk 'BEGIN {size=0;} {size=size+$5;}
END{print " 所有 .conf 結尾的檔案總大小是 "size" 位元組 "}'
所有 .conf 結尾的檔案總大小是 119951 位元組
```

註：透過 ls -l /etc/*.conf 命令顯示以 .conf 結尾的檔案的詳細資訊，第五列正好是檔案的大小，以位元組為單位，所以將第五列的數字相加得出所有以 .conf 結尾的檔案的總大小。

透過上述一系列案例，大家應該就能看出，awk 工具比較擅長取列，提取到某列之後，可以對這一列的內容進行各種操作，不論是顯示出來還是進行數學運算等都可以。

這些案例在實際的工作中運用的頻率還是比較高的，不要小瞧這些案例，都是筆者精心挑選的，這裡面有的包含自訂提取某列、有的包含內建 / 自訂變數、有的包含數學運算等。希望大家多多練習，把這些案例熟悉了之後要學會變通，跟自己的工作需求相結合。只有把這些案例運用到實際的工作中才算是真正掌握了 awk 工具。

CHAPTER 12

Linux Shell 指令稿程式設計零基礎閃電上手

12.1 引言

熟練使用 Shell 指令稿是每個 Linux 運行維護工程師的必備技能！不論是面試還是工作，總是會出現它的身影。

Shell 指令稿的重要性毋庸置疑，以筆者的「慘痛」經歷為例，當初在學 Linux 的時候筆者並沒有很看重 Shell 指令稿的學習，雖然也能實現簡單的需求，但是沒有往深處鑽研。結果在找工作的時候，十家公司裡面有九家的面試重點就是 Shell 指令稿知識，最後的下場就可想而知了。之後筆者花費精力狠狠鑽研 Shell 指令稿相關知識，在後續求職中總算「一雪前恥」。工作以後，筆者更是真正感受到 Shell 指令稿的重要性，熟練使用 Shell 指令稿大大提高了工作效率。

想要成為一名 Linux 運行維護工程師，Shell 指令稿肯定會伴隨著你的整個職業生涯，而它的作用也非常好理解，用一句通俗易懂的話複習就是，「減少 Linux 運行維護工程師的重複性工作」。

12.2 初識 Shell 指令稿

大家可以把 Shell 指令稿看作是一門程式設計語言，相比其他程式設計語言，Shell 更簡單易學。現在市面上幾乎所有程式設計語言的教學課程都是從使用著名的 "Hello World" 開始的，那我們的第一個 Shell 指令稿也輸出一下 "Hello World"。

首先用 touch 命令建立檔案，檔案名稱為 hello.sh，副檔名 ".sh" 表示這是個 Shell 指令稿，也就是說看到這個副檔名馬上就知道這是 Shell 指令稿，副檔名並不會影響 Shell 指令稿執行，為的就是做到顧名思義。

我們輸入兩行簡單的程式：

```
#!/bin/bash
echo "Hello World!"   # 輸出hello world
```

第 1 行的 "#!" 是一個約定標記，用來告訴作業系統這個指令稿需要用什麼解譯器來執行，也就是要使用哪一種 Shell；後面的 /bin/bash 指明了 Shell 解譯器的具體位置。在寫 Shell 指令稿時，指令稿的第一行必須是 "#!/bin/bash"，如果想用別的解譯器，需要在這裡就指定別的解譯器的位置，但是不能不寫，這一行非常重要！

第 2 行的 echo 命令用於向標準輸出 Stdout（Standard Output，一般就是指顯示器）輸出內容。在 .sh 檔案中使用命令與在終端中直接輸入命令的效果是一樣的。

第 2 行的 "#" 及後面的內容是註釋。Shell 指令稿中所有以 "#" 開頭的敘述都是註釋（當然了，以 "#!" 開頭第一行敘述除外）。在寫 Shell 指令稿時，多寫註釋是非常有必要的，既方便其他人能看懂你寫的 Shell 指令稿，也方便後期自己維護時看懂自己的指令稿——實際上，即使是自己寫的指令稿，過一段時間後也很容易忘記。所以，一定要養成寫註釋的習慣。

寫完 Shell 指令稿後，下面就讓它執行起來。執行 Shell 指令稿的方式有兩種：一種在新處理程序中執行，另一種是在當前處理程序中執行。

Shell 指令稿執行類型：

（1）在新處理程序中執行：

```
./指令稿名稱；/bin/bash  指令稿名稱
```

（2）在當前處理程序中執行：

```
source  指令稿名稱；. 指令稿名稱
```

有朋友可能會問：「直接介紹執行 Shell 指令稿的命令不就得了，那麼簡單的命令還需要做分類嗎？」但筆者的初衷是希望大家透過學習本書能懂得更多，理解得更深、更透徹，而非「知其然卻不知其所以然」。

我們先看第一種類型：在新處理程序中執行 Shell 指令稿，這種類型又分為兩種執行方式。

（1）第一種執行方式是將 Shell 指令稿作為軟體程式來執行，Shell 指令稿也是一種能夠直接執行的程式，可以在終端直接呼叫（前提是使用 chmod 命令給 Shell 指令稿加上執行許可權），具體操作如下：

```
[root@noylinux opt]# ll
-rw-r--r--. 1 root root 32 11月  7 17:03 hello.sh
[root@noylinux opt]# chmod +x hello.sh    #先指定執行許可權
[root@noylinux opt]# ll
-rwxr-xr-x. 1 root root 32 11月  7 17:03 hello.sh
[root@noylinux opt]# ./hello.sh           #執行指令稿
Hello World!
```

"chmod +x hello.sh" 表示給 hello.sh 指定執行許可權，在最後一筆命令中，"./" 表示目前的目錄，整筆命令的意思是執行目前的目錄下的 hello.sh 指令稿，如果不寫 "./"，Linux 作業系統會找不到 hello.sh 指令稿的位置，導致顯示出錯，無法執行該指令稿。

透過這種執行方式來執行 Shell 指令稿，那 Shell 指令稿第一行的 "#!/bin/bash" 一定要寫，而且要寫對，這樣 Linux 作業系統就能按位置找到指定的 Shell 解譯器。

那怎麼才能判斷自己寫的 Shell 解譯器的位置對不對呢？比如我們常用 Bash 作為 Shell 指令稿的解譯器，which bash 命令就能得到 Bash 解譯器所在的位置（which 是專門用來查詢命令所在位置的）。

（2）第二種執行方式是將 Shell 指令稿作為參數傳遞給 Bash 解譯器，也可以視為直接執行 Bash 解譯器，將指令稿作為參數傳遞給 Bash 解譯器，具體操作如下：

```
[root@noylinux opt]# ll
-rwxr-xr-x. 1 root root 32 11月  7 17:03 hello.sh
[root@noylinux opt]# chmod  -x  hello.sh    # 先將之前指定的執行許可權去掉
[root@noylinux opt]# ll
-rw-r--r--. 1 root root 32 11月  7 17:03 hello.sh
[root@noylinux opt]# /bin/bash  hello.sh    # 執行指令稿
Hello World!
[root@noylinux opt]# bash  hello.sh         # 簡潔的寫法
Hello World!
[root@noylinux opt]# ./hello.sh             # 再用第一種方式執行，看一下結果
-bash: ./hello.sh: 許可權不夠
```

透過這種執行方式執行指令稿，不需要在指令稿的第一行指定解譯器資訊，也不需要指定執行許可權，但是筆者建議寫上，雖然可能不太經常用到，但是不用等到用到時再寫，程式設計一定要養成良好的習慣，方便的是我們自己。

這兩種方式在本質上其實是一樣的：第一種是透過指令稿中指定好的 Bash 解譯器（#!/bin/bash）來執行，第二種則是透過 Bash 命令找到 Bash 解譯器所在的位置，讓 Bash 解譯器執行並將指令稿作為參數傳遞進去，兩者之間其實就是多了一個查詢的過程而已。

接下來看第二種指令稿執行類型：在當前處理程序中執行指令稿。

這裡需要引入一個新的命令——source 命令。source 命令是 Shell 的內建命令，它會讀取指令稿中的程式，並依次執行所有敘述。可以視為 source 命令會強制執行指令稿中的全部命令，而忽略指令稿本身的許可權。source 命令的語法格式為

```
source  指令稿名稱
```

或者簡寫為

```
.  指令稿名稱
```

使用 source 命令執行 hello.sh 指令稿。

```
[root@noylinux opt]# ll
-rw-r--r--. 1 root root 32 11月  7 17:03 hello.sh
[root@noylinux opt]# source  hello.sh       #第一種
Hello World!
[root@noylinux opt]# .  hello.sh            #第二種
Hello World!
```

使用 source 命令不用給指令稿指定執行許可權，相比較而言會方便一些。

我們把上述兩種類型稱為「在新處理程序中執行指令稿」和「在當前處理程序中執行指令稿」，那如何知道當前處理程序到底是在「新處理程序中執行」還是在「當前處理程序中執行」呢？接下來就帶大家學習一下如何檢測 Shell 指令稿執行時期是在當前處理程序中還是在新處理程序中。

在 Linux 作業系統中，每一個處理程序都有一個唯一的 ID 號，稱為 PID。上文介紹過，使用 "$$" 變數就可以獲取當前處理程序的 PID。"$$" 是 Shell 中的特殊變數，這個之後會在下文特殊變數一節詳解，這裡大家先熟悉如何使用即可。查看 Shell 指令稿執行狀態的步驟如下：

（1）修改 hello.sh 指令稿。

```
[root@noylinux opt]# vim  hello.sh
#!/bin/bash
echo "Hello World!"
echo "當前的PID為：[$$]"
```

（2）透過兩種指令稿執行類型分別執行，看看到底有沒有區別？

```
[root@noylinux opt]# chmod +x hello.sh    #指定執行許可權
[root@noylinux opt]# ll
-rwxr-xr-x. 1 root root 62 11月  7 18:27 hello.sh
[root@noylinux opt]# echo $$              #當前 Shell 終端的 PID
2835
[root@noylinux opt]# source hello.sh      #在當前處理程序中執行 Shell 指令稿方式一
Hello World!
當前的PID為：[2835]
[root@noylinux opt]# . hello.sh           #在當前處理程序中執行 Shell 指令稿方式二
Hello World!
當前的PID為：[2835]
[root@noylinux opt]# ./hello.sh           #在新處理程序中執行 Shell 指令稿方式一
Hello World!
當前的PID為：[4873]
[root@noylinux opt]# bash hello.sh        #在新處理程序中執行 Shell 指令稿方式二
Hello World!
當前的PID為：[4884]
```

可以明顯看到，在當前處理程序中執行 Shell 指令稿所獲取到的處理程序 ID 號與當前 Shell 終端的 PID 相同，而在新處理程序中執行 Shell 指令稿所獲取到的處理程序 ID 號與當前 Shell 終端的 PID 不同。

初學者可能還是不太明白這些執行方式之間到底有什麼區別，沒關係，暫時先留著這個疑問，在下文環境變數部分中會逐一講解。

12.3 Shell 變數與作用域

本節我們將接觸一個新的名詞——變數，如果學習過其他程式設計語言，應該對變數不陌生，變數說得直白一些就是用來存放各種類型的資料，在定義變數的時候通常不需要指定資料的類型，直接賦值就可以了。

為什麼不需要指定資料的類型呢？因為 Shell 屬於弱類型程式設計語言，弱類型程式設計語言最顯著的特點就是在宣告變數時不用宣告資料型態，它定義的每個變數都可以指定不同資料型態的值，在指令稿執行時期解譯器會根據變數的類型自動轉換，大家可以視為邊解釋邊執行。而像 Java、C/C++ 等這一類的程式設計語言屬於強類型程式設計語言，也可以稱為強類型定義語言，最顯著的特點就是要求變數的使用要嚴格符合定義，所有的變數都必須先定義後使用，而且一旦某個變數被指定了資料型態後，如果不經過強制轉換，那麼它就永遠都是這個資料型態，我們以 Java 為例，在 Java 中，資料型態被分類成整數、小數、字串、布林類型等多種類型，所以在定義一個變數時需要指定這個變數中只能存放什麼類型的資料。

Shell 支援以下 3 種定義變數的方式：

```
variable=value
variable='value'
variable="value"
```

variable 表示變數名稱，value 表示賦給變數的值。如果 value 中不包含任何空白符號（例如空格、Tab 等），可以不使用引號；如果 value 中包含了空白符號，就必須使用引號給括起來，使用單引號和使用雙引號也是有區別的，這一點下文會詳細說明。

還有一個要特別注意的地方，賦值號 "=" 的兩側不能有空格，這可能和其他大部分程式設計語言都不一樣。

Shell 變數的命名規範和大部分程式設計語言類似：

（1）變數名稱由數字、字母、底線組成，除此之外任何其他的字元都標誌著變數名稱的終止；

（2）變數名稱必須以字母或者底線開頭（區分大小寫）；

（3）不能使用 Shell 裡的內建變數名稱（透過 help 命令可以查看保留關鍵字）。

下面是幾個定義變數的案例：

```
[root@noylinux opt]# name=noylinux
[root@noylinux opt]# name1='noylinux.com'
[root@noylinux opt]# name_2="noylinux.com"
[root@noylinux opt]# _name3=noylinux.com
```

使用一個已定義過的變數的方法也特別簡單：

```
$ 變數名稱
${ 變數名稱 }
```

變數名稱外面的大括號 "{ }" 是可選的，加不加都行，加大括號的作用是幫助解譯器辨識變數名稱的邊界，比如下面這種情況：

```
[root@noylinux opt]# name="lin"      # 定義一個變數 name，賦值字串 "lin"
[root@noylinux opt]# echo "I like to watch the www.noy$nameux.com website ! "
# 錯誤使用變數方式
I like to watch the www.noy.com website !
[root@noylinux opt]# echo "I like to watch the www.noy${name}ux.com website ! "
# 正確使用變數方式
I like to watch the www.noylinux.com website !
```

如果不給變數 name 加大括號，寫成 echo "I like to watch the www.noy$nameux.com website ！ " 的形式，Shell 解譯器就會把 $nameux 當成一個變數（變數本身不存在，為空），導致程式執行的結果脫離不是我們的預期。筆者建議大家在使用變數的過程中給所有的變數名稱都加上大括號，養成良好的程式設計習慣。

以上是使用已定義好的變數，接下來看看如何修改變數的值，相當於重新給變數賦值。

```
[root@noylinux ~]# name="www.noylinux.com" # 定義一個變數並賦值
[root@noylinux ~]# echo $name
www.noylinux.com
[root@noylinux ~]# name="www.noylinux.cn"   # 修改變數的值，相當於重新給變數賦值
[root@noylinux ~]# echo $name
www.noylinux.cn
[root@noylinux ~]# name="noylinux.com"      # 可以進行多次修改
[root@noylinux ~]# echo $name
noylinux.com
```

在修改變數時要注意，對變數重新賦值時不用在變數名稱前加 "$"，只有在使用變數時才會使用 "$"，這個一定要注意。

回過頭來看前面演示的範例，容易發現，在給定義的變數賦值時有的加了雙引號、有的加了單引號、還有的不加任何引號，那它們之間會不會有區別？會不會使變數產生一些不同的效果？接下來就介紹變數加單引號、雙引號、反引號的區別。

（1）" "：雙引號，弱引用，可以完成變數的替換。

（2）' '：單引號，強引用，不能完成變數替換，引號中是什麼內容就是什麼內容，不會發生改變。

（3）\` \`：反引號，用於命令替換，一般用於將命令的結果值設定給變數。

單引號與雙引號之間的區別。

```
[root@noylinux opt]# vim a.sh  # 寫一個 Shell 指令稿，分別用單引號與雙引號展示變數的值
#!/bin/bash
url="https://www.noylinux.com"
web1='單引號顯示 url 變數：${url}'
web2="雙引號顯示 url 變數：${url}"
echo $web1
```

```
echo $web2
[root@noylinux opt]# bash a.sh
單引號顯示 url 變數：${url}
雙引號顯示 url 變數：https://www.noylinux.com
```

透過案例演示可以發現：

- 在使用單引號' '引用變數的值時，單引號裡面是什麼它就輸出什麼，即使變數的值裡面有變數，也會原模原樣地輸出。這種方式比較適合定義顯示純字串的情況，也就是不希望解析變數的場景。
- 在使用雙引號" "引用變數的值時，輸出時會先解析值裡面的變數，而非把雙引號中的變數名稱原樣輸出。這種方式比較適合字串中帶有變數並希望將變數解析之後再輸出的場景。

在這裡給大家一個小建議：如果變數的內容是數字，可以不用加引號，如果需要原樣輸出就需要加上單引號。其他沒有特別要求的字串最好都加上雙引號，定義變數的時候加雙引號是最常見的。

再介紹一個實用的操作，就是如何將命令的結果值設定給變數，其實就是反引號的作用。

Shell 也支援將命令的執行結果值設定給變數，常見的方式有下面兩種：

```
variable=`command`
variable=$(command)
```

第一種方式是把命令用反引號` ` 括起來，但是反引號容易與單引號混淆，不推薦使用這種方式。第二種方式是把命令用 $() 括起來，區分更加明顯，推薦使用。

範例

建立了一個名為 log.txt 的文字檔，使用 cat 命令將 log.txt 的內容讀取出來，並將讀出來的內容賦值給一個變數，再使用 echo 命令將變數的值輸出到螢幕上。

```
[root@noylinux opt]# cat log.txt
www.noylinux.com
[root@noylinux opt]# log=`cat log.txt`   #第一種將命令的結果值設定給變數的方式
[root@noylinux opt]# echo  $log
www.noylinux.com
[root@noylinux opt]# log2=$(cat log.txt) #第二種將命令的結果值設定給變數的方式
[root@noylinux opt]# echo $log2
www.noylinux.com
```

可以把上面的操作寫成 Shell 指令稿。

```
[root@noylinux opt]# vim  readfile.sh    #撰寫 Shell 指令稿
#!/bin/bash
echo "www.noylinux.com"  > ./log.txt
log=`cat ./log.txt`
echo "Value of variable-log:$log"
log2=$(cat ./log.txt)
echo "Value of variable-log2:$log2"
[root@noylinux opt]# bash readfile.sh    #執行 Shell 指令稿
Value of variable-log:www.noylinux.com
Value of variable-log2:www.noylinux.com
```

使用 readonly 命令可以將變數定義為唯讀變數，唯讀變數的意義説穿了就是變數的值不能被改變。下面我們嘗試更改一下唯讀變數的值。

```
[root@noylinux opt]# vim read-only.sh
#!/bin/bash
myUrl="https://www.noylinux.com/"
readonly myUrl
myUrl="http://www.baidu.com/"
echo $myUrl
[root@noylinux opt]# bash read-only.sh
read-only.sh: 行 4: myUrl: 唯讀變數
https://www.noylinux.com/
```

在執行 Shell 指令稿時，結果會顯示出錯，因為唯讀變數的值是無法修改的，但是我們在範例中修改了唯讀變數，最終的結果就是唯讀變數無法被修改，Shell 指令稿執行顯示出錯。

下面介紹最後一個基礎知識，就是刪除變數，使用 unset 命令就可以刪除變數，語法格式為

```
unset variable_name
```

變數被刪除後就不能再次使用了，有一點要注意的是，unset 命令不能刪除唯讀變數！

使用 unset 命令刪除變數。

```
[root@noylinux opt]# vim unset.sh

#!/bin/sh
myUrl="https://www.noylinux.com/"
unset myUrl
echo $myUrl
[root@noylinux opt]# bash unset.sh
```

結果就是什麼都沒有，因為這個變數已經被刪除了，無法再進行呼叫。

本節介紹了定義和使用變數，如何修改變數的值，給變數賦值的單引號和雙引號的區別，如何將命令的結果值設定給變數，以及唯讀變數和刪除變數等概念，關於 Shell 變數的基本操作就先介紹到這裡。接下來將接觸一個新的基礎知識：Shell 變數的作用域（Scope）。

Shell 變數的作用域（Scope）就是 Shell 變數的有效範圍，也可以視為 Shell 變數可以使用的範圍。

在不同的作用域中，相同名稱的變數不會相互干涉，誰也不會妨礙誰，作用欄位型別分為以下 3 種：

（1）有的變數只能在函數內部使用，這種屬於區域變數（Local Variable）。

（2）有的變數可以在當前 Shell 處理程序中使用，這種屬於全域變數（Global Variable）。

（3）可以在當前 Shell 處理程序以及所有子處理程序中使用的變數屬於環境變數（Environment Variable）。

Shell 函數和 C++、Java 和 C# 等其他程式設計語言函數的一個不同點在於，在 Shell 函數中定義的變數預設是全域變數，它和在函數外部定義的變數效果一樣。我們可以透過以下範例佐證一下。

```
[root@noylinux opt]# vim func1.sh
#!/bin/bash
# 定義一個函數
function func1(){
  a=10                                  # 定義一個變數 a
  echo "func 函數內部變數：$a"
}

# 呼叫函數
func1
# 在函數外部再次嘗試呼叫函數內部的變數
echo " 在函數外部呼叫變數：$a"
[root@noylinux opt]# bash func1.sh  # 執行 Shell 指令稿
func 函數內部變數：10
在函數外部呼叫變數：10
```

範例中首先在函數內部定義了一個變數 a，這個變數 a 在 Shell 指令稿中被呼叫了兩次，一次是在函數內部使用，一次是在函數外部使用。執行此指令稿產生的結果就是在函數外部也可以得到變數 a 的值，這就證明變數 a 的作用域是全域的，而非僅限於函數內部使用。

要想將變數 a 的作用域控制在僅限於函數內部，可以在定義變數時加上 local 命令，此時該變數 a 就成了一個區域變數。範例如下：

```
[root@noylinux opt]# vim func1.sh

#!/bin/bash
```

```
# 定義一個函數
function func1(){
  local a=10          # 定義一個區域變數
  echo "func 函數內部變數：$a"
}

# 呼叫函數
func1

# 在函數外部再次嘗試呼叫函數內部變數
echo " 在函數外部呼叫變數：$a"
[root@noylinux opt]# bash func1.sh     # 執行 Shell 指令稿
func 函數內部變數：10
在函數外部呼叫變數：
```

最後輸出的結果為空，這就表明變數 a 在函數外部無效，只有在函數內部才是有效的，這是一個區域變數。只需要記住一點，在函數內部有效、離開函數內部就無效的變數，就是一個區域變數。

所謂全域變數，就是變數在當前的整個 Shell 處理程序中都是有效的。每個 Shell 處理程序都有自己的作用域，彼此之間互不影響。在 Shell 中定義的變數，預設都是全域變數。

想要演示出全域變數在不同 Shell 處理程序中的互不相關性，可以在圖形介面中同時開啟兩個命令列終端視窗，如圖 12-1 所示。在圖形介面開啟一個命令列終端視窗，定義一個變數 a 並賦值為 10，輸出變數值來驗證此變數是否有效，這時另外再開啟一個新的命令列終端視窗，同樣嘗試輸出變數 a 的值，但結果卻為空。

這說明全域變數 a 僅僅在定義它的第一個命令列終端（Shell 處理程序）有效，對新開啟的命令列終端（Shell 處理程序）沒有影響。

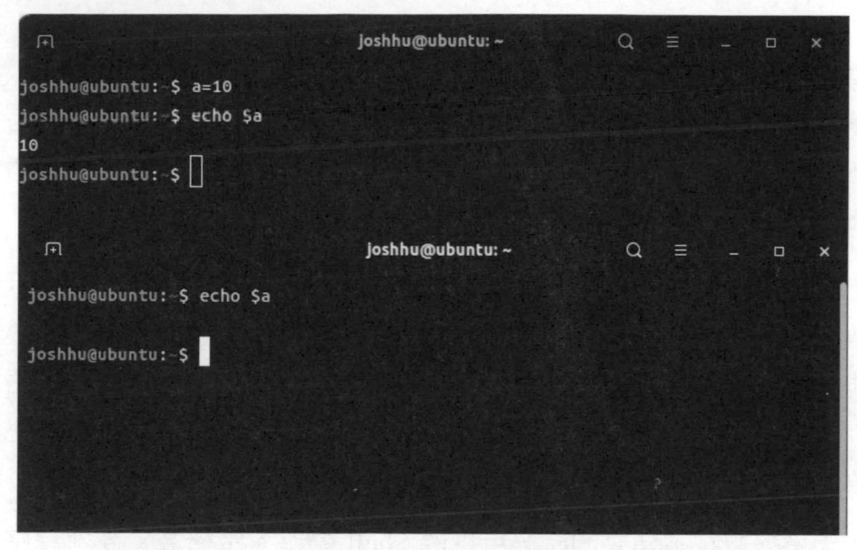

▲ 圖 12-1　演示全域變數在不同 Shell 處理程序中的互不相關性

需要強調的是，全域變數的作用範圍是當前的 Shell 處理程序，而非當前的 Shell 指令稿，它們是兩個不同的概念。開啟一個命令列終端就建立了一個 Shell 處理程序，開啟多個命令列終端就建立了多個 Shell 處理程序，每個 Shell 處理程序都是獨立的，擁有不同的處理程序 ID（PID）。在一個 Shell 處理程序中可以使用 source 命令執行多個 Shell 指令稿，那這些 Shell 指令稿中的所有全域變數在這個 Shell 處理程序中都是有效的。我們驗證一下：

```
[root@noylinux opt]# vim OV1.sh   #寫一個 Shell 指令稿，定義一個全域變數 a 並輸出變數值
#!/bin/bash
a=10
echo "輸出變數 a 的值：$a"
[root@noylinux opt]# vim OV2.sh   #寫另外一個 Shell 指令稿，使用 OV1.sh 指令稿中定義
的全域變數 a
#!/bin/bash
echo "輸出 OV1.sh 指令稿中變數 a 的值：$a"
[root@noylinux opt]# source OV1.sh
輸出變數 a 的值：10
[root@noylinux opt]# source OV2.sh
輸出 OV1.sh 指令稿中變數 a 的值：10
```

由範例可見，第一個 Shell 指令稿 OV1.sh 中定義的全域變數 a 可以被第二個 Shell 指令稿 OV2.sh 所使用，那是因為我們使用的是 source 命令，source 命令是在當前 Shell 處理程序中執行指令稿，所以兩個指令稿的執行都是在同一個 Shell 處理程序中，這樣就能佐證在多個指令稿中定義的全域變數在整個 Shell 處理程序中是都有效的，都可以被使用。

接下來介紹最後一個作用域，也就是環境變數，前面我們演示全域變數範例的時候已經看到，全域變數只在當前 Shell 處理程序中有效，對其他 Shell 處理程序和子處理程序都無效。如果使用 export 命令（語法格式：export　變數名稱）將全域變數匯出，那麼它就在所有的子處理程序中也生效了，這就是所謂的「環境變數」。

環境變數在被建立的時候所處的 Shell 處理程序稱為父處理程序，若在父處理程序中再建立一個新的 Shell 處理程序來執行命令，那這個新的處理程序稱為子處理程序。Shell 子處理程序會繼承父處理程序的環境變數為自己所用，因此環境變數可以由父處理程序傳遞給子處理程序，還可以繼續傳給子處理程序的子處理程序，「子子孫孫」地往下一直傳遞下去。

需要注意的是，兩個沒有父子關係的 Shell 處理程序之間是不能傳遞環境變數的，並且環境變數只能向下傳遞而不能向上傳遞，即所謂的「傳子不傳父」。

在演示環境變數案例之前先介紹一個命令——pstree，此命令可以以樹狀圖的方式展現處理程序之間的衍生關係，顯示效果比較直觀，因為 Linux 作業系統中處理程序較多，所以直接使用 pstree 命令會出現很長的樹狀圖，這裡我們可以用 grep 命令和 pstree 命令搭配使用，例如，pstree -p | grep bash ，這筆命令專門用於查看 bash 處理程序的關係樹狀圖。

範例

用全域變數演示父子處理程序之間變數傳遞的效果。

```
[root@noylinux ~]# pstree -p | grep bash
          |-sshd(1115)---sshd(6612)---sshd(6641)---bash(9535)-+-grep(10022)
# 當前的位置處於 PID 為 9535 的 Shell 處理程序中

[root@noylinux ~]# a=10
# 定義一個全域變數 a

[root@noylinux ~]# echo $a
 # 在當前 Shell 處理程序中輸出全域變數 a 的值
10

[root@noylinux ~]# bash
# 現在建立一個 Shell 子處理程序

[root@noylinux ~]# pstree -p | grep bash
          |-sshd(1115)---sshd(6612)---sshd(6641)---bash(9535)---bash(10109)-
+-grep(10146)
# 可以看到當前的位置已經處於 PID 為 10109 的 Shell 子處理程序中
# 注：現在 PID 為 9535 的 Shell 處理程序就變成了 PID 為 10109 處理程序的父處理程序

[root@noylinux ~]# echo $a
# 輸出剛才定義的全域變數 a 的值

# 可以明顯看到全域變數 a 在子處理程序中故障了，全域變數 a 輸出的值為空

[root@noylinux ~]# exit
# 使用 exit 命令可以退出子處理程序，回到父處理程序
exit

[root@noylinux ~]# pstree -p | grep bash
          |-sshd(1115)---sshd(6612)---sshd(6641)---bash(9535)-+-grep(10241)
# 可以看到現在已經回到了 PID 為 9535 的父處理程序中，Shell 子處理程序在退出時就沒有了

[root@noylinux ~]# echo $a
# 輸出全域變數 a 的值
10
```

用環境變數演示父子處理程序之間變數傳遞的效果。

```
[root@noylinux ~]# pstree -p | grep bash
           |-sshd(1115)---sshd(6612)---sshd(6641)---bash(9535)-+-grep(10418)
# 當前的位置處於 PID 為 9535 的 Shell 處理程序中

[root@noylinux ~]# export a=20
# 定義一個環境變數 a

[root@noylinux ~]# echo $a
# 在當前 Shell 處理程序中輸出環境變數 a 的值
20

[root@noylinux ~]# bash
# 現在建立一個 Shell 子處理程序
[root@noylinux ~]# pstree -p | grep bash
           |-sshd(1115)---sshd(6612)---sshd(6641)---bash(9535)---bash(10461)-
+-grep(10486)
# 當前的位置處於 PID 為 10461 的 Shell 子處理程序中
# 注：現在 PID 為 9535 的 Shell 處理程序就變成了 PID 為 10461 處理程序的父處理程序

[root@noylinux ~]# echo $a
# 輸出剛才定義的環境變數 a 的值
20
# 可以看到父處理程序的環境變數已經傳遞給了子處理程序

[root@noylinux ~]# export b=100
# 在子處理程序中再定義一個環境變數 b，用來驗證環境變數只能向下傳遞而不能向上傳遞

[root@noylinux ~]# echo $b
100

[root@noylinux ~]# exit
# 退出子處理程序，回到父處理程序
exit

[root@noylinux ~]# pstree -p | grep bash
           |-sshd(1115)---sshd(6612)---sshd(6641)---bash(9535)-+-grep(10658)
# 已經回到了 PID 為 9535 的父處理程序中，子處理程序沒有了
```

```
[root@noylinux ~]# echo $a
# 輸出之前在父處理程序中定義的環境變數 a 的值
20

[root@noylinux ~]# echo $b
# 輸出剛才在子處理程序中定義的環境變數 b 的值

# 可以看到在子處理程序中定義的環境變數 b 消失了，輸出的值為空
```

透過上述兩個案例可以佐證前面我們講過的環境變數的「傳子不傳父」。

使用 export 命令匯出的環境變數只對當前 Shell 處理程序及所有的子處理程序有效，如果最頂層的父處理程序被關閉了，那麼環境變數也會隨著父處理程序消失，其他的子處理程序也就無法再使用了，所以說環境變數其實也是臨時的。

可能就有讀者會問：有沒有辦法可以讓環境變數在所有 Shell 處理程序中都有效？不管它們之間是不是存在父子關係。

可以的！怎麼辦呢，還記得上文介紹的環境變數檔案嗎？只要將環境變數寫進環境變數檔案中就能實現。Shell 處理程序每次啟動時都會執行環境變數檔案中的每行設定，完成初始化，我們將環境變數寫到環境變數檔案中，結果就是每次啟動 Shell 處理程序的時候都會透過環境變數檔案自動定義變數，這樣就能使得環境變數無論在哪個 Shell 處理程序中都會生效。環境變數檔案有以下兩類：

（1）全域生效：

```
/etc/profile
/etc/profile.d/*.sh
/etc/bashrc
```

（2）某使用者生效：

```
~/.bash_profile
~/.bashrc
```

技術是千變萬化的，我們不能停留在理論知識學習上，只有發散思維，嘗試模擬不同的場景，不斷地實踐，才能融會貫通。

12.4 Shell 命令列參數與特殊變數

在執行 Shell 指令稿時，我們可以往指令稿中傳遞一些自訂參數，這些參數在指令稿內部可以使用 $n 的形式來接收。例如，$1 表示第一個參數，$2 表示第二個參數，依次類推。這種透過 $n 的形式來接收的參數在 Shell 指令稿中叫作命令列參數，也稱位置參數。

簡單來說，命令列參數的意義就在於可以讓我們往 Shell 指令稿中傳遞一些參數，指令稿接收到這些參數後可以做一些預設的操作。

上文在介紹變數命名的時候提到過，變數的名稱必須以字母或者底線開頭，不能以數字開頭。而命令列參數的命名方式卻偏偏是數字，這與變數的命名規則相衝突，所以我們將其視為「特殊變數」。除了 $n 之外還有其他特殊參數：$#、$*、$@、$? 和 $$ 等，這裡先簡單了解一下。

命令列參數變數包括下面 4 種：

（1）$n：n 為數字（見圖 12-2），$0 表示 Shell 指令稿本身（當前指令稿名稱），$1 ～ $9 表示第一個到第九個參數，10 以上的參數建議使用大括號包含（$ {n}）。

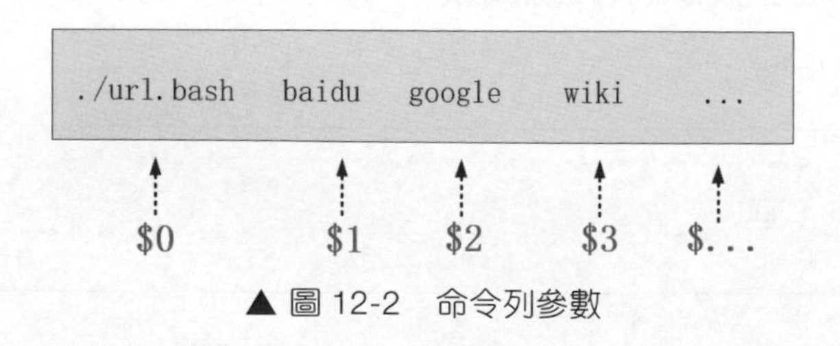

▲ 圖 12-2　命令列參數

（2）$*：表示傳遞給指令稿或函數的所有參數，$* 會將所有的參數看作一個整體。

（3）$@：表示傳遞給指令稿或函數的所有參數，$@ 會把每個參數區分對待。

（4）$#：表示傳遞給指令稿或函數的參數個數。

命令列參數的用法有兩種：

（1）給 Shell 指令稿傳遞命令列參數（常用）。

（2）給函數傳遞命令列參數。

給 Shell 指令稿傳遞命令列參數。

```
[root@noylinux opt]# vim demo1.sh
#!/bin/bash
echo "語言：$1"
echo "網址：$2"
[root@noylinux opt]# bash demo1.sh   shell   www.noylinux.com
語言：shell
網址：www.noylinux.com
```

其中，Shell 是第一個命令列參數，www.noylinux.com 是第二個命令列參數，參數與參數之間以空格進行分隔。

給函數傳遞命令列參數。

```
[root@noylinux opt]# vim demo2.sh
#!/bin/bash
# 定義函數
function func(){
    echo "語言： $1"
    echo "網址： $2"
}
# 呼叫函數並傳入命令列參數
func shell  https://www.noylinux.com
[root@noylinux opt]# bash demo2.sh
語言： shell
網址： https://www.noylinux.com
```

如果需要傳入的參數太多，達到或者超過了 10 個，就需要用 ${n} 的方式來接收，例如，${10}、${23}。{ } 的作用是幫助 bash 解譯器辨識參數的邊界，這跟使用變數時加 { } 是一樣的。

接下來介紹 Shell 特殊變數，具體見表 12-1。

▼表 12-1 Shell 特殊變數及其含義

變數	含　義
$0	當前 Shell 指令稿名稱 / 當前指令稿本身
$n	傳遞給指令稿或函數的參數。n 是數字，表示第幾個參數。例如，第一個參數是 $1、第二個參數是 $2……依此類推
$#	傳遞給指令稿或函數的參數個數
$*	傳遞給指令稿或函數的所有參數，將所有的參數看作一個整體
$@	傳遞給指令稿或函數的所有參數，將每個參數區分開對待
$?	獲取上個命令的退出狀態或函數的傳回值。傳回 0 表示命令執行成功，傳回除 0 以外的任何其他數字都表示命令執行失敗。
$$	當前 Shell 處理程序的 ID 號（PID），對於 Shell 指令稿而言就是這些指令稿所在的處理程序 ID。

接下來透過案例，分別以給 Shell 指令稿傳遞參數和給函數傳遞參數的方式來驗證上述幾個特殊變數。

給 Shell 指令稿傳遞參數。

```
[root@noylinux opt]# vim demo3.sh
#!/bin/bash
echo "當前處理程序的 ID 號 (PID): $$"
echo "此 Shell 指令稿的名稱: $0"
echo "第一個參數: $1"
echo "第二個參數: $2"
echo "全部的參數 ( 方式一 ): $@"
echo "全部的參數 ( 方式二 ): $*"
echo "所有參數個數: $#"
rm -rf $0
```

```
root@noylinux opt]# chmod +x demo3.sh
[root@noylinux opt]# ./demo3.sh   Shell   www.noylinux.com
當前處理程序的 ID 號 (PID): 3516
此 Shell 指令稿的名稱 : ./demo3.sh
第一個參數 : Shell
第二個參數 : www.noylinux.com
全部的參數 ( 方式一 ): Shell www.noylinux.com
全部的參數 ( 方式二 ): Shell www.noylinux.com
所有參數個數 : 2

[root@noylinux opt]# echo $?
0
[root@noylinux opt]# ./demo3.sh
-bash: ./demo3.sh: 沒有那個檔案或目錄
[root@noylinux opt]# echo $?
127
```

透過案例可以看到各特殊變數在 Shell 指令稿中的不同效果，這裡再給大家介紹一個小技巧：Shell 指令稿的最後一行是 "rm -rf $0"，作用是刪除此 Shell 指令稿，Shell 指令稿在執行完成後將自己刪除（刪除時注意指令稿本身的位置）。

給函數傳遞參數。

```
[root@noylinux opt]# vim demo4.sh

#!/bin/bash
# 定義函數
function func(){
    echo " 語言 : $1"
    echo " 網址 : $2"
    echo " 第一個參數 : $1"
    echo " 第二個參數 : $2"
    echo " 全部的參數 ( 方式一 ): $@"
    echo " 全部的參數 ( 方式二 ): $*"
    echo " 所有參數個數 : $#"
}

# 呼叫函數
```

```
func Shell  https://www.noylinux.com/
[root@noylinux opt]# chmod +x demo4.sh
[root@noylinux opt]# ./demo4.sh
語言： Shell
網址： https://www.noylinux.com/
第一個參數： Shell
第二個參數： https://www.noylinux.com/
全部的參數（方式一）： Shell https://www.noylinux.com/
全部的參數（方式二）： Shell https://www.noylinux.com/
所有參數個數： 2
```

透過上述兩個範例可以發現，$* 和 $@ 都表示傳遞給函數或指令稿的所有參數，乍一看沒什麼不同，但是它們之間是有區別的。當 $* 和 $@ 不被雙引號 " " 包圍時，它們之間沒有任何區別，都是將接收到的每個參數看作一份資料，彼此之間以空格來分隔。但是當它們被雙引號 " " 包含時，就有區別了：

- "$*" 會將所有的參數從整體上看作一份資料，而非把每個參數都看作一份資料；
- "$@" 會將每個參數都看作一份資料，彼此之間是獨立的。

比如傳遞了 5 個參數，對於 "$*" 來說，這 5 個參數會合並到一起形成一份完整的資料，它們之間是無法分割的；而對於 "$@" 來說，這 5 個參數之間是相互獨立的，它們是 5 份資料。

如果使用 echo 命令直接輸出 "$*" 和 "$@" 變數的值進行對比是看不出區別的；但如果使用 for 迴圈一個一個輸出變數的值，立即就能看出區別，我們寫一個 Shell 指令稿試一下：

```
[root@noylinux opt]# vim demo5.sh
#!/bin/bash
echo "print each param from \"\$*\""
for value in "$*"
do
    echo "$value"
done
```

```
echo "print each param from \"\$@\""
for value in "$@"
do
    echo "$value"
done

[root@noylinux opt]# chmod +x demo5.sh
[root@noylinux opt]# ./demo5.sh    a b c d e f
print each param from "$*"
a b c d e f
print each param from "$@"
a
b
c
d
e
f
```

從執行結果可以發現，對於 "$*"，只迴圈了 1 次，因為它只有 1 份資料；而對於 "$@"，迴圈了 6 次，因為它有 6 份資料。這就是兩者加了雙引號後的區別。

至此，命令列參數和特殊變數的內容就介紹到這裡，在企業中寫 Shell 指令稿會經常用到這部分內容，希望大家多多練習，最好遇到某些功能需求馬上就能想到「使用特殊變數可以解決這個問題」。

12.5 Shell 字串

Shell 中的常用的資料型態有 3 種：字串、整數和陣列。字串的內容又可分成三部分內容：一是 Shell 字串的基本知識，二是 Shell 字串的拼接，三是字串的截取。

1. Shell 字串的基本知識

Shell 字串（String）其實是一系列字元的組合（如 abcd…），在 Shell 指令稿程式設計中，字串是最常用的資料型態之一，只要不進行數學計算，甚至數字也可以看作字串。

定義一個字串可以由單引號 ' ' 括起來，也可以由雙引號 " " 括起來，也可以不用引號。但是它們之間是有區別的。

Str1=xiaozhou

Str2='xiaozhou'

Str3="xiaozhou"

使用單引號 ' ' 的字串：任何字元都會原樣輸出，在其中使用變數是無效的。字串中不能出現單引號，即使對單引號進行逸出也不行。

使用雙引號 " " 的字串：如果其中包含了某個變數，那麼該變數將會被解析（得到該變數的值），而非將變數名稱原樣輸出。字串中可以出現雙引號，只要它被逸出了就可以。

沒有引號的字串：不使用引號引用的字串中若出現變數也會被解析，這一點和使用雙引號 " " 引用的字串一樣。但字串中不能出現空格，否則空格後的字串會被認為由其他變數或者命令解析。

3 種字串定義形式。

```
[root@noylinux opt]# vim demo6.sh
#!/bin/bash
num=99
str1=www.noylinux.com$num str2="shell \"script\" $num"
str3='諾亞 Linux 教育：$num'
echo $str1
echo $str2
echo $str3
```

```
[root@noylinux opt]# bash demo6.sh
www.noylinux.com99
shell "script" 99
諾亞 Linux 教育：$num
```

從範例中可以看出：

- 變數 str1 中包含了變數 num，它被 Shell 解析了，所以輸出的內容中包含變數 num 的值。$num 後有空格，緊隨著空格的是變數 str2，這裡要注意 Shell 將變數 str2 解釋為一個新的變數名稱而非作為變數 str1 中字串的一部分。
- 變數 str2 中包含了雙引號，但是被逸出了（反斜線 \ 是逸出字元）。同時，str2 變數中也包含了 $num，它也被 Shell 解析了。
- 變數 str3 中也包含 $num，但是僅作為一串普通字元，並沒有被 Shell 解析。

分享一個在撰寫關於字串的 Shell 指令稿時常用到的小技巧：獲取字串的長度。語法格式如下：

```
${#string_name}
```

其中，string_name 表示字串變數名稱。

獲取字串長度。

```
[root@noylinux opt]# vim demo7.sh
#!/bin/bash
str="https://www.noylinux.com/"
echo ${#str}
[root@noylinux opt]# bash demo7.sh
25
```

2. 字串的拼接

字串拼接在撰寫 Shell 指令稿時候用得非常多，其過程也非常簡單，有多簡單呢？在拼接的過程中不需要使用任何運算子號，直接將兩個字串變數並排放在一起就實現拼接了。

字串拼接。

```
[root@noylinux opt]# vim demo8.sh
#!/bin/bash

name="Shell"
url="https://www.noylinux.com/"

str1=$name$url          # 中間不能有空格
str2="$name $url"       # 如果用雙引號引用，則中間可以有空格
str3=$name": "$url      # 中間可以出現別的字串
str4="$name: $url"      # 這樣寫也可以
str5="${name}Script: ${url}index.html"    # 需要給變數名稱加上大括號

echo $str1
echo $str2
echo $str3
echo $str4
echo $str5

[root@noylinux opt]# bash demo8.sh
Shellhttps://www.noylinux.com/
Shell https://www.noylinux.com/
Shell: https://www.noylinux.com/
Shell: https://www.noylinux.com/
ShellScript: https://www.noylinux.com/index.html
```

在定義變數 str3 時，$name 和 $url 之間之所以不能出現空格，是因為當字串不用任何一種引號引用時，遇到空格就認為字串結束了，空格後的內容會被當作其他變數或命令解析。

在定義變數 str5 時，加 { } 主要是為了幫助 bash 解譯器辨識變數的邊界。

3. 字串的截取

在撰寫某些特殊需求的 Shell 指令稿時，字串截取是一種常用且重要的操作。

Shell 截取字串通常有兩種方式：從指定位置開始截取，比如從第 13 個字元截取到第 17 個字元；從指定字元開始截取，比如一串字元 abcdef，從字元 a 截取到字元 d。

先介紹第一種方式，從指定位置截取字串。

從指定的位置截取字串需要滿足兩個條件：一是知道從哪個位置開始截；二是截取的長度。既然需要指定起始位置，那就涉及計數方向的問題，到底是從字串左邊開始計數，還是從字串右邊開始計數？答案是 Shell 支援兩種計數方式。我們既可以從指定的位置往前面截取，也可以從指定的位置向後截取。

（1）從字串左邊開始計數：

```
${string:start:length}
```

其中，string 是要截取的字串（一般為字串變數名稱），start 是起始位置（左邊開始，從 0 開始計數）；length 是要截取的長度（省略的話表示直到字串的尾端）。

（2）從字串右邊開始計數：

```
${string:0-start:length}
```

與上一種方式相比，敘述中僅僅多了 0- ，這是一種固定的寫法，專門用來表示從字串右邊開始計數。

範例

從字串左邊計數進行截取。

```
[root@noylinux opt]# vim  demo9.sh
#!/bin/bash
url=www.noylinux.com
echo "寫起始位置與截取長度：" ${url:2:9}
echo "只寫起始位置：" ${url:2}

[root@noylinux opt]# bash demo9.sh
寫起始位置與截取長度： w.noylinu
只寫起始位置： w.noylinux.com
```

從字串右邊計數進行截取。

```
[root@noylinux opt]# vim demo10.sh
#!/bin/bash
url="www.noylinux.com"
echo ${url:0-13:9}
echo ${url:0-13}

[root@noylinux opt]# bash demo10.sh
.noylinux
.noylinux.com
```

若選擇從字串右邊計數進行截取，需要注意兩點：

（1）從左邊開始計數時，起始數字是 0（符合程式設計師思維）；從右邊開始計數時，起始數字是 1（符合常人思維）。計數方向的不同，起始數字也會有所不同。

（2）不管從哪邊開始計數，截取方向都是從左到右。

接下來介紹第二種截取字串的方式：**從指定字元開始截取**。

從指定字元開始截取的方式是沒辦法指定字串長度的，只能從指定的字元截取到字串尾端。可以截取指定字元右邊的所有字元，也可以截取字元左邊的所有字元。

（1）使用 "#" 截取指定字元右邊的所有字元：

```
${string#*chars}
```

其中，string 是要截取的字串（一般為字串變數名稱）；chars 是指定的字元；* 是萬用字元的一種，表示任意長度的字串。

註：這裡的 chars 是不會被截取的。

（2）使用 "%" 截取指定字元左邊的所有字元：

```
${string%chars*}
```

重點注意一下星號（*）的位置，因為要截取 chars 左邊的字元而忽略 chars 右邊的字元，所以星號應該位於 chars 的右側。其他用法和 "#" 相同。

使用 "#" 截取指定字元右邊的所有字元（有 3 種寫法）。

```
[root@noylinux opt]# vim demo11.sh

#!/bin/bash
url="https://www.noylinux.com/index.html"
echo "內容："$url
echo "第一種截取寫法" ${url#*t}
echo "第二種截取寫法" ${url#*ttps}
echo "第三種截取寫法" ${url#https://}

[root@noylinux opt]# bash demo11.sh
內容：https://www.noylinux.com/index.html
第一種截取寫法 tps://www.noylinux.com/index.html
第二種截取寫法 ://www.noylinux.com/index.html
第三種截取寫法 www.noylinux.com/index.html
```

第一種寫法：匹配單一字元並進行截取；第二種寫法：匹配一串字串並進行截取；第三種寫法：如果不需要忽略 chars 左邊的字元，那麼不寫星號也是可以的。

上面 3 種寫法都是遇到第一個匹配的字元就結束了，我們做個實驗匹配 URL 中的斜線，這個 URL 中有三條斜線，看一下結果匹配的是哪條斜線？

```
[root@noylinux opt]# vim demo12.sh
#!/bin/bash
url="https://www.noylinux.com/index.html"
echo "內容："$url
echo ${url#*/}

[root@noylinux opt]# bash demo12.sh
內容：https://www.noylinux.com/index.html
/www.noylinux.com/index.html
```

透過實驗可以看到，使用從指定字元開始截取的方式，匹配到的都是第一個符合條件的元素。如果希望直到最後一個指定字元（子字串）匹配才結束，可以使用 "##"，具體格式為

```
${string##*chars}
```

範例

使用 "#" 和 "##" 分別進行截取。

```
[root@noylinux opt]# vim demo13.sh

#!/bin/bash
url="https://www.noylinux.com/index.html"
echo "內容："$url
echo "使用 # 截取斜線 "/" 右邊的所有字元：" ${url#*/}
echo "使用 ## 截取斜線 "/" 右邊的所有字元：" ${url##*/}

str="---aa+++aa@@@"
echo "內容："$str
```

```
echo "使用#截取"aa"右邊的所有字元:" ${str#*aa}
echo "使用##截取"aa"右邊的所有字元:" ${str##*aa}

[root@noylinux opt]# bash demo13.sh  #執行此指令稿
內容:https://www.noylinux.com/index.html
使用#截取斜線"/"右邊的所有字元: /www.noylinux.com/index.html
使用##截取斜線"/"右邊的所有字元: index.html
內容:---aa+++aa@@@
使用#截取"aa"右邊的所有字元: +++aa@@@
使用##截取"aa"右邊的所有字元: @@@
```

由案例可見，使用 ${string##*chars} 是直到最後一個符合條件的匹配項才結束，而 ${string#*chars} 是遇到第一個符合條件的匹配項就結束。

截取指定字元左邊的所有字元。

```
[root@noylinux opt]# vim demo14.sh

#!/bin/bash
url="https://www.noylinux.com/index.html"
echo "內容:"$url
echo "使用%截取斜線"/"左邊的所有字元:" ${url%/*}
echo "使用%%截取斜線"/"左邊的所有字元:" ${url%%/*}

str="---aa+++aa@@@"
echo "內容:"$str
echo "使用%截取"aa"左邊的所有字元:" ${str%aa*}
echo "使用%%截取"aa"左邊的所有字元:" ${str%%aa*}

[root@noylinux opt]# bash demo14.sh
內容:https://www.noylinux.com/index.html
使用%截取斜線"/"左邊的所有字元: https://www.noylinux.com
使用%%截取斜線"/"左邊的所有字元: https:
內容:---aa+++aa@@@
使用%截取"aa"左邊的所有字元: ---aa+++

使用%%截取"aa"左邊的所有字元: ---
```

我們把以上字串截取格式做一個整理，見表 12-2。

▼表 12-2 字串截取格式整理表

格　式	說　明
${string:start:length}	從 string 字串的左邊起始位置開始，向右截取 length 個字元
${string: start}	從 string 字串的左邊起始位置開始截取，直到最後
${string:0-start:length}	從 string 字串的右邊起始位置開始，向右截取 length 個字元
${string:0-start}	從 string 字串的右邊起始位置開始截取，直到最後
${string#*chars}	從 string 字串第一次出現 *chars 的位置開始，截取 *chars 右邊的所有字元
${string##*chars}	從 string 字串最後一次出現 *chars 的位置開始，截取 *chars 右邊的所有字元
${string%*chars}	從 string 字串第一次出現 *chars 的位置開始，截取 *chars 左邊的所有字元
${string%%*chars}	從 string 字串最後一次出現 *chars 的位置開始，截取 *chars 左邊的所有字元

12.6 Shell 陣列

和其他程式設計語言一樣，Shell 也支援陣列（Array），陣列是若干資料的集合，在一個陣列中的每一個資料稱為元素（Element）。

Shell 中的陣列有一個優點，那就是不會限制大小，理論上，只要空間足夠大，陣列可以存放無限量的資料。那陣列中的元素有那麼多，怎麼才能準確獲取其中某一個元素呢？

獲取陣列中的元素要使用下標 [ ]，下標可以是一個整數，也可以是一個結果為整數的運算式。但需要注意的是，Shell 陣列元素的下標從 0 開始計數，下標必須大於等於 0。

在 Shell 中，定義一個陣列需要用括號 ( ) 來表示，陣列的元素與元素之間用空格分隔。一般定義一個陣列的格式如下：

```
array_name=(ele1 ele2 ele3 … elen)
```

註：賦值號 = 兩邊不能有空格，必須緊挨著陣列名稱和陣列元素。

定義一個陣列。

```
[root@noylinux ~]# nums=(29 100 13 8 91 44)
```

這樣一個簡單的陣列就定義完成了，nums 是陣列名稱，括號中的這些資料就是陣列的元素。這裡要特別說明一下，Shell 屬於弱類型語言，所以它並不會要求陣列中元素的資料型態相同。

例如，在一個陣列中有兩個整數、一個字串，這是沒有問題的，不要求陣列中全都是整數或全都是字串。範例如下：

```
[root@noylinux ~]# arr=(20 56 "https://www.noylinux.com/shell/")
```

在 Shell 中定義的陣列不會限制大小，因此陣列的長度也不是固定的，定義好一個陣列之後，還可以再向裡面增加新的元素。範例如下：

```
[root@noylinux ~]# nums=(29 100 13 8 91 44)    # 定義一個陣列
[root@noylinux ~]# nums[6]=88                   # 往陣列中增加新的元素
```

這樣該陣列的長度就從 6 擴充到 7 了，這是在現有的陣列上增加新的元素，也可以視為給陣列賦值。除此之外，給陣列賦值的時候也可以只給特定的元素賦值，例如，

```
[root@noylinux ~]# ages=([3]=24 [5]=19 [10]=12)
```

按照這種方式對第 3、5、10 個元素賦值，因為在這個陣列中有 3 個元素有值，所以陣列的長度是 3。

獲取陣列元素的值一般使用如下格式：

```
${array_name[index]}
```

其中，array_name 是陣列名稱，index 是下標。

獲取陣列中元素的值。

```
[root@noylinux ~]# nums=(29 100 13 8 91 44)
[root@noylinux ~]# echo ${nums[0]}  # 獲取陣列 nums 的第 0 個元素的值
29
[root@noylinux ~]# echo ${nums[1]}  # 獲取陣列 nums 的第 1 個元素的值
100
[root@noylinux ~]# echo ${nums[2]}  # 獲取陣列 nums 的第 2 個元素的值
13
[root@noylinux ~]# echo ${nums[6]}  # 獲取陣列 nums 的第 6 個元素的值

[root@noylinux ~]# echo ${nums[7]}  # 獲取陣列 nums 的第 7 個元素的值
```

```
[root@noylinux ~]# ages=([3]=24 [5]=19 [10]=12)
[root@noylinux ~]# echo ${ages[3]}  # 獲取陣列 ages 的第 3 個元素的值
24
[root@noylinux ~]# echo ${ages[5]}  # 獲取陣列 ages 的第 5 個元素的值
19
[root@noylinux ~]# echo ${ages[10]} # 獲取陣列 ages 的第 10 個元素的值
12
[root@noylinux ~]# echo ${ages[2]}  # 獲取陣列 ages 的第 2 個元素的值
```

透過案例可以明顯看出，若賦值時不定義元素的位置，那麼陣列的下標就從 0 開始往上遞加；若賦值時定義元素的位置，那元素將存放進陣列特定的位置中，在獲取其元素時，也需要指定特定的下標才可以。

那麼，想一次性獲取陣列中的所有元素可以做到嗎？可以的，使用 "@" 或 "*" 可以獲取陣列中的所有元素，兩者之間沒什麼區別，用法如下：

```
${nums[*]}
${nums[@]}
```

使用 "*" 和 "@" 獲取陣列中的所有元素。

```
[root@noylinux ~]# nums=(29 100 13 8 91 44)
[root@noylinux ~]# echo ${nums[*]}
29 100 13 8 91 44
[root@noylinux ~]# echo ${nums[@]}
29 100 13 8 91 44
```

想要將陣列中的某個元素賦值給變數可以做到嗎？也是可以的，這樣就與上文介紹的 Shell 變數結合起來了。

將陣列中元素賦值給變數。

```
[root@noylinux ~]# nums=(29 100 13 8 91 44)    # 定義一個陣列
[root@noylinux ~]# n=${nums[1]}                # 將陣列的第一個元素賦值給變數 n
[root@noylinux ~]# echo $n                     # 輸出變數 n 的值
100
```

獲取陣列長度的操作在實際的企業工作中會經常用到，那怎麼獲取一個陣列的長度呢？

先回顧一下，獲取字串的格式是 ${#str}，範例如下：

```
[root@noylinux opt]# vim demo15
#!/bin/bash
str="https//www.noylinux.com/shell/"
echo "字串長度：" ${#str}

[root@noylinux opt]# bash demo15
字串長度： 30
```

獲取陣列的長度也大同小異，語法格式有以下兩種：

```
${#array_name[@]}
${#array_name[*]}
```

array_name 表示陣列名稱，先用 "@" 或者 "*" 獲取陣列的所有元素，再使用 "#" 獲取整個陣列元素的個數。範例如下：

```
[root@noylinux opt]# nums=(29 100 13 8 91 44)
[root@noylinux opt]# echo ${#nums[*]}
6
[root@noylinux opt]# echo ${#nums[@]}
6
```

大家試想一下，如果陣列中有個元素是字串，那想獲取這個字串的長度可以做到嗎？答案是可以。

獲取陣列中字串的長度。

```
[root@noylinux opt]# nums=(29 "https://www.noylinux.com" 1333 8 91 44)
[root@noylinux opt]# echo ${#nums[0]} #獲取陣列中第 0 個元素的長度
2
[root@noylinux opt]# echo ${#nums[1]} #獲取陣列中第 1 個元素的長度，第一個元素是字串
24
```

上文介紹過字串的拼接，其實 Shell 陣列也是可以拼接和合併的，操作方式也非常簡單。用 "@" 或 "*" 將陣列擴充成清單，再合併到一起。格式如下：

```
array_new=(${array1[@]} ${array2[@]})
array_new=(${array1[*]} ${array2[*]})
```

兩種方式是等價的，選擇其一即可。其中，array1 和 array2 是需要拼接的陣列，array_new 是拼接合並後形成的新陣列。

拼接兩個陣列（4 種寫法）。

```
[root@noylinux opt]# vim demo16
#!/bin/bash
array1=(2222 3333)
array2=(666 "https://www.noylinux.com/shell/")
array_new1=(${array1[@]} ${array2[@]})
array_new2=(${array1[*]} ${array2[*]})
array_new3=(${array1[@]} ${array2[*]})
array_new4=(${array1[*]} ${array2[@]})

echo ${array_new1[@]}     # 也可以寫作 ${array_new[*]}
echo ${array_new2[@]}
echo ${array_new3[@]}
echo ${array_new4[@]}

[root@noylinux opt]# bash  demo16    # 執行此指令稿
2222 3333 666 https://www.noylinux.com/shell/
2222 3333 666 https://www.noylinux.com/shell/
2222 3333 666 https://www.noylinux.com/shell/
2222 3333 666 https://www.noylinux.com/shell/
```

可以看到，4 種寫法的結果全都一致，所以 "*" 和 "@" 的位置不用特別在意，任意組合都可以。

最後再介紹一下如何刪除陣列中的元素，在 Shell 中，使用 unset 關鍵字來刪除陣列元素，語法格式如下：

```
unset array_name[index]
```

其中，array_name 表示陣列名稱，index 表示陣列下標。若不寫下標，則去掉 [index] 部分，格式如下：

```
unset array_name
```

使用這種方式就是刪除整個陣列，陣列中的所有元素也都會隨之消失。

範例

刪除陣列中的元素。

```
[root@noylinux opt]# vim demo17
#!/bin/bash

arr=(23 56 99 "https://www.noylinux.com/shell/")
echo "arr 陣列的所有元素：" ${arr[@]}

unset arr[1]
echo " 刪除陣列 arr 的第一個元素：" ${arr[@]}

unset arr
echo " 刪除整個陣列：" ${arr[*]}

[root@noylinux opt]# bash  demo17   # 執行此指令稿
arr 陣列的所有元素： 23 56 99 https://www.noylinux.com/shell/
刪除陣列 arr 的第一個元素： 23 99 https://www.noylinux.com/shell/
刪除整個陣列：
```

注意最後的空行，它表示什麼也沒輸出，因為陣列被刪除了，所以輸出內容為空。

12.7 Shell 數學計算

Shell 指令稿除了對字串做處理之外還可以進行數學計算，若想在 Shell 指令稿中實現加、減、乘、除等數學計算就離不開各種運算子號，和其他程式設計語言類似，Shell 指令稿中也有很多算術運算子，下面就給大家介紹一些常見的 Shell 算術運算子，見表 12-3。

▼表 12-3 Shell 算術運算子

算術運算子	說明 / 含義
+、-	加法（或正號）、減法（或負號）
*、/、%	乘法、除法、取餘數（取餘）

<table>
<tr><th>算術運算子</th><th>說明 / 含義</th></tr>
<tr><td>**</td><td>冪運算</td></tr>
<tr><td>++、--</td><td>自動增加和自減，可以放在變數的前面也可以放在變數的後面</td></tr>
<tr><td>!、&&、||</td><td>邏輯非（反轉）、邏輯與（and）、邏輯或（or）</td></tr>
<tr><td><、<=、>、>=</td><td>比較符號（小於、小於等於、大於、大於等於）</td></tr>
<tr><td>==、!=、=</td><td>比較符號（相等、不相等；對於字串，= 也可以表示相當於）</td></tr>
<tr><td><<、>></td><td>向左移位、向右移位</td></tr>
<tr><td>~、|、&、^</td><td>按位元反轉、按位元或、按位元與、按位元互斥</td></tr>
<tr><td>=、+=、-=、
*=、/=、%=</td><td>設定運算子，例如，a+=1 相當於 a=a+1，a-=1 相當於 a=a-1</td></tr>
</table>

Shell 在數學計算方面和其他程式設計語言不同的一點就是：Shell 不能直接進行算數運算，必須使用數學計算命令才可以。

嘗試在 Shell 中直接進行算數運算。

```
[root@noylinux opt]# echo 2+10
2+10
[root@noylinux opt]# a=23
[root@noylinux opt]# b=$a+88
[root@noylinux opt]# echo $b
23+88
[root@noylinux opt]# c=$a+$b
[root@noylinux opt]# echo $c
23+23+88
```

從上面執行的幾個數學運算可以看出，在預設情況下 Shell 是不會直接進行算數運算的，而是把 "+" 兩邊的資料當成字串，把 "+" 當成字串連接子，最終的結果是把兩個字串拼接在一起形成一個新的字串。

在 Bash Shell 中如果不特別指明，每一個變數的值都是字串，無論在給變數賦值時有沒有使用引號，這個值都會以字串的形式儲存。換句話說，Bash Shell 在預設情況下不會區分變數類型，即使將整數和小數賦值給變數，也會被視為字串，這一點和大部分的程式設計語言是不一樣的，所以才會出現上面範例中的結果。

想透過 Shell 做數學計算就必須使用數學計算命令，在 Shell 中常用的數學計算命令見表 12-4。

▼表 12-4 Shell 中常用的數學計算命令

計算操作符號 / 計算命令	說　明
(( ))	用於整數運算，效率很高，推薦使用
let	用於整數運算，和 (()) 類似
$[]	用於整數運算，不如 (()) 靈活
expr	可用於整數運算，也可以處理字串。使用起來比較繁瑣，而且還需要注意各種細節，不推薦使用
bc	Linux 下的一個計算機程式，可以處理整數和小數。Shell 本身只支援整數運算，想計算小數就得使用這個外部計算機
declare -i	將變數定義為整數，再進行數學運算時就不會被當作字串了。功能有限，僅支援最基本的數學運算（加、減、乘、除和取餘數），不支援邏輯運算、自動增加自減等，所以在實際開發中很少使用

本節介紹 (( )) 和 let 兩種數學計算命令，在平常的工作中使用已經足夠了。

先來看 (( ))，是 Bash Shell 中專門用來進行整數運算的命令，它的優點是效率很高，寫法靈活，是企業中常用的計算命令。

註：(( )) 只能進行整數運算，不能對小數（浮點數）或字串進行運算。

(( )) 的語法格式為 ((運算式)) 。說穿了就是將數學運算的運算式放在 "((" 和 "))" 之間，運算式可以只有一個也可以有多個，如果有多個運算式，運算式之間以逗點分隔。對於多個運算式的情況，通常是以最後一個運算式的值作為整個命令的執行結果。

命令執行的結果可以使用符號 "$" 來獲取，這跟獲取變數值的用法是類似的。

演示範例之前先列舉幾個 (( )) 的普遍用法格式，見表 12-5。

▼表 12-5 (( )) 的普遍用法格式

格　式	說　明
((a=10+66)) ((b=a-15)) ((c=a+b))	這種寫法可以在計算完成後給變數賦值。以 ((b=a-15)) 為例，就是將 a-15 的運算結果值設定給變數 c
a=$((10+66)) b=$((a-15)) c=$((a+b))	可以在 (( )) 前面加上 "$" 獲取 (( )) 命令的執行結果，也就是獲取整個運算式的結果。以 c=$((a+b)) 為例，就是將 a+b 的運算結果值設定給變數 c 注：類似 c=((a+b)) 的寫法是錯誤的，不加 $ 就不能取得運算式的結果
((a>7 && b==c))	(( )) 也可以進行邏輯運算，特別是在 if 判斷敘述中常會使用邏輯運算
echo $((a+10))	需要立即輸出運算式的運算結果，可以直接在 (( )) 前面加 "$"
((a=3+5, b=a+10))	對多個運算式同時進行計算
echo $((++a))	先進行自動增加運算，再輸出變數 a 的值
echo $((--a))	先進行自減運算，再輸出變數 a 的值
echo $((a++))	先輸出變數 a 的值，再進行自動增加運算
echo $((a--))	先輸出變數 a 的值，再進行自減運算

在 (( )) 中使用變數時無須加上首碼 "$"，(( )) 會自動解析變數名稱，這使得程式更加簡潔，也符合程式設計師的書寫習慣。

接下來我們透過幾個案例演示如何使用 (( )) 進行各種數學計算。

使用 (( )) 進行簡單的數值計算。

```
[root@noylinux opt]# echo $((1+1))
2
[root@noylinux opt]# echo $((6-3))
3
[root@noylinux opt]# i=5
[root@noylinux opt]# ((i=i*2))     #可以簡寫為 ((i*=2))
[root@noylinux opt]#  echo $i      #使用 echo 輸出變數結果時要加 $
10
```

用 (( )) 進行稍微複雜一些的綜合算數運算。

```
[root@noylinux opt]# ((a=1+2**3-4%3))
[root@noylinux opt]# echo $a
8
[root@noylinux opt]# b=$((1+2**3-4%3))          # 運算後將結果值設定給變數，變數放
                                                 在了括號的外面
[root@noylinux opt]# echo $b
8
[root@noylinux opt]# echo $((1+2**3-4%3))       # 也可以直接將運算式的結果輸出，注意
                                                 不要丟掉 $
8
[root@noylinux opt]# a=$((100*(100+1)/2))       # 利用公式計算 1+2+3+…+100 的和
[root@noylinux opt]# echo $a
5050
[root@noylinux opt]# echo $((100*(100+1)/2))    # 也可以直接輸出運算式的結果
5050
```

用 (( )) 進行邏輯運算。

```
[root@noylinux opt]# echo $((3<8))      #3<8 的結果是成立的，因此輸出了 1，表示真
1
[root@noylinux opt]# echo $((8<3))      #8<3 的結果是不成立的，因此輸出了 0，表示假
0
[root@noylinux opt]# echo $((8==8))     # 判斷是否相等
1
[root@noylinux opt]# if ((8>7&&5==5)) # 使用 if 判斷敘述來做邏輯運算
> then
> echo "yes"
> fi
yes
```

最後是一個簡單的 if 敘述，它的意思是如果 8>7 成立，並且 5==5 成立，那麼輸出 yes。

用 (( )) 進行自動增加（++）和自減（--）運算。

```
[root@noylinux opt]# a=10
```

```
[root@noylinux opt]# echo $((a++))
# 如果 "++" 在變數 a 的後面，運算式會先輸出變數 a 的值，再進行自動增加運算
10

[root@noylinux opt]# echo $a
# 執行完上面的運算式後，因為做了自動增加運算 "a++"，變數 a 會自動增加 1，因此輸出變數 a 的值
 為 11
11

[root@noylinux opt]# a=11

[root@noylinux opt]# echo $((a--))
# 如果 "--" 在 a 的後面，運算式會先輸出變數 a 的值，再進行自減運算
11

[root@noylinux opt]# echo $a
# 執行完上面的運算式後，因為做了自減運算 "a--"，因此變數 a 會自減 1，變數 a 的值為 10
10

[root@noylinux opt]# a=10

[root@noylinux opt]# echo $((--a))
# 如果 "--" 在變數 a 的前面，在輸出整個運算式時，會先進行自減計算，因為變數 a 的值為 10 且要自
 減，所以運算式輸出的值為 9
9

[root@noylinux opt]# echo $a
# 因為在上面運算式中，是先進行自減運算後輸出結果，所以變數 a 的值與上面一致
9

[root@noylinux opt]# echo $((++a))
# 如果 "++" 在變數 a 的前面，在輸出整個運算式時，會先進行自動增加計算，因為變數 a 的值為 9 且
 要自動增加，所以運算式輸出的值為 10
10

[root@noylinux opt]# echo $a
# 因為在上面運算式中，是先進行自動增加運算後輸出結果，所以變數 a 的值與上面一致
10
```

對於前自動增加（前自減）和後自動增加（後自減），這裡再進行簡單的說明：

- 在執行 echo $((a++)) 和 echo $((a--)) 命令時，會先輸出變數 a 的值，再對變數 a 進行 ++ 或 -- 的運算；
- 在執行 echo $((++a)) 和 echo $((--a)) 命令時，會先對變數 a 進行 ++ 或 -- 的運算，再輸出變數 a 的值。

用 (( )) 同時對多個運算式進行計算。

```
[root@noylinux opt]# ((a=3+5, b=a+10))     # 先計算第一個運算式，再計算第二個運算式
[root@noylinux opt]# echo $a $b
8 18
[root@noylinux opt]# c=$((4+8, a+b))       # 以最後一個運算式的結果作為整個 (()) 命令
                                             的執行結果
[root@noylinux opt]# echo $c
26
```

註：當使用多個運算式時，通常是以最後一個運算式的結果作為整個 (( )) 命令的執行結果。

let 命令和 (( )) 命令的用法是類似的，它們都是用來對整數進行運算的。

和 (( )) 命令一樣，let 命令也只能進行整數運算，不能對小數（浮點數）或者字串進行運算。

let 命令的語法格式如下：

```
let 運算式
let '運算式'
let "運算式"
```

這 3 種語法格式都等價於 ((運算式))。

和 (( )) 命令類似，let 命令也支持一次計算多個運算式，並且也是以最後一個運算式的值作為整個 let 命令的執行結果。但是對於多個運算式之間的分隔符號，let 命令和 (( )) 命令是有區別的：let 命令以空格來分隔多個運算式，(( )) 命令以逗點來分隔多個運算式。

另外還要注意：對於類似 let x+y 的寫法，雖然計算了 x+y 的值，但會在計算完成後將結果捨棄。若不想讓 let 命令的計算結果被捨棄，可以使用 let sum=x+y 將 x+y 的結果儲存在變數 sum 中。

在這種情況下，(( )) 命令就顯得更加靈活了。可以使用 $((x+y)) 直接獲取計算結果，我們來對比一下：

```
[root@noylinux opt]# a=10 b=20
[root@noylinux opt]# echo $((a+b))
30
[root@noylinux opt]# echo let a+b   #語法錯誤，echo 會把 let a+b 作為字串輸出
let a+b
[root@noylinux opt]# let sum=a+b   #正確方式
[root@noylinux opt]# echo $sum
30
```

我們再用 let 命令演示兩個案例。

對變數 i 進行加運算。

```
[root@noylinux opt]# i=10
[root@noylinux opt]# let i+=8    #let i+=8 等於 ((i+=8))，後者效率更高
[root@noylinux opt]# echo $i
18
```

計算多個運算式。

```
[root@noylinux opt]# a=10 b=35
[root@noylinux opt]# let a+=6 c=a+b   d=c+a   #多個運算式之間以空格進行分隔
[root@noylinux opt]# echo  $a   $b   $c  $d
16 35 51 67
```

12.8 Shell 常用命令

首先補充介紹 3 個下文案例中常用到的 3 筆命令。

1. echo

echo 命令是 Bash Shell 的內建命令，作用就是在終端輸出內容，並在最後預設加上分行符號。範例如下：

```
[root@noylinux opt]# echo "www.noylinux.com"
www.noylinux.com
```

使用 echo 命令需要注意逸出字元的問題，在預設情況下，echo 命令不會解析以反斜線 "\" 開頭的逸出字元。比如 "\n" 是一個分行符號，表現形式就是換行，echo 命令在終端輸出時會將它作為普通字元對待。

```
[root@noylinux opt]# echo "hello \n world"
hello \n world
```

可以增加 -e 選項讓 echo 命令在輸出時解析逸出字元。範例如下：

```
[root@noylinux opt]# echo -e "hello \n world"
hello
 world
```

在 Shell 指令稿中，echo 命令也被頻繁用來輸出變數中的值。

2. exit

exit 命令是 Bash Shell 的內建命令，用來退出當前處理程序，並傳回一個退出狀態碼，使用 "$?" 可以接收到這個退出狀態碼。

exit 命令傳回的退出狀態碼只能是一個介於 0 ～ 255 之間的整數，其中只有退出狀態碼為 0 表示命令執行成功；退出狀態為非 0 表示命令執行失敗。

exit 命令可以自訂退出狀態碼，當 Shell 指令稿執行出錯時，可以根據退出狀態碼來判斷具體出現了什麼錯誤。比如開啟一個檔案，我們可以在 Shell 指令稿中自訂退出狀態碼 1 表示檔案不存在，退出狀態碼 2 表示檔案沒有讀取許可權，退出狀態碼 3 表示檔案類型不對……

自訂 exit 命令的退出狀態碼。

```
[root@noylinux opt]# vim demo21.sh
#!/bin/bash
echo "hello world"
exit 111
echo "how are you?"
[root@noylinux opt]# bash demo21.sh     # 執行此指令稿
hello world
[root@noylinux opt]# echo $?            # 獲取退出時傳回的狀態碼
111
```

可以看到 " how are you?" 並沒有輸出到螢幕上，這就說明遇到 exit 命令後 demo21.sh 指令稿就結束退出了，不再向下執行。我們可以透過 "$?" 獲取 exit 命令退出時傳回的退出狀態碼，再用 echo 命令輸出到螢幕上，這種操作可以定位 Shell 指令稿執行到哪一步顯示出錯了。

3. read

read 命令是 Bash Shell 的內建命令，專門用來從標準輸入中讀取資料並賦值給變數。如果沒有進行重新導向，預設就是從鍵盤中讀取使用者輸入的資料；如果進行了重新導向，那麼可以從檔案中讀取資料。此命令一般是用來與使用者進行互動的。read 命令的語法格式如下：

```
read  [options]  [variables]
```

其中，options 表示選項，常用的選項見表 12-6 所示；variables 表示用來儲存輸入資料的變數，可以有一個，也可以存在多個變數，多個變數之間用空格隔開。

▼表 12-6 read 命令常用的選項

常用選項	說　明
-p prompt	顯示提示資訊，提示內容為 prompt
-a array	把讀取的資料賦值給陣列 array，從下標 0 開始
-d delimiter	用字串 delimiter 指定讀取結束的位置，而非一個分行符號（讀取到的資料不包括 delimiter）
-e	在獲取使用者輸入的時候，對功能鍵進行編碼轉換（不會直接顯示功能鍵對應的字元）
-n num	讀取輸入的 num 個字元
-r	原樣讀取餘式（Raw mode），不把反斜線字元解釋為逸出字元
-s	靜默模式（Silent mode），不會在螢幕上顯示輸入的字元。當輸入密碼和其他確認資訊時，這是很有必要的
-t seconds	設定逾時時間，單位為秒。如果使用者沒有在指定時間內完成輸入，將會傳回一個非 0 的退出狀態，表示讀取失敗
-u fd	使用檔案描述符號 fd 作為輸入來源（而非標準輸入），類似於重新導向

執行 Shell 指令稿，讓使用者輸入姓名、年齡和成績。

```
[root@noylinux opt]# vim demo22.sh
#!/bin/bash
read -p "請輸入姓名、年齡及成績，用空格隔開：" name  age achievement
echo "姓名：$name"
echo "年齡：$age"
echo "成績：$achievement"

[root@noylinux opt]# bash demo22.sh    #執行此指令稿
請輸入姓名、年齡和成績，用空格隔開：小孫 18 99
姓名：小孫
年齡：18
成績：99
```

唯讀取使用者輸入的第一個字元。

```
[root@noylinux opt]# vim demo23.sh
#!/bin/bash
```

```
read -n 1 -p "Enter a char :" char
printf "\n"  #換行echo $char

[root@noylinux opt]# bash demo23.sh
Enter a char :9
9
[root@noylinux opt]# bash demo23.sh
Enter a char :g
g
[root@noylinux opt]# bash demo23.sh
Enter a char :T
T
```

12.9 Shell 流程控制

12.9.1 if 條件判斷敘述

前面介紹的都是 Shell 指令稿的基礎知識，從本節開始，我們將正式進入 Shell 程式設計階段。

本節介紹 Shell 的條件判斷敘述，筆者之前看過很多這方面的圖書和視訊教學，發現很多都有一個共同缺憾，就是講這一部分知識的時候不講思路，直接就舉出條件判斷敘述該怎麼樣寫，每一段代表了什麼意思等，常言道：「授人以魚不如授人以漁」，學習完這些資料，在工作中寫 Shell 指令稿時，常常會找不到思路，也不知該如何下手，最後只能在網上找個指令稿範本下載下來自己改改，這其實是一個很嚴重的問題，因為這種情況屬於「學了但沒學透」。

條件判斷思路是非常重要的，因為寫 Shell 指令稿的過程大都是先有思路再寫具體內容，思路決定了 Shell 指令稿該怎樣去設計和執行。

條件判斷的思路都有哪些呢？舉幾個簡單的例子：

- 如果某使用者不存在，就建立這個使用者，否則（如果使用者存在）就不增加該使用者；
- 如果某檔案存在，就向這個檔案中增加幾行文字，否則（檔案不存在）就建立該檔案並向檔案中增加幾行文字；
- 如果變數 a 的值等於 6，就執行 x 操作，如果變數 a 的值不等於 6，則執行 y 操作；
- 如果變數 a 中儲存的字串是「允許」，那就允許條件 x，如果變數 a 儲存的字串是「拒絕」，那就拒絕條件 y。

複習一下，條件判斷常用的 4 種類型如下：

（1）整數判斷。例如，判斷變數 a 的值是不是等於 6 ？

（2）字串判斷。例如，判斷某一個變數中儲存的字串是不是 a、b、c、d……

（3）命令之間的邏輯關係。若前面的命令執行成功，則緊接著自動執行後面的 命令。

（4）檔案 / 資料夾判斷。判斷一個檔案 / 資料夾是不是存在。

條件判斷的運算式寫法有下列 3 種：

test 條件運算式

[條件運算式]

[[條件運算式]]

這裡的 "[ ]" 跟前面數學計算的 "$[ ]" 是不一樣的，千萬不要混為一談。

3 種條件判斷運算式中，前兩者是等價的，而 [[條件運算式]] 支援字串的模式匹配和正規表示法。

註：中括號兩端必須有空格，沒有空格就是語法錯誤。

條件判斷的類型有了，條件判斷的運算式也有了，把這兩者結合起來就是條件判斷運算式的內容了。

運算式中的內容又可以分成 4 類：

（1）整數比較（一般會需要兩個運算元），語法格式為

```
[ 整數1 操作符號 整數2 ]
```

常用的操作符號見表 12-7。

▼表 12-7 常用的操作符

操作符號	說明
-eq	等值比較，測試兩個整數是否相等。例如，[$a -eq $b] 就是測試 $a 中儲存的整數與 $b 中儲存的整數是否一樣？若一樣則傳回值是 0，不一樣則傳回 1～255 之間的任何一個值
-ne	不等值比較，測試兩個整數是否不等。不等為真，相等為假
-gt	測試一個數是否大於另一個數。大於為真，否則為假
-lt	測試一個數是否小於另一個數。小於為真，否則為假
-ge	測試一個數是否大於等於另一個數。大於或等於為真，小於為假
-le	測試一個數是否小於等於另一個數。小於或等於為真，大於為假

註：運算式的傳回值使用 echo $? 命令查看，相等為真，傳回 0；不等為假，傳回除 0 以外的數字。

（2）命令與命令之間的邏輯關係，語法格式如下：

```
[ 運算式1 ] 操作符號 [ 運算式2 ]
命令1  操作符號  命令2
```

- 邏輯與（&&）：若其中一個結果為假，那結果一定為假！第一個條件為假時，第二個條件不用判斷，最終結果已顯現。第一個條件為真時，第二個條件必須判斷。
- 邏輯或（||）：若第一個結果為真，那結果一定為真，後面不再執行；若前面為假，則執行後面的。
- 邏輯非（！）：如果是真則假，如果是假則真。

（3）字串判斷，語法格式如下：

```
[ 字串1  操作符號  字串2 ]
[ 操作符號 字串 ]
```

- ==：等值比較。比較兩個字串是否一致，相等為真，不等則為假。

```
[  $a  ==  $b  ]
```

- ！=：不等值比較。

```
[  $a  != $b  ]
```

不等為真，相等則為假，不能用 "!==" 代替。

- -z：判斷變數的值是否為空，空則傳回 0，為真。單對中括號中變數必須加雙引號（例如 [-z "$name"]），雙對中括號中變數不用加雙引號（例如 [[-z $name]]）。
- -n：判斷變數的值是否不為空，不空則傳回 0，為真。單中括號與雙中括號的用法與操作符號 -z 相同。

（4）檔案或資料夾的判斷，語法格式為

```
[  操作符號 檔案或目錄  ]
```

常用的操作符號見表 12-8。

▼表 12-8 常用的操作符

操作符	說　明
-e 檔案	測試檔案是否存在
-f 檔案	測試是否是普通檔案
-d 目錄	測試指定路徑是否為目錄
-s 檔案	判斷檔案是否存在並且為非空檔案，存在且非空才傳回 true（真）
-z 檔案	判斷檔案內容或變數的值是否為空，字串長度為零或為空則傳回 true（真）
-r 檔案	測試指定檔案對當前使用者是否有讀取許可權
-w 檔案	測試指定檔案對當前使用者是否有寫入許可權
-x 檔案	測試指定檔案對當前使用者是否有執行許可權

實踐上述條件判斷運算式。

```
[root@noylinux opt]# vim demo18.sh
#!/bin/bash
a=12
b=13
[ $a -eq $b ]
echo "判斷變數 a 和變數 b 的值是否相同，0 為相同：" $?
b=12
[ $a -eq $b ]
echo "判斷變數 a 和變數 b 的值是否相同，0 為相同：" $?
[root@noylinux opt]# bash demo18.sh
判斷變數 a 和變數 b 的值是否相同，0 為相同： 1
判斷變數 a 和變數 b 的值是否相同，0 為相同： 0
```

下面深入介紹一下邏輯與（&&）、邏輯或（||）和邏輯非（!）的定義，大家在學習這部分內容時需要代入「因果關係」的概念。總的來看，邏輯關係指的是事物的條件和結果之間的因果關係，最基本的邏輯關係有 3 種：邏輯與、邏輯或和邏輯非。

1. 邏輯與（&&）。

邏輯與的運算式如下：

```
command1  &&  command2
```

&& 左邊的命令（command1）傳回真（即傳回 0，成功被執行）後，&& 右邊的命令（command2）才能夠被執行，也就是「若這個命令執行成功 && 那麼再執行這個命令」。

其實在整個運算式中並不是只能有兩個命令，還可以包含多個命令，例如：

```
command1 && command2 && command3 && …
```

是不是有些難理解？不用著急，我畫一幅邏輯圖（見圖 12-3），透過這幅圖介紹邏輯與的原理。

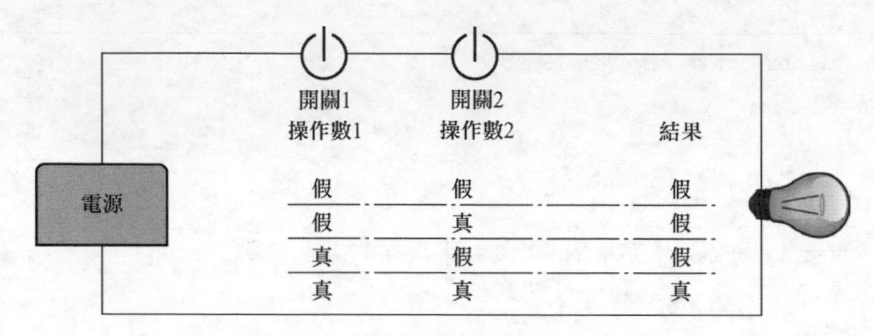

▲ 圖 12-3　邏輯與

圖中透過電源接出來兩根電線，電線後面連接一個燈泡，電線的中間有兩個開關，決定這個燈泡亮不亮的就是這兩個開關。

我們將開關關掉比作邏輯假，開關開啟比作邏輯真。這種情況會產生以下 4 種可能性：

（1）開關 1 是關閉的，表示假，開關 2 也關閉了，也是假，兩個開關都關了，電送不進來燈泡肯定不亮，所以結果也是假。

（2）開關 1 關閉、開關 2 開啟，電送不進來，燈泡不亮，最後的結果也是假。

（3）開關 1 開啟，開關 2 關閉，電同樣送不進來，燈泡不亮，最後的結果也是假。

（4）開關 1 開啟，開關 2 開啟，兩個開關都開啟，電能送進來，燈泡亮了，最後的結果是真。

按照上面所說的幾種可能性，複習起來就是：關於邏輯與（&&）操作，如果其中一個結果為假，那結果一定為假；若第一個條件為假，則第二個條件不用判斷，最終的結果肯定為假；若第一個條件為真，則必須判斷第二個條件，第二個條件若為真，結果是真，若第二個結果為假，最終的結果為假。

範例

邏輯與（&&）操作。

```
[root@noylinux opt]# vim demo19.sh
#!/bin/bash
echo "若xiaosun使用者存在則顯示 xiaosun存在，不存在則不顯示:"
id xiaosun  &&  echo " xiaosun 存在"

echo "比較變數a的值是否與變數b的值相等:"
a=12
b=12
[ $a -eq $b ] && echo "變數a與變數b的值相等"

echo "比較變數a的值是否與變數c的值相等:"
c=13
[ $a -eq $c ] && echo "變數a與變數c的值相等"

[root@noylinux opt]# bash demo19.sh
若xiaosun使用者存在則顯示 xiaosun存在，不存在則不顯示:
uid=1002(xiaosun) gid=1002(xiaosun) 群組=1002(xiaosun)
 xiaosun 存在
比較變數a的值是否與變數b的值相等:
變數a與變數b的值相等
比較變數a的值是否與變數c的值相等:

[root@noylinux opt]#
```

既然是邏輯運算子，那應用的場景不只是運算式，還可以應用到命令當中。

2. 邏輯或（||）

邏輯或的運算式如下：

```
command1 || command2
```

邏輯或（||）與邏輯與（&&）正好相反。如果||左邊的命令（command1）未執行成功，則執行||右邊的命令（command2），也就是「如果這個命令執行失敗了||那麼就執行這個命令」。

與邏輯或一樣，在整個運算式中不是只能有兩個命令，可以包含多個命令，例如，

```
command1 || command2 || command3 ||…
```

透過圖 12-4 給大家介紹邏輯或的原理。

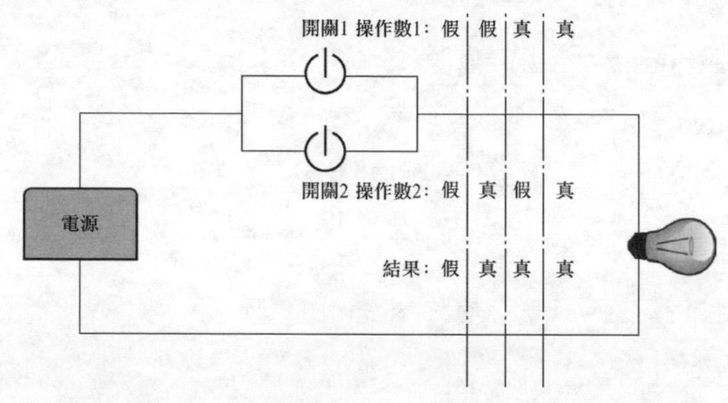

▲ 圖 12-4　邏輯或

圖 12-4 與圖 12-3 相比，也是有兩個開關、一個燈泡和一個電源，不同的是兩個開關並聯。產生的可能性還是 4 個：

（1）開關 1 是關閉的，開關 2 也是關閉的，兩個開關都關閉，電送不進來燈泡肯定不亮，結果是假。

（2）開關 1 開啟，開關 2 關閉，電可以透過開關 1，燈泡亮，結果是真。

（3）開關 1 關閉，開關 2 開啟，電可以透過開關 2，燈泡亮，結果是真。

（4）開關 1 開啟，開關 2 開啟，電可以透過兩個開關，燈泡會亮，結果還是真。

根據上面產生的幾種結果，複習一下就是，關於邏輯或（||）的操作，如果第一個條件為真，那結果一定為真，後面的命令不再執行。若第一個條件為假，則判斷第二個條件是否為真，若為真則結果為真；若為假，則結果為假。

範例

邏輯或（||）操作。

```
[root@noylinux opt]# vim demo20.sh
#!/bin/bash
echo "判斷xiaosun1使用者是否存在，不存在則顯示"xiaosun1不存在":"
id  xiaosun1  ||  echo " xiaosun1 不存在"

echo "比較變數a的值是否與變數b的值相等:"
a=12
b=12
[ $a -eq $b ] || echo "變數a與變數b的值不相等"

echo "比較變數a的值是否與變數c的值相等:"
c=13
[ $a -eq $c ] || echo "變數a與變數c的值不相等"

[root@noylinux opt]# bash demo20.sh
判斷xiaosun1使用者是否存在，不存在則顯示"xiaosun1不存在":
id: xiaosun1: no such user
 xiaosun1 不存在
比較變數a的值是否與變數b的值相等:
比較變數a的值是否與變數c的值相等:
變數a與變數c的值不相等
```

透過案例可以明顯看到，當第一筆命令 / 運算式的結果為真時，就不再執行後面的命令了，但是當第一筆命令 / 運算式的結果為假時，就會去執行後面的那筆命令。

3. 邏輯非（！）

邏輯非說穿了就是反轉，當條件滿足時，結果就為假；當條件不滿足時，結果就為真。

由圖 12-5 可見，當開關開啟時，燈泡不亮，因為電流會走最短的路線，不會經過燈泡。當開關關閉時，電流就會經過燈泡，燈泡亮了。

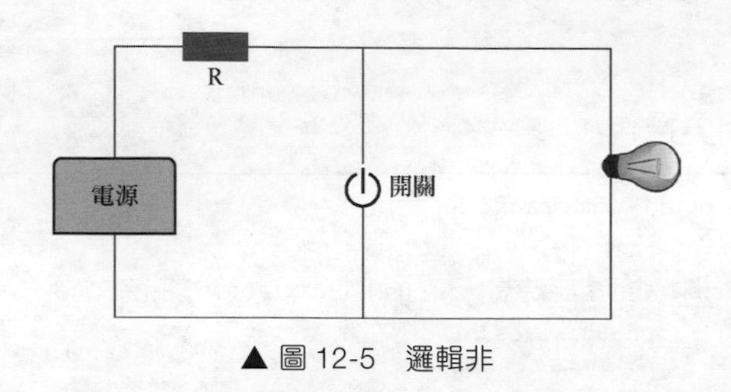

▲ 圖 12-5　邏輯非

邏輯非的特性了就是反轉，將命令或運算式的結果給反過來。本來命令的執行結果為真，經過邏輯非之後結果就為假；若命令的執行結果為假，經過邏輯非後結果變為真。

邏輯非（！）操作。

```
[root@noylinux opt]# id root  &&  echo "root 存在"
uid=0(root) gid=0(root) 群組=0(root)
root 存在
[root@noylinux opt]# ! id root  &&  echo "root 存在"
uid=0(root) gid=0(root) 群組=0(root)
```

在案例中，我們判斷 root 使用者是否存在，存在就顯示「root 存在」，加上邏輯非後，第一筆命令的執行結果從真變成假，當第一筆命令的執行結果為假時，邏輯與的處理方式是後面的命令就不處理了。

接下來就要開始介紹本章的重點——條件判斷敘述。

if 條件判斷敘述在 Shell 指令稿中是最常見的，它主要用於判斷是否符合指定的條件。if 條件判斷敘述的類型有 3 種，分別是：單分支、雙分支和多分支。

if 條件判斷敘述具體怎麼用？這裡透過現實生活中的一個案例給大家解釋清楚，在坐地鐵的時候我們經常會發現地鐵門口擺著「兒童免票的身高標準為 1.3 米」的提示牌，這就是一個判斷條件，將「兒童免票的身高標準為 1.3 米」融合到 if 判斷敘述中就變成「判斷兒童的身高是否小於等於 1.3 米，若小於或等於 1.3 米則符合判斷條件（真），免票放行；若大於 1.3 米則不符合判斷條件（假），拒絕免票」。

單分支 if 條件判斷敘述是流程控制敘述中最基本的語法，格式非常簡單，具體如下：

```
if  指定判斷條件 ;then
    statement1
    statement2
    ...
fi
```

註：若關鍵字 if 與 then 在同一行則必須使用分號隔開，不在一行可以不用。

在整個敘述本體中，if、then 和 fi 這三者（關鍵字）是永遠不會變的固定格式，其中要注意的是開頭使用的是 if，結尾用的是 fi。

敘述本體中的指定判斷條件可以寫成條件判斷運算式，也可以寫成數學邏輯運算運算式，還可以加入複雜的邏輯判斷等，具體見表 12-9。

▼表 12-9 指定判斷條件

運算式	格　式
條件判斷運算式	[條件運算式]
	[[條件運算式]]
數學邏輯運算運算式	((數學邏輯運算運算式))
邏輯判斷運算式	邏輯與：&& 或 -a
	邏輯或：|| 或 -o
	邏輯非：!

在敘述本體中，statement1、statement2…都是自訂的內容。若判斷條件的結果為真，希望接下來執行什麼操作，寫到這裡即可。

單分支運算式的執行邏輯：判斷指定判斷條件的結果是真還是假，若是真，則執行 if 運算式內部的自訂敘述；若結果是假，不執行 if 運算式內部的敘述（跳過），繼續執行後面（if 條件判斷敘述之外）的內容，若後面沒有內容，Shell 指令稿執行結束。

範例

if 條件判斷敘述。

```
[root@noylinux opt]# vim demo24.sh
#!/bin/bash

echo "請輸入變數 a 的值："
read a
echo "請輸入變數 b 的值："
read b

echo "變數 a 的值為 $a ，變數 b 的值為 $b "


# 數學邏輯運算
if (( $a == $b ))
then
    echo "變數 a 的值和變數 b 的值相等"
fi

# 數學邏輯運算加邏輯與
if (( $a > $b && $b > 50 ))
then
    echo "變數 a 大於變數 b 並且 變數 b 的值大於 50"
        echo "$a > $b "
fi


# 條件判斷
if [ $a -eq $b ]; then
        echo "變數 a 和變數 b 確實相等"
fi
```

```
# 條件運算式加邏輯或
if [[ $a > $b ]] || [[ $b > 50 ]]; then
        echo "變數 a 大於變數 b 或者 變數 a 的值大於 50"
fi

[root@noylinux opt]# bash demo24.sh
請輸入變數 a 的值：
97
請輸入變數 b 的值：
97
變數 a 的值為 97，變數 b 的值為 97
變數 a 的值和變數 b 的值相等
變數 a 和變數 b 確實相等
變數 a 大於變數 b 或者 變數 a 的值大於 50

[root@noylinux opt]# bash demo24.sh
請輸入變數 a 的值：
87
請輸入變數 b 的值：
14
變數 a 的值為 87，變數 b 的值為 14
變數 a 大於變數 b 或者 變數 a 的值大於 50
```

上述案例分別融合了數學計算 (( ))、條件判斷運算式 [ ] 和 [[ ]]、邏輯運算子，大家可以好好體會、琢磨，並按自己的想法嘗試進行修改。

if 判斷敘述中的判斷條件是多種多樣的，大家可以嘗試著把之前所學的知識融入進去，只有這樣才算是掌握了 if 判斷敘述。

單分支 if 判斷敘述學習完，下面接著介紹雙分支 if 敘述，語法格式如下：

```
if 判斷條件 ;then
   statement1
   statement2
   ...
else
```

```
    statement1
    statement2
    ...
fi
```

雙分支運算式的執行邏輯：判斷判斷條件的結果是真是假，若結果為真，則執行 then 後面的敘述；若結果為假，則執行 else 後面的敘述，最後以 fi 敘述收尾。

相比單分支 if 敘述，雙分支 if 敘述多了關鍵字 else，它表達的含義是「否則」，完整來說就是，若判斷結果為真，執行某一操作；若判斷結果為假，執行另一操作。

雙分支 if 判斷敘述。

```
[root@noylinux opt]# vim demo25.sh
#!/bin/bash

echo "請輸入變數 a 的值："
read a
echo "請輸入變數 b 的值："
read b

echo "變數 a 的值為 $a ，變數 b 的值為 $b "


# 數學邏輯運算
if (( $a == $b ));then
    echo "變數 a 的值和變數 b 的值相等"
else
    echo "變數 a 的值和變數 b 的值不相等"
fi


# 數學邏輯運算加邏輯與（if 判斷敘述嵌套 if 判斷敘述，多層次判斷）
if (( $a > $b && $b > 50 ))
```

```
then
    echo "變數 a 大於變數 b 並且 變數 b 的值大於 50"
    echo "$a > $b "
else
        echo "變數 a 小於或等於變數 b，至於變數 b 是否小於 50 還得再次判斷"
        if (( $b > 50 ));then
                echo "經過判斷後，變數 b 大於 50"
        else
                echo "經過判斷後，變數 b 小於或等於 50"
        fi
fi


# 條件判斷
if [ $a -eq $b ];then
    echo "變數 a 和變數 b 確實相等"
else
    echo "變數 a 和變數 b 確實不相等"
fi


# 條件運算式加邏輯或
if [[ $a > $b ]] || [[ $b > 50 ]];then
    echo "變數 a 大於變數 b 或者 變數 a 的值大於 50"
else
    echo "變數 a 小於或等於變數 b 並且 變數 a 的值小於或等於 50"
fi


# 判斷檔案是否存在，條件運算式加邏輯非
FilePath=/opt/123.txt
if [ ! -e  $FilePath ] ;then
    echo "$FilePath 檔案不存在，建立此檔案"
    touch $FilePath
    echo "$FilePath 檔案建立完成"
else
    echo "$FilePath 檔案已存在"
fi

[root@noylinux opt]# bash demo25.sh
```

```
請輸入變數 a 的值：
49
請輸入變數 b 的值：
49
變數 a 的值為 49，變數 b 的值為 49
變數 a 的值和變數 b 的值相等
變數 a 小於或等於變數 b，至於變數 b 是否小於 50 還得再次判斷
經過判斷後，變數 b 小於或等於 50
變數 a 和變數 b 確實相等
變數 a 小於或等於變數 b  並且  變數 a 的值小於或等於 50
/opt/123.txt 檔案不存在，建立此檔案
/opt/123.txt 檔案建立完成

[root@noylinux opt]# bash demo25.sh
請輸入變數 a 的值：
58
請輸入變數 b 的值：
58
變數 a 的值為 58，變數 b 的值為 58
變數 a 的值和變數 b 的值相等
變數 a 小於或等於變數 b，至於變數 b 是否小於 50 還得再次判斷
經過判斷後，變數 b 大於 50
變數 a 和變數 b 確實相等
變數 a 大於變數 b  或者  變數 a 的值大於 50
/opt/123.txt 檔案已存在

[root@noylinux opt]# bash demo25.sh
請輸入變數 a 的值：
89
請輸入變數 b 的值：
15
變數 a 的值為 89，變數 b 的值為 15
變數 a 的值和變數 b 的值不相等
變數 a 小於或等於變數 b，至於變數 b 是否小於 50 還得再次判斷
經過判斷後，變數 b 小於或等於 50
變數 a 和變數 b 確實不相等
變數 a 大於變數 b  或者  變數 a 的值大於 50
/opt/123.txt 檔案已存在
```

本案例中還增加了邏輯非的用法，大家可以仔細揣摩揣摩。

最後介紹多分支 if 敘述，多分支 if 敘述的語法格式如下：

```
if 指定判斷條件
then
   statement1
   …
elif 指定判斷條件
then
   statement1
   …
elif 指定判斷條件
then
   statement1
   …
else
   statement1
   statement2
   …
fi
```

多分支 if 敘述在執行的時候跟前面兩種就不一樣了，單分支和雙分支 if 敘述只能寫一種判斷條件，而多分支 if 敘述可以寫多個判斷條件，因為新增加了 "elif" 關鍵字，這個關鍵字的含義是，「如果上面的條件判斷不成立（結果為假），就執行此判斷條件」。判斷的順序是從上到下依次判斷。

多分支運算式的執行邏輯：對 if 後面的條件進行判斷，若結果為真則執行 then 後面的自訂命令，命令執行完成後會轉到 fi 位置結束。若 if 後面判斷條件的結果為假則跳過，對第一個 elif 後面的條件進行判斷，若結果為真則執行 then 後面的自訂命令，命令執行完成後轉到 fi 位置結束。若第一個 elif 的條件判斷的結果為假，則繼續跳過，再對第二個 elif 後面的條件進行判斷，依此類推……若所有條件都不成立，則執行 else 後面的命令，命令執行完成後轉到 fi 位置結束。

判斷使用者輸入的是檔案還是目錄。

```
[root@noylinux opt]# vim demo26.sh
#!/bin/bash

read -p "請輸入一個檔案 / 資料夾 :" file

if [ -z $file ]
then
   echo "錯誤！輸入的內容為空"
elif [ ! -e $file ]
then
   echo "錯誤！輸入的檔案不存在"
elif [ -f $file ]
then
   echo "$file 是一個普通檔案"
elif [ -d $file ]
then
   echo "$file 是一個目錄"
   q1=`ls $file | wc -l`
   if  (( $q1  > 0 )); then
     echo "目錄中有檔案"
   else
     echo "目錄中沒檔案"
   fi
else
   echo "$file 是其他類型的檔案"
fi

[root@noylinux opt]# mkdir Empty_folder  Folder
[root@noylinux opt]# touch 123.txt
[root@noylinux opt]# touch Folder/456.txt
[root@noylinux opt]# bash demo26.sh
請輸入一個檔案 / 資料夾 :123.txt
123.txt 是一個普通檔案
請輸入一個檔案 / 資料夾 :Empty_folder
Empty_folder 是一個目錄
目錄中沒檔案
```

```
[root@noylinux opt]# bash demo26.sh
請輸入一個檔案 / 資料夾 :Folder
Folder 是一個目錄
目錄中有檔案
```

根據輸入的考試分數來區分優秀、合格和不合格。

```
[root@noylinux opt]# vim demo27.sh
#!/bin/bash

read  -p "請輸入您的成績 (0 ~ 100) : " num
if [ $num -gt 100 ]
then
   echo "您輸入的數字超過範圍，請重新輸入"
elif [ $num -ge 80 ]
then
   echo "您的分數為 $num，優秀"
elif [ $num -ge 60 ]
then
   echo "您的分數為 $num，及格"
else
   echo "您的分數為 $num，不及格"
fi

[root@noylinux opt]# bash demo27.sh
請輸入您的成績 (0 ~ 100) : 49
您的分數為 49，不及格

[root@noylinux opt]# bash demo27.sh
請輸入您的成績 (0 ~ 100) : 69
您的分數為 69，及格

[root@noylinux opt]# bash demo27.sh
請輸入您的成績 (0 ~ 100) : 89
您的分數為 89，優秀

[root@noylinux opt]# bash demo27.sh
請輸入您的成績 (0 ~ 100) : 110
您輸入的數字超過範圍，請重新輸入
```

大家可以根據上述案例發散思維，動手寫幾個 Shell 指令稿，只有練得多了，才能將知識融會貫通。

12.9.2 case in 條件判斷敘述

多分支 if 判斷敘述適合判斷條件的數量少且判斷條件較為複雜的場景，而當判斷條件數量較多且判斷條件比較簡單時，使用 case in 敘述就比較方便了。

多分支 if 敘述和 case in 敘述各自具備優勢：多分支 if 敘述偏向於判斷較為複雜的條件，且可以嵌套使用，進行多層次判斷。case in 敘述偏向於判斷條件分支較多且判斷條件比較簡單的場景。

而且 case in 敘述主要適用於某個變數存在多種取值，需要對其中的每一種取值分別執行不同操作的場景。case in 敘述的語法格式如下：

```
case  expression  in
   pattern1)
      statement1
      …
      ;;
   pattern2)
      statement1
      …
      ;;
   pattern3)
      statement1
      …
      ;;
   *)
      statement1
      …
esac
```

在整個敘述本體中：case、in 和 esac 是關鍵字，其中要注意的是開頭使用的是 case，結尾用的是 esac。expression 的格式不固定，可以是一個變數、一個數字、一個字串，還可以是一個數學計算運算式，或者是命令的執行結果，只要可以得到 expression 的值就行。pattern 表示匹配模式，用於匹配 expression 中的值，它本身可以是一個數字、一個字串或一個簡單的正規表示法。"）" 本身是一個關鍵符號，也是固定不變的。

case in 敘述的執行邏輯：case 會將 expression 的值與匹配模式（pattern1~n）進行匹配，匹配順序是從上到下依次匹配。如果 expression 和某個模式匹配成功，就會執行這個模式後面對應的所有自訂敘述，直到遇見雙分號 ";;" 才停止，case in 敘述執行完畢。如果 expression 沒有匹配到任何一個模式，那麼就執行 "*)" 後面的自訂敘述，直到遇見雙分號 ";;" 才結束。"*)" 相當於多分支 if 敘述中的 else 關鍵字。case in 敘述可以沒有 "*)" 這部分。如果沒有匹配到任何一個模式，那麼就不執行任何操作。

註：如果 expression 沒有匹配到任何一個模式，那麼 "*)" 就可以做一些善後的工作，或者給使用者一些提示。除最後一個匹配模式外，其他匹配模式必須以雙分號 ";;" 結尾，雙分號 ";;" 表示一個匹配模式的結束，不寫會導致 Shell 指令稿執行顯示出錯。

匹配模式支援部分簡單的正規表示法，具體見表 12-10。

▼表 12-10 匹配模式支援的正規表示法

格式	含義
*	表示任意個任意字串
[abc]	表示 a、b、c 三個字元中的任意一個。例如，[15ZH] 表示 1、5、Z、H 四個字元中的任意一個
[m-n]	表示從 m 到 n 的任意一個字元。例如，[0-9] 表示 0~9 之間任意一個數字，[0-9a-zA-Z] 表示任意一個大小寫字母或數字
|	表示多重選擇，類似邏輯運算中的或運算。例如，abc | xyz 表示匹配字串 "abc" 或者 "xyz"

大家剛開始接觸 case in 敘述的格式可能會有些迷茫，畢竟與之前的 if 判斷敘述有些差別，這裡透過幾個案例讓大家理解得更深刻一些。

將輸入的數字 [1-7] 轉換成對應的一周 [週一至周日]。

```
[root@noylinux opt]# vim demo28.sh

#!/bin/bash

echo "請輸入數字 [1-7]："
read num
case $num in
        1)
          echo "Monday"
        ;;
        2)
          echo "Tuesday"
        ;;
        3)
          echo "Wednesday"
        ;;
        4)
          echo "Thursday"
        ;;
        5)
          echo "Friday"
        ;;
        6)
          echo "Saturday"
        ;;
        7)
          echo "Sunday"
        ;;
        *)
          echo "錯誤，請輸入 [1-7] 之間的數字！"
esac

[root@noylinux opt]# bash demo28.sh
請輸入數字 [1-7]：
1
Monday
```

```
[root@noylinux opt]# bash demo28.sh
請輸入數字 [1-7]：
7
Sunday
[root@noylinux opt]# bash demo28.sh
請輸入數字 [1-7]：
5
Friday
[root@noylinux opt]# bash demo28.sh
請輸入數字 [1-7]：
99
錯誤，請輸入 [1-7] 之間的數字！
```

判斷輸入的值是大寫字母、小寫字母、數字或符號中的一種。

```
[root@noylinux opt]# vim demo29.sh

#!/bin/bash

echo "請輸入一個字元，並按確認鍵確認："
read num
case $num in
        [a-z]|[A-Z])
          echo "您輸入的是字母"
        ;;
        [0-9])
          echo "您輸入的是 1 個數字"
        ;;
        [0-9][0-9])
          echo "您輸入的是 2 個數字"
        ;;
        [0-9][0-9][0-9])
          echo "您輸入的是 3 個數字"
        ;;
        [,.?!])
          echo "您輸入的是符號"
        ;;
        *)
          echo "錯誤，您輸入的值不在匹配範圍內！"
esac
```

```
[root@noylinux opt]# bash demo29.sh
請輸入 1 個字元，並按確認鍵確認：
a
您輸入的是字母

[root@noylinux opt]# bash demo29.sh
請輸入 1 個字元，並按確認鍵確認：
H
您輸入的是字母

[root@noylinux opt]# bash demo29.sh
請輸入 1 個字元，並按確認鍵確認：
6
您輸入的是一個數字

[root@noylinux opt]# bash demo29.sh
請輸入 1 個字元，並按確認鍵確認：
234
您輸入的是 3 個數字

[root@noylinux opt]# bash demo29.sh
請輸入 1 個字元，並按確認鍵確認：
.
您輸入的是符號
```

12.9.3 for 迴圈控制敘述

本章開始介紹迴圈控制敘述，顧名思義，迴圈控制敘述就是將一段程式重複執行，但並不是永遠重複執行，還需要存在兩個必要的因素：進入迴圈條件和退出迴圈條件。

常見的迴圈控制敘述有這麼幾種：

- for 迴圈控制敘述；
- while 迴圈控制敘述；
- until 迴圈控制敘述。

本章介紹的就是 for 迴圈控制敘述，當符合進入條件時，開始進行迴圈操作，若在迴圈的過程中符合了退出條件，則整個迴圈結束。

如果在整個迴圈控制敘述中只設定進入迴圈的條件，而沒有設定退出迴圈的條件，那這個迴圈本體稱為無窮迴圈，說穿了就是一直在迴圈，停不下來。無窮迴圈並不是只有壞處，像監控伺服器資源的軟體中就用到了無窮迴圈，還有好多場景也用到了無窮迴圈。大家理解的無窮迴圈應該是在不該出現無窮迴圈的地方產生了無窮迴圈，這是最壞的情況，因為這會導致整個 Shell 指令稿一直執行且停不下來，最終的處理方式只能透過 kill 命令將此指令稿的處理程序強制刪除。

1. 第一種迴圈寫法

for 迴圈敘述有兩種寫法，也可以視為有兩種迴圈方式，先看第一種迴圈方式：

```
for   variable  in  value_list ; do
   statements
done
```

註：若 for 關鍵字與 do 在同一行則必須使用分號隔開，不在一行可以不用。

在整個 for 迴圈結構中，for、in、do 和 done 這 4 個關鍵字是永遠不會變的固定格式，其中要注意的是開頭使用的是 for，結尾用的是 done。

除了 4 個關鍵字之外，variable 表示變數，value_list 表示取值列表，value_list 在下文會詳細說明。

for 迴圈結構的執行邏輯：每次迴圈時都會先從 value_list 中取出一個值並賦給變數 variable，然後進入到迴圈本體中，執行其中的自訂敘述（statements），直到取完 value_list 中的所有值，迴圈就結束了。

實踐 for 迴圈結構的執行邏輯。

```
[root@noylinux opt]# vim demo30.sh

#!/bin/bash
# 計算數字 1 ～ 6 相加的總和
sum=0
for n in 1 2 3 4 5 6
do
     echo "每次迴圈變數 n 的值 :$n"
     ((sum+=n))
     echo "每次迴圈後的總和： $sum"
     echo "----------------------"  # 注：橫線只是為了區分每一次的迴圈，並沒有特殊用處
done
echo "迴圈結束後，最終的結果： "$sum

[root@noylinux opt]# bash demo30.sh
每次迴圈變數 n 的值 :1
每次迴圈後的總和： 1
----------------------
每次迴圈變數 n 的值 :2
每次迴圈後的總和： 3
----------------------
每次迴圈變數 n 的值 :3
每次迴圈後的總和： 6
----------------------
每次迴圈變數 n 的值 :4
每次迴圈後的總和： 10
----------------------
每次迴圈變數 n 的值 :5
每次迴圈後的總和： 15
----------------------
每次迴圈變數 n 的值 :6
每次迴圈後的總和： 21
----------------------
迴圈結束後，最終的結果： 21
```

value_list 的形式有很多種，可以直接舉出具體的值，也可以舉出一個範圍，還可以使用命令產生的結果，另外還可以使用萬用字元。

（1）直接舉出具體的值：例如，1 2 3 4 5，"abc" "390" "tom"。

（2）舉出一個取值範圍：{start..end}，例如，{1..100}，{A..Z}。

（3）使用命令的執行結果：例如，$(seq 2 2 100)，$(ls *.sh)。

（4）使用 Shell 萬用字元：例如，*.sh。

> **註**：seq 是一個命令，用來產生某個範圍內的整數，並且可以設定步進值。例如，seq 2 2 100 表示從數字 2 開始，每次增加 2，到 100 結束。

value_list 可以直接舉出具體的值。在 in 關鍵字後面舉出具體的值，多個值之間以空格分隔，範例如下：

```
[root@noylinux opt]# vim demo31.sh

#!/bin/bash
for str in "你" "寫的" "書" "zai" "www.noylinux.com" "網站" "是真的棒！"
do
    echo $str
done

[root@noylinux opt]# bash demo31.sh
你
寫的
書
zai
www.noylinux.com
網站
是真的棒！
```

value_list 也可以舉出一個取值範圍，取值範圍的格式為 {start..end}，start 表示起始值，end 表示終止值（注意中間是用兩個點號相連接，而非三個點號）。一般這種方式只支援數字和字母。範例如下：

```
[root@noylinux opt]# vim demo32.sh

#!/bin/bash

# 計算從 1 加到 100 的和
sum=0
for n in {1..100}
do
    echo " 每次迴圈變數 n 的值 :$n"
    ((sum+=n))
    echo " 每次迴圈後的總和 : $sum"
    echo "---------------------"
done
echo " 迴圈結束後，1 ～ 100 相加的總和 : " $sum

# 輸出從 A 到 Z 之間的所有英文字母
echo " 列出所有大寫的英文字母 :"
for c in {A..Z}
do
    printf "%c" $c
done
echo -e "\n"

# 輸出從 a 到 z 之間的所有英文字母
echo " 列出所有小寫的英文字母 :"
for c in {a..z}
do
    printf "%c" $c
done
echo -e "\n"


[root@noylinux opt]# bash demo32.sh
每次迴圈變數 n 的值 :1
每次迴圈後的總和 : 1
---------------------
每次迴圈變數 n 的值 :2
每次迴圈後的總和 : 3
---------------------
```

```
每次迴圈變數 n 的值 :3
每次迴圈後的總和 : 6

---- 省略部分內容 -----

每次迴圈變數 n 的值 :98
每次迴圈後的總和 : 4851
----------------------
每次迴圈變數 n 的值 :99
每次迴圈後的總和 : 4950
----------------------
每次迴圈變數 n 的值 :100
每次迴圈後的總和 : 5050
----------------------
迴圈結束後，1 ～ 100 相加的總和 :  5050
列出所有大寫的英文字母 :
ABCDEFGHIJKLMNOPQRSTUVWXYZ

列出所有小寫的英文字母 :
abcdefghijklmnopqrstuvwxyz
```

value_list 使用反引號 `` 或者 $() 都可以取得命令的執行結果，範例如下：

```
[root@noylinux opt]# vim demo33.sh

#!/bin/bash

# 計算 1 ～ 100 之間所有偶數的和
sum=0
for n in $(seq 2 2 100)
do
    ((sum+=n))
done
echo "1 ～ 100 之間所有偶數的和 :" $sum

# 列出目前的目錄下的所有 Shell 指令稿 :
echo " 列出目前的目錄下的所有 Shell 指令稿 :"
for filename in $(ls *.sh)
```

```
do
    echo $filename
done

[root@noylinux opt]# bash demo33.sh
1 ～ 100 之間所有偶數的和： 2550
列出目前的目錄下的所有 Shell 指令稿：
demo1.sh
demo10.sh
----- 省略部分內容 -----
demo32.sh
demo33.sh
```

2. 第二種迴圈寫法

第二種迴圈方式的寫法：

```
for ((變數 = 初值； 條件判斷； 變數變化)) ;do
statements
done
```

在這一格式中，每個參數代表的含義如下：

- 初值：定義變數的初值。例如，i=1 表示變數 i 的初值等於 1。
- 條件判斷：例如，變數 i 的值小於等於 100，若超過則表示判斷條件不成立，結果就是退出迴圈。
- 變數變化：很多情況下這是一個帶有自動增加或自減運算的運算式，使迴圈條件隨著每次迴圈逐漸變得不成立。

for 迴圈的第二種寫法範例如下：

```
for ((i=1;i<100;i++)) ;do
   echo $i
done
```

for 迴圈結構的執行邏輯：在上述範例中，剛開始迴圈時，變數 i 的值等於 1，當迴圈一圈後，變數 i 會被加一，判斷 i 是否小於 100，若小於，條件成立，迴圈繼續，直到迴圈到變數 i 的值大於等於 100，這時，判斷條件不成立，迴圈結束。

在整個 for 迴圈中，"i<100" 表示退出條件，當這個判斷條件不成立時，迴圈就會退出，"i++" 是變數變化，使得判斷條件隨著每次迴圈逐漸變得不成立。

使用 for 迴圈計算從 1 到 100 相加的和。

```
[root@noylinux opt]# vim demo35.sh

#!/bin/bash
#計算從 1 到 100 相加的和
sum=0
for ((i=1; i<=100;i++))
do
     ((sum += i))
     echo $sum
done
echo "The sum is: $sum"

[root@noylinux opt]# bash demo35.sh
1
3
6
-----省略部分內容-----
5050
The sum is: 5050
```

上述案例的指令稿執行時期的具體工作流程如下：

（1）在執行 for 敘述時，先給變數 i 賦值為 1，然後判斷 i<=100 是否成立；因為此時 i=1，所以 i<=100 成立。接下來執行迴圈本體中的敘述，迴圈本體執行一輪後變數 sum 的值等於 1，執行自動增加運算 "i++"。自訂敘述中數學運算 "((sum += i))" 的含義是「變數 sum= 變數 sum+ 變數 i」。

（2）到第二次迴圈時，i 的值因為做了自動增加運算所以為 2，判斷條件 i<=100 成立，繼續執行迴圈本體。迴圈本體執行結束後變數 sum 的值為 3，再執行自動增加運算 "i++"。

（3）重複執行步驟（2），直到迴圈至第 101 次，此時 i 的值為 101，判斷條件 i<=100 不再成立，迴圈結束。

透過剛才的流程可以複習出來，for 迴圈的形式一般就是：

```
for (( 初始化敘述；判斷條件；變數變化 ))
do
   自訂敘述
done
```

初始化敘述、判斷條件和變數變化（自動增加或自減或其他計算方式）這三個運算式都是可選的，也都可以省略，但是要注意分號 "；" 必須保留。

省略初始化敘述。

```
[root@noylinux opt]# vim demo36.sh

#!/bin/bash
sum=0
i=1
for ((; i<=100; i++))
do
    ((sum += i))
done
echo "The sum is: $sum"

[root@noylinux opt]# bash demo36.sh
The sum is: 5050
```

可以看到在本案例中，初始化敘述 "i=1" 移到了 for 迴圈的外面。

省略判斷條件。

```
[root@noylinux opt]# vim demo37.sh

#!/bin/bash
sum=0
for ((i=1; ; i++))
do
    if ((i>100)); then
        break
    fi
    ((sum += i))
done
echo "The sum is: $sum"

[root@noylinux opt]# bash  demo37.sh
The sum is: 5050
```

沒有了判斷條件之後，如果不做其他處理這個 for 迴圈就會成為無窮迴圈，我們可以在迴圈本體內部使用 if 命令充當判斷條件，再透過 break 命令強制結束迴圈。

break 命令是 Shell 中的內建命令，跟 break 命令有同樣功能的還有一個內建命令叫 continue，這兩個命令均可以用來跳出迴圈。

省略變數變化。

```
[root@noylinux opt]# vim demo38.sh

#!/bin/bash
sum=0
for ((i=1; i<=100; ))
do
    ((sum += i))
    ((i++))
done
echo "The sum is: $sum"

[root@noylinux opt]# bash demo38.sh
The sum is: 5050
```

當省略了變數變化後，迴圈過程中就不會再對判斷條件中的變數進行修改。判斷條件就會一直成立，結果就是 for 迴圈成為無窮迴圈。因此我們在迴圈本體內部對判斷條件中變數的值進行自動增加、自減或其他計算方式，這樣判斷條件才會透過迴圈逐漸變得不成立，之後 for 迴圈才會結束。

同時省略三個運算式，這種寫法本身並沒有什麼實際的意義，在此僅為大家做個演示。

```
[root@noylinux opt]# vim demo39.sh

#!/bin/bash
sum=0
i=0
for (( ; ; ))
do
    if ((i>100)); then
       break
   fi
    ((sum += i))
    ((i++))
done
echo "The sum is: $sum"

[root@noylinux opt]# bash demo39.sh
The sum is: 5050
```

最後簡單介紹一下 break 和 continue 這兩個內建命令跳出迴圈的用法。

（1）break 命令會跳出當前迴圈，跳出當前迴圈的效果就是整個迴圈本體結束，不再進行下一輪的迴圈；

（2）continue 命令則是提前結束本次迴圈，接著執行下一輪的迴圈。

分別使用 break 命令和 continue 命令跳出迴圈。

```
[root@noylinux opt]# vim demo40.sh

#!/bin/bash
#break 命令和 continue 命令之間的區別
sum=0
for ((i=1;  ;i++))
do
    echo $i
    if (($i>3 && $i<7)); then
        echo "跳過"
        continue
    fi
    if (($i == 10)); then
        echo "退出"
        break
    fi
    ((sum += i))
done
echo "The sum is: $sum"

[root@noylinux opt]# bash demo40.sh
1
2
3
4
跳過
5
跳過
6
跳過
7
8
9
10
退出
The sum is: 30
```

透過案例可以很直觀地看出兩者的區別：continue 命令只能結束本次迴圈，接著執行下一輪迴圈，整個迴圈本體不會結束。break 命令就不一樣了，它會直接跳出當前整個迴圈，也就是整個迴圈本體結束了。

所以這兩個內建命令雖然都是跳出迴圈，但是所產生的效果是不一樣的，大家要根據需求和場景的不同來選擇不同的跳出迴圈方式。

12.9.4 while 迴圈控制敘述

while 迴圈在 Shell 指令稿中是最簡單的一種迴圈。當條件滿足時，while 迴圈會重複執行一組自訂敘述；當條件不滿足時，就退出整個 while 迴圈。

while 迴圈的語法格式如下：

```
while condition
do
   statements
done
```

在 while 迴圈敘述中，condition 表示判斷條件，statements 表示要執行的自訂敘述（可以只有一筆，也可以有多筆），do 和 done 都是固定不變的關鍵字。

while 迴圈的具體執行流程如下：

（1）對判斷條件（condition）進行判斷，如果條件成立，就進入迴圈，執行迴圈本體中的敘述，也就是 do 和 done 之間的敘述。這樣就完成了一次迴圈。

（2）每一次迴圈開始的時候都會重新判斷 condition 是否成立。如果成立，就進入迴圈，繼續執行 do 和 done 之間的敘述；如果不成立，就結束整個 while 迴圈，執行 done 後面的其他 Shell 程式。

（3）如果一開始 condition 就不成立，那麼就不會進入迴圈本體，do 和 done 之間的敘述沒有執行的機會。

註：在 while 迴圈本體中必須有對應的敘述使得判斷條件越來越趨近於不成立，只有這樣才能最終退出迴圈，否則 while 就成了無窮迴圈，會一直執行下去，永無休止。

下面透過幾個案例帶大家深入了解 while 迴圈。

使用 while 迴圈計算從 1 加到 100 的總和。

```
[root@noylinux opt]# vim demo41.sh

#!/bin/bash
i=1
sum=0
while ((i <= 100))
do
    ((sum += i))
    ((i++))
done
echo "The sum is: $sum"

[root@noylinux opt]# bash demo41.sh
The sum is: 5050
```

在 while 迴圈中，只要判斷條件成立，就會一直執行迴圈。對於這段程式而言，只要變數 i 的值小於等於 100，迴圈就會繼續。每次迴圈都會讓變數 sum 加上變數 i，再重新將新的結果值設定給變數 sum（sum=$sum+$i），接著變數 i 會加 1，開始新一輪的迴圈，直到變數 i 的值大於 100 時迴圈才會停止。自動增加運算式 "i++" 會使得 i 的值逐步增大，使得判斷條件越來越趨近於不成立，最終退出迴圈。

使用 while 迴圈做一個加法計算機，使用者每次輸入一個數字，計算所有輸入數字的和。

```
[root@noylinux opt]# vim demo43.sh
#!/bin/bash

sum=0
echo "請輸入您要計算的數字，sum 變數的值超過 1200 將結束讀取"
while read n
do
        ((sum += n))
        echo "結果:" $sum
        if (( $sum > 1200 )); then
                break
        fi
done


[root@noylinux opt]# bash  demo43.sh
請輸入您要計算的數字，sum 變數的值超過 1200 將結束讀取
13
結果: 13
41
結果: 54
199
結果: 253
3443
結果: 3696
```

12.9.5 until 迴圈控制敘述

unti 迴圈和 while 迴圈的執行邏輯恰好相反，當判斷條件不成立時才進行迴圈，一旦判斷條件成立，就終止迴圈。

unti 迴圈的語法格式如下：

```
until condition
do
   statements
done
```

在 until 迴圈敘述中，condition 表示判斷條件，statements 表示要執行的自訂敘述（可以只有一筆，也可以有多筆），do 和 done 都是固定不變的關鍵字。

until 迴圈的具體執行流程如下：

（1）對判斷條件（condition）進行判斷，如果條件不成立，就進入迴圈，執行 do 和 done 之間的敘述，這樣就完成了一次迴圈。

（2）每一次迴圈開始的時候都會重新判斷 condition 是否成立。如果不成立，就進入這次迴圈，繼續執行 do 和 done 之間的敘述；如果判斷條件成立，就結束整個 until 迴圈，執行 done 後面的其他 Shell 程式。

（3）如果一開始 condition 就成立，那麼就不會進入迴圈本體，do 和 done 之間的敘述沒有執行的機會。

註：在 until 迴圈本體中必須有對應的敘述使得判斷條件越來越趨近於成立，只有這樣才能最終退出迴圈，否則 until 就成了無窮迴圈，會一直執行下去，永無休止。

使用 until 迴圈計算從 1 加到 100 的總和。

```
[root@noylinux opt]# vim demo44.sh

#!/bin/bash
i=1
sum=0
until ((i > 100))
do
    ((sum += i))
    ((i++))
done
echo "The sum is: $sum"
```

```
[root@noylinux opt]# bash demo44.sh
The sum is: 5050
```

在 while 迴圈中，判斷條件為 ((i<=100))，這裡將判斷條件改為 ((i>100))，兩者恰好相反。

CHAPTER

13

定時任務

13.1 定時任務簡介

本章講的是定時任務，顧名思義，就是指定一個時間或者一個週期讓 Linux 作業系統自動完成一系列的任務。

本書的各章之間都是相互連結的，這一章同樣如此，定時任務可以與 Shell 指令稿配合起來使用。

Linux 運行維護工程師在企業中的很多操作都是靠 Shell 指令稿來完成的，特別是一些重複性的簡單操作。例如，清理記錄檔、系統資訊擷取、同步時間和備份重要檔案等。這些任務並不是做一次就完事，每天或每週都要去做，那就需要學習本章的定時任務配合完成工作。

定時任務類似於我們平時生活中的鬧鈴，定點去工作。工作的內容主要是一些週期性的任務，比如晚上 11 點備份資料、凌晨 0 點清理記錄檔、凌晨 1 點同步各個伺服器之間的時間等。

13.2 使用者等級的定時任務（命令）

在 Linux 作業系統中若想使用定時任務，就需要掌握 crontab 命令，這筆命令專門用來設定週期性執行的任務。

在介紹 crontab 命令之前，要先介紹 crond。為什麼呢？因為 crontab 命令得依靠 crond 服務支援，crond 是 Linux 作業系統中用來週期性執行某種任務或等待處理任務的一個守護處理程序。這樣解釋屬實有些官方，通俗一些説，crond 是一個服務，當這個服務啟動後它會一直在後台執行，那這個服務是怎麼工作的呢？需要使用 crontab 命令進行設定，crontab 會命令 crond：「每天晚上 11 點讓某個 Shell 指令稿執行一下」，或者命令 crond：「每週三中午 12 點執行一下某筆命令」……

crontab 是一個工具，專門用來設定各種定時任務，具體去實現這些任務的是 crond 服務。

crond 服務的啟動和自啟動方法如下：

```
[root@noylinux mnt]# systemctl    start crond       # 啟動 crond 服務
[root@noylinux mnt]# systemctl    enable  crond     # 設為開機自啟動
[root@noylinux mnt]# ps -ef | grep crond            # 查詢 crond 服務是否已啟動
root        1344       1  0 10:27 ?        00:00:00 /usr/sbin/crond -n

[root@noylinux mnt]# systemctl status  crontab      # 查看 crond 服務的狀態
Unit crontab.service could not be found.
[root@noylinux mnt]# systemctl status  crond
● crond.service - Command Scheduler
   Loaded: loaded (/usr/lib/systemd/system/crond.service; enabled; vendor
preset: e>
   Active: active (running) since Sun 2022-12-05 10:27:48 CST; 11h ago
 Main PID: 1344 (crond)
    Tasks: 1 (limit: 23376)
   Memory: 1.6M
   CGroup: /system.slice/crond.service
           └─1344 /usr/sbin/crond -n
```

crond 服務每分鐘都會檢查是否有要執行的任務，如果有則會自動執行該任務。在作業系統安裝完成後，預設就會安裝 crond 服務和 crontab 工具，crond 服務預設是開機自啟動的。

啟用週期性任務有一個前提條件，即對應的系統服務 crond 服務必須已經執行。我們可以透過 /etc/cron.allow 和 /etc/cron.deny 這兩個檔案來控制使用者是否可以使用 crontab 命令，控制方法也非常簡單：

- /etc/cron.allow：只有寫入此檔案的使用者可以使用 crontab 命令，沒有寫入的使用者不能使用 crontab 命令。優先順序最高。
- /etc/cron.deny：寫入此檔案的使用者不能使用 crontab 命令，沒有寫入檔案的使用者可以使用 crontab 命令。

註：Linux 作業系統中預設只存在 /etc/cron.deny 檔案，/etc/cron.allow 檔案需自行建立。所有使用者透過 crontab 命令設定定時任務時，設定檔預設都存放在 /var/spool/cron 中，檔案名稱以使用者名稱命名。

在 Linux 作業系統中，每個使用者都可以實現自己獨有的 crontab 定時任務，只需要使用使用者身份執行 crontab -e 命令即可。當然，寫入到 /etc/cron.deny 檔案中的使用者不能執行此命令。

crontab 命令的語法格式如下：

```
crontab  -e  [-u  使用者名稱 ]
crontab  -l  [-u  使用者名稱 ]
crontab  -r  [-u  使用者名稱 ]
```

上述命令分別表示編輯計畫任務、查看計畫任務和刪除計畫任務。root 使用者可以管理一般使用者的計畫任務，一般使用者只能管理自己的計畫任務。

註：使用者只需要執行 crontab -e 命令，系統會自動呼叫文字編輯器（預設為 Vim 編輯器）並開啟檔案 /var/spool/cron/ 使用者名稱，無須手動指定任務列表中檔案的位置。

當使用者執行 crontab -e 命令設定定時任務時，會發現初次開啟的是一個空檔案，這個空檔案也有固定的語法格式，需要按照固定的格式設定定時任務。

```
[root@noylinux mnt]# crontab  -e

50 1 * * *  systemctl stop sshd
50 7 * * *  systemctl start sshd
```

使用 crontab 命令設定定時任務的語法格式如下：

```
時間週期設定：                                   任務內容設定：
 50     3      2      1      *       run_command
分鐘    小時    日期    月份    星期     要執行的命令
```

各參數的含義如下：

- 分鐘：取值為從 0 到 59 之間的任意整數。
- 小時：取值為從 0 到 23 之間的任意整數。
- 日期：取值為從 1 到 31 之間的任意整數。
- 月份：取值為從 1 到 12 之間的任意整數。
- 星期：取值為從 0 到 7 之間的任意整數，0 或 7 代表星期日。
- 要執行的命令：要執行的命令或程式指令稿等。

總共有 6 個欄位，前 5 個欄位用來指定任務重複執行的時間規律，第 6 個欄位用於指定具體的任務內容。在 crontab 任務設定記錄中，所設定的命令在「分鐘 + 小時 + 日期 + 月份 + 星期」都滿足的條件下才會執行。

時間週期的設定除了使用整數之外，還有一些特殊的符號表示方法：

- *：該範圍內的任意時間。
- ,：間隔的多個不連續時間點。
- -：一個連續的時間範圍。
- /：指定間隔的時間頻率。

這裡列舉幾個例子幫助大家理解這些特殊的符號表示方法：

- 0 23 * * 1-5：週一到週五每天 23:00。
- 30 2 * * 1,3,5：週一、週三、週五的 2 點 30 分。
- 0 8-18/2 * * *：每天 8 點到 18 點之間每隔 2 小時。

到這裡大家應該對前 5 個時間欄位非常熟悉了，那第 6 個欄位呢？第 6 個欄位既可以設定定時執行系統命令，也可以設定定時執行某個 Shell 指令稿，我們透過幾個案例演示一下。

範例

每天淩晨 1:50 停止 sshd 服務，防止員工遠端登入伺服器，到早上 7:50 再啟動 sshd 服務，讓員工可以登入伺服器進行工作。

```
[root@noylinux ~]# crontab -e

50 1 * * *  systemctl stop sshd
50 7 * * *  systemctl start sshd
```

每 3 分鐘備份一次 /etc/passwd 檔案，並將備份的檔案備註上時間日期。

```
[root@noylinux ~]# mkdir /opt/PasswdBak  #建立備份檔案夾

[root@noylinux ~]# crontab -e  #設定定時任務

[root@noylinux ~]# date  #記一下時間
2022年 08月 22日 星期一 23:22:20 CST

[root@noylinux ~]# crontab  -l #查看剛才設定好的定時任務
*/3 * * * * /usr/bin/cp  -rf  /etc/passwd    /opt/PasswdBak/passwd-$(date
+\%Y\%m\%d\%H\%M\%S)

[root@noylinux ~]# date #等一小會
2022年 08月 22日 星期一 23:28:38 CST

[root@noylinux ~]# ll /opt/PasswdBak/  #定時任務已自動執行了兩次
```

```
總用量 8
-rw-r--r--. 1 root root 2793  8月  22  23:24  passwd-20220822232401
-rw-r--r--. 1 root root 2793  8月  22  23:27  passwd-20220822232701
```

檔案備份的時間週期建議一天一次或一週一次即可，案例中為了演示才把時間週期設定得這麼短。

每 3 分鐘執行一次 Shell 指令稿。

```
[root@noylinux opt]# vim  demo47.sh # 寫一個 Shell 指令稿，往 date.txt 中記錄時間
#!/bin/bash
echo "現在的時間是：`date +"%Y-%m-%d %H:%M:%S"`"  >> /opt/date.txt

[root@noylinux opt]# crontab -e     # 設定定時任務，使其每兩分鐘執行一次 Shell 指令稿

[root@noylinux opt]# date # 記一下時間
2022年 08月 22日 星期一 23:55:45 CST

[root@noylinux opt]# crontab -l     # 查看剛才設定好的定時任務
*/2 * * * *   /bin/bash  /opt/demo47.sh

[root@noylinux opt]# date # 等一小會
2022年 08月 23日 星期二 00:02:14 CST

[root@noylinux opt]# cat /opt/date.txt  # 定時任務按定義設定正常執行中
現在的時間是：2022-08-22 23:56:01
現在的時間是：2022-08-22 23:58:01
現在的時間是：2022-08-23 00:00:01
現在的時間是：2022-08-23 00:02:01
```

這個任務在實際工作中沒有任何意義，但是可以很直接地驗證定時任務是否可以正常執行，另外透過本案例還給大家演示了如何將定時任務和 Shell 指令稿配合起來使用。

使用一般使用者設定定時任務。

```
[root@noylinux ~]# su - xiaozhou     # 切換到一般使用者

[xiaozhou@noylinux ~]$ crontab -e   # 設定定時任務
```

```
no crontab for xiaozhou - using an empty one

[xiaozhou@noylinux ~]$ crontab -l          # 查看剛才設定好的定時任務
*/2 * * * *  /usr/bin/echo  "1111111"  >> /home/xiaozhou/date.txt

[xiaozhou@noylinux ~]$ date                # 記一下時間
2022 年 08 月 23 日 星期二 16:33:47 CST

[xiaozhou@noylinux ~]$ date                # 等一小會
2022 年 08 月 23 日 星期二 16:38:48 CST

[xiaozhou@noylinux ~]$ cat date.txt        # 一般使用者的定時任務正常執行中
1111111
1111111
1111111

[xiaozhou@noylinux ~]$ su - root           # 切換到 root 使用者
密碼：

[root@noylinux ~]# crontab -l              # 預設查看自己設定的定時任務
*/2 * * * *   /bin/bash  /opt/demo47.sh

[root@noylinux ~]# crontab -l -u xiaozhou  # 查看指定使用者設定的定時任務
*/2 * * * *  /usr/bin/echo  "1111111"  >> /home/xiaozhou/date.txt
```

註：使用一般使用者設定定時任務時，請注意許可權問題。

13.3 系統等級的定時任務（設定檔）

上文給大家演示了怎樣透過 crontab 命令設定定時任務，每個使用者都可以設定專屬於自己的定時任務，這裡再強調一下，每個使用者在設定定時任務時還要考慮到自身許可權的問題。

既然有使用者等級的定時任務，必然也會存在系統等級的定時任務。系統等級的定時任務需要用到設定檔 /etc/crontab。

不知道大家有沒有注意到，在上文使用 crontab 命令設定定時任務時並沒有指定使用者，這是因為在透過 crontab -e 命令設定定時任務時，預設使用的身份是當前登入使用者。而在透過修改 /etc/crontab 設定檔執行定時任務時，定時任務的執行者身份是可以手動指定的。這使得定時任務的執行變得更加靈活，修改起來也更加方便。

開啟設定檔 /etc/crontab：

```
[root@noylinux ~]# cat /etc/crontab
SHELL=/bin/bash
PATH=/sbin:/bin:/usr/sbin:/usr/bin
MAILTO=root

# For details see man 4 crontabs

# Example of job definition:
# .---------------- minute (0 - 59)
# |  .------------- hour (0 - 23)
# |  |  .---------- day of month (1 - 31)
# |  |  |  .------- month (1 - 12) OR jan,feb,mar,apr ...
# |  |  |  |  .---- day of week (0 - 6) (Sunday=0 or 7) OR
                     sun,mon,tue,wed,thu,fri,sat
# |  |  |  |  |
# *  *  *  *  * user-name  command to be executed
```

在設定檔中，SHELL 表示指定使用哪種 Shell，PATH 表示指定 PATH 環境變數，MAILTO 表示將任務的輸出的結果發送到指定的電子郵件。/etc/crontab 設定定時任務的語法格式如下：

```
 50    3     2     1     *     user-name        run_command
分鐘  小時  日期  月份  星期  使用者名稱        要執行的命令
```

相比 crontab 命令，/etc/crontab 多出了一個 user-name 欄位，該欄位用來定義使用者名稱，表示在執行定時任務時所採用的使用者身份。

我們將之前演示過的那些定時任務設定到 /etc/crontab 檔案中，其實效果都是一樣的，只不過多了表示使用者身份的欄位，範例如下：

```
[root@noylinux ~]# vim  /etc/crontab

SHELL=/bin/bash
PATH=/sbin:/bin:/usr/sbin:/usr/bin
MAILTO=root

# For details see man 4 crontabs

# Example of job definition:
# .---------------- minute (0 - 59)
# |  .------------- hour (0 - 23)
# |  |  .---------- day of month (1 - 31)
# |  |  |  .------- month (1 - 12) OR jan,feb,mar,apr ...
# |  |  |  |  .---- day of week (0 - 6) (Sunday=0 or 7) OR
                    sun,mon,tue,wed,thu,fri,sat
# |  |  |  |  |
# *  *  *  *  * user-name  command to be executed

*/2  *  *  *  *  xiaozhou  /usr/bin/echo  "123456!!"  >> /home/xiaozhou/date.txt
*/3  *  *  *  *  root      /bin/bash  /opt/demo47.sh
*/3  *  *  *  *  root      /usr/bin/cp  -rf  /etc/passwd   /opt/PasswdBak/
passwd-$(date +\%Y\%m\%d\%H\%M\%S)

[root@noylinux ~]# date# 記一下時間
2022年 08月 23日 星期二 17:54:45 CST

[root@noylinux ~]# date# 等一小會
2022年 08月 23日 星期二 18:00:32 CST

[root@noylinux ~]# ll /opt/PasswdBak/
-rw-r--r--. 1 root root 2560  08月 23 17:54 passwd-20220823175401
-rw-r--r--. 1 root root 2560  08月 23 17:57 passwd-20220823175701
-rw-r--r--. 1 root root 2560  08月 23 18:00 passwd-20220823180001

[root@noylinux ~]# cat /home/xiaozhou/date.txt
# 透過 crontab 命令和設定檔設定的兩個定時任務同時在執行，互不影響
----- 省略部分內容 -----
1111111
123456!!
1111111
```

```
123456!!
1111111
123456!!
1111111
123456!!

[root@noylinux ~]# cat /opt/date.txt
# 看結果，透過 crontab 命令和透過設定檔設定的兩個定時任務同時在執行，互不影響
現在的時間是：2022-08-23 17:54:01
現在的時間是：2022-08-23 17:54:01
現在的時間是：2022-08-23 17:56:01
現在的時間是：2022-08-23 17:57:01
現在的時間是：2022-08-23 17:58:01
現在的時間是：2022-08-23 18:00:01
現在的時間是：2022-08-23 18:00:01
現在的時間是：2022-08-23 18:02:01
現在的時間是：2022-08-23 18:03:02

[root@noylinux ~]# crontab  -l
*/2 * * * *   /bin/bash  /opt/demo47.sh
```

只要將定時任務儲存到 /etc/crontab 檔案中，這個定時任務就可以執行了。當然，必須確定 crond 服務是正常執行的。

由範例可見，透過 crontab 命令和透過設定檔設定的定時任務之間是互不影響的，而且在 /etc/crontab 設定檔中設定的定時任務並不會透過 crontab 命令展示出來。

CHAPTER

14

Web 伺服器架構系列之 Nginx

14.1 引言

在學習 Linux 的路上，架設網站是必須邁過去的一個門檻，也是作為一名 Linux 運行維護工程師必須掌握的技能，那可能有讀者要問了：「架設網站都需要掌握什麼技術呢？」筆者的答案是，LNMP 和 LAMP 這兩套網站伺服器架構是務必要掌握的。

剛開始接觸 Linux 作業系統的使用者對這兩個名詞可能會有些陌生，LNMP 和 LAMP 分別指的是一組通常一起使用來執行或架設動態網站或者伺服器的開放原始碼軟體的字首縮寫：

- L：Linux 作業系統。
- A：Apache，屬於 Web 伺服器。
- N：Nginx，屬於 Web 伺服器。
- M：MariaDB 或 MySQL 資料庫，用來儲存網站資料。
- P：通常指的是 PHP，也可以是 Python 或 Perl，屬於指令碼語言。

註：Web 伺服器一般是指網站伺服器，可以放置網站檔案。

LNMP 和 LAMP 這兩套架構的區別在於是採用 Nginx 還是 Apache 作為 Web 伺服器，二者選其一即可。LNMP 和 LAMP 架構圖如圖 14-1 所示。

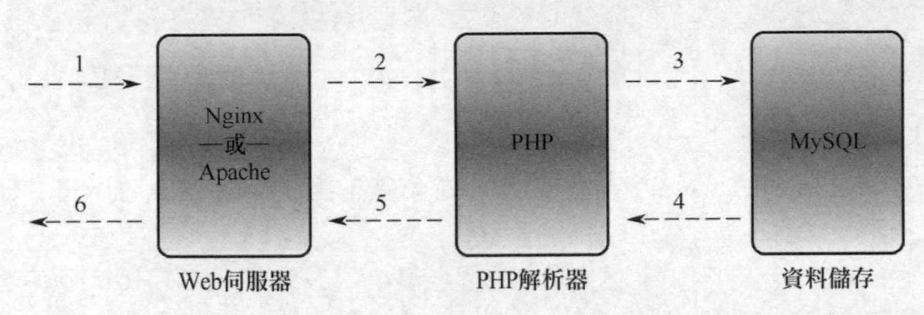

▲ 圖 14-1　LNMP 和 LAMP 架構圖

在企業中，架設和維護網站是 Linux 運行維護工程師的主要工作之一，所以從本章至　第 19 章，筆者會把主要篇幅放在架設網站所用到的各種主流軟體上，其中就包括 LNMP 和 LAMP。最後會在第 20 章把之前所講的內容統一整合起來，一步步教大家架設一個網站。

本章重點介紹 Nginx，Nginx 屬於 Web 伺服器，專門用來執行網站。作為 Web 伺服器，Nginx 的作用主要有以下幾點：

- 建立連接：接受或拒絕用戶端連接請求。
- 接受請求：透過網路讀取 HTTP 請求封包。
- 處理請求：解析請求封包並做出對應的動作。
- 存取資源：存取請求封包中對應的資源。
- 建構回應：使用正確的首部生成 HTTP 回應封包。
- 發送回應：向用戶端發送生成的回應封包。
- 記錄記錄檔：將已經完成的 HTTP 事務記錄進記錄檔。

Nginx 由俄羅斯的程式設計師 Igor Vladimirovich Sysoev 開發並於 2004 年第一次公開發佈，他在剛開始設計這款軟體時，對它的定位就是輕量級、高性能的 Web 伺服器和反向代理伺服器。這裡所描述的高性能主要是指併發性強、穩定性高。

圖 14-2 是來自英國 Netcraft 公司的調研資料，呈現的是截至 2021 年的 Web 伺服器市場調查統計。

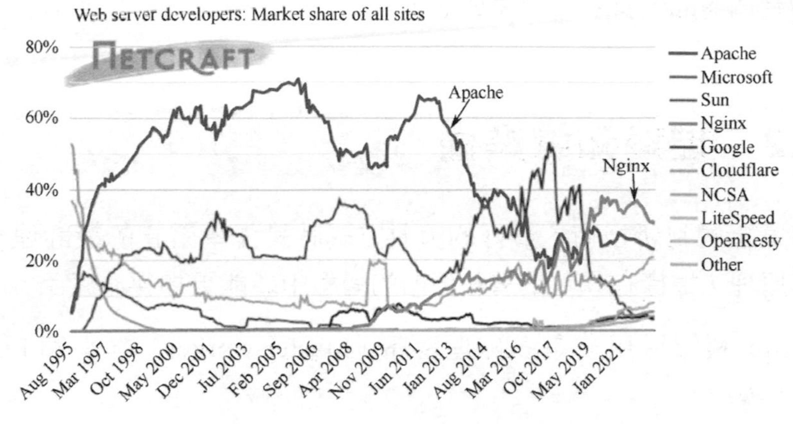

▲ 圖 14-2　Web 伺服器市場調查統計

這份調查統計了來自全球 1155729496 個網站的 Web 伺服器使用情況，透過這幅圖就能了解到，Nginx 從 2007 年開始就慢慢進入大家的視線，經過多年發展，在 Web 伺服器的市佔率已經超過 Apache，位列世界第一名。在 1996 年至 2016 年間，Apache 獨佔鰲頭，幾乎就沒有一個 Web 產品能與它抗衡，其市佔率最輝煌時達到 70% 多，但到了 2020 年，Nginx 的市佔率超過 Apache，成為新的世界第一。

為什麼 Nginx 這麼受歡迎？主要是由於 Nginx 的優良特性，包括以下幾點：

- 跨平臺：能在 Linux、Windows、FreeBSD、macOS、Solaris 等作業系統上執行。
- 開放原始碼：將原始程式碼以類似 BSD 許可證的形式發佈。
- 高度模組化設計：擁有大量的官方模組和協力廠商模組，而且在 1.9.11 及更新的版本中支援動態模組載入。
- 支持熱部署：能夠在不間斷服務的情況下進行軟體版本的升級。
- 低消耗高性能：據官方統計，10000 個不活動的 HTTP keep-alive 連接佔用大約 2.5 MB 記憶體。

本章內容以企業中 Nginx 的真實應用場景為出發點，涉及的基礎知識包括 Nginx 的特性、安裝部署方式、設定檔中每一行的作用等，同時會介紹幾個 Nginx 實戰中常用的必備技能。

14.2 理論知識準備

每當接觸到新技術，最好的吸收方式就是先學習它的設計理念和內部工作原理，這樣在學習部署和偵錯的過程中才能更加得心應手。

Nginx 預設採用的是多處理程序（Master-worker）模型和 I/O 多工（Epoll）模型。

1. 多處理程序（Master-worker）模型

Nginx 在啟動後會以守護處理程序（Daemon）的方式在後台執行，後台處理程序包含一個 master 處理程序和多個相互之間獨立的 worker 處理程序。所以，Nginx 是以多處理程序的方式工作，這也是 Nginx 的預設工作方式。

master 處理程序和 worker 處理程序的主要作用如下：

- master：負責讀取設定檔並驗證其內容有效性和正確性；建立、監聽和管理 TCP 通訊端（socket）；按照設定檔生成、監控、管理 worker 處理程序；當有 worker 處理程序異常退出時，會自動啟動新的 worker 處理程序來代替；接收管理事件訊號。
- worker：負責接收用戶端的連接請求並進行處理；處理完成後發送請求結果，回應用戶端；接收 master 的訊號。

master 處理程序和 work 處理程序之間的工作流程如圖 14-3 所示。

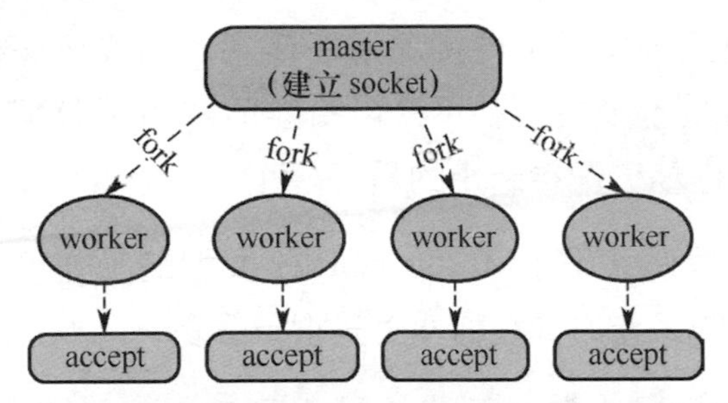

▲ 圖 14-3　master 處理程序和 work 處理程序之間的工作流程

首先 master 處理程序會呼叫 listen 命令建立 TCP 通訊端並進行監聽，接著按照 Nginx 設定檔呼叫 fork 建立指定數量的 worker 處理程序，這些 worker 處理程序將繼承父處理程序的 sockfd，之後 worker 處理程序內部呼叫 accept 等待連接請求，當有用戶端的連接請求到達時，由於所有 worker 處理程序都繼承了 master 處理程序的 sockfd，這些 worker 處理程序將被同時喚醒並先佔連接請求，最終只有一個 worker 處理程序先佔到該連接請求並建立 TCP 連接，其他先佔不到連接請求的 worker 處理程序會重新進入阻塞狀態，等待下一個連接請求。

先佔到連接請求的 worker 處理程序就開始讀取並解析該連接請求，並對這個連接請求進行處理，處理完成後會產生資料結果，再將資料結果回應給用戶端，最後斷開連接，這樣就完成了一個完整的請求。

一個完整的連接請求過程包括接收→讀取→解析→處理→傳回結果→斷開，整個過程完全由 worker 處理程序進行處理，且只能在一個 worker 處理程序中完成此流程。

master 處理程序還有一個作用就是負責監控這些 worker 處理程序的健康狀況，假如有一個 worker 處理程序突然出現異常退出，master 處理程序會再 fork 新的 worker 處理程序來代替。

Master-worker 模型的工作流程其實很好理解，它非常貼近於我們現實生活。在現實生活中，假設一個公司裡有一個主管和很多員工，主管的作用就是管理這些員工，當主管接到某項任務時，肯定不會親自經手任務，而是讓員工去執行；再接到新任務時，則讓另一個員工去做。若某個員工突然離職了，主管就不會再給離職的員工分配工作，而是會再招人，並繼續將任務分配給新來的員工。

這樣就很好理解了吧，Master-worker 模型的工作流程跟上面所說的主管跟員工之間的工作方式在邏輯上是很一致的。

大家有沒有想過，當一個連接請求到來時，這些相互之間獨立的 worker 處理程序被同時喚醒並先佔連接請求，這對於 Nginx 來說真的是一種好現象嗎？

其實，worker 處理程序因為一個連接請求而被同時喚醒的過程是非常耗費系統資源的，我們設想一下，當一個請求到來時，大量的 worker 處理程序本來在沉睡中，一下子全都被喚醒，然而最終只能有一個 worker 處理程序可以成功處理這個請求。爭搶請求的過程會對系統造成極大的性能損耗，不僅造成資源的浪費，還會降低系統性能，這種現象就叫「accept 驚群效應」，如圖 14-4 所示。

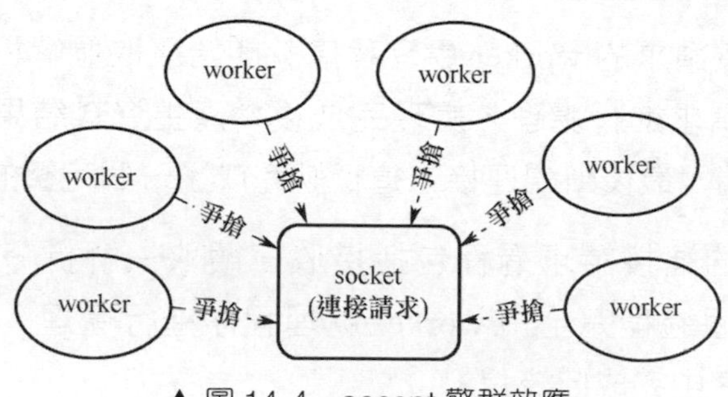

▲ 圖 14-4　accept 驚群效應

有沒有什麼措施能夠防止這種現象發生呢？有的！Nginx 本身提供了 "accept_mutex" 互斥鎖，專門用來解決驚群效應，其原理是所有 worker 處理程序的 listenfd 會在新連接請求到來之前變得可讀，目的是保證只有一個 worker 處理程序處理該連接請求，所有 worker 處理程序在註冊 listenfd 讀取事件前搶這個互斥鎖，搶到互斥鎖的 worker 處理程序才有資格透過監聽獲取連接請求並建立 TCP 連接，這樣就能確保同一時刻只會有一個 worker 處理程序對接連接請求。互斥鎖機制如圖 14-5 所示。

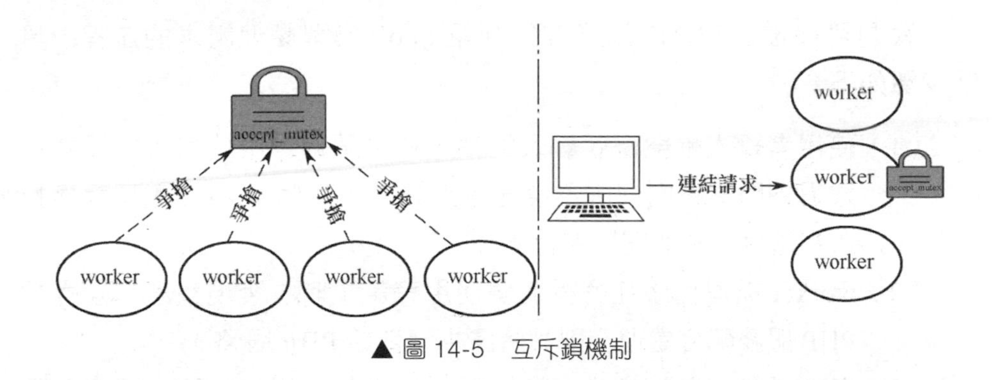

▲ 圖 14-5 互斥鎖機制

Nginx 在 1.11.3 版本之前預設啟動 "accept_mutex" 互斥鎖。之後 Linux 核心 4.5 版本引入了 EPOLLEXCLUSIVE 標識位元，這個解決方案與互斥鎖機制類似，不同的是，若有監聽事件發生，喚醒的可能不止一個處理程序。Nginx 從 1.11.3 版本開始採用該解決方案，預設關閉 "accept_mutex" 互斥鎖。

上文在介紹 Nginx 的時候提到了「高併發」的特性，對於 Nginx 而言，它是怎麼實現高併發的呢？下面我們就聊聊 Nginx 實現高併發的秘密。

2. I/O 多工（Epoll）模型

Nginx 預設採用 I/O 多工（Epoll）模型，透過非同步非阻塞的事件處理機制，實現輕量級和高併發。

圖 14-6 舉出了 LNMP 架構互動流程，該架構的伺服器中部署了 Nginx、PHP、MySQL 三種服務，並透過這三種服務架設了一套 PHP 語言撰寫的購物網站。

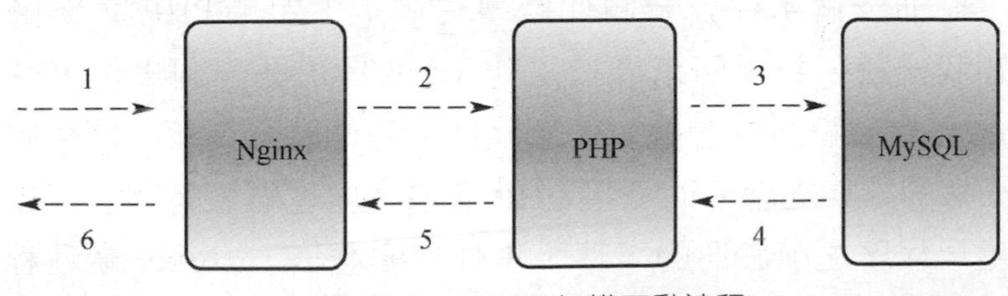

▲ 圖 14-6 LNMP 架構互動流程

我們可以透過 LNMP 架構詳細介紹 Epoll 模型處理請求的流程，具體步驟如下。

（1）使用者輸入帳號密碼登入網站，在這個過程中使用者的電腦會透過網際網路向伺服器發送動態請求，某個 worker 處理程序接收到這個請求並開始進行處理。

（2）worker 處理程序在解析這個使用者請求時，發現該請求還需要 PHP 服務配合處理，則又將請求轉發給 PHP 服務。

（3）PHP 服務接收到請求，透過解析發現是使用者的登入請求，但是所有的使用者資料都存放在 MySQL 資料庫裡，因此，PHP 服務存取 MySQL 資料庫，查看到底有沒有這個使用者。

（4）MySQL 資料庫將查詢結果傳回給 PHP 服務，透過傳回的結果 PHP 知道確實存在這個使用者。

（5）PHP 將結果傳回給 worker 處理程序。

（6）worker 處理程序接收到結果後又回應給使用者，使用者成功登入網站。

以上是處理請求的整個流程，那 Epoll 模型呢？怎麼一點它的影子都沒有看到？別著急，重點來了！

在步驟（2）中，worker 處理程序將使用者請求交給 PHP 服務處理，PHP 服務又與後面的資料庫進行互動。這個時候 worker 處理程序就這麼「傻傻地」等待著 PHP 服務的處理結果嗎？

不會的！ Epoll 模型支援水準觸發和邊緣觸發，其最大的特點就是邊緣觸發。worker 處理程序並不會一直等待著，它會在將請求交給 PHP 服務後，註冊一個事件，一個什麼事件呢？「如果 PHP 服務傳回結果了，通知我一聲，我再回來繼續工作」，就是這麼一個事件，註冊完事件後 worker 處理程序就會處於休息狀態。若此時又有新的請求進來，它會按照一樣的方式處理。而一旦 PHP 服務將處理結果傳回了，就會觸發 worker 處理程序之前註冊的事件，事件被觸發後，worker 處理程序會馬上接手，執行步驟（5）和（6）的操作。

再給大家舉個現實中的例子。蓋房子大家應該都很熟悉吧？把磚抹上水泥，然後一塊一塊地蓋成房子，我們就以這個例子進行類比。

由圖 14-7 可見，蓋房子的工人遞磚，這裡的磚就相當於使用者請求，小工接過來遞給抹水泥的工人，抹水泥也需要時間啊，難道還要等後面的工人抹水泥嗎？不需要等，可以跟後面的抹水泥工人説：「等你抹好了水泥，喊我一聲，我再過來繼續工作」，這就相當於建立了一個事件，此時小工就可以去休息了，若後續蓋房子工人再將新的磚遞給小工，還是按一樣的方式處理。而一旦抹水泥工人將水泥抹好了，他就會叫小工，這個過程相當於「觸發了事件」，小工會立即過來處理抹好水泥的磚。

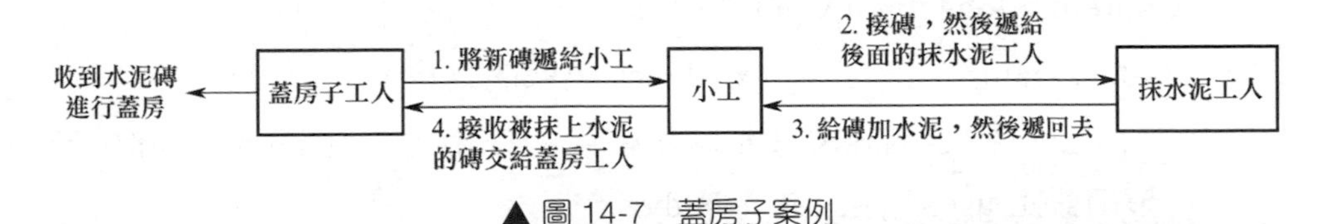

▲ 圖 14-7　蓋房子案例

註：關於 Epoll 模型，筆者本來想用官方介紹的方式給大家介紹，但是官方介紹包含很多技術性的專業詞彙，對於剛入門的朋友來說可能不太容易理解。

14.3 Nginx 的兩種部署方式

本節介紹 Nginx 服務的安裝部署，安裝方式有兩種：一種是透過手動編譯 Nginx 原始程式套件的方式進行安裝；另一種是透過 Yum/DNF 軟體套件管理器安裝。這兩種安裝方式在企業中都很常用。

1. 手動編譯 Nginx 原始程式套件

在安裝 Nginx 之前，先簡單介紹一下常用的編譯選項：

- --prefix=：指定 Nginx 的安裝路徑。如果沒有指定，預設為 /usr/local/nginx。
- --sbin-path=：Nginx 可執行檔的安裝路徑。只能在安裝時指定，若沒有指定，預設為 <prefix>/sbin/nginx。
- --conf-path=：指定 Nginx 設定檔的路徑。
- --error-log-path=：若 Nginx 設定檔中沒有指定錯誤記錄檔位置，預設錯誤記錄檔的存放路徑。
- --http-log-path=：在 nginx.conf 中沒有指定 access_log 指令的情況下，預設的存取記錄檔的路徑。
- --pid-path=：指定 Nginx 的 PID 檔案路徑。若沒有指定，預設為 <prefix>/logs / nginx.pid。
- --lock-path=：指定 Nginx 的 lock 檔案的路徑。
- --user=：指定 Nginx 啟動時所使用的使用者，在 nginx.conf 中若沒有設定 user，預設為 nobody。
- --group=：指定 Nginx 啟動時所使用的群組，在 nginx.conf 中若沒有設定 group，預設為 nobody。
- --with-http_ssl_module：開啟 HTTP SSL 模組，使 Nginx 可以支援 HTTPS 請求。這個模組需要提前安裝 OpenSSL 服務。
- --with-http_flv_module：啟用 ngx_http_flv_module 模組。
- --with-http_stub_status_module：啟用 server status 頁。
- --with-http_gzip_static_module：啟用 gzip 壓縮功能。
- --http-client-body-temp-path=：設定 http 用戶端請求主體暫存檔案的路徑。
- --http-proxy-temp-path=：設定 http 代理暫存檔案的路徑。
- --http-fastcgi-temp-path=：設定 http fastcgi 暫存檔案的路徑。
- --with-pcre=：指定 PCRE 函數庫的原始程式碼目錄，PCRE 函數庫支援正規表示法，可以讓我們在設定檔 nginx.conf 中使用正規表示法。

Nginx 原始程式套件的版本選用 1.16.1，這是目前一個較低的版本，裝這個低版本的目的是方便在下文演示 Nginx 平滑升級。高低版本之間的編譯步驟並沒有什麼差異，具體步驟如下：

（1）將 Nginx 的原始程式套件及 PCRE 原始程式套件上傳至伺服器中，並解壓。

```
[root@noylinux opt]# pwd
/opt
[root@noylinux opt]# ls
nginx-1.16.1.tar.gz  pcre-8.42.tar.gz
[root@noylinux opt]# tar xf nginx-1.16.1.tar.gz
[root@noylinux opt]# tar xf pcre-8.42.tar.gz
[root@noylinux opt]# ls
nginx-1.16.1  nginx-1.16.1.tar.gz  pcre-8.42  pcre-8.42.tar.gz
```

（2）進入解壓後的 Nginx 目錄下，透過 configure 關鍵字和編譯選項檢測目前作業系統的環境是否支援本次編譯安裝。

```
[root@noylinux opt]# cd nginx-1.16.1/
[root@noylinux nginx-1.16.1]# ./configure \
>    --prefix=/usr/local/nginx\
>    --sbin-path=/usr/local/nginx/sbin/nginx \
>    --conf-path=/usr/local/nginx/conf/nginx.conf \
>    --error-log-path=/usr/local/nginx/log/error.log \
>    --http-log-path=/usr/local/nginx/log/access.log \
>    --pid-path=/var/run/nginx/nginx.pid \
>    --lock-path=/var/lock/nginx.lock \
>    --user=nginx \
>    --group=nginx \
>    --with-http_ssl_module \
>    --with-http_flv_module \
>    --with-http_stub_status_module \
>    --with-http_gzip_static_module \
>    --http-proxy-temp-path=/usr/local/nginx/proxy_temp \
>    --http-fastcgi-temp-path=/usr/local/nginx/fastcgi_temp \
>    --http-uwsgi-temp-path=/usr/local/nginx/uwsgi_temp \
>    --http-scgi-temp-path=/usr/local/nginx/scgi_temp \
>    --with-pcre=/opt/pcre-8.42
```

```
checking for OS
 + Linux 4.18.0-348.el8.0.2.x86_64 x86_64
checking for C compiler ... found
 + using GNU C compiler
 + gcc version: 8.5.0 20210514 (Red Hat 8.5.0-3) (GCC)
checking for gcc -pipe switch ... found
----- 省略部分內容 -----
Configuration summary
  + using PCRE library: /opt/pcre-8.42
  + using system OpenSSL library
  + using system zlib library

  nginx path prefix: "/usr/local/nginx"
  nginx binary file: "/usr/local/nginx/sbin/nginx"
  nginx modules path: "/usr/local/nginx/modules"
  nginx configuration prefix: "/usr/local/nginx/conf"
  nginx configuration file: "/usr/local/nginx/conf/nginx.conf"
  nginx pid file: "/var/run/nginx/nginx.pid"
  nginx error log file: "/usr/local/nginx/log/error.log"
  nginx http access log file: "/usr/local/nginx/log/access.log"
  nginx http client request body temporary files: "client_body_temp"
  nginx http proxy temporary files: "/usr/local/nginx/proxy_temp"
  nginx http fastcgi temporary files: "/usr/local/nginx/fastcgi_temp"
  nginx http uwsgi temporary files: "/usr/local/nginx/uwsgi_temp"
  nginx http scgi temporary files: "/usr/local/nginx/scgi_temp"

[root@noylinux nginx-1.16.1]#
```

若在檢測過程中顯示出錯，找不到編譯器，使用以下命令安裝編譯環境即可。

sudo apt -y install gcc gcc-c++ autoconf automake zlib zlib-devel openssl openssl-devel pcre-devel gd-devel make

（3）檢測作業系統環境無問題後，開始進行編譯（make）和安裝（make install），這兩步可以透過邏輯與（&&）合併執行。

```
[root@noylinux nginx-1.16.1]# make &&  make  install
## 注：整個編譯安裝的過程大約需要 3 分鐘
```

```
make -f objs/Makefile
make[1]: 進入目錄 "/opt/nginx-1.16.1"
----- 省略部分內容 -----
make[1]: 離開目錄 "/opt/nginx-1.16.1"
[root@noylinux nginx-1.16.1]# ls /usr/local/nginx/
conf  html  log  sbin
```

（4）用手動編譯的方式安裝 Nginx 服務，其目錄結構如下。

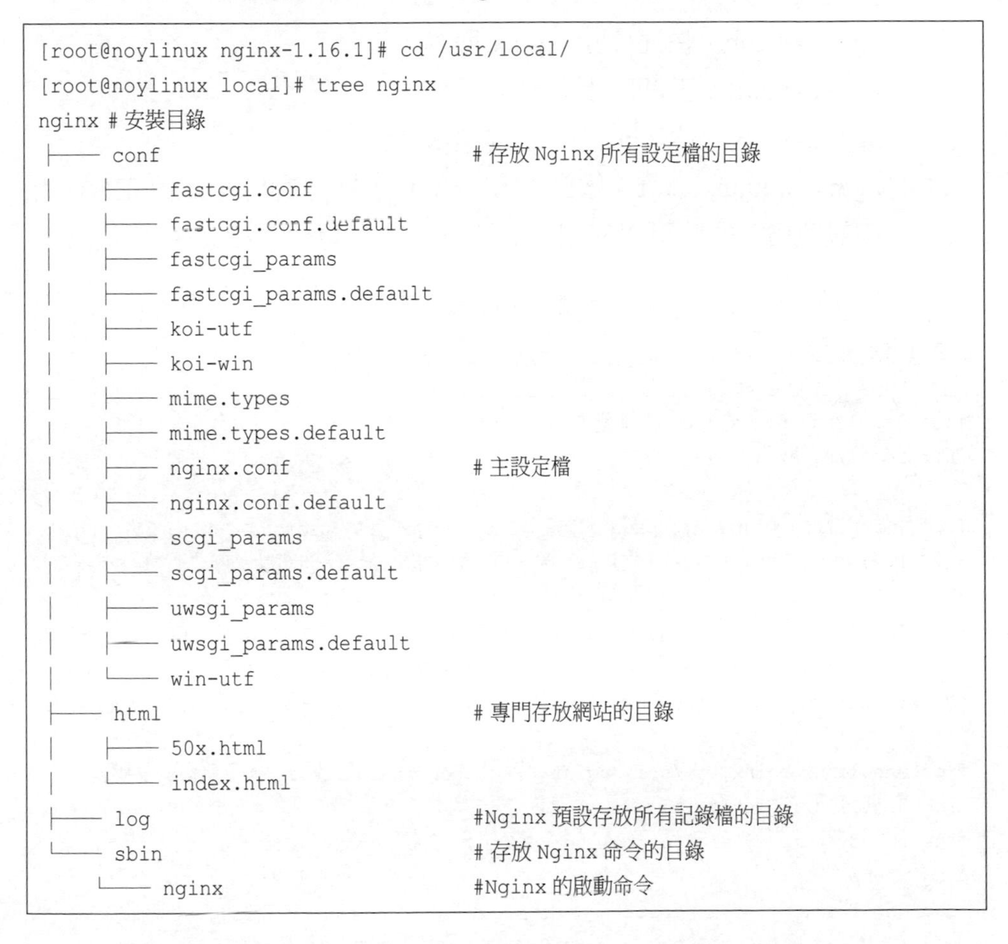

```
[root@noylinux nginx-1.16.1]# cd /usr/local/
[root@noylinux local]# tree nginx
nginx # 安裝目錄
├── conf                          # 存放 Nginx 所有設定檔的目錄
│   ├── fastcgi.conf
│   ├── fastcgi.conf.default
│   ├── fastcgi_params
│   ├── fastcgi_params.default
│   ├── koi-utf
│   ├── koi-win
│   ├── mime.types
│   ├── mime.types.default
│   ├── nginx.conf                # 主設定檔
│   ├── nginx.conf.default
│   ├── scgi_params
│   ├── scgi_params.default
│   ├── uwsgi_params
│   ├── uwsgi_params.default
│   └── win-utf
├── html                          # 專門存放網站的目錄
│   ├── 50x.html
│   └── index.html
├── log                           #Nginx 預設存放所有記錄檔的目錄
└── sbin                          # 存放 Nginx 命令的目錄
    └── nginx                     #Nginx 的啟動命令
```

在 Nginx 服務啟動後還會再生成幾個臨時目錄（副檔名是 _temp 的目錄），這幾個臨時目錄是用來存放暫存檔案的。

Nginx 的啟動命令存放在安裝目錄的 /sbin/ 檔案下，各項命令作用如下：

- nginx -t：驗證 Nginx 設定檔是否設定正確，無法驗證其他檔案的情況。
- nginx -s reload：重新載入 Nginx 服務，常用於在改變設定檔後使其生效。
- nginx -s stop：快速停止 Nginx 服務。
- nginx -s quit：正常停止 Nginx 服務。
- nginx -V：查看 Nginx 程式的版本編號。
- nginx -c nginx.conf：啟動 Nginx 服務，在啟動時指定設定檔。指定設定檔路徑時可以使用絕對路徑，也可以使用相對路徑。

（5）啟動並驗證 Nginx 服務。需要先建立使用者和群組，然後再啟動 Nginx 服務。

```
[root@noylinux nginx]# pwd  #當前所在位置
/usr/local/nginx

[root@noylinux nginx]# groupadd  -r -g 311  nginx  &&  useradd  -r -g 311  nginx
#建立 Nginx 使用者和群組，並在建立時指定 gid 和 uid，指定 id 這一步可以省略。

[root@noylinux nginx]# ./sbin/nginx  -t  #驗證 Nginx 設定檔是否設定正確
nginx: the configuration file /usr/local/nginx/conf/nginx.conf syntax is ok
nginx: configuration file /usr/local/nginx/conf/nginx.conf test is successful

[root@noylinux nginx]# ./sbin/nginx   -c  conf/nginx.conf  #啟動 Nginx 服務
[root@noylinux nginx]# ls
client_body_temp  conf  fastcgi_temp  html  log  proxy_temp  sbin  scgi_temp
uwsgi_temp
[root@noylinux nginx]# netstat -anpt | grep 80     #Nginx 預設佔用 80 通訊埠
tcp     0     0 0.0.0.0:80        0.0.0.0:*     LISTEN      66284/nginx:  master
```

造訪網址 127.0.0.1，查看 Nginx 服務啟動後的歡迎頁面，如圖 14-8 所示。

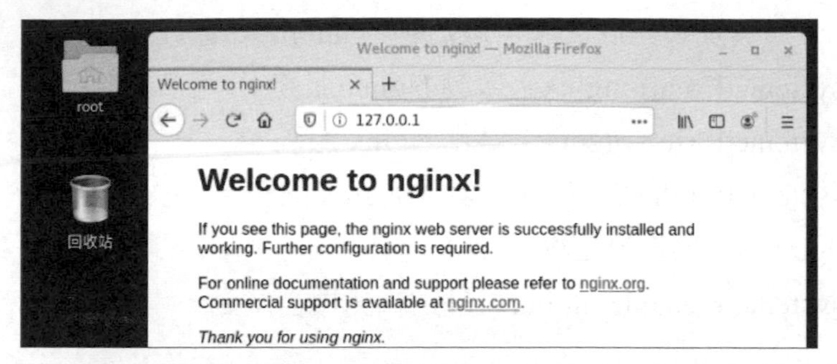

▲ 圖 14-8　Nginx 歡迎頁面

2. 透過 apt 軟體套件管理器安裝

透過這種方式安裝是最簡單的，只需要執行幾筆命令即可。現在將虛擬機器回退一下快照，具體安裝步驟如下：

Nginx 服務已被安裝到作業系統中。

```
sudo apt install nginx
```

軟體套件管理器安裝 Nginx 服務的目錄結構見表 14-1。

▼表 14-1　透過 apt 軟體套件管理器安裝的 Nginx 服務目錄結構

文件路徑	類　型	作　用
/etc/nginx/	目錄	Nginx 主設定檔
/etc/nginx/conf.d	目錄	
/etc/nginx/conf.d/default.conf	預設設定檔範本	
/etc/nginx/nginx.conf	主設定檔	
/etc/nginx/fastcgi_params	設定檔	cgi 相關的設定，fastcgi\scgi\uwsgi 的相關設定檔
/etc/nginx/scgi_params		
/etc/nginx/uwsgi_params		
/usr/sbin/nginx	命令	Nginx 服務啟動和管理的終端命令
/usr/sbin/nginx-debug		
/usr/share/nginx/html	網站根目錄	網站預設存放的位置
/var/cache/nginx	目錄	Nginx 的快取目錄
/var/log/nginx	目錄	Nginx 的記錄檔目錄

Nginx 服務安裝完成後，可以透過下面的命令進行管理：

- systemctl start nginx：啟動 Nginx 服務。
- systemctl stop nginx：停止 Nginx 服務。
- systemctl reload nginx：多載 Nginx 服務。
- nginx -t：檢查設定檔。
- systemctl enable nginx：設定為開機自啟動。

啟動並驗證 Nginx 服務，出現如圖 14-9 所示歡迎頁面。

```
[root@noylinux ~]# systemctl   start  nginx
[root@noylinux ~]# netstat -anpt | grep 80
#Nginx 預設佔用 80 通訊埠
tcp   0  0   0.0.0.0:80    0.0.0.0:*   LISTEN   33424/nginx: master

[root@noylinux ~]# ps -ef | grep nginx
#Nginx 服務在啟動時預設啟動 1 個 master 處理程序和 4 個 worker 處理程序
root  31595  1  0 18:28  ?  00:00:00 nginx: master process /usr/sbin/nginx -c
/etc/nginx/nginx.conf
nginx      31596   31595  0 18:28 ?        00:00:00  nginx: worker process
nginx      31597   31595  0 18:28 ?        00:00:00  nginx: worker process
nginx      31598   31595  0 18:28 ?        00:00:00  nginx: worker process
nginx      31599   31595  0 18:28 ?        00:00:00  nginx: worker process
```

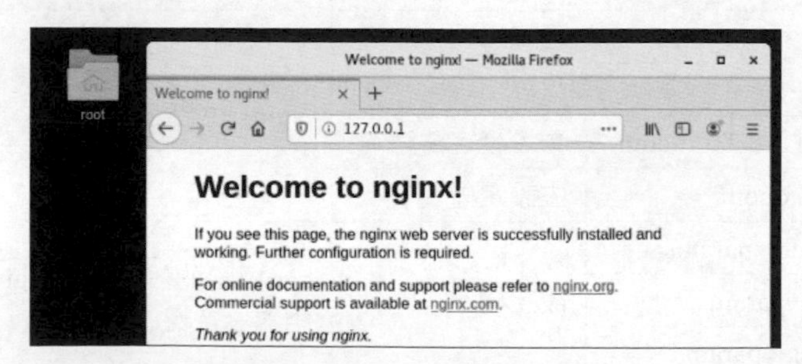

▲ 圖 14-9　Nginx 歡迎頁面

至此，透過軟體套件管理器的方式安裝 Nginx 就完成了。

對比這兩種安裝方式容易發現，手動編譯的方式相對靈活一些，功能也可以進行訂製；而透過 Yum/DNF 軟體套件管理器安裝的方式更加簡單方便。

14.4 Nginx 設定檔的整體結構

本節介紹 Nginx 的設定檔，這部分內容是本章中最精華的部分之一。Nginx 設定檔可以從 3 個層次進行掌握：

（1）從整體角度理解 Nginx 主設定檔的組成結構；

（2）熟悉設定檔每一行的含義；

（3）掌握 location 語法規則。

本節主要從第一個層次，也就是整體角度理解 Nginx 主設定檔的組成結構及各部分的含義。

圖 14-10 是 Nginx 設定檔結構圖，接下來我們就對圖中各部分逐一介紹。

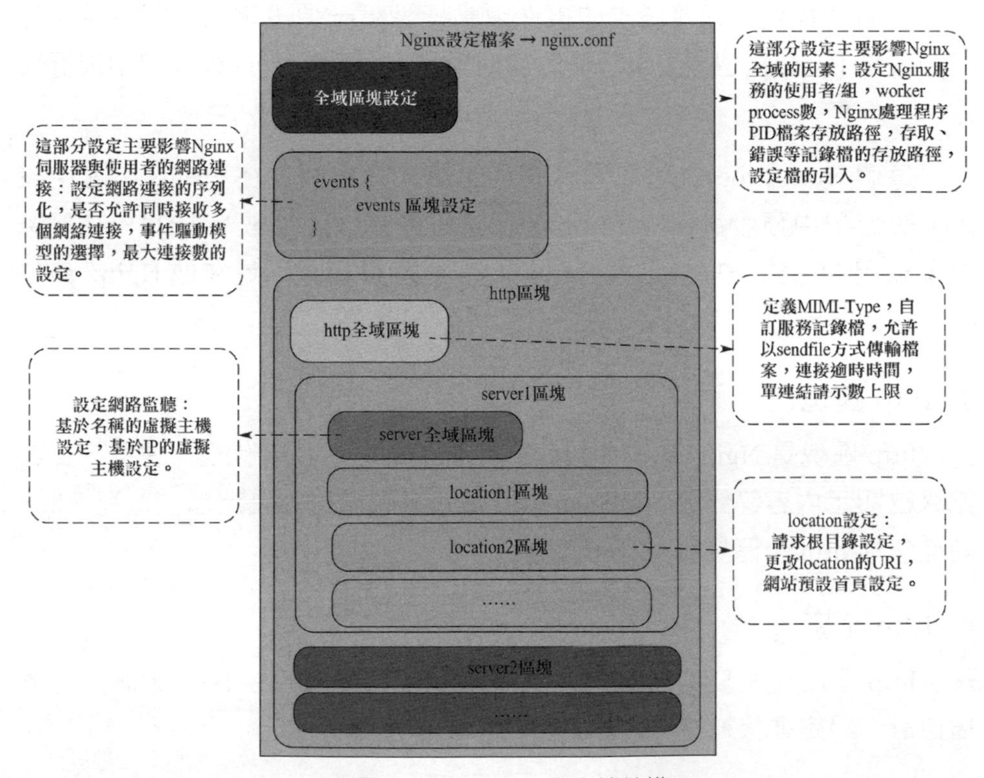

▲ 圖 14-10　Nginx 設定檔結構

1. 全區塊

最上面的部分叫作全區塊設定，主要用於設定影響 Nginx 服務整體執行的設定選項。

例如，Nginx 服務使用哪一個使用者啟動？啟動後生成幾個 worker 處理程序？是否開啟全域記錄檔？若開啟全域記錄檔，記錄檔的存放路徑是什麼？還有處理程序 PID 檔案存放的路徑、設定檔的引入等。

2. events 區塊

events 區塊主要用於設定影響 Nginx 服務與使用者之間的網路連接的設定選項。常用的設定包括是否對多處理程序（work process）下的網路連接進行序列化？是否允許同時接收多個網路連接請求？以及選擇處理連接請求的事件驅動模型，預設採用 Epoll 模型。在 Nginx 程式的設定檔中是沒有選擇處理連接請求的事件驅動模型這一項設定的，因為預設採用的就是 Epoll 模型，如果想使用其他模型，可以在 events 區塊中進行設定。

每個 work process 可以同時支援的最大連接數也在 events 區塊中設定。設定檔中預設每個 work process 支持的最大連接數為 1024。在實際企業應用中，這一項設定對 Nginx 的性能影響較大，是在做 Nginx 最佳化時必須調整的。

3. http 區塊

http 區塊是 Nginx 服務中設定最頻繁的部分，反向代理、快取、自訂記錄檔顯示內容等絕大多數的功能和協力廠商模組的設定都在這裡。http 區塊包括 http 全區塊和 server 區塊。

4. http 全區塊

http 全區塊主要的設定內容包括檔案引入、MIME-Type 定義、記錄檔自訂、設定連接逾時時間和單連結請求數上限等。

5. server 區塊

server 區塊的設定與虛擬主機有關。從使用者的角度來看虛擬主機與一台獨立的硬體主機完全一樣，虛擬主機技術的產生完全是為了節省網際網路中的伺服器硬體成本。

有一個基礎知識大家一定要記住：每個 http 區塊可以包含多個 server 區塊，而每個 server 區塊就相當於一個虛擬主機。server 區塊包含全域 server 區塊，並且可以同時包含多個 location 區塊。

6. 全域 server 區塊

一般用來設定虛擬機器主機的名稱、域名、IP 位址和監聽的通訊埠編號等。

7. location 區塊

一個 server 區塊可以設定多個 location 區塊。location 區塊的主要作用是基於 Nginx 伺服器接收到的請求參數，對虛擬主機的域名或者 IP 位址之外的參數進行匹配，或對一些特定的請求進行處理。例如，位址重新導向、資料快取和應答控制等，還有許多協力廠商模組也在這裡進行設定。

14.5 Nginx 設定檔的每行含義

不同安裝方式的 Nginx 設定檔位置也會不同，透過 Yum/DNF 軟體套件管理器安裝，設定檔是在 /etc/nginx/nginx.conf 中；透過手動編譯安裝可以指定設定檔位置，預設是在 <Nginx 安裝目錄 >/conf/nginx.conf 中。

開啟手動編譯安裝的 Nginx 設定檔，依次介紹各個設定項的含義。在 Nginx 的設定檔中，"#" 表示註釋，意味著這個設定項不生效，若想讓此設定項生效，將設定項前面的 "#" 刪除即可。

```
[root@noylinux ~]# vim  /usr/local/nginx/conf/nginx.conf

############################ 全區塊設定 ################################
#--> 設定 Nginx 執行時期的使用者
#-->nobody 表示所有使用者都可以執行
#user  nobody;

#-->Nginx 在啟動時生成 worker 處理程序的數量，建議調整為等於 CPU 總核心數
#--> 也可以設定為 "auto"，由 Nginx 自動檢測
worker_processes  1;

#-->Nginx 全域錯誤記錄檔的存放位置以及顯示出錯等級
#--> 顯示出錯等級：[ debug 調式 | info 資訊 | notice 通知 | warn 警告 | error 錯誤 |
crit 重要 ]
#--> 全域錯誤記錄檔的存放位置採用的是相對路徑（相對於 Nginx 安裝目錄）
#error_log  logs/error.log;
#error_log  logs/error.log  notice;
#error_log  logs/error.log  info;

#-->Nginx 的處理程序 PID 檔案存放位置
#--> 此檔案中存放的處理程序 ID 號是 master 處理程序的
#pid        logs/nginx.pid;

############################ events 區塊設定 ############################
events {
   #--> 設定處理網路消息的事件驅動模型，可用的選項有：
   #-->[ kqueue | rtsig | epoll | /dev/poll | select | poll ]
   #--> 此設定項預設不顯示在設定檔中，此處是筆者手動增加的
   use epoll;

   #--> 單一 worker 處理程序可以允許同時建立外部連接的數量
    worker_connections  1024;
}

############################ http 區塊設定 ##############################
http {

############################ http 全區塊設定 ###########################

   #--> 檔案副檔名與檔案類型映射表
```

```
    include       mime.types;

   #--> # 預設檔案類型
    default_type  application/octet-stream;

   #--> 自訂記錄檔中要顯示的內容、記錄檔記錄內容的格式
    #log_format  main  '$remote_addr - $remote_user [$time_local] "$request" '
    #                  '$status $body_bytes_sent "$http_referer" '
    #                  '"$http_user_agent" "$http_x_forwarded_for"';

   #--> 全域存取記錄檔的存放位置，預設不開啟
    #access_log  logs/access.log  main;

   #--> 零複製機制，提高檔案的傳輸速率
    sendfile        on;

   #--> 允許把 httpresponse header 和檔案的開始放在一個檔案中發佈
   #--> 優點是減少網路封包段的數量
    #tcp_nopush     on;

   #-->Nginx 服務的回應逾時時間
   send_timeout 10s;

   #--> 保持連接的連接逾時時間，單位是秒
    keepalive_timeout  65;

   #--> 開啟目錄清單存取，適用於檔案下載伺服器，預設關閉
   #autoindex on;

   #-->gzip 壓縮輸出，對回應資料進行線上即時壓縮，減少資料傳輸量
    #gzip  on;

########################### server 區塊設定 #########################

    server {

########################### server 全區塊設定 ##########################
      #--> 此 server 區塊監聽的通訊埠編號
        listen       80;
```

```
    #--> 此 server 區塊的虛擬主機名稱，常寫為域名
      server_name  localhost;

    #--> 設定 web 網頁字串類型
      #charset koi8-r;

    #--> 針對這一 server 區塊的存取記錄檔存放位置和記錄檔等級
      #access_log  logs/host.access.log  main;

########################### location 區塊設定 ###########################
    #-->location 語法格式：location [=|~|~*|^~] /path/ { ... }
    #--> 支持正規表示法
      location / {

      #--> 網站的網站根目錄，也是網站程式存放的目錄
          root   html;

      #--> 首頁排序
          index  index.html index.htm;
      }

    #--> 顯示出錯 404 時顯示的錯誤頁面位置
      #error_page  404              /404.html;

    #--> 顯示出錯 500 502 503 504 時顯示的錯誤頁面位置
      error_page   500 502 503 504  /50x.html;
      location = /50x.html {
          root   html;
      }

########################### location 區塊設定 ###########################
    #location ~ \.php$ {
      #--> 反向代理，用於代理請求，若 URL 符合 location 匹配規則
      #--> 則將這筆使用者請求轉發到 proxy_pass 設定的 URL 中
      #    proxy_pass   http://127.0.0.1;
      #}

########################### location 區塊設定 ###########################
    #--> 這裡的 location 範本用於將 php 的請求反向代理到後端的 PHP 服務中去
      #location ~ \.php$ {
```

```
        #    root           html;
        #    fastcgi_pass   127.0.0.1:9000;
        #    fastcgi_index  index.php;
        #    fastcgi_param  SCRIPT_FILENAME  /scripts$fastcgi_script_name;
        #    include        fastcgi_params;
        #}
    }
}
```

14.6 Nginx 設定檔的虛擬主機

虛擬主機，也稱為「網站空間」，它的作用是把一台硬體伺服器分成多台「虛擬」的主機，每台虛擬主機都可以看作是一個獨立的網站，可以具備獨立的域名和完整的 Web 伺服器功能，同一台硬體伺服器上的各個虛擬主機之間是完全獨立的，從外界看來，每一台虛擬主機和一台單獨的硬體主機的表現完全相同。所以這種被虛擬化的邏輯主機被形象地稱為「虛擬主機」，如圖 14-11 所示。

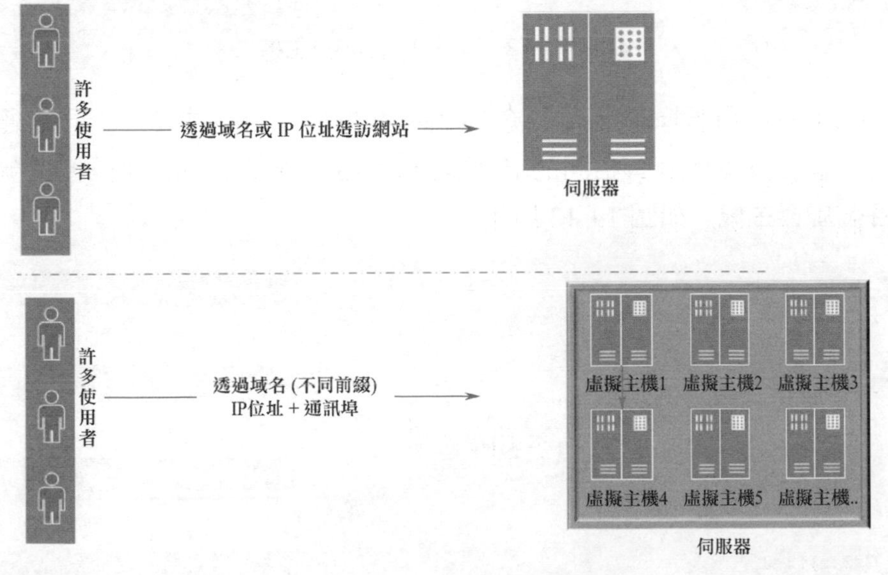

▲ 圖 14-11　虛擬主機示意圖

有了虛擬主機之後，就不需要再為每個要執行的網站提供一台單獨的 Nginx 伺服器了，虛擬主機提供了在同一台伺服器、同一組 Nginx 處理程序上執行多個網站的功能。虛擬主機的設定也非常簡單，每個 http 區塊可以包含多個 server 區塊，而每個 server 區塊就相當於一個虛擬主機。

虛擬主機的設定有 3 種方法：

（1）基於域名的虛擬主機：相同 IP 位址，相同通訊埠，不同的域名；多個虛擬主機共用 1 個 IP 位址及同一個通訊埠編號，透過不同的域名區分各個虛擬主機，如圖 14-12 所示。

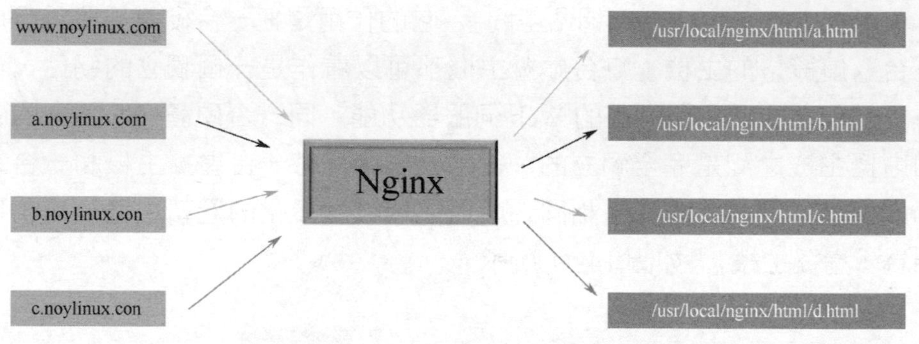

▲ 圖 14-12 基於域名的虛擬主機

（2）基於通訊埠的虛擬主機：相同 IP 位址，相同域名，不同的通訊埠；多個虛擬主機擁有相同的 IP 位址和域名，透過不同的通訊埠編號區分各個虛擬主機，如圖 14-13 所示。

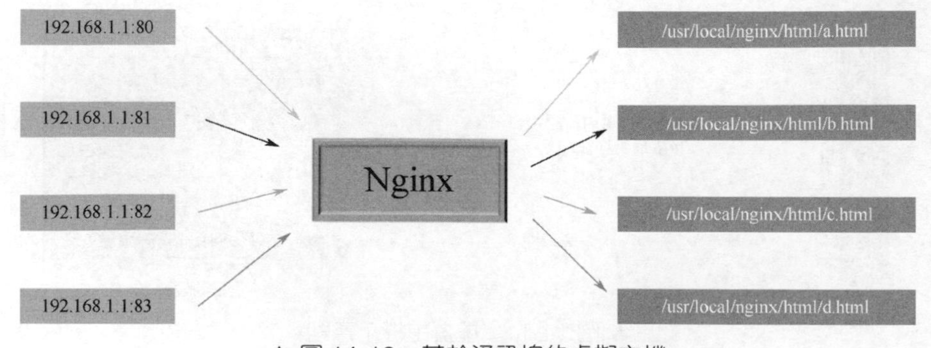

▲ 圖 14-13 基於通訊埠的虛擬主機

（3）基於 IP 的虛擬主機：相同通訊埠，相同域名，不同的 IP 位址；多個虛擬主機擁有相同的通訊埠和域名，透過不同的 IP 位址區分各個虛擬主機，如圖 14-14 所示。

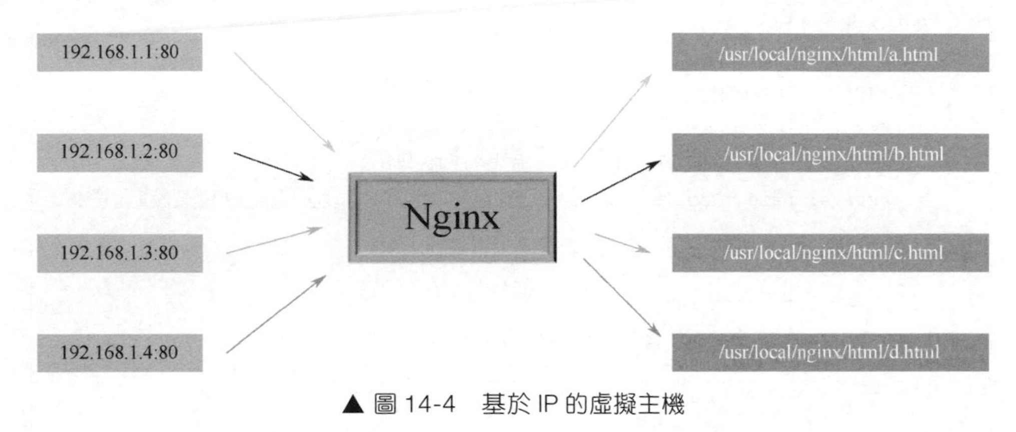

▲ 圖 14-4　基於 IP 的虛擬主機

註：一個 IP 位址和一個通訊埠編號可以組成一個通訊端，而一個通訊端只能為一個服務提供服務。

設定基於不同通訊埠編號的虛擬主機。在 Nginx 設定檔中基於不同的通訊埠編號設定 4 台虛擬主機，每台虛擬主機中部署不同的網站。

```
----- 省略 Nginx 編譯安裝步驟 -----
[root@noylinux nginx]# pwd
/usr/local/nginx
[root@noylinux nginx]# vim conf/nginx.conf     # 編輯 Nginx 設定檔
user  root;
worker_processes  1;
pid        logs/nginx.pid;

events {
    worker_connections  1024;
}
```

```
http {
    include       mime.types;
    default_type  application/octet-stream;
    sendfile        on;
    keepalive_timeout  65;

   #虛擬主機一，網站存放目錄：Nginx 安裝目錄 /html/a/ 目錄下
    server {
        listen       80;              #網站存取通訊埠
        server_name  localhost;       #注：基於域名或 IP 位址的虛擬主機需要設定這裡！

        location / {
            root   html/a;
            index  index.html index.htm;
        }
        }

   #虛擬主機二，網站存放目錄：Nginx 安裝目錄 /html/b/ 目錄下
    server {
        listen       81;              #網站存取通訊埠
        server_name  localhost;       #注：基於域名或 IP 位址的虛擬主機需要設定這裡！

        location / {
            root   html/b;
            index  index.html index.htm;
                }
        }

   #虛擬主機三，網站存放目錄：Nginx 安裝目錄 /html/c/ 目錄下
    server {
        listen       82;              #網站存取通訊埠
        server_name  localhost;       #注：基於域名或 IP 位址的虛擬主機需要設定這裡！

        location / {
            root   html/c;
            index  index.html index.htm;
                }
        }

   #虛擬主機四，網站存放目錄：Nginx 安裝目錄 /html/d/ 目錄下
```

```
    server {
        listen        83;          # 網站存取通訊埠
        server_name  localhost;    # 注：基於域名或 IP 位址的虛擬主機需要設定這裡！

        location / {
            root   html/d;
            index  index.html index.htm;
                }
        }
}

[root@noylinux nginx]# ./sbin/nginx -t   # 檢查設定檔是否設定正確
nginx: the configuration file /usr/local/nginx/conf/nginx.conf syntax is ok
nginx: configuration file /usr/local/nginx/conf/nginx.conf test is successful

[root@noylinux nginx]# cd html/
[root@noylinux html]# ls
50x.html  index.html
[root@noylinux html]# mkdir a b c d      # 建立之前在 Nginx 設定檔中預先定義的 4 個
                                           網站存放目錄
[root@noylinux html]# ll
-rw-r--r--. 1 root root 494 12月 23 22:19 50x.html
drwxr-xr-x. 2 root root  24 12月 27 23:37 a
drwxr-xr-x. 2 root root  24 12月 27 23:37 b
drwxr-xr-x. 2 root root  24 12月 27 23:37 c
drwxr-xr-x. 2 root root  24 12月 27 23:37 d
-rw-r--r--. 1 root root 764 12月 26 12:15 index.html

# 在 4 個目錄中各自放一個簡單的靜態網站頁面，用來區分各自的虛擬主機
[root@noylinux html]# echo "aaaaa" >  a/index.html
[root@noylinux html]# echo "bbbbb" >  b/index.html
[root@noylinux html]# echo "ccccc" >  c/index.html
[root@noylinux html]# echo "ddddd" >  d/index.html

[root@noylinux html]# cd ..
[root@noylinux nginx]# ./sbin/nginx -c  conf/nginx.conf    # 啟動 Nginx 服務
[root@noylinux nginx]# netstat -anpt | grep nginx  # 查看 Nginx 服務所佔用的伺服器
                                                      通訊埠
tcp    0     0 0.0.0.0:80       0.0.0.0:*       LISTEN      5242/nginx: master
tcp    0     0 0.0.0.0:81       0.0.0.0:*       LISTEN      5242/nginx: master
```

```
tcp      0      0 0.0.0.0:82       0.0.0.0:*        LISTEN       5242/nginx: master
tcp      0      0 0.0.0.0:83       0.0.0.0:*        LISTEN       5242/nginx: master
```

Nginx 的虛擬主機設定完成後，開啟瀏覽器依次存取各自虛擬主機所對應的通訊埠編號，可以發現，每個虛擬主機都各自擁有網站，相互之間並不會影響，如圖 14-15 所示。

▲ 圖 14-15　基於不同通訊埠的虛擬主機網站

註：我們在演示中只是放了一個簡單的靜態頁面，在正常情況下，每個虛擬主機所對應的網站根目錄下存放的都是各自的網站程式。

14.7 Nginx 設定檔的 location 語法規則

上文提到過，在一個 server 區塊中可以設定多個 location 區塊，而在整個 Nginx 設定檔中，location 設定項是最重要也是操作最頻繁的。它會根據預先定義的 URL 匹配規則接收使用者發來的請求，再根據匹配結果將請求轉發到指定的伺服器中，若收到非法的請求，它會直接拒絕並傳回 403、404、500 等錯誤狀態碼。

大家是否還記得在編譯安裝 Nginx 時有一個指定 PCRE 函數庫的編譯選項？ PCRE 函數庫的作用是讓 Nginx 支持正規表示法。如果在設定檔 nginx.conf 中使用了正規表示法，那麼在編譯 Nginx 時就必須把 PCRE

函數庫編譯進 Nginx 中，因為 Nginx 的 HTTP 模組需要靠它來解析正規表示法。

在正式介紹 location 語法格式之前需要先給大家拓展一下 URL 方面的知識。URL 遵守標準的語法結構，它由協定、主機位址、通訊埠編號、路徑和檔案名稱這 5 部分組成，如圖 14-16 所示。其中，通訊埠編號若是預設的 80 或 443，可以在 URL 中省略不寫。

協定 主機位址 通訊埠編號 路徑 檔案名稱
格式：scheme://hostname:port/path/filename

例：https://www.nylinux.cn/yanshi/a/index.html

▲ 圖 14-16　URL 語法結構

（1）協定：用來指定用戶端和伺服器之間通訊的類型。經常用到的協定有 HTTP、HTTPS、FTP 等。

（2）主機位址：可以是域名，也可以是 IP 位址。

（3）通訊埠編號：Web 服務監聽的通訊埠。HTTP 協定的預設通訊埠編號是 80，HTTPS 協定的預設通訊埠編號是 443。

（4）路徑：指向的是資源的完整路徑（即資源儲存的位置），路徑中的相鄰資料夾需要使用斜線（/）隔開。

（5）檔案名稱：用來定義文件或資源的名稱，和路徑類似，路徑指的是資料夾，而檔案名稱指的是資料夾中的檔案。例如副檔名為 .html、.php、.jsp 和 .asp 等的檔案。

註：協定需要與 URL 的其他部分用 "://" 隔開。

了解 URL 的語法結構便於我們理解 location 設定項的相關知識。location 指令有兩種匹配 URL 的模式：

（1）普通字串匹配：以 "=" 開頭或開頭沒有任何啟動符號的規則；

（2）正規表示法匹配：以 "～" 或 "～*" 開頭表示正規匹配，以 "~*" 開頭表示正規不區分大小寫。

location 在匹配 URL 時還需要有相對應的語法格式：

```
location [ = | ~ | ~* | ^~ | / | @ ] /"path"/ { … }
location @name { … }
```

在 location 語法格式中，這些符號所代表的含義如下：

- =：精確匹配。
- ^~：普通字串匹配，表示在 "path" 中以某個常規字串開頭，常用於匹配目錄。
- ~：表示該規則是使用正規定義的，區分大小寫。
- ~*：表示該規則是使用正規定義的，不區分大小寫。
- !~：區分大小寫不匹配的正規。
- !~*：不區分大小寫不匹配的正規。
- /：通用匹配，任何請求都會匹配到。優先順序最低。
- @：用於 location 內部重新導向的變數。

一般在 Nginx 設定檔中會存在很多個 location 區塊，而在這些 location 區塊中，有的採用了普通字串匹配的規則；有的採用了正規表示法匹配的規則……

在 server 模組中可以定義多個 location 模組來匹配不同的 URL 請求，當 Nginx 接收到使用者請求後，會先截取使用者請求的「路徑 + 檔案名稱」部分，再檢索所有的 location 模組中預先定義的匹配規則。規則匹配的優先順序（從高到低）依次為精確匹配（=）、普通字串匹配（^~）、正規表示法匹配和通用匹配（/）。

首先檢索精確匹配，若發現精確匹配的規則符合，則 Nginx 直接採用這個 location 模組，停止搜尋其他匹配規則；若沒有匹配成功，則檢索普通字串匹配；若還是沒有匹配成功，則檢索正規表示法匹配；若正規表示法匹配還是沒有符合的規則，最後只能交給通用匹配（/），通用匹配是任何請求都能匹配到，但優先順序也是最低的。

需要注意的是，普通字串匹配和正規表示法匹配之間的匹配原則是不同的：

- 普通字串匹配：當匹配到第一個符合規則的匹配項之後，匹配過程並不會結束，而是暫存當前的匹配結果，並繼續檢索其他規則，看看能不能做到最大限度的匹配（基於最大匹配原則）。
- 正規表示法匹配：當匹配到第一個符合規則的匹配項之後，就以此項為最終匹配結果，不會再繼續往下檢索，所以正規表示法匹配模式的匹配規則會受 Nginx 設定檔中 location 定義的前後順序影響（基於順序優先原則）。

在沒有通用匹配的情況下，如果最後什麼規則都沒有匹配到，則只能傳回 404 狀態碼，也就是錯誤頁面。

範例

設定 location 設定項。為了使整個設定檔看起來簡潔，能夠清晰地查看各 location 設定項，筆者把設定檔中所有與 location 設定項無關的註釋行都刪除了。

```
[root@noylinux nginx]# vim conf/nginx.conf     # 編輯 Nginx 主設定檔

user  nginx;
worker_processes  1;

pid        logs/nginx.pid;


events {
    worker_connections  1024;
}

http {
```

```
include         mime.types;
default_type  application/octet-stream;
sendfile        on;
keepalive_timeout  65;

server {
  listen       80;
  server_name  localhost;
 charset utf-8;

 # 規則 A：精確匹配 /
 # 而且域名後面只能有 "/"，多一個或少一個字元都不行
 location = / {
   add_header Content-Type text/plain;
   return 200 'A';
 }

 # 規則 B：精確匹配 /login 這個字串
 # 而且域名後面只能帶有 "login" 字串，多一個或少一個字元都不行
 location = /login {
   add_header Content-Type text/plain;
   return 200 'B';
 }

 # 規則 C：匹配任何以 /static/ 開頭的位址
 location ^~ /static/ {
   add_header Content-Type text/plain;
   return 200 'C';
 }

 # 規則 D：匹配任何以 /image/ 開頭的位址
 location /image/ {
   add_header Content-Type text/plain;
   return 200 'D';
 }

 # 規則 E：匹配任何以 /static/files/ 開頭的位址
 location ^~ /static/files/ {
   add_header Content-Type text/plain;
   return 200 'E';
```

```
        }


        # 規則 F：匹配以 .gif  .jpg  .png  .js  .css 其中任意一種副檔名結尾的檔案，區分
大小寫
        # 注：這裡的 $ 符號表示以這些副檔名結尾
        location ~ \.(gif|jpg|png|js|css)$ {
          add_header Content-Type text/plain;
          return 200 'F';
        }

        # 規則 G：匹配以 .png 副檔名結尾的檔案，不區分大小寫
        location ~* \.png$ {
          add_header Content-Type text/plain;
          return 200 'G';
        }


        # 規則 H：匹配所有 /music/ 路徑下以 .mp3 副檔名結尾的檔案
        location ~ /music/.+\.mp3$ {
          add_header Content-Type text/plain;
          return 200 'H';
        }

        # 規則 I：通用匹配，任何請求都會匹配到
# 只有前面所有的正規表示法沒匹配到時，才會採用這一筆，優先順序最低
        location / {
          add_header Content-Type text/plain;
          return 200 'I';
        }

          error_page   500 502 503 504  /50x.html;
          location = /50x.html {
              root   html;
          }
    }
}


[root@noylinux nginx]# ./sbin/nginx  -t  # 檢查設定檔設定是否正確
```

```
nginx: the configuration file /usr/local/nginx/conf/nginx.conf syntax is ok
nginx: configuration file /usr/local/nginx/conf/nginx.conf test is successful

[root@noylinux nginx]# ./sbin/nginx   -c conf/nginx.conf     #啟動Nginx服務

[root@noylinux nginx]# ps -ef | grep nginx    #Nginx服務已啟動，master和worker
處理程序都存在
root   58956  1  0 22:47 ?  00:00:00 nginx: master process ./sbin/nginx -c
conf/nginx.conf
nginx  58957  58956  0 22:47 ?     00:00:00 nginx: worker process
root   59104  2914  0 22:56 pts/0  00:00:00 grep --color=auto nginx

注：本虛擬機器的IP位址為 192.168.1.128
```

從上面的案例中可以看到，我們在 Nginx 設定檔中增加了 9 個 location 設定項，並且每個 location 設定項中都分別對應了一種匹配規則。接下來我們透過幾個不同的 URL 存取 Nginx 服務，看看這幾個 URL 分別能匹配到哪個 location 規則。我們使用 IP 位址存取網站，這裡 IP 位址和域名擁有相同的作用。

（1）存取網站的根目錄，如圖 14-17 所示。

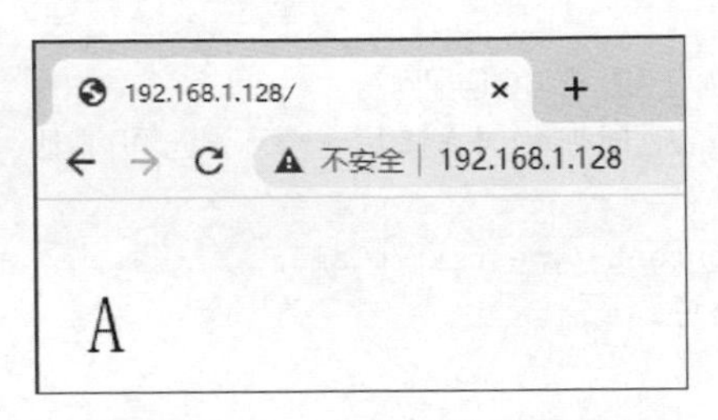

▲ 圖 14-17　存取網站的根目錄

這個 URL 存取的是網站的根目錄 "/"，符合規則 A 的精確匹配，而且精確匹配的匹配原則是當請求被匹配到之後就不會再往下繼續檢索了，直接採用這一筆。

（2）存取網站的 "/login"，如圖 14-18 所示。

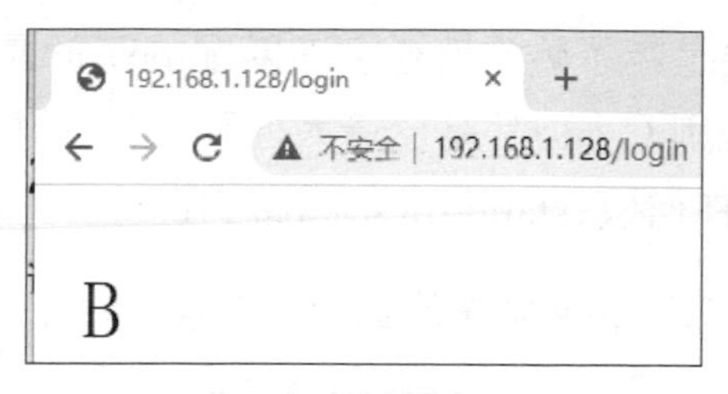

▲ 圖 14-18　存取網站的 "/login"

這個 URL 存取的是網站的 "/login"，符合規則 B 的精確匹配。

（3）存取網站中以 /static/ 開頭的 a.html 網頁，如圖 14-19 所示。

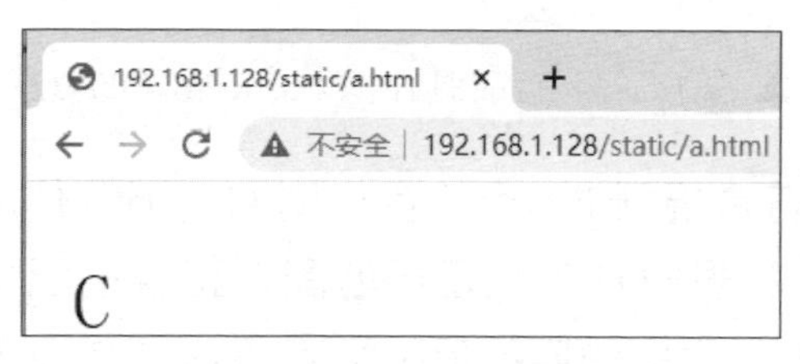

▲ 圖 14-19　存取網站中以 /static/ 開頭的 a.html 網頁

這個 URL 存取的是網站中以 /static/ 開頭的 a.html 網頁，它匹配的是規則 C，規則 C 會匹配任何以 /static/ 開頭的位址。

這裡大家要注意，規則 C 採用的是普通字串匹配，普通字串匹配的匹配原則是當匹配到某個規則之後，匹配過程並不會結束，而是暫存當前的匹配結果，並繼續檢索其他規則，看看能不能做到最大限度的匹配（基於最大匹配原則）。

（4）存取網站中以 /static/files/ 開頭的位址，如圖 14-20 所示。

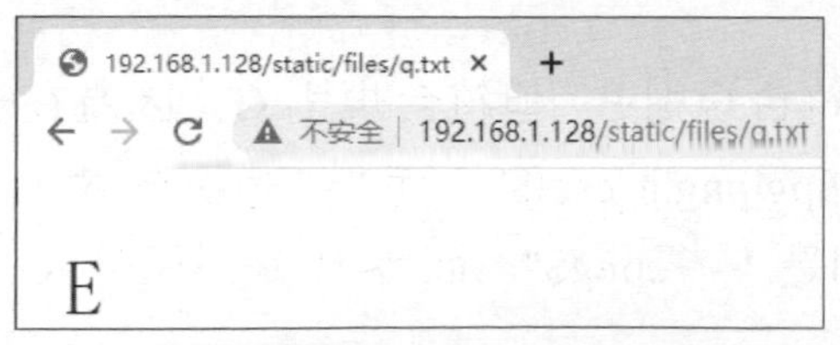

▲ 圖 14-20　存取網站中以 /static/files/ 開頭的位址

這個 URL 主要是為了驗證普通字串匹配的基於最大匹配原則。雖然這筆 URL 也符合規則 C，但是基於最大匹配原則，規則 E 被優先選擇，因為規則 E 是匹配任何以 /static/files/ 開頭的位址，匹配的範圍更廣。

（5）存取網站中以 .png 結尾的資源，如圖 14-21 所示。

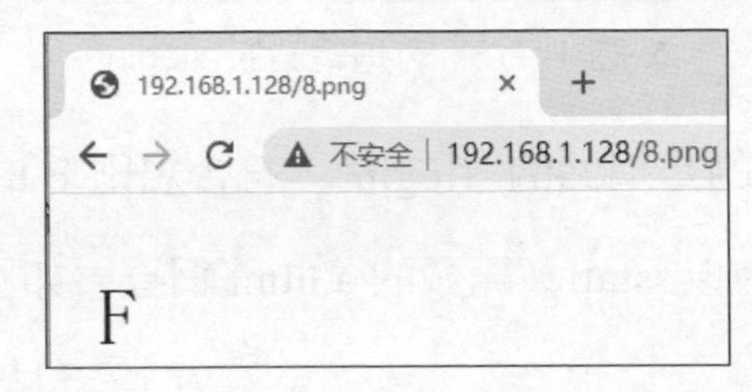

▲ 圖 14-21　存取網站中以 .png 結尾的資源

這筆 URL 即符合規則 F，也符合規則 G，那為什麼最後選擇了規則 F 呢？因為規則 F 和規則 G 都是正規匹配，正規匹配模式的匹配原則是當檢索到第一個符合規則的匹配項後，就以此項作為最終的匹配結果，不會再繼續往下檢索，所以正規匹配模式的匹配規則會受 Nginx 設定檔中 location 定義的前後順序影響（基於順序優先原則）。

（6）存取網站中以 .PNG 結尾的資源，如圖 14-21 所示。

▲ 圖 14-21　存取網站中以 .PNG 結尾的資源

這筆 URL 不符合規則 F，但符合規則 G。因為在規則 F 中使用的匹配規則是 "~ \.(gif|jpg|png|js|css)$"，而 "~" 是區分大小寫的。但是規則 G 中使用的匹配規則是 "~* \.png$"，而 "~*" 是不區分大小寫的。

（7）按定義的 URL 存取網站，如圖 14-23 所示。

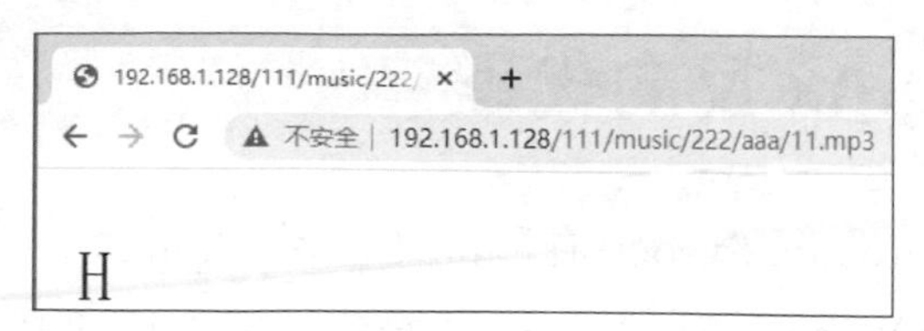

▲ 圖 14-23　存取網站中以 .mp3 副檔名結尾的資源

這個 URL 符合規則 H，而規則 H 的匹配規則是 "~ /music/.+\.mp3$"，在整個 URL 中只要出現 /music/ 目錄，並且最後還是以 .mp3 副檔名結尾的，都符合此匹配規則。

（8）按定義的 URL 存取網站，如圖 14-24 所示。

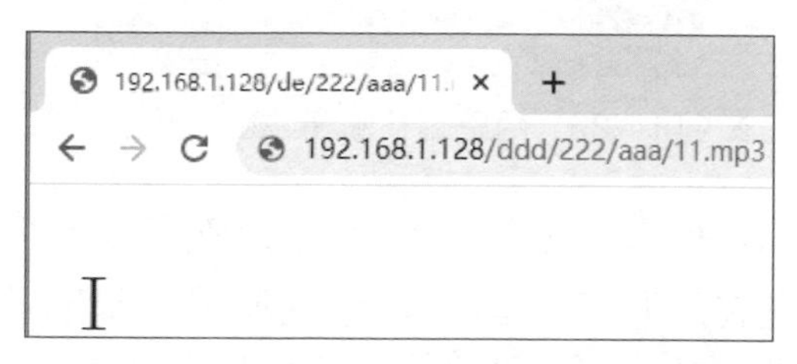

▲ 圖 14-24　按定義的 URL 存取網站

這個 URL 不符合前面任何一個匹配規則，若前面所有的匹配規則都不符合，則只能匹配最後的規則 I，規則 I 中使用的是 "/"，表示通用匹配，任何請求都能匹配到。

如果在 Nginx 的設定檔中不存在規則 I 的 location 模組，則存取 URL 的時候會顯示 404 狀態碼，也就是錯誤介面（見圖 14-25），表示請求的資源不存在。

▲ 圖 14-25　404 錯誤介面

14.8 Nginx 反向代理

Igor Vladimirovich Sysoev 在剛開始設計 Nginx 時，對它的定位是輕量級、高性能的 Web 服務和反向代理服務，Web 服務相信大家都已經了解了，本節我們學習反向代理。

在沒有代理的情況下，用戶端和服務端之間的通訊如圖 14-26 所示。

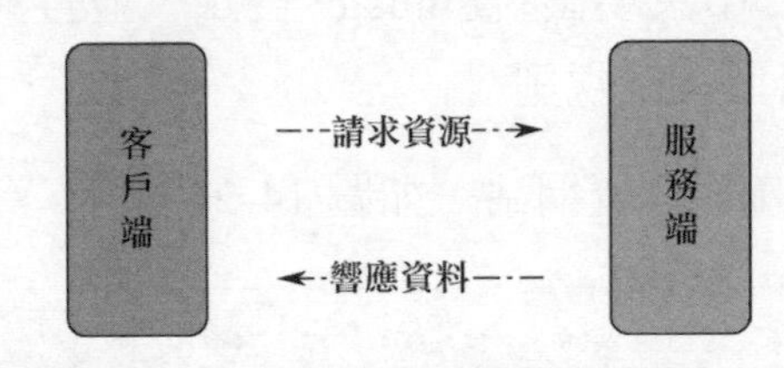

▲ 圖 14-26 用戶端和服務端正常通訊過程

代理是什麼？其實很好理解，房屋仲介就是我們生活中最常見的代理。房屋仲介透過在房源和租客之間建立聯繫，幫助租客找到合適的房子，如圖 14-27 所示。

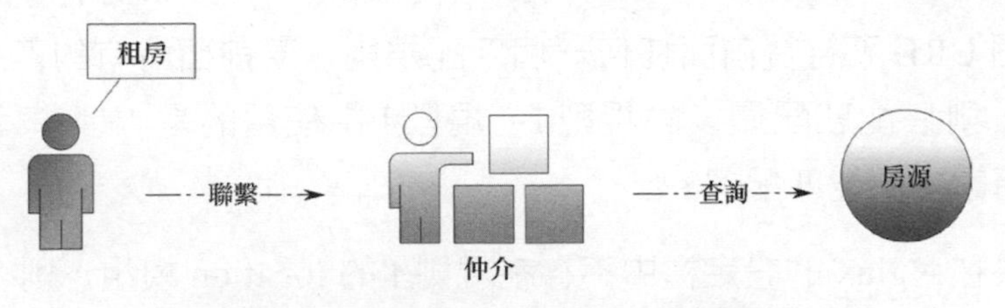

▲ 圖 14-27 常見的代理——房屋仲介

Nginx 代理的作用就是代替用戶端或服務端處理請求，如圖 14-28 所示。若按照企業應用場景來劃分，Nginx 代理還可以分為正向代理和反向代理。

▲ 圖 14-28 Nginx 代理

由圖 14-29 可見，在整個企業內部的服務架構中，Nginx 反向代理伺服器將代替服務端接收用戶端的請求，當反向代理伺服器接收到用戶端的請求後，會將請求轉發給服務端，服務端將請求處理完畢之後會將結果再轉交給反向代理伺服器，這時反向代理伺服器就會把回應的資料發送給用戶端。

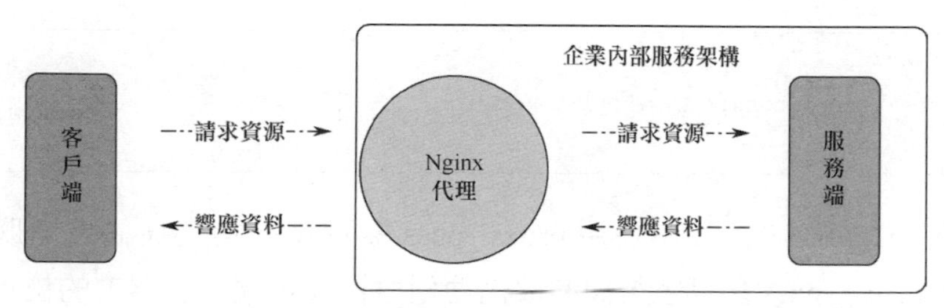

▲ 圖 14-29　Nginx 反向代理

反向代理的主要作用就是接收用戶端發送過來的請求並轉發給服務端，獲得服務端回應資料後傳回給用戶端。從使用者的角度看，公司的核心伺服器彷彿就是反向代理伺服器，但事實上它只是一個中轉站而已。

現在很多大型的網站都在使用反向代理技術，主要歸因於它具備 3 個優點：

（1）隱藏公司核心伺服器（服務端）的網路位置，保護服務端免受駭客攻擊；

（2）配合 location 設定項，減緩服務端處理資料的壓力；

（3）實現負載平衡，將用戶端的請求分配給多台伺服器處理。

架設 Nginx 反向代理伺服器的過程非常簡單，不需要新增額外的模組，Nginx 預設附帶 proxy_pass 指令，只需要修改設定檔就可以實現反向代理。

如果請求不是發往 http 類型的被代理伺服器，還可以選擇以下幾種模組：

- fastcgi_pass：傳遞請求給 FastCGI 介面類別型的伺服器，常用於代理 PHP 服務的請求。

- uwsgi_pass：傳遞請求給 uwsgi 介面類別型的伺服器。
- scgi_pass：傳遞請求給 SCGI 介面類別型的伺服器。
- memcached_pass：傳遞請求給 memcached 伺服器。

反向代理是在 Nginx 設定檔中的 location 設定項中設定的，下面演示一種最簡單的：

```
location / {
  proxy_pass   http://www.noylinux.com
}
```

在 location 設定項中使用 proxy_pass 關鍵字來指定被代理伺服器的位址，proxy_pass 關鍵字後面的被代理伺服器（後端伺服器）的位址可以用域名、域名 + 通訊埠、IP、IP+ 通訊埠這幾種方式表示。

在 Nginx 設定檔中設定反向代理時，除了指定被代理伺服器的位址，還會有幾個附加的設定項，這些設定項會造成輔助和微調的作用。

- proxy_connect_timeout 60 s;
  Nginx 代理連接後端服務的逾時時間（代理連接逾時），預設時間是 60 s。
- proxy_read_timeout 60 s;
  Nginx 代理等待後端伺服器處理請求的時間，預設時間是 60 s。
- proxy_send_timeout 60 s;
  後端伺服器回應資料回傳給 Nginx 代理時的逾時時間，規定在 60 s 之內後端伺服器必須傳完所有的回應資料，時間可以自訂。

除了這幾項之外，還有一個常用的模組 proxy_set_header，此模組的主要作用就是允許重新定義或者增加發往後端伺服器的請求標頭資訊。

- proxy_set_header Host $proxy_host;
  預設值。
- proxy_set_header X-Real-IP $remote_addr;
  將 $remote_addr 的值放到變數 X-Real-IP 中，$remote_addr 的值

是用戶端的 IP 位址。經過反向代理後，由於在用戶端和後端伺服器之間增加了中間層（反向代理），後端伺服器無法直接獲得用戶端的 IP 位址，只能透過 $remote_addr 變數獲得反向代理伺服器的 IP 位址，透過這個賦值操作就能讓後端伺服器獲得用戶端的 IP 位址。

- proxy_set_header X-Forwarded-For $proxy_add_x_forwarded_for;
  一種讓後端伺服器直接獲得用戶端 IP 位址的方法。

在 location 設定項中增加以上輔助設定。

```
location / {
   proxy_set_header Host $http_host;
   proxy_set_header X-Real-IP $remote_addr;
   proxy_set_header X-Forwarded-For $proxy_add_x_forwarded_for;

   proxy_connect_timeout 60s;
   proxy_read_timeout 60s;
   proxy_send_timeout 60s;

   proxy_pass   http://www.noylinux.com
}
```

除此之外，在 Nginx 設定檔中，還有一塊被註釋的區域是用來反向代理 PHP 服務的。

```
#location ~ \.php$ {
--> 所有關於 PHP 的請求符合這個 location 設定項中的匹配規則
#    root           html;
--> 網站根目錄的位置
#    fastcgi_pass   127.0.0.1:9000;
-->fastcgi_pass 表示反向代理的是 FastCGI 介面類別型的請求，也就是 PHP 伺服器的位址
--> 因為要把 PHP 的請求發送到 PHP 伺服器上，讓 PHP 服務來處理
-->Nginx 本身是處理不了 PHP 這種動態請求的，PHP 服務將請求處理完後會把結果傳回給 Nginx
#    fastcgi_index  index.php;
--> 預設開啟的 PHP 頁面，也就是輸入網址後預設看到的頁面
```

```
#    fastcgi_param   SCRIPT_FILENAME   /scripts$fastcgi_script_name;
--> 設定 fastcgi 請求中的參數
#    include         fastcgi_params;
--> 附加設定
#}
```

Nginx 在設定 Fastcgi 解析 PHP 時會呼叫 fastcgi_params 設定檔來傳遞一些變數，預設的一些變數對應關係如下。

```
# 參數設定         # 傳遞為 PHP 變數名稱   #Nginx 自有變數，可自訂

fastcgi_param   SCRIPT_FILENAME     $document_root$fastcgi_script_name;
# 指令稿請求的路徑
fastcgi_param   QUERY_STRING        $query_string;   # 請求的參數，如 ?app=123
fastcgi_param   REQUEST_METHOD      $request_method; # 請求的動作（GET，POST）
fastcgi_param   CONTENT_TYPE        $content_type; # 請求標頭中的 Content-Type 欄位
fastcgi_param   CONTENT_LENGTH      $content_length; # 請求標頭中的 Content-length
                                                       欄位

fastcgi_param   SCRIPT_NAME         $fastcgi_script_name; # 指令稿名稱
fastcgi_param   REQUEST_URI         $request_uri;         # 請求的位址不帶參數
fastcgi_param   DOCUMENT_URI        $document_uri;        # 與 $uri 相同
fastcgi_param   DOCUMENT_ROOT       $document_root;       # 網站的根目錄。在 server
                                                            設定中 root 指令指定的值
fastcgi_param   SERVER_PROTOCOL     $server_protocol;     # 請求使用的協定，通常是
                                                            HTTP/1.0 或 HTTP/1.1。

fastcgi_param   GATEWAY_INTERFACE   CGI/1.1;#cgi 版本
fastcgi_param   SERVER_SOFTWARE     nginx/$nginx_version; # Nginx 版本編號，
                                                             可修改、隱藏

fastcgi_param   REMOTE_ADDR         $remote_addr; # 用戶端 IP 位址
fastcgi_param   REMOTE_PORT         $remote_port; # 用戶端通訊埠
fastcgi_param   SERVER_ADDR         $server_addr; # 伺服器 IP 位址
fastcgi_param   SERVER_PORT         $server_port; # 伺服器通訊埠
fastcgi_param   SERVER_NAME         $server_name; # 伺服器名稱，域名在 server 設定中
                                                    指定

server_name
```

```
#fastcgi_param  PATH_INFO           $path_info;# 可自訂變數

# PHP only, required if PHP was built with --enable-force-cgi-redirect
#fastcgi_param  REDIRECT_STATUS    200;
```

範例

演示簡單的 Nginx 反向代理，案例架構如圖 14-30 所示。在後端伺服器上架設一個簡單的網站，透過 Nginx 反向代理這台後端伺服器，Nginx 反向代理伺服器中只架設了 Nginx 服務並設定了反向代理，本身並不存放網站相關的任何資源。最後的結果是使用者存取代理伺服器，得到的卻是後端伺服器上的網站。

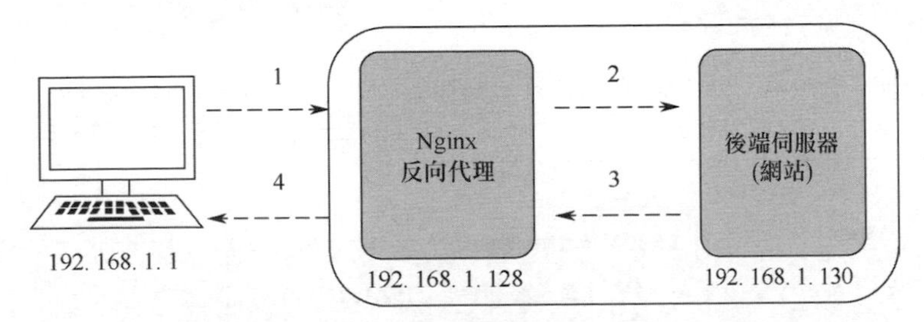

▲ 圖 14-30　Nginx 反向代理案例的架構

（1）在後端伺服器上架設一個簡單的網站——虛擬機器二（192.168.1.130）。建議用 DNF 部署 Nginx 服務，在 Nginx 服務上放一個網站，最後驗證 Nignx 服務能否正常啟動，如圖 14-31 所示。安裝 Nginx 服務的過程在上文已經演示過了，這裡就不再贅述。

```
----- 省略部分內容 -----
[root@bogon html]# cd /usr/share/nginx/html
[root@bogon html]# pwd
/usr/share/nginx/html
[root@bogon html]# vim index.html # 將原先的 Nginx 歡迎介面改成自己的網站頁面
<!DOCTYPE html>
<html>
<head>
<meta charset="utf-8">
<title> 這是一個非常簡單的網站 !</title>
```

```
<style>
    body {
        width: 35em;
        margin: 0 auto;
        font-family: Tahoma, Verdana, Arial, sans-serif;
    }
</style>
</head>
<body>
<h1>這是一個非常簡單的網站！</h1>

<p><em>簡單到讓人驚歎不已！</em></p>
</body>
</html>

[root@bogon html]# systemctl  start  nginx              # 啟動 Nginx 服務
[root@localhost html]# systemctl  stop  firewalld      # 別忘了關掉防火牆
```

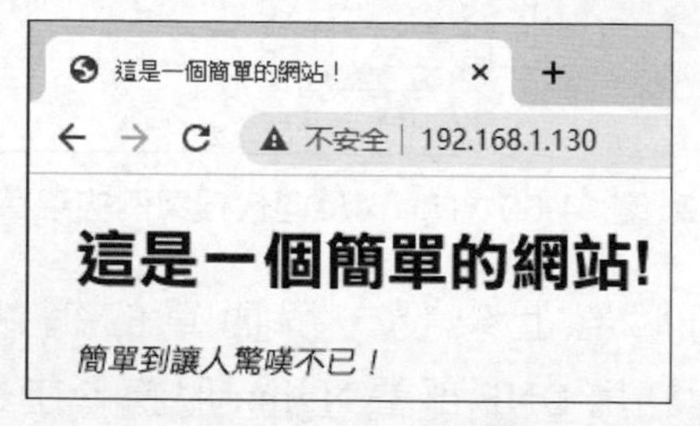

▲ 圖 14-31 驗證 Nignx 服務能否正常啟動

（2）在虛擬機器一（192.168.1.128）中部署 Nginx 服務並設定反向代理。

```
----- 省略編譯安裝 Nginx 服務步驟 -----
[root@noylinux nginx]# vim conf/nginx.conf
worker_processes  1;

user nginx;
pid  logs/nginx.pid;

events {
```

```
    worker_connections  1024;
}

http {
    include       mime.types;
    default_type  application/octet-stream;

    sendfile        on;
    keepalive_timeout  65;

    server {
        listen       80;
        server_name  localhost;

        location / {
        #反向代理，將使用者請求反向代理到後端伺服器
            proxy_pass http://192.168.1.130;
        }

        error_page   500 502 503 504  /50x.html;
        location = /50x.html {
            root   html;
        }
    }
}

[root@noylinux nginx]# ./sbin/nginx -c conf/nginx.conf  #啟動 Nginx 服務
```

（3）用機器本身充當使用者，直接存取 Nginx 反向代理伺服器，如圖 14-32 所示。因為原則上我們並不知道後端伺服器的存在。

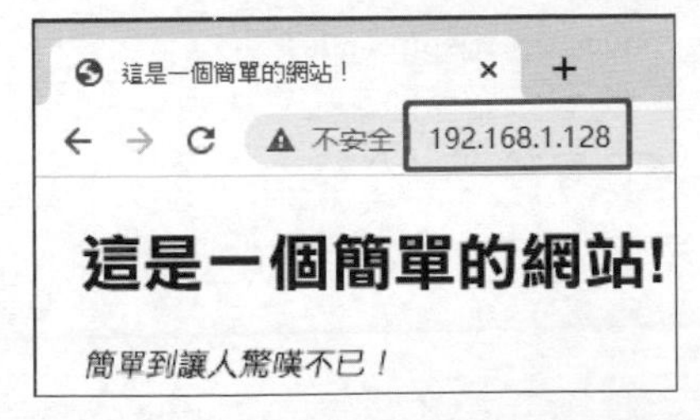

▲ 圖 14-32　存取 Nginx 反向代理伺服器

（4）再到虛擬機器二（192.168.1.130），也就是後端伺服器上查看 Nginx 存取記錄檔，容易發現，虛擬機器一（192.168.1.128），也就是反向代理伺服器來存取過。

```
[root@noylinux html]# cat /var/log/nginx/access.log
192.168.1.1 - - [18/Dec/2021:23:06:30 +0800] "GET / HTTP/1.1" 304 0 "-"
"Mozilla/5.0 (Windows NT 10.0; Win64; x64) AppleWebKit/537.36 (KHTML, like
Gecko) Chrome/96.0.4664.110 Safari/537.36" "-"
192.168.1.128 - - [18/Dec/2021:23:19:16 +0800] "GET / HTTP/1.0" 200 353 "-"
"Mozilla/5.0 (Windows NT 10.0; Win64; x64) AppleWebKit/537.36 (KHTML, like
Gecko) Chrome/96.0.4664.110 Safari/537.36" "-"
192.168.1.128 - - [18/Dec/2021:23:19:16 +0800] "GET /favicon.ico HTTP/1.0"
404 555 "http://192.168.1.128/" "Mozilla/5.0 (Windows NT 10.0; Win64; x64)
AppleWebKit/537.36 (KHTML, like Gecko) Chrome/96.0.4664.110 Safari/537.36"
"-"
192.168.1.128 - - [18/Dec/2021:23:19:18 +0800] "GET / HTTP/1.0" 304 0 "-"
"Mozilla/5.0 (Windows NT 10.0; Win64; x64) AppleWebKit/537.36 (KHTML, like
Gecko) Chrome/96.0.4664.110 Safari/537.36" "-"
```

（5）大家有沒有發現，記錄檔中記錄的是 Nginx 反向代理伺服器的 IP 位址，而非用戶端的 IP 位址，那如何讓後端伺服器直接記錄用戶端的 IP 位址呢？這就需要用到上文介紹的幾個輔助設定項。

```
[root@noylinux nginx]# vim conf/nginx.conf
----- 省略部分內容 -----
location / {
                proxy_set_header Host $http_host;
                proxy_set_header X-Real-IP $remote_addr;
                proxy_set_header X-Forwarded-For $proxy_add_x_forwarded_for;

                proxy_connect_timeout 60s;
                proxy_read_timeout 60s;
                proxy_send_timeout 60s;

                proxy_pass http://192.168.1.130;
        }
----- 省略部分內容 -----

[root@noylinux nginx]# ./sbin/nginx   -s reload  # 重新載入 Nginx 設定
```

（6）再用機器本身假裝使用者存取 Nginx 反向代理伺服器，這時看後端伺服器上的 Nginx 存取記錄檔，記錄檔中記錄了用戶端的真實 IP 位址。

```
[root@noylinux html]# cat /var/log/nginx/access.log
----- 省略部分內容 -----
192.168.1.128 - - [18/Dec/2021:23:32:17 +0800] "GET / HTTP/1.0" 304 0 "-"
"Mozilla/5.ike Gecko) Chrome/96.0.4664.110 Safari/537.36" "192.168.1.1"
192.168.1.128 - - [18/Dec/2021:23:32:19 +0800] "GET / HTTP/1.0" 304 0 "-"
"Mozilla/5.ike Gecko) Chrome/96.0.4664.110 Safari/537.36" "192.168.1.1"
```

註：在真實的企業運行維護架構環境中，後端伺服器只會允許代理伺服器存取，使用者是無法直接存取後端伺服器的。

14.9 Nginx 正向代理

反向代理是代替服務端處理請求，正向代理正好相反，Nginx 正向代理是代替用戶端處理請求。

正向代理的主要作用就是代替用戶端發送請求給服務端，獲得服務端回應資料後再傳回給用戶端，如圖 14-33 所示。從服務端的角度來看，用戶端仿佛就是這台 Nginx 正向代理伺服器，但事實上並不是，它僅僅是一個中轉站而已。

正向代理的實際應用場景也有很多，常見的是匿名存取，例如為了保護自己的隱私，透過正向代理伺服器存取某些網站，這樣網站的管理員無法得知存取者的真實位置。另一個應用是用作跳板機，很多企業的雲端服務器都在使用專有網路，沒有在允許存取名單裡的 IP 位址無法存取伺服器，這個時候就需要一台跳板機，透過它來存取專有網路內的伺服器。網路上有很多免費的正向代理伺服器，甚至有些代理伺服器可以讓你存取到國外的一些網站，但是切記，千萬不要用它來做違法的事情！

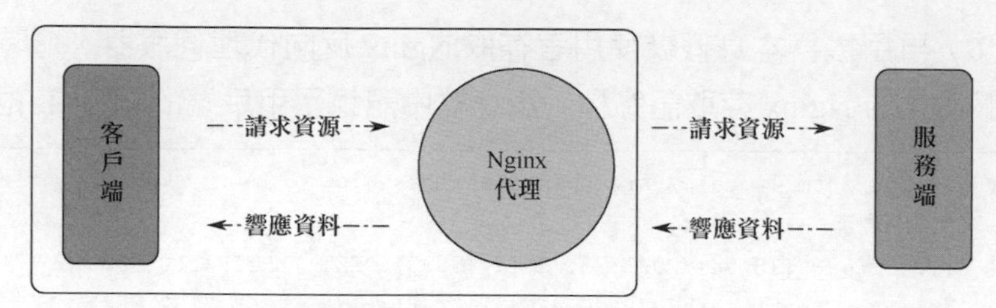

▲ 圖 14-33　Nginx 正向代理

在 Nginx 主設定檔中設定正向代理的範例如下：

```
location / {
   resolver  114.114.114.114 223.5.5.5;
   resolver_timeout 30s;
   proxy_pass $scheme://$host$request_uri;
}
```

範例中，resolver 用於設定 DNS 伺服器位址。可以設定多個，以輪詢方式請求；resolver_timeout 用於解析逾時時間；proxy_pass $scheme://$host$request_uri 為正向代理核心設定，用於轉發用戶端請求。

透過 Nginx 正向代理伺服器存取網站。

在虛擬機器二（192.168.1.130）上架設一個簡單的網站，在虛擬機器一（192.168.1.128）上架設 Nginx 正向代理伺服器，Nginx 正向代理案例的架構如圖 14-34 所示。我們在機器本身設定正向代理的位址，存取虛擬機器二的網站，查看網站的存取記錄檔記錄的是誰的 IP 位址。

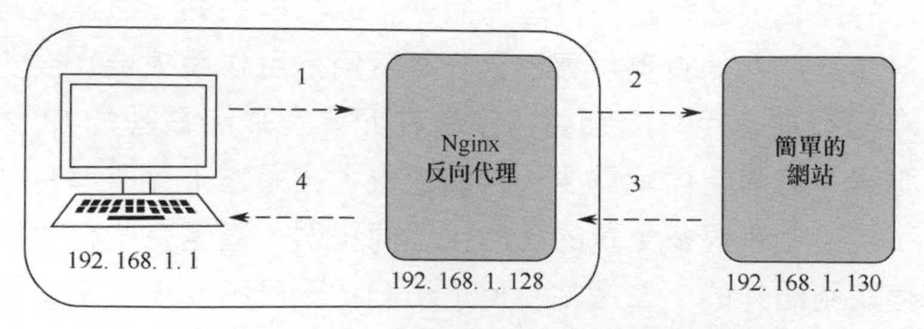

▲ 圖 14-34　Nginx 正向代理案例的架構

（1）在虛擬機器二（192.168.1.130）上架設一個簡單的網站。直接用 DNF 部署 Nginx 服務，再在 Nginx 服務上放一個網站，最後啟動 Nginx 服務存取網站，如圖 14-35 所示。

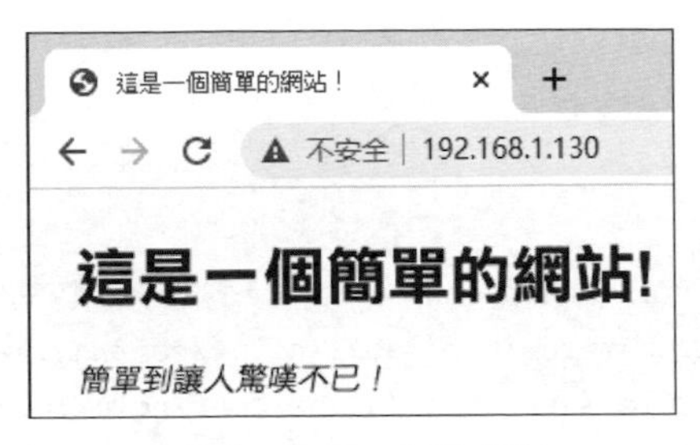

▲ 圖 14-35　存取網站

（2）在虛擬機器一（192.168.1.128）中部署 Nginx 服務並設定正向代理。

```
----- 省略編譯安裝 Nginx 服務步驟 -----
[root@noylinux nginx]# vim conf/nginx.conf
user nginx;
pid        logs/nginx.pid;

events {
    worker_connections  1024;
}

http {
    include       mime.types;
    default_type  application/octet-stream;

    sendfile        on;
    keepalive_timeout  65;

    server {
        listen       80;        # 通訊埠使用預設的 80 通訊埠
        server_name  localhost;

        location / {
                resolver        114.114.114.114 223.5.5.5;
                resolver_timeout 30s;
```

```
            proxy_pass $scheme://$host$request_uri;
        }

        error_page   500 502 503 504  /50x.html;
        location = /50x.html {
            root   html;
        }
    }
}
[root@noylinux nginx]# ./sbin/nginx    -t  #養成好習慣，每次設定完先檢查一下
nginx: the configuration file /usr/local/nginx/conf/nginx.conf syntax is ok
nginx: configuration file /usr/local/nginx/conf/nginx.conf test is successful
[root@noylinux nginx]# ./sbin/nginx    -c  conf/nginx.conf
```

（3）因為使用本地電腦作為用戶端，充當使用者的角色，所以我們需要為本地電腦（Windows 系統）設定代理，指向 Nginx 正向代理伺服器，步驟如圖 14-36 所示。

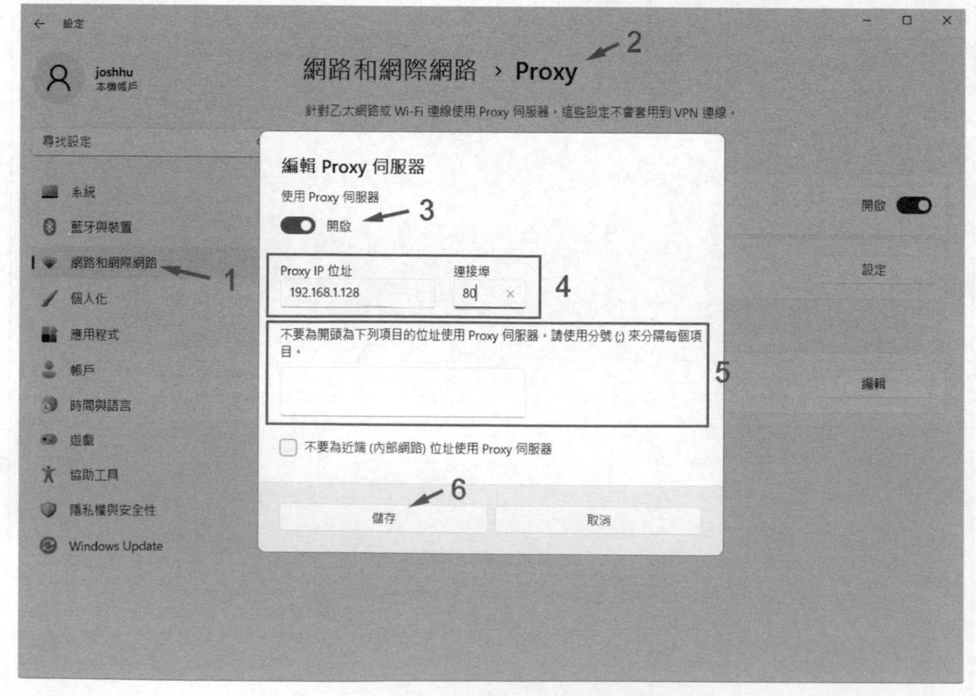

▲ 圖 14-36　在 Windows 系統上設定代理

（4）電腦本身的代理設定完成後，使用瀏覽器存取虛擬機器二（192.168.1.130）的網站，如圖 14-37 所示。再去虛擬機器二上查看 Nginx 存取記錄檔，查看存取網站的 IP 位址。

```
[root@localhost nginx]# tail -f /usr/local/nginx/logs/access.log
192.168.1.1 - - [19/Dec/2021:17:01:53 +0800] "GET / HTTP/1.1" 304 0 "-"
"Mozilla/5.0 (Windows NT 10.0; Win64; x64) AppleWebKit/537.36 (KHTML, like
Gecko) Chrome/96.0.4664.110 Safari/537.36" "-"
192.168.1.128 - - [19/Dec/2021:17:21:22 +0800] "GET / HTTP/1.0" 304 0 "-"
"Mozilla/5.0 (Windows NT 10.0; Win64; x64) AppleWebKit/537.36 (KHTML, like
Gecko) Chrome/96.0.4664.110 Safari/537.36" "-"
```

▲ 圖 14-37　用戶端透過代理存取網站（電腦使用瀏覽器存取虛擬機器二的網站）

透過存取記錄檔可以看到有兩筆存取記錄。第一筆存取記錄的用戶端 IP 位址是電腦本身，這是因為在步驟一架設好網站後存取了一下確認網站是否架設成功；第二筆存取記錄是在電腦設定了代理後存取的，記錄的用戶端 IP 位址是 Nginx 正向代理伺服器的，說明 Nginx 正向代理設定成功。

因為用戶端存取網站時是透過 Nginx 代理伺服器存取的，代理伺服器將存取的結果再轉發給用戶端，這樣網站的存取記錄檔中記錄的來訪人員只能是代理伺服器。對於網站來說，它並不知道用戶端的存在。

14.10 Nginx 負載平衡

上文介紹了 Nginx 的反向代理和正向代理。這兩個代理的核心區別就是反向代理代理的是伺服器，而正向代理代理的是用戶端。其中我們又詳細介紹了反向代理的理論知識和如何透過 Nginx 實現反向代理。本節我們透過 Nginx 的反向代理實現另外一個重要的功能——負載平衡，也就是分流。

由圖 14-38 的 Nginx 負載平衡效果圖可見，本來是將一批使用者請求全部發送到一台伺服器上處理，在使用負載平衡後，這一批使用者請求就會被分攤到多台伺服器上處理，在提升處理速度的同時還可以處理更多的使用者請求，這樣就實現了負載平衡。

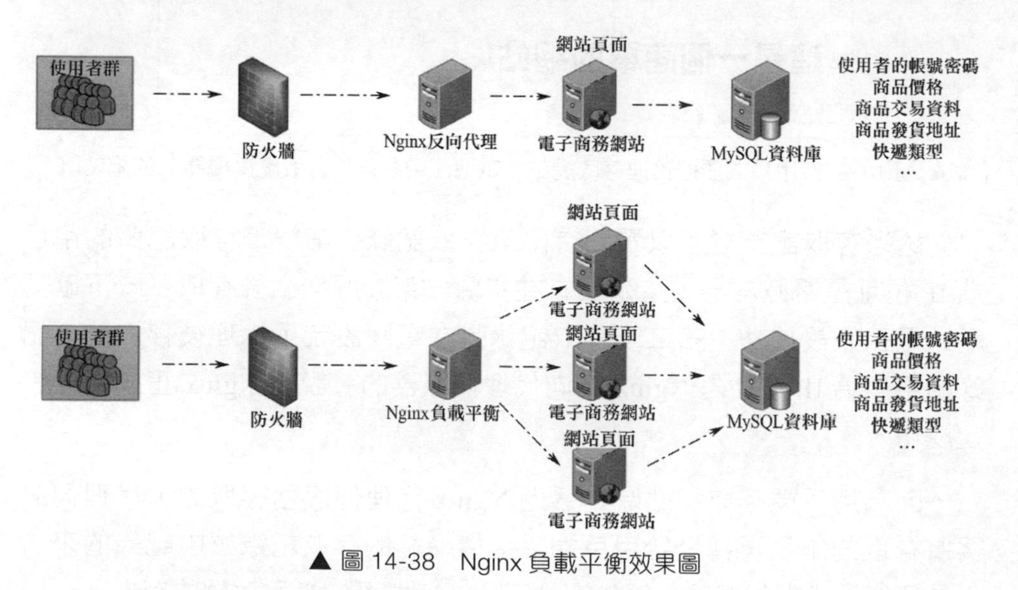

▲ 圖 14-38　Nginx 負載平衡效果圖

負載平衡可以分為以下兩種：

（1）一種是透過硬體來實現，常見的硬體有 NetScaler、F5（見圖 14-39）。這些商用的負載平衡器的實現效果是最好的，唯一的缺點就是價格昂貴。

（2）一種是透過軟體來實現，常見的軟體有 LVS、Nginx 和 Apache 等，它們是基於 Linux 作業系統並且開放原始碼的負載平衡策略，但是相比硬體實現方法，軟體的負載平衡性能相對低一些。

▲ 圖 14-39　NetScaler、F5

在 Nginx 中，實現負載平衡功能的是附帶的一個功能模組——upstream。upstream 模組的語法格式非常簡單，範例如下：

```
upstream  web1  {
#-->web1 是負載平衡群組的名稱，負載平衡群組要定義在 server 模組之外
          ip_hash;
#--> 負載平衡演算法
          server  192.168.1.1   weight=1  max_fails=2     fail_timeout=2；
          #-->      網站位址       權重為 1   最多錯誤幾次       每次檢查持續時間
          server 192.168.1.2   weight=1   max_fails=2   fail_timeout=2；
          server  127.0.0.1:8080   backup;      }
          #--> 備用位址

server {
       listen        80;
       server_name   localhost;

location  /  {
          proxy_pass   http://webserver/;
#--> 反向代理，這裡要改為 upstream 群組名稱，指的是反向代理這個群組中的所有元素
          }
      }
```

在範例中，upstream 是負載平衡模組的關鍵字，後面跟著的是群組名稱，在一個群組中通常會存在多台後端伺服器，location 設定項會透過反向代理負載平衡群組名稱來向後端伺服器調配使用者請求。ip_hash

是負載平衡演算法，按指定的演算法將使用者請求分發到不同的伺服器中。之後是 server 關鍵字，server 關鍵字後面要跟著後端伺服器的位址，weight 表示權重，max_fails 表示後端伺服器聯繫不上的次數，fail_timeout 表示檢查後端伺服器監控狀態持續的時間。backup 一行表示，若前面 server 定義的幾台後端伺服器都無法執行，則使用這一台備用的後端伺服器。

註：後端伺服器的位址格式是「IP: 通訊埠」，若網站使用預設的 80 通訊埠，可以只使用 "IP"。

upstream 模組定義好後，透過 location 設定項中的 proxy_pass 關鍵字使 upstream 模組生效。proxy_pass 關鍵字後面是 upstream 群組名稱，含義是反向代理這個群組中的所有元素。

在 Nginx 設定檔中定義 upstream 時，定義的位置一定要在 server 模組外，並且建議定義在 http 模組內部。Nginx 支援以下 6 種負載平衡演算法：

（1）輪詢（round-robin）：Nginx 預設的負載平衡策略。所有的請求按照時間順序輪流分配到後端伺服器上，可以均衡地將使用者請求分散到各個後端伺服器上，但是並不關心後端伺服器的連接數和系統負載。

（2）來源位址雜湊（ip_hash）：指定負載平衡器按照基於用戶端 IP 的分配方式，透過對 IP 的 hash 值進行計算從而選擇分配的伺服器。簡單來講就是將來自同一個用戶端的請求始終定向到同一個伺服器。這是這種演算法的一個重要特點，能保證 session 階段的維持。

例如，若無法保持 session 階段，當使用者關閉已登入成功的網站頁面，再重新開啟時，該使用者就不是登入狀態了，需要再重新輸入帳號密碼進行登入。若保持 session 階段，當使用者關閉已登入成功的網站頁面，再重新開啟時，該使用者還保持登入狀態。

ip_hash 不能與 backup 同時使用，且當有伺服器需要剔除掉時，必須手動停止。

（3）最小連接數（least-conn）：將下一個請求分配到擁有最少活動連接數的後端伺服器中。輪詢是把使用者請求平均分配給各個後端伺服器，使它們的負載大致相同。但是有些請求佔用的時間很長，會導致其所在的後端負載較高。在這種情況下，least_conn 演算法可以達到更好的負載平衡效果。

此演算法適用於使用者請求處理時間長短不一，造成伺服器超載的情況。

（4）加權輪詢（weight）：在輪詢演算法的基礎上指定輪詢的機率。權重越高被分配的機率越大，適合伺服器硬體性能存在一定差距的情況。

（5）回應時間（fair）：按照伺服器端的回應時間來分配請求，回應時間短的優先分配。需要安裝協力廠商外掛程式。

（6）URL 分配（url_hash）：按存取 URL 的雜湊結果來分配請求，使每個 URL 定向到同一個後端伺服器。若同一個資源多次請求，可能會到達不同的伺服器上，導致不必要的多次下載，快取命中率不高和下載資源消耗時間的浪費。而使用 url_hash 演算法，可以使得同一個 URL（也就是同一個資源請求）到達同一台伺服器，一旦快取了資源，再次收到相同請求，就可以直接在快取中讀取。

接下來介紹存取網站的整個流程（Nginx 負載平衡），看看在每個階段中各個服務都發揮了什麼作用。

使用者群的存取請求在到達網站伺服器之前首先會經過防火牆，防火牆會攔截駭客攻擊和惡意存取，將惡意請求排除在外，放行正常的存取。

防火牆放行的存取請求到達 Nginx 負載平衡伺服器，伺服器將存取請求按照之前設定好的演算法進行分流，實現負載平衡。

假設按預設的輪詢演算法分流使用者請求，流程大致如下：第一個請求去第一台伺服器，第二個請求去第二台伺服器，第三個請求去第三台伺服器，第四個請求去第一台伺服器……類似這樣依次輪流把使用者請求分發到 3 台伺服器上。

有的朋友可能會問，這麼多請求分發到不同的伺服器上，存取的網站頁面和資料會不會存在不一樣的情況？不會的，因為圖 14-40 中的 3 台電子商務網站伺服器都指向了同一台資料庫伺服器，這台伺服器中部署了資料庫服務，各種網站資料，包括商品價格、介紹、時間和帳戶密碼等，都存放在資料庫中，3 台電子商務網站伺服器提供的不過是網站的頁面。

範例

架設一個小規模的負載平衡架構。

啟動 4 台伺服器，1 台作為負載平衡伺服器，另外 3 台是電子商務網站伺服器（還未介紹資料庫部分的知識，這裡先不架設）。架設過程如下：在虛擬機器一、二、三中透過 Nginx 服務部署電子商務網站，模擬 3 台電子商務網站伺服器；在虛擬機器四中架設 Nginx 服務並設定負載平衡，負載平衡的物件是這 3 台電子商務網站伺服器，在 Nginx 設定檔中設定不同的演算法。

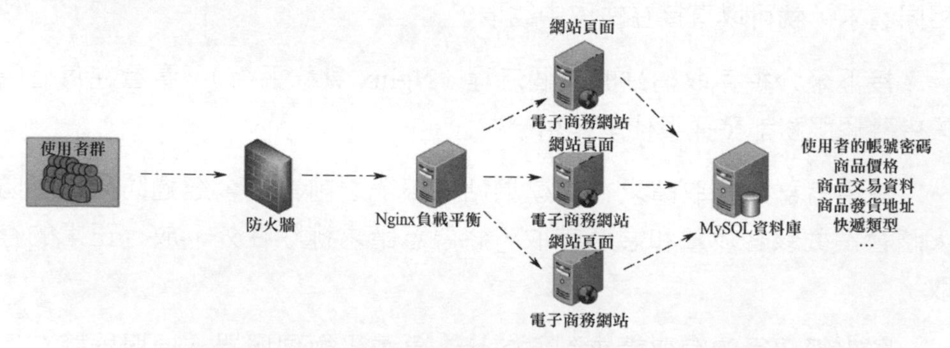

▲ 圖 14-40　存取網站的整個流程（Nginx 負載平衡）

註：在企業生產環境中，案例中的 3 台電子商務網站是在企業內網中的，使用者無法透過網際網路直接存取這 3 個網站，只能透過 Nginx 負載平衡伺服器。

（1）在虛擬機器一、二、三中部署 Nginx 服務，建議使用 DNF 軟體安裝套件管理器進行安裝，分別在 3 台虛擬機器中部署電子商務網站，最後啟動伺服器即可。安裝 Nginx 服務的步驟上文已經演示過，這裡不再贅述。

```
----- 省略部分內容 -----
[root@bogon html]# cd /usr/share/nginx/html
[root@bogon html]# pwd
/usr/share/nginx/html
[root@bogon html]# vim index.html # 將原先的 Nginx 歡迎介面改成自己的網頁
<!DOCTYPE html>
<html>
<head>
<meta charset="utf-8">
<title> 電子商務網站三 !</title>
<style>
    body {
        width: 35em;
        margin: 0 auto;
        font-family: Tahoma, Verdana, Arial, sans-serif;
    }
</style>
</head>
<body>
<h1> 這是第三個非常簡單的電子商務網站 !</h1>


<p><em> 簡單到讓人驚歎不已！！！ </em></p>
</body>
</html>

[root@bogon html]# systemctl  start  nginx         # 啟動 Nginx 服務
[root@localhost html]# systemctl  stop  firewalld  # 別忘了關掉防火牆
```

在 3 台虛擬機器中架設電子商務網站，完成後的效果如圖 14-41 所示。

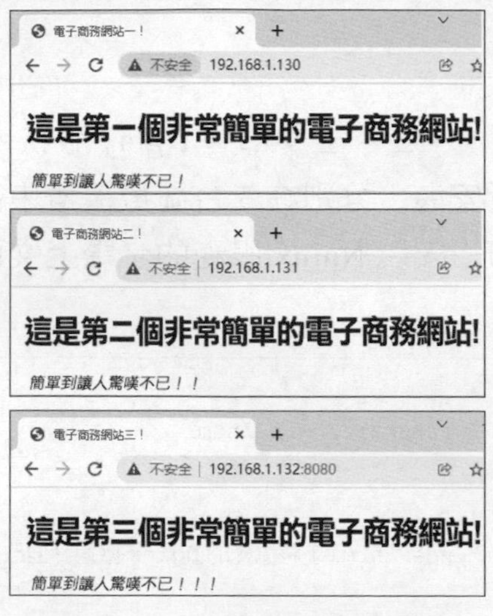

▲ 圖 14-41　模擬 3 個電子商務網站

注意看，第三個電子商務網站使用的不是預設的 80 通訊埠，存取通訊埠被改為 8080，這樣做是想演示當網站不用 80 通訊埠存取時，在 upstream 模組中該如何設定。

（2）設定 Nginx 負載平衡伺服器。首先在這台伺服器中安裝 Nginx 服務，然後在主設定檔中設定負載平衡，同時將這 3 台電子商務網站伺服器加入 Nginx 負載平衡中。

```
----- 省略部分內容 -----
[root@noylinux nginx]# cd /usr/local/nginx
[root@noylinux nginx]# vim conf/nginx.conf
user  nginx;
worker_processes  1;
pid        logs/nginx.pid;

events {
    worker_connections  1024;
}
```

```
http {
    include       mime.types;
    default_type  application/octet-stream;
    sendfile        on;
    keepalive_timeout  65;

    upstream web {
   server 192.168.1.130    max_fails=2     fail_timeout=2;
   server 192.168.1.131    max_fails=2     fail_timeout=2;
   sserver 192.168.1.132:8080    max_fails=2     fail_timeout=2;
    }

    server {
        listen       80;
        server_name  localhost;

        location / {
      proxy_pass http://web/;
        }

        error_page   500 502 503 504  /50x.html;
        location = /50x.html {
            root   html;
        }
    }
}
[root@noylinux nginx]# ./sbin/nginx -t
nginx: the configuration file /usr/local/nginx/conf/nginx.conf syntax is ok
nginx: configuration file /usr/local/nginx/conf/nginx.conf test is successful
[root@noylinux nginx]# ./sbin/nginx  -c  conf/nginx.conf
```

在案例中，我們首先編輯 Nginx 主設定檔，然後在 server 模組外定義 1 個 upstream 群組，upstream 群組的群組名稱叫 web（可以隨意命名）。負載平衡的演算法使用預設的輪詢演算法，將 3 個電子商務網站的造訪網址增加到負載平衡中。在 location 設定項中透過 proxy_pass 關鍵字反向代理 upstream 模組，proxy_pass 關鍵字後面的格式為 http://upstream 群組名稱 /。

至此，Nginx 的負載平衡就設定完成了，透過 -t 選項檢查設定檔的正確性，沒有問題後啟動 Nginx 服務。此時使用的是預設的負載平衡演算法（輪詢），用戶端 3 次存取電子商務網站的結果如圖 14-42 所示。

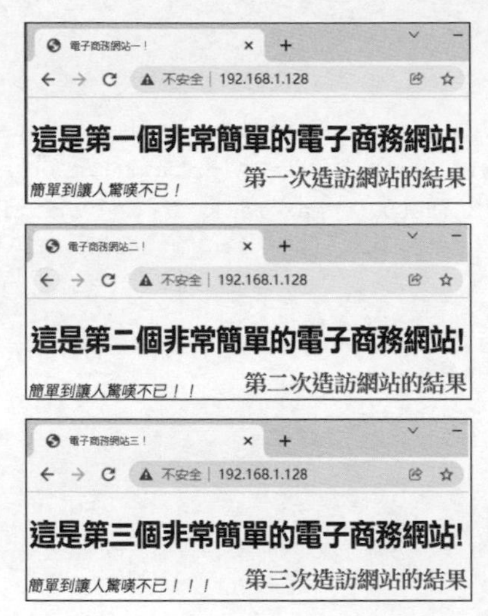

▲ 圖 14-42　用戶端 3 次存取電子商務網站的結果（輪詢演算法）

由圖 14-42 可以明顯看出，輪詢演算法是將使用者請求按照時間順序輪流分發到後端伺服器上。

將預設的演算法改成來源位址雜湊（ip_hash) 演算法，範例如下：

```
[root@noylinux nginx]# vim conf/nginx.conf
----- 省略部分內容 -----
    upstream web {
        ip_hash;
        server 192.168.1.130    max_fails=2     fail_timeout=2;
        server 192.168.1.131    max_fails=2     fail_timeout=2;
        server 192.168.1.132:8080   max_fails=2     fail_timeout=2;
}
----- 省略部分內容 -----
[root@noylinux nginx]# ./sbin/nginx -t
nginx: the configuration file /usr/local/nginx/conf/nginx.conf syntax is ok
nginx: configuration file /usr/local/nginx/conf/nginx.conf test is successful
[root@noylinux nginx]# ./sbin/nginx  -c  conf/nginx.conf
```

範例中只需要對 upstream 模組中的演算法進行修改，修改完演算法，用戶端 3 次存取電子商務網站的結果如圖 14-43 所示。

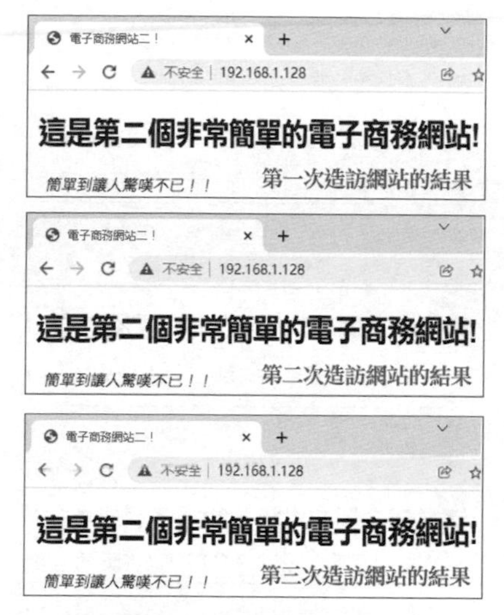

▲ 圖 14-43　用戶端 3 次存取電子商務網站的結果（來源位址雜湊演算法）

由圖 14-43 可以看出，來源位址雜湊演算法的特點就是將來自同一個用戶端的請求始終定向到同一個伺服器，這種特點的優勢是始終能維持 session 階段。

最後將演算法改為加權輪詢（weight），假設第三台伺服器的性能比前兩台高（將第三台伺服器的網站權重設定高一些），範例如下：

```
[root@noylinux nginx]# vim conf/nginx.conf
----- 省略部分內容 -----
    upstream web {
        server 192.168.1.130  weight=1   max_fails=2     fail_timeout=2;
        server 192.168.1.131  weight=1   max_fails=2     fail_timeout=2;
        server 192.168.1.132:8080  weight=5  max_fails=2     fail_timeout=2;
}
----- 省略部分內容 -----
[root@noylinux nginx]# ./sbin/nginx -t
nginx: the configuration file /usr/local/nginx/conf/nginx.conf syntax is ok
nginx: configuration file /usr/local/nginx/conf/nginx.conf test is successful
[root@noylinux nginx]# ./sbin/nginx  -c  conf/nginx.conf
```

加權輪詢演算法下，用戶端 3 次存取電子商務網站的結果如圖 14-44 所示。

▲ 圖 14-44　用戶端 3 次存取電子商務網站的結果（加權輪詢演算法）

由圖 14-44 可以看出，加權輪詢法是在輪詢演算法的基礎上指定輪詢的機率。權重越高被分配的機率越大，特別適合伺服器硬體性能參差不齊的情況。

14.11 Nginx 平滑升級（熱部署）

平滑升級在企業中應用的次數並不頻繁，但是作為 Linux 運行維護工程師，也必須 掌握。

Nginx 從 2002 年問世至今，越來越流行，使用者也越來越廣泛，同時在社區和開發人員的維護下，Nginx 版本的升級迭代也開啟了加速模式，圖 14-45 是 Nginx 版本更新發佈記錄，從圖中可以看到，基本上一個月就要更新四五次。

▲ 圖 14-45　Nginx 版本更新發佈記錄

大家試想一下，一旦一個增加了重要功能或者修復嚴重 Bug 的版本發佈，使用者大機率會更新這個版本，而且隨著版本升級的頻率越來越快，使用者進行更新的頻率也會越來越快。但此時就會出現一個矛盾：企業中正在執行的業務系統是不能停的，例如購物網站，隨時都會有很多使用者存取，若直接將網站關停進行更新，使用者便無法存取，就算發佈了系統升級通知，使用者會選擇存取其他購物網站，這種停服更新的操作是很容易流失使用者的。怎麼辦呢？平滑升級技術就是這一矛盾的最佳解決方案，平滑升級也是 Linux 運行維護工程師必備的技能之一。

平滑升級就是在不停止公司業務或者不停止公司網站的前提下對 Nginx 服務進行版本的升級，而且正在存取的使用者也感覺不到升級過程，這就是所謂的 Nginx 無感知升級。

Nginx 平滑升級的過程也非常簡單，整體概括如下：

（1）在不停止 Nginx 現有處理程序的情況下，啟動新版本的處理程序（master 和 worker 處理程序）。

（2）原有 Nginx 處理程序處理之前未處理完的使用者請求，但不再接受新的使用者請求。

（3）新啟動的新版本 Nginx 接受並處理新進來的使用者請求。

（4）原有 Nginx 處理程序處理完之前未處理完的使用者請求後就關閉所有連接並且退出。

（5）此時伺服器上就只存在一個新的新版本的 Nginx 服務了。

一般有在兩種情況下需要升級 Nginx：一種是現版本 Nginx 存在高危漏洞，必須升級新版本的 Nginx 來修復；另一種就是要用到 Nginx 新增加的功能模組。

Nginx 一旦執行，可以透過兩種方式來進行控制。第一種方式是使用 -s 命令列選項再次呼叫 Nginx。例如，透過 nginx -s stop 命令停止 Nginx 服務；透過 nginx -s signal 命令向主處理程序發送訊號，參數是訊號（signal）。-s 命令列選項的參數包括以下幾種：

- stop：快速關閉。
- quit：正常關閉。
- reload：重新載入設定，使用新設定啟動新的工作處理程序，正常關閉舊工作處理程序。
- reopen：重新開啟記錄檔。

> **註**：stop 的作用是快速停止 Nginx 服務，可能並不儲存相關資訊；quit 的作用是完整有序地停止 Nginx 服務，並儲存相關資訊。

第二種方式是向 Nginx 處理程序發送訊號。預設 Nginx 會將其主處理程序 ID 寫入 nginx.pid 檔案中，我們可以透過 PID 向 Nginx 主處理程序發送各種訊號來達到控制 Nginx 的目的。Nginx 主處理程序可以處理的訊號如下：

- TERM, INT：立刻退出。
- QUIT：等待工作處理程序結束後再退出。
- KILL：強制終止處理程序。
- HUP：重新載入設定檔，使用新的設定啟動新的工作處理程序，正常關閉舊的工作處理程序。

- USR1：重新開啟記錄檔。
- USR2：執行升級，並啟動新的主處理程序，實現熱升級。
- WINCH：逐步關閉工作處理程序或正常關閉工作處理程序。

接下來簡單介紹一下如何用發送訊號的方式控制 Nginx，語法格式為

```
kill  -訊號   處理程序 id (PID)
```

例如，kill -QUIT 16396。kill 命令可以將指定的訊號根據 PID 發送至指定的程式中，預設的訊號為 SIGTERM(15)，也就是將指定的程式終止。

Nginx 平滑升級。

（1）目前在虛擬機器中已經執行著一個舊版本的 Nginx（1.16.1）服務，透過 -V 命令列選項可以看到 Nginx 的版本編號和當初在編譯時使用到的編譯選項及其他資訊。

```
[root@noylinux nginx]# pwd
/usr/local/nginx
[root@noylinux nginx]# ./sbin/nginx  -V  # 查看 Nginx 的版本編號及其他資訊
nginx version: nginx/1.16.1
built by gcc 8.5.0 20210514 (Red Hat 8.5.0-4) (GCC)
built with OpenSSL 1.1.1k  FIPS 25 Mar 2021
TLS SNI support enabled
configure arguments: --prefix=/usr/local/nginx
--sbin-path=/usr/local/nginx/sbin/nginx
--conf-path=/usr/local/nginx/conf/nginx.conf
--error-log-path=/usr/local/nginx/log/error.log
----- 省略部分內容 -----
[root@noylinux nginx]# ps -ef | grep nginx    # 查看 Nginx 執行中的處理程序
root       58903       1  0 22:19 ?        00:00:00 nginx: master process
./sbin/nginx -c conf/nginx.conf
root       58904   58903  0 22:19 ?        00:00:00 nginx: worker process
root       58909    2366  0 22:20 pts/1    00:00:00 grep --color=auto nginx
```

（2）Nginx 服務正在正常執行，將最新版的 Nginx 原始程式套件（此處使用的版本編號為 1.20.2）上傳至伺服器，解壓並進入解壓後的目錄中。別忘了還有一個在編譯 Nginx 時用到的 pcre 壓縮檔，也需要將它解壓。

```
[root@noylinux ~]# tar xf pcre-8.42.tar.gz
[root@noylinux ~]# tar xf nginx-1.20.2.tar.gz
[root@noylinux ~]# cd nginx-1.20.2/
[root@noylinux nginx-1.20.2]#
```

（3）編譯新版本的 Nginx，注意在編譯新版本 Nginx 原始程式套件時，安裝路徑和編譯時的選項需要與舊版保持一致，安裝路徑和編譯選項的資訊都可以透過 nginx -V 命令獲取，我們直接複製 "configure arguments:" 中的內容即可。還有一點要囑咐大家，千萬不要執行 make install 命令（正常的安裝流程為 ./configure ... → make → make install）。

```
[root@noylinux nginx-1.20.2]# ./configure --prefix=/usr/local/nginx --sbin-
path=/usr/local/nginx/sbin/nginx --conf-path=/usr/local/nginx/conf/nginx.
conf --error-log-path=/usr/local/nginx/log/error.log --http-log-path=/usr/
local/nginx/log/access.log --pid-path=/var/run/nginx/nginx.pid --lock-path=/
var/lock/nginx.lock --user=nginx --group=nginx --with-http_ssl_module --with-
http_flv_module --with-http_stub_status_module --with-http_gzip_static_module
--http-client-body-temp-path=/usr/local/nginx/client_body_temp --http-proxy-
temp-path=/usr/local/nginx/proxy_temp --http-fastcgi-temp-path=/usr/local/
nginx/fastcgi_temp --http-uwsgi-temp-path=/usr/local/nginx/uwsgi_temp --http-
scgi-temp-path=/usr/local/nginx/scgi_temp --with-pcre=/root/pcre-8.42

checking for OS
 + Linux 4.18.0-305.3.1.el8.x86_64 x86_64
checking for C compiler ... found
 + using GNU C compiler
 + gcc version: 8.5.0 20210514 (Red Hat 8.5.0-4) (GCC)
checking for gcc -pipe switch ... found
----- 省略部分內容 -----
  nginx http uwsgi temporary files: "/usr/local/nginx/uwsgi_temp"
  nginx http scgi temporary files: "/usr/local/nginx/scgi_temp"
```

```
[root@noylinux nginx-1.20.2]#
[root@noylinux nginx-1.20.2]# make
make -f objs/Makefile
make[1]: 進入目錄 "/root/nginx-1.20.2"
cd /root/pcre-8.42 \
&& if [ -f Makefile ]; then make distclean; fi \
-----省略部分內容-----
-ldl -lpthread -lcrypt /root/pcre-8.42/.libs/libpcre.a -lssl -lcrypto -ldl
-lpthread -lz \
-Wl,-E
sed -e "s|%%PREFIX%%|/usr/local/nginx|" \
    -e "s|%%PID_PATH%%|/var/run/nginx/nginx.pid|" \
    -e "s|%%CONF_PATH%%|/usr/local/nginx/conf/nginx.conf|" \
    -e "s|%%ERROR_LOG_PATH%%|/usr/local/nginx/log/error.log|" \
    < man/nginx.8 > objs/nginx.8
make[1]: 離開目錄 "/root/nginx-1.20.2"
[root@noylinux nginx-1.20.2]#
```

（4）替換二進位檔案，此時二進位檔案也成為可執行檔，也就是 sbin 目錄下的 nginx 命令，建議替換之前先將原先的二進位檔案備份。替換時建議使用 cp 命令，而且還要加上 -rf 選項進行強制替換。

```
[root@noylinux nginx-1.20.2]# cp /usr/local/nginx/sbin/nginx   /usr/local/
nginx/sbin/nginx-bak
[root@noylinux nginx-1.20.2]# cp -rf  objs/nginx   /usr/local/nginx/sbin/
cp：是否覆蓋 '/usr/local/nginx/sbin/nginx' ? yes
[root@noylinux nginx-1.20.2]#
```

（5）二進位檔案替換完畢，執行 -t 選項檢查 Nginx 服務是否正常。

```
[root@noylinux nginx-1.20.2]# /usr/local/nginx/sbin/nginx  -t
nginx: the configuration file /usr/local/nginx/conf/nginx.conf syntax is ok
nginx: configuration file /usr/local/nginx/conf/nginx.conf test is successful
```

可以明顯看到，新版本的 nginx 命令可以正常使用，而且設定檔都很正常。

（6）向 master 處理程序發送 USR2 訊號，Nginx 會啟動一個新版本的 master 處理程序和相對應的 worker 處理程序，和舊版本的 master 處理程序一起處理請求。

此時新版本的 master 處理程序和舊版本的 master 處理程序會同時存在，舊版本的 master 處理程序不再接收新的請求，繼續處理完現有請求並退出，新版本的 master 處理程序接收新的使用者請求並接替舊版本的處理程序進行服務。

在發送訊號之前我們先看一下目前舊版本 Nginx 正在執行的處理程序，注意看處理程序 PID 的變化！

```
[root@noylinux nginx-1.20.2]# ps -ef | grep nginx  #目前舊版本 Nginx 的處理程序
root  58903     1  0 22:19 ?        00:00:00 nginx: master process ./sbin/
nginx -c conf/nginx.conf
root  58904   58903  0 22:19 ?        00:00:00 nginx: worker process
root  65782    2217  0 23:01 pts/0    00:00:00 grep --color=auto nginx

[root@noylinux nginx-1.20.2]# kill -USR2 58903   #向 master 處理程序發送 USR2 訊號

[root@noylinux nginx-1.20.2]# ps -ef | grep nginx
root  58903   1  0 22:19 ?  00:00:00 nginx: master process ./sbin/nginx -c
conf/nginx.conf
root  58904   58903  0 22:19 ?        00:00:00 nginx: worker process
root  65787  58903  0 23:01 ? 00:00:00 nginx: master process ./sbin/nginx -c
conf/nginx.conf
root  65788   65787  0 23:01 ?        00:00:00 nginx: worker process
root  65790    2217  0 23:01 pts/0    00:00:00 grep --color=auto nginx

[root@noylinux nginx-1.20.2]#
```

可以看到舊版本的處理程序依然存在，但是又新啟動了兩個新版本的 Nginx 處理程序（master 處理程序和 worker 處理程序），舊版本 master 處理程序的 PID 是 58903，新版本 master 處理程序的 PID 是 65787。

（7）向舊版本的 master 處理程序發送 WINCH 訊號，並逐步關閉自己的工作處理程序（master 處理程序不退出），這時所有的使用者請求都會由新版本的 master 處理程序處理。

```
[root@noylinux nginx-1.20.2]# ps -ef | grep nginx
root   58903       1  0 22:19 ?      00:00:00 nginx: master process ./sbin/
nginx -c conf/nginx.conf
root   58904   58903  0 22:19 ?      00:00:00 nginx: worker process
root   65787   58903  0 23:01 ? 00:00:00 nginx: master process ./sbin/nginx -c
conf/nginx.conf
root   65788   65787  0 23:01 ?         00:00:00 nginx: worker process
root   65790    2217  0 23:01 pts/0     00:00:00 grep --color=auto nginx

[root@noylinux nginx-1.20.2]# kill -WINCH 58903    # 向舊版本的 master 處理程序發
                                                     送 WINCH 訊號

[root@noylinux nginx-1.20.2]# ps -ef | grep nginx  # 發送完訊號之後所有 Nginx 處理
                                                     程序的狀態
root   58903    1  0 22:19 ?  00:00:00 nginx: master process ./sbin/nginx -c
conf/nginx.conf
root   65787  58903  0 23:01 ? 00:00:00 nginx: master process ./sbin/nginx -c
conf/nginx.conf
root   65788   65787  0 23:01 ?         00:00:00 nginx: worker process
root   65874    2217  0 23:06 pts/0     00:00:00 grep --color=auto nginx
[root@noylinux nginx-1.20.2]#
```

如果這時後悔了，需要回退版本繼續使用舊版本的 Nginx，可向舊版本的 master 處理程序發送 HUP 訊號，它會重新啟動工作處理程序，而且仍使用舊版設定檔，再使用訊號（QUIT、TERM 或 KILL）將新版本的 Nginx 處理程序殺死。

若想繼續進行平滑升級的操作，則可以對舊版本的 master 處理程序發送訊號（QUIT、TERM 或 KILL），使舊版本的 master 處理程序退出。

```
[root@noylinux nginx-1.20.2]# ps -ef | grep nginx
root   58903   1  0 22:19 ?   00:00:00 nginx: master process ./sbin/nginx -c
conf/nginx.conf
```

```
root  65787 58903  0 23:01 ?  00:00:00 nginx: master process ./sbin/nginx -c
conf/nginx.conf
root  65788   65787  0 23:01 ?        00:00:00 nginx: worker process
root  65874    2217  0 23:06 pts/0    00:00:00 grep --color=auto nginx

[root@noylinux nginx-1.20.2]# kill -QUIT  58903      # 向舊版本的master處理程序發
                                                       送QUIT訊號

[root@noylinux nginx-1.20.2]# ps -ef | grep nginx   # 發送完訊號之後所有Nginx處理
                                                       程序的狀態
root  65787   1  0 23:01 ?   00:00:00 nginx: master process ./sbin/nginx -c
conf/nginx.conf
root  65788   65787  0 23:01 ?        00:00:00 nginx: worker process
root  65926    2217  0 23:11 pts/0    00:00:00 grep --color=auto nginx

[root@noylinux nginx-1.20.2]#
```

（8）目前只剩下新版本的 Nginx 處理程序在正常執行，舊版本的 Nginx 處理程序已經全被替換，最後我們再透過 nginx -V 命令驗證目前 Nginx 服務的版本資訊。

```
[root@noylinux nginx-1.20.2]# /usr/local/nginx/sbin/nginx -V
nginx version: nginx/1.20.2
built by gcc 8.5.0 20210514 (Red Hat 8.5.0-4) (GCC)
built with OpenSSL 1.1.1k  FIPS 25 Mar 2021
TLS SNI support enabled
configure arguments: --prefix=/usr/local/nginx --sbin-path=/usr/local/nginx/
sbin/nginx --conf-path=/usr/local/nginx/conf/nginx.conf --error-log-path=/
usr/local/nginx/log/error.log ------省略部分內容-----
```

可以看到，Nginx 程式的版本編號已經變成了 1.20.2。整個平滑升級的過程對於使用者來說是無感知的，升級過程並沒有對網站的存取造成任何影響。

CHAPTER 15

Web 伺服器架構系列之 Apache

15.1 引言

Apache HTTP Server（簡稱 Apache 或 httpd）是 Apache 軟體基金會的開放原始碼的 HTTP 服務專案，同時也曾經是霸佔世界使用者榜第一的 Web 伺服器軟體，而且霸佔的時間非常久。

Apache 幾乎可以執行在所有的電腦平台上，它所支援的作業系統包括 Linux 系列、Windows 系列、MacOS 系列等，由於其跨平台和安全性被廣泛使用，是目前最流行的 Web 伺服器端軟體之一。

Apache 在 1996 年到 2014 年間一直霸佔著全球 Web 伺服器軟體市佔率排名第一的位置，而且在最輝煌的時期全球有 70% 的網站都在使用這款軟體，可謂是風光一時。

部署 Apache 服務的伺服器又稱為更新伺服器，為什麼這麼說呢？原因很簡單，Apache 是一款高度模組化的軟體，想要給它增加對應的功能只需要增加對應的模組，再讓 Apache 主程式載入對應的模組即可，不需要的模組可以不用載入，這就保證了 Apache 的簡潔、輕便、穩定、高效，當出現大量使用者存取伺服器時，可以使用多種重複使用模式，這保證了伺服器能夠快速回應使用者端的請求。

相比於 Nginx，Apache 又有怎樣的優劣勢呢？

在處理動靜態請求方面，Apache 比較擅長處理動態請求，目前常用的網站大都是動態網站，所以在這方面 Apache 佔據優勢，而 Nginx 則比較擅長處理靜態網站。

在穩定性方面，Apache 的穩定性比 Nginx 稍強，因為 Apache 的 Bug 數量少於 Nginx，這也是意料之中的事情，Apache 的開發始於 1995 年初，而 Nginx 的第一個開放原始碼版本誕生於 2004 年。這麼一看，Apache 屬於「老牌勢力」，而 Nginx 屬於「新生力量」，Apache 自然更「穩重」一些。

在具備的功能方面，Apache 要多於 Nginx，上文介紹過，Apache 是一款高度模組化的軟體，增加對應的模組就能實現相對應的功能，經過多年來各個社區和官方的開發人員添磚加瓦，Apache 的模組非常多，甚至可以這麼說：「你能想到的功能模組大都可以找到！」

在高併發處理能力方面，Apache 的高併發處理能力較弱，且耗費的伺服器資源多；而 Nginx 的高併發處理能力強，且擅長處理反向代理，均衡負載。

總的來看，Apache 和 Nginx 各有優勢，在不同的企業應用場景下所表現出的能力也各有強弱，還是要根據企業實際的應用場景選擇合適的服務。

15.2 HTTP 請求過程與封包結構

迄今為止，市面上主流的使用者端伺服器架構為 C/S 和 B/S 兩種，即使用者端 / 伺服器端和瀏覽器端 / 伺服器端。

其中，C/S 模式需要使用者單獨安裝使用者端，舉例來說，LINE 等軟體都屬於 C/S 架構；而 B/S 模式需要透過瀏覽器來存取，並且伺服器端負責處理全部的邏輯（B/S 模式的使用者端固定是瀏覽器）。

總的來看，C/S 模式和 B/S 模式本質上是相同的，都是使用者端與伺服器進行通訊，只是表現形式不同。

伺服器與使用者端之間建立連接的常用方式有以下幾種：

- FTP：檔案傳輸通訊協定。
- HTTP：（超）文字傳輸協定。
- HTTPS：安全的文字傳送協定，透過 SSL 進行加密。
- P2P：檔案傳輸通訊協定（點到點、點對點）。

本節主要介紹 HTTP 協定，HTTP 協定是一個應用層協定，其封包可以分為請求封包和回應封包兩種類型，當使用者端存取一個網頁時，會先透過 HTTP 協定將請求的內容封裝在 HTTP 請求封包中，伺服器收到該請求封包後根據協定規範進行封包解析，再向使用者端傳回回應封包。

一次完整的 HTTP 請求過程大致包括下列步驟：

（1）建立連接：接受或拒絕使用者端連接請求。
（2）接受請求：透過網路讀取使用者端發送過來的 HTTP 請求封包。
（3）處理請求：解析請求封包並進行對應處理。
（4）存取資源：存取請求封包中的對應資源。
（5）建構回應：使用正確的標頭生成 HTTP 回應封包。
（6）發送回應：向使用者端發送生成的回應封包。
（7）記錄記錄檔：將已經完成的 HTTP 事務記錄到記錄檔中。

請求封包和回應封包的格式如圖 15-1 所示。

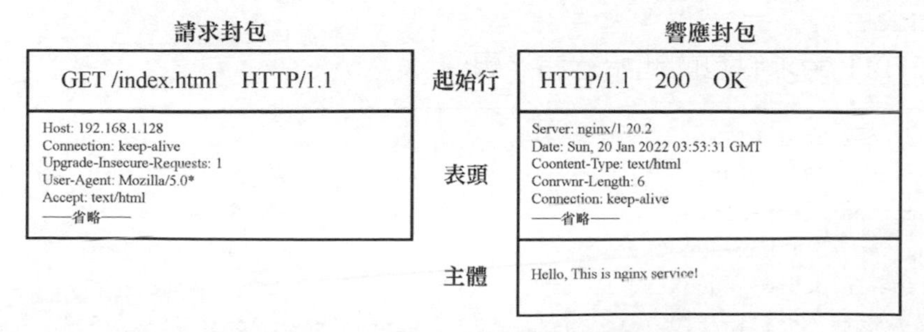

▲ 圖 15-1　請求封包和回應封包的格式

HTTP 封包由 4 部分組成，分別是起始行、標頭、空行和主體。

（1）起始行：對封包進行描述，用來區分請求封包與回應封包。

（2）標頭：用來説明使用者端、伺服器或封包主體的一些資訊。

（3）空行：通知伺服器 / 使用者端以下不再有請求 / 回應的頭部資訊。

（4）主體：請求或回應的資料。

HTTP 請求封包的格式如圖 15-2 所示。

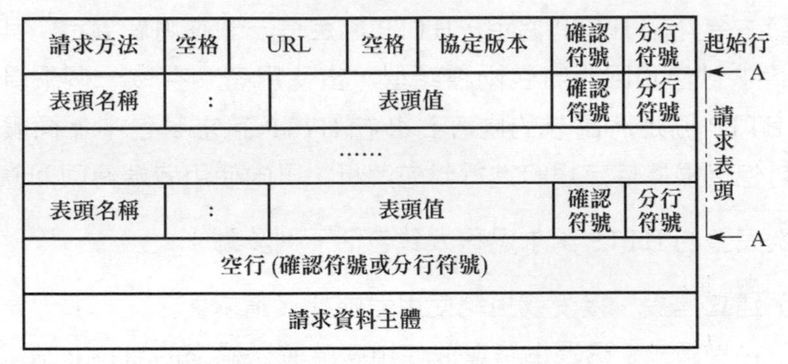

▲ 圖 15-2　HTTP 請求封包的格式

由圖 15-2 可見，在請求封包中，起始行可以分成 3 部分，分別是：

（1）請求的方法（GET/POST/...）；

（2）請求的 URL（/index.html）；

（3）協定版本（HTTP/1.1）。

HTTP 請求封包的起始行和標頭。

```
GET /index.html HTTP/1.1
Host: 192.168.1.128
Connection: keep-alive
Cache-Control: max-age=0
Upgrade-Insecure-Requests: 1
User-Agent: Mozilla/5.0 (Windows NT 10.0; Win64; x64) AppleWebKit/537.36
```

```
(KHTML, like Gecko) Chrome/96.0.4664.110 Safari/537.36
Accept: text/html,application/xhtml+xml,application/xml;q=0.9,image/
avif,image/webp,image/apng,*/*;q=0.8,application/signed-exchange;v=b3;q=0.9
Accept-Encoding: gzip, deflate
Accept-Language: zh-CN,zh;q=0.9,en;q=0.8
If-None-Match: "61c9de21-6"
If-Modified-Since: Mon, 27 Dec 2021 15:39:13 GMT
```

上述案例中用的請求方法是 GET，HTTP 中共有 8 種請求方法：

- GET：從伺服器上獲取資源。因為傳遞的參數會直接展示在網址列中，而某些瀏覽器或伺服器可能會對 URL 的長度做限制，所以 GET 傳遞的參數長度會受限制，因此 GET 請求不適合用來傳遞私密資料，也不適合傳遞大量資料。需要注意的是，使用 GET 方法的 HTTP 請求封包中不會存在「主體」部分。

- POST：向伺服器發送需要處理的資料。會把傳遞的資料封裝在 HTTP 請求資料中，以名稱 / 值的形式出現，可以傳輸大量資料，對資料量沒有限制，也不會顯示在 URL 中。例如提交表單或上傳檔案等。需要注意的是，POST 請求可能會導致新的資源建立或已有資源的更改。

- HEAD：HEAD 與 GET 的請求方式相似，只不過服務端接收到 HEAD 請求時只傳回回應標頭，不發送回應內容。

- PUT：將某個資源放到指定位置。PUT 和 POST 的請求方式相似，都是向伺服器發送資料，但是它們之間有一個重要區別，PUT 通常指定了資源的存放位置，而 POST 沒有，POST 的資源存放位置由伺服器自己決定。一般 PUT 用來更改資源，而 POST 用來增加資源。

- OPTIONS：傳回伺服器針對當前 URL 所支援的 HTTP 請求方法。請求成功的話，會在 HTTP 標頭中包含一個名為 "Allow" 的標頭，其值就是所支援的請求方式，如 GET、POST 等。

- DELETE：請求伺服器刪除 URL 中所標識的資源。
- TRACE：回應伺服器收到的請求，主要用於測試或診斷。在目的伺服器端會發起一個「迴路」診斷，用來對可能經過代理伺服器傳送到服務端的封包進行追蹤。
- CONNECT：將連接改為管道方式的代理伺服器。此方法是 HTTP/1.1 協定預留的，通常用於 SSL 加密伺服器的連結與非加密的 HTTP 代理伺服器的通訊。

在上述請求方法中比較常用的是 GET、POSP、HEAD 三種，其中 GET 和 POST 最基本的差異是，GET 是從伺服器上請求資料，而 POST 是向伺服器發送資料。

本節使用的是 HTTP/1.1 版本，該版本引入了持久連接（Persistent connection），即 TCP 連接預設不關閉，可以被多個請求重複使用，不用宣告 "Connection: keep-alive"，這解決了 HTTP/1.0 版本 keep-alive 的問題。HTTP 各版本的說明如下：

- HTTP/1.0：支援 GET、POST、HEAD 三種 HTTP 請求方式。
- HTTP/1.1：新增加 OPTIONS、PUT、DELETE、TRACE、CONNECT 五種 HTTP 請求方式。
- HTTP/2.0：為解決 HTTP/1.1 版本使用率不高的問題而推出。增加雙工模式，不僅使用者端能夠同時發送多個請求，服務端也能同時處理多個請求，解決了列首阻塞的問題。同時增加了伺服器推送功能，即不經請求，服務端主動向使用者端發送資料。

> **註**：當前主流的協定版本還是 HTTP/1.1 版本。

起始行中的內容介紹完我們再來看看請求標頭，請求標頭由關鍵字和值組成，每行為一對，其封包標頭中所描述的資訊如下：

```
Host：指定接收請求的伺服器的位址和通訊埠編號
Client-IP：指定使用者端的 IP 位址
From：指定使用者端使用者的 E-mail 位址
UA-CPU：顯示使用者端 CPU 的類型或製造商
UA-OS：顯示使用者端的作業系統名稱及版本
User-Agent：將發起請求的應用程式名稱告知伺服器
Accept：告訴伺服器能夠發送哪些資料型態
Accept-Charset：告訴伺服器能夠發送哪些字元集
Accept-Encoding：告訴伺服器能夠發送哪些編碼方式
Accept-Language：告訴伺服器能夠發送哪些語言
Range：如果伺服器支援範圍請求，就請求資源的指定範圍
----- 省略部分內容 -----
```

HTTP 回應封包的格式如圖 15-3 所示

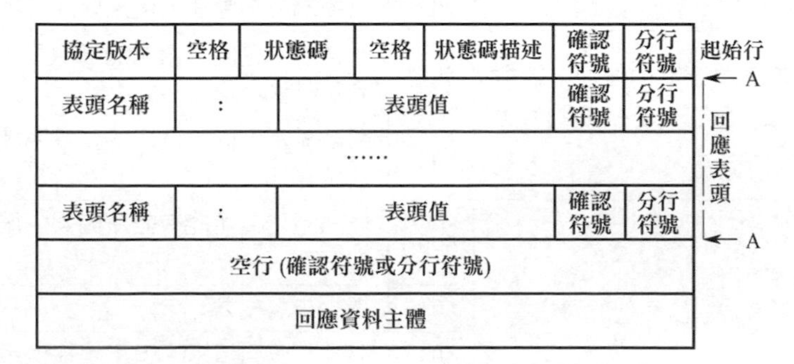

▲ 圖 15-3　HTTP 回應封包的格式

HTTP 回應封包的起始行和標頭。

```
HTTP/1.1 200 OK
Server: nginx/1.20.2
Date: Sun, 02 Jan 2022 04:26:51 GMT
Content-Type: text/html
Content-Length: 30
Last-Modified: Sun, 02 Jan 2022 04:26:47 GMT
Connection: keep-alive
ETag: "61d12987-1e"
Accept-Ranges: bytes
```

由圖 15-3 可見，在回應封包中，起始行可以分成 3 部分：

（1）協定版本；

（2）狀態碼；

（3）狀態碼描述。

狀態碼用來確定請求的結果是正確的還是失敗的，在 HTTP 協定中狀態碼被分為了 5 類，具體見表 15-1。

▼表 15-1 HTTP 協定狀態分碼類

分類	說　明	案例	說　明
1xx	指示資訊類型的資訊	100	繼續，使用者端應當繼續發送請求
2xx	成功類型的狀態資訊，內容請求成功	200	使用者端請求成功
		202	服務端成功處理，但未傳回內容
3xx	重新導向類型的資訊，請求的內容存在，但被挪到其他地方	301	永久重新導向，請求的資源已經永久地挪到了其他位置
		302	臨時重新導向，請求的資源臨時挪到了其他位置
4xx	使用者端錯誤類型的資訊	400	非法請求，可能有語法錯誤，服務端無法理解
		401	請求未經授權
		403	服務端收到請求，但拒絕提供服務
		404	請求了一個不存在的資源
5xx	服務端錯誤類型的資訊	500	服務端發生不可預期的錯誤
		503	當前不能處理使用者端的請求，一段時間後可能會恢復正常

回應標頭也是由關鍵字和值組成的，每行為一對，其封包標頭中描述的資訊如下：

```
Server：服務端服務的名稱和版本
Content-Length：舉出資料長度
Content-type：舉出資料型態
Date：提供日期和時間標識，伺服器產生回應的日期
Content-Type: 資料主體的物件類型
Content-Length: 資料主體的長度
```

```
Last-Modified：資料最後一次被修改的日期和時間
Connection：允許使用者端和服務端指定與請求 / 回應連接有關的選項
ETag：與此實體相關的實體標記
Accept-Ranges：對此資源來說，服務端可接受的範圍類型
----- 省略部分內容 -----
```

15.3 Apache 的兩種安裝方式

Apache 的安裝方式和 Nginx 一樣，分別是編譯成功原始程式套件和透過軟體套件管理器安裝二進位套件。

編譯原始程式套件的方式上文已經介紹過，只要有對應的編譯環境，無論什麼樣的作業系統都可以部署上，而且還可以自訂功能（編譯成功選項來控制）。若透過軟體套件管理器安裝二進位套件，需要指定對應的作業系統及版本，每種作業系統的不同版本所對應的二進位套件也是不一樣的，不過這可以透過 Linux 作業系統中的軟體套件管理器幫助解決。這兩種安裝方式之間的優缺點在第 9 章已經介紹過，這裡再溫習一下。

需要注意的是，Apache 的主程式名稱叫作 httpd，也就是說安裝 httpd 的過程就是安裝 Apache 的過程，Apache 是服務的名稱，而 httpd 是提供該服務的主程式。

1. 透過軟體套件管理器安裝二進位套件

安裝二進位套件的過程非常簡單，確保伺服器連接到網路並設定好了來源倉庫，接下來輸入執行命令 "sudo apt install httpd" 即可。

至此，Apache 服務就安裝完成了，接下來我們透過瀏覽器存取一下新安裝的 Apache 服務，如圖 15-4 所示。

▲ 圖 15-4　HTTP 伺服器測試頁

圖 15-4 是 Apache 的歡迎介面，出現這個頁面就表示 Apache 已經安裝成功。接下來介紹幾個與 httpd 服務控制相關的命令：

（1）httpd 附帶的服務控制指令稿。

- 啟動 Apache 服務：apachectl start。
- 重新啟動 Apache 服務：apachectl restart。
- 重新啟動 Apache 服務，但不會中斷原有的連接：apachectl graceful。
- 停止 Apache 服務：apachectl stop。
- 查看狀態：apachectl status。
- 檢查設定檔中的語法是否正確：apachectl configtest。

（2）啟動 Apache 服務：systemctl start httpd。

（3）多載 Apache 服務：systemctl restart httpd。

（4）停止 Apache 服務：systemctl stop httpd。

（5）開機自啟動：systemctl enable httpd。

安裝完成後，與 httpd 相關的目錄和設定檔的預設分佈見表 15-2。

▼表 15-2 與 httpd 相關的目錄和設定檔的預設分佈

檔案路徑	類　型	作　用
/etc/httpd/conf/httd.conf	主設定檔	
/etc/httpd/conf.d/*.conf	擴充設定檔	
/var/www/html/	預設網站根目錄	預設存放網站的目錄，即網站的根目錄

檔案路徑	類　型	作　用
/var/log/httpd/	記錄檔存放目錄	httpd 執行時期產生的存取記錄檔、錯誤記錄檔等都在此目錄中
/usr/lib64/httpd/modules/	模組檔案存放目錄	httpd 所有的功能模組預設都存放在此目錄中
/etc/httpd/conf.modules.d/	模組設定檔存放目錄	單獨對某一模組進行設定時需要修改這裡對應的設定檔
/usr/share/doc/httpd	文件存放目錄	與 httpd 相關的各種文件預設存放在此目錄中
/var/cache/httpd	快取目錄	
/usr/share/man	說明手冊	

如果仔細觀察安裝過程容易發現，Apache 在安裝的過程中預設會把工具套件 httpd-tools 裝上，這個工具套件有許多實用的工具：

- Htpasswd：basic 認證基於檔案實現時，用到的帳號密碼生成工具。
- apachectl：httpd 附帶的服務控制指令稿，支援 start、stop、restart 等。
- rotatelogs：記錄檔捲動工具。
- suexec：存取某些有特殊許可權設定的資源時，臨時切換至指定使用者執行的工具。
- ab：壓力測試工具。

2. 編譯成功原始程式套件安裝 Apache 服務

從官網下載最新的穩定版原始程式套件並上傳到伺服器中。在正式編譯安裝前需要先將編譯時所需的環境準備好，一行簡單的安裝編譯環境的命令如下：

```
sudo apt install gcc gcc-c++ apr-devel apr-util-devel pcre pcre-devel openssl openssl-devel zlib-devel make redhat-rpm-config -y
```

編譯成功原始程式套件安裝 Apache 服務的具體步驟如下：

（1）安裝編譯原始程式碼時所需的依賴環境並建立安裝目錄。

```
[root@noylinux ~]# sudo apt -y install gcc gcc-c++ apr-devel apr-util-devel
pcre pcre-devel openssl openssl-devel zlib-devel make redhat-rpm-config

依賴關係解決
==========================================================================
 軟體套件                    架構      版本                    倉庫          大小
==========================================================================
安裝：
 apr-devel x86_64  1.6.3-12.el8 appstream 246 k
 apr-util-devel x86_64  1.6.1-6.el8  appstream 86 k
 gcc  x86_64  8.5.0-4.el8_5  appstream 23 M
 gcc-c++x86_64  8.5.0-4.el8_5  appstream 12 M
----- 省略部分內容 -----

事務概要
==========================================================================
安裝  35 軟體套件
升級  22 軟體套件

----- 省略部分內容 -----

完畢！
[root@noylinux opt]# mkdir /usr/local/httpd
```

（2）將下載的原始程式套件上傳至伺服器中，並進行解壓。

```
[root@noylinux opt]# ll
總用量 9496
-rw-r--r--. 1 root root 9719976 1月   3 22:50 httpd-2.4.52.tar.gz
[root@noylinux opt]# tar xf httpd-2.4.52.tar.gz
[root@noylinux opt]# cd httpd-2.4.52/
[root@noylinux httpd-2.4.52]# pwd
/opt/httpd-2.4.52
[root@noylinux httpd-2.4.52]#
```

（3）進入解壓後的目錄下，透過 configure 關鍵字加編譯選項來檢測目前作業系統的環境是否支援本次的編譯安裝。

透過 configure 關鍵字加編譯選項可以檢測目前的平台是否符合編譯的要求，透過 ./configure --help 命令可以看到所有支援的編譯選項及對應的功能解釋。

```
[root@noylinux httpd-2.4.52]# ./configure \
> --prefix=/usr/local/httpd \
> --enable-deflate \
> --enable-expires \
> --enable-headers \
> --enable-modules=most \
> --enable-so \
> --with-mpm=worker \
> --enable-rewrite

checking for chosen layout... Apache
checking for working mkdir -p... yes
----- 省略部分內容 -----
config.status: executing default commands
configure: summary of build options:

    Server Version: 2.4.52
    Install prefix: /application/apache2.4.6
    C compiler:     gcc
    CFLAGS:           -pthread
    CPPFLAGS:        -DLINUX -D_REENTRANT -D_GNU_SOURCE
    LDFLAGS:
    LIBS:
    C preprocessor: gcc -E

[root@noylinux httpd-2.4.52]#
```

如果檢查到當前的平台不符合編譯要求，缺少某個軟體環境，這裡會顯示出錯並舉出錯誤訊息，我們根據錯誤訊息安裝對應的軟體環境即可。

（4）若檢測到目前的平台符合編譯的要求，則進行編譯和安裝操作。

```
[root@noylinux httpd-2.4.52]# make  && make install
----- 省略部分內容 -----
mkdir /usr/local/httpd/man
mkdir /usr/local/httpd/man/man1
mkdir /usr/local/httpd/man/man8
mkdir /usr/local/httpd/manual
make[1]: 離開目錄 "/opt/httpd-2.4.52"

[root@noylinux httpd-2.4.52]# echo $?            # 確認編譯和安裝命令是否執行成功
0
[root@noylinux httpd-2.4.52]# ls /usr/local/httpd/ # 安裝完成！
bin  build  cgi-bin  conf  error  htdocs  icons  include  logs  man  manual
modules
[root@noylinux httpd-2.4.52]# cd /usr/local/httpd/
[root@noylinux httpd]# ./bin/apachectl start     # 啟動 Apache 服務
[root@noylinux httpd]# ./bin/httpd -V            # 查看 httpd 的詳細資訊
Server version: Apache/2.4.52 (Unix)
Server built:   Jan  3 2022 23:51:09
Server's Module Magic Number: 20120211:121
Server loaded:  APR 1.6.3, APR-UTIL 1.6.1
Compiled using: APR 1.6.3, APR-UTIL 1.6.1
Architecture:   64-bit
Server MPM:  worker                        #httpd 採用的多路處理模組 (MPM) 名稱
  threaded:     yes (fixed thread count)
    forked:     yes (variable process count)
```

若在執行啟動 Apache 服務的命令時報下列錯誤：

```
[root@noylinux bin]# ./apachectl   start
AH00558: httpd: Could not reliably determine the server's fully qualified
domain name, using noylinux.com. Set the 'ServerName' directive globally to
suppress this message
[root@noylinux bin]# cd ..
[root@noylinux httpd]# vim conf/httpd.conf
```

解決辦法：將 Apache 主設定檔 httpd.conf 中 "#ServerName www.example.com:80" 前面的 # 去掉，換成自己的域名或 IP 位址。舉例來說，修改為 "ServerName localhost:80" 或 "ServerName 127.0.0.1:80"。

接下來介紹編譯安裝時一些常用的編譯選項：

- --prefix=PREFIX：指定預設安裝目錄，如果不指定安裝路徑則預設安裝在 /usr/local/apache2 目錄下。
- --bindir=DIR：指定二進位可執行檔安裝目錄。
- --sbindir=DIR：指定可執行檔安裝目錄。
- --includedir=DIR：指定標頭檔安裝目錄。
- --enable-deflate：提供內容的壓縮傳輸編碼支援，一般 html/js/css 等內容的網站，使用此參數功能可以大大提高傳送速率。
- --enable-expires：允許透過設定檔控制 HTTP 標頭的 "Expires:" 和 "Cache-Control：" 等內容，即對網站圖片、js 和 css 等內容，提供在使用者端瀏覽器快取的設定。
- --enable-headers：提供允許對 HTTP 請求標頭的控制。
- --enable-modules=most：指定安裝 DSO（動態共用物件）動態函數庫用來通訊。用 most 命令可以將一些不常用的、不在預設常用模組中的模組編譯進來。
- --enable-so：啟動 Apahce 服務的 DSO 支援，即在以後可以以 DSO 的方式編譯安裝共用模組（這個模組本身不能以 DSO 方式編譯）。so 模組是用來提供 DSO 支援的 Apache 核心模組。
- --enable--ssl：SSL/TLS support (mod_ssl)。
- --enable-cgi：支援 CGI 指令稿功能。
- --with-mpm=：指定伺服器預設支援哪一種 MPM 模組，有 prefork、worker、event 這 3 種。
- --enable-rewrite：提供基於 URL 規則的重寫功能，偽靜態功能基於它實現。
- --enable-mpms-shared=all：當前平台選擇以 MPM 載入動態模組並以 DSO 動態函數庫方式建立。

Apache 的兩種安裝方式，筆者比較傾向於編譯原始程式套件的安裝方式，因為可以進行各種自訂，不過其過程會比 Yum/DNF 稍微複雜一些，可以把編譯原始程式套件的整個步驟寫成 Shell 指令稿，以後在安裝時只需要執行 Shell 指令稿即可。

15.4 Apache 的 3 種工作模型

Apache HTTP 伺服器被設計為一個強大的、靈活的、能夠在多種平台以及不同環境下工作的伺服器。不同的平台和不同的環境經常產生不同的需求，而 Apache 憑藉它的模組化設計極佳地適應了各種不同環境。這一設計使得 Linux 運行維護工程師能夠在編譯和執行時期透過載入不同的模組來使得伺服器擁有不同的附加功能。

在 Apache2.0 的版本中又將這種模組化的設計延伸到了 Web 伺服器的基礎功能上。這個版本帶有多路處理模組（MPM）的選擇，用來處理網路通訊埠綁定、接受使用者端請求並指派子處理程序來處理這些請求。

將模組化設計延伸到 Web 伺服器的基礎功能上主要有兩點好處：

（1）Apache 可以更簡潔、更有效地支援各種作業系統。尤其是在 mpm_winnt 中使用本地網路特性代替 Apache1.3 中使用的 POSIX 模擬層後，Windows 版本的 Apache 具有了更好的性能。這個優勢借助特定的 MPM 同樣可以延伸到其他各種作業系統中。

（2）伺服器可以為某些特定的網站環境進行特別的訂製。舉例來說，需要更好伸縮性的網站可以選擇像 worker 或 event 這樣執行緒化的 MPM，而需要更好穩定性和相容性以適應一些舊的軟體的網站可以使用 prefork。

從使用者角度來看，多路處理模組（MPM）更像是 Apache 的模組。主要的不同點在於：不論何時，必須有且僅有一個 MPM 被載入到伺服器中。

多路處理模組（MPM）必須在編譯設定時就進行選擇，之前筆者在編譯 httpd 原始程式套件時用過選項 "--with-mpm="，它的作用就是指定伺服器預設支援哪一種多路處理模組（MPM）。在安裝完成 httpd 後，還可以透過 httpd -V 命令查看目前 Apache 採用的是哪種 MPM。

> **註**：httpd-2.2 版本預設的 MPM 為 prefork，而 httpd-2.4 版本預設的 MPM 是 event，具體可以透過 httpd -V 命令查看。

常用的 MPM 如下：

- prefork：非執行緒型的、預衍生的 MPM。
- worker：執行緒型的 MPM，實現了一個混合的多執行緒多處理 MPM，允許一個子處理程序中包含多個執行緒。
- event：標準 worker 的實驗性變種。
- core：Apache HTTP 伺服器核心提供的功能，始終有效。
- mpm_common：收集了被多個 MPM 實現的公共指令。
- beos：專門針對 BeOS 最佳化過的 MPM。
- mpm_netware：專門針對 Novell NetWare 最佳化的、執行緒化的 MPM。
- mpmt_os2：專門針對 OS/2 最佳化過的、混合多處理程序的 MPM。
- mpm_winnt：用於 Windows NT/2000/XP/2003 系列的 MPM。

在企業中常見的多路處理模組（MPM）有 3 種，分別是 prefork、worker 和 event。

1. prefork

圖 15-5 舉出了 prefork 的模型架構，prefork 模型屬於多處理程序模型、兩級架構，由主處理程序生成和管理子處理程序，每個子處理程序都有一個獨立的執行緒回應使用者請求。

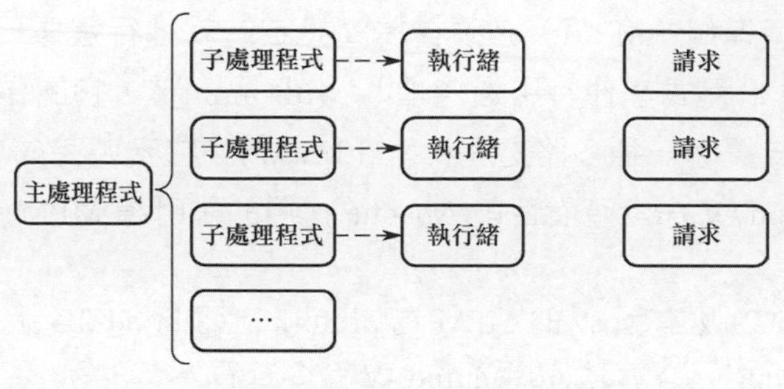

▲ 圖 15-5 prefork 的模型架構

主處理程序和子處理程序的主要作用如下：

- 主處理程序：負責生成子處理程序和回收子處理程序；負責建立通訊端、接受使用者請求，並將其分配給子處理程序進行處理。
- 子處理程序：負責處理分配來的使用者請求。

prefork 模型採用的是預衍生子處理程序的方式，其工作流程如下：當 httpd 服務啟動後，主處理程序會預先建立多個子處理程序，每個子處理程序只有一個執行緒，當接收到使用者端請求時，prefork 會將請求交給子處理程序處理，而子處理程序在同一時刻只能處理單一請求，如果當前的使用者請求數量超過預先建立的子處理程序數，則主處理程序會再建立新的子處理程序來處理額外的使用者請求。

註：在 prefork 模型中，主處理程序預設會預先建立 5 個子處理程序，初始建立的子處理程序數量可以在設定檔中進行修改。

設定檔中與 prefork 相關的設定如下：

```
<IfModule mpm_prefork_module>
StartServers 5              # 初始建立的子處理程序數量
MinSpareServers 5           # 最少預留多少子處理程序，備用
MaxSpareServers 10          # 最多預留多少子處理程序，備用
MaxRequestWorkers 250       # 最多可以允許多少子處理程序存在
MaxConnectionsPerChild 0    # 限制單一子處理程序在其存活時間內要處理的使用者連接數，
                              為 "0" 時子進
```

```
程將永遠不會結束
</IfModule>
```

prefork 模型屬於最古老的一種模式，也是最穩定的模式，優缺點很明顯，記憶體佔用相對較高，但是比較穩定。適用於使用者存取量不是很高的場景，不建議在高併發場景中使用這種模式。

2. worker

圖 15-6 舉出了 worker 的模型架構，worker 模型屬於多處理程序和多執行緒混合模型、三級架構，由主處理程序生成和管理子處理程序，每個子處理程序生成多個執行緒，透過執行緒來回應使用者請求。

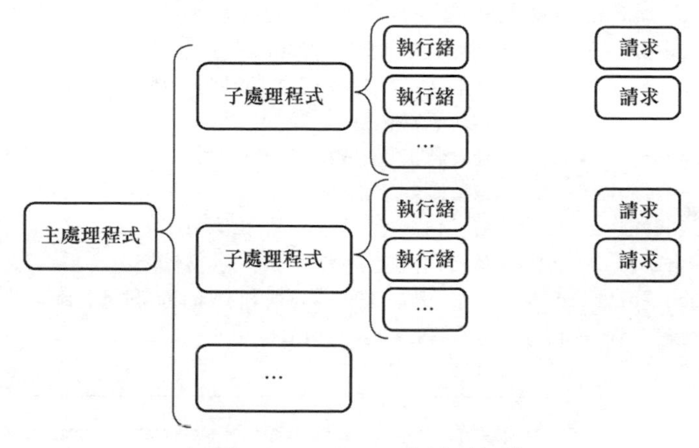

▲ 圖 15-6　worker 的模型架構

主處理程序、子處理程序和執行緒的主要作用如下：

- 主處理程序：負責生成子處理程序；負責建立通訊端、接受使用者請求，並將其分配給子處理程序進行處理。
- 子處理程序：負責生成和管理若干個執行緒。
- 執行緒：負責處理分配來的使用者請求。

worker 模型採用的是混合多處理程序的模式，工作流程如下：httpd 服務啟動後，主處理程序會預先建立多個子處理程序，這些子處理程序會建立固定數量的工作執行緒和一個監聽執行緒，監聽執行緒負責監聽使用者請求並在請求到達時將其傳遞給工作執行緒進行處理，各個執行緒之間獨立處理請求，如果現有的執行緒總數不能滿足當前的使用者請求數量，則控制處理程序將衍生新的子處理程序並生成執行緒，來處理額外的使用者請求。

註：在 worker 模型中，主處理程序預設會預先建立 3 個子處理程序，每個子處理程序預設會建立 25 個工作執行緒，初始建立的子處理程序和執行緒數量可以在設定檔中進行更改。

設定檔中與 worker 相關的設定如下：

```
<IfModule mpm_worker_module>
    StartServers        3    # 初始建立子處理程序的數量
MinSpareThreads         75   # 最小空閒執行緒數，若空閒的執行緒數量小於設定值，Apache 會
                               自動建立執行緒
MaxSpareThreads         250  # 最大空閒執行緒數，若空閒的執行緒數量大於設定值，Apache 會
                               自動殺掉多餘的執行緒
    ThreadsPerChild     25   # 每個子處理程序建立的執行緒數量
MaxRequestWorkers       400  # 最大工作執行緒總數
MaxConnectionsPerChild 0     # 每個子執行緒在生命週期內處理的請求數量，到達這個數量子執行
                               緒會結束。0 表示不結束
</IfModule>
```

註：Apache 服務會維護一個空閒的服務執行緒池，這樣可以保證使用者端的請求到達後不需要等待，直接由空閒的執行緒進行處理和回應。

相比 prefork 模型，worker 模型的優勢非常明顯，因為執行緒通常會共用父處理程序的記憶體空間，所以記憶體的佔用會相對較少，而且在高併發的場景下，worker 模型的表現比 prefork 模型更優秀。

由於執行緒通常會共用父處理程序的記憶體空間，這也會帶來一些缺陷，假如一個執行緒崩潰，則整個子處理程序及其內所有執行緒都會受到牽連，這就導致了 worker 模型的穩定性不如 prefork 模型。

worker 模型還有一個缺陷，在使用 keep-alive 長連接的時候，某些執行緒會一直被佔用，即使中間沒有請求，也要等待到逾時才會被釋放，這一問題在 prefork 模型下也存在，如果在高併發場景下過多的執行緒被佔據，就會導致無工作執行緒可用，從而導致使用者端沒辦法正常使用。舉例來說，用瀏覽器開啟網站時遲遲打不開可能就是因為服務端沒有空余的處理資源給予回應。

3. event

圖 15-7 舉出了 event 的模型架構，event 模型目前是 Apache 的最新工作模式，它是基於事件驅動的模型、三級架構，由主處理程序負責啟動子處理程序，每個子處理程序都會按照設定檔中的設定建立固定數量的工作執行緒及一個監聽執行緒，該執行緒會監聽連接請求並在請求到達時將其傳遞給工作執行緒進行處理。

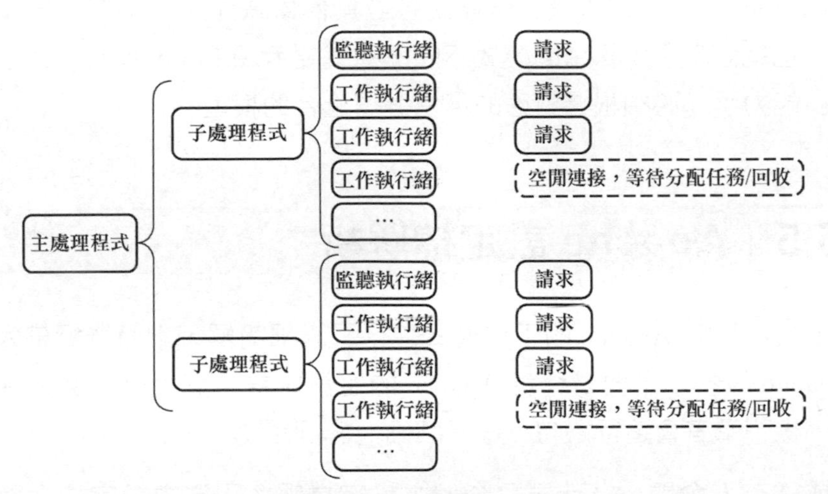

▲ 圖 15-7 event 的模型架構

event 模型採用的是「多處理程序 + 多執行緒 + 事件驅動」的模式，它的出現解決了 worker 模型在 keep-alive 場景下長期被佔用執行緒的資源浪費問題，event 模型會在每個處理程序的執行緒中加入一個監聽執行緒來管理這些 keep-alive 類型執行緒，當有請求到達時，將請求傳遞給工作執行緒，執行完畢後，又允許它釋放 / 回收。這樣一個執行緒就可以處理多個請求，實現了非同步非阻塞，從而增強高併發場景下的請求處理能力。

設定檔中與 worker 相關的設定如下：

```
<IfModule mpm_event_module>
    StartServers           3     # 初始建立子處理程序的數量
MinSpareThreads            75    # 最小空閒執行緒數，若空閒的執行緒數量小於設定值，Apache
                                   會自動建立執行緒
    MaxSpareThreads        250   # 最大空閒執行緒數，若空閒的執行緒數量大於設定值，Apache
                                   會自動殺掉多餘的執行緒
    ThreadsPerChild        25    # 每個子處理程序建立的執行緒數量
    MaxRequestWorkers      400   # 最大工作執行緒總數
MaxConnectionsPerChild 0         # 每個子執行緒最多處理多少連接請求，超過這個值後子執行緒
                                   結束。0 表示不結束
</IfModule>
```

Apache 常用的這 3 種工作模式各自具備優缺點，每個企業的業務場景不同也就註定了所採用的模式不同，這就要考驗 Linux 運行維護工程師的技術能力了，必須根據對應的環境選擇適合的模型。

15.5 Apache 設定檔解析

上文我們對 Apache 的工作模式進行了詳細講解，本節繼續帶大家探索 Apache 服務，主要是介紹 Apache 的主設定檔，與上文介紹 Nginx 設定檔一樣，筆者會逐行逐句、仔仔細細地詳細說明。

或許有人會問，為什麼只介紹主設定檔呢？因為主設定檔裡面幾乎包含了 Apache 所有的設定，而其他的，例如 ".conf" 設定檔大都是將主設定檔中的內容拆分成數個小檔案來分別管理不同的參數或功能，歸根結底還是以主設定檔為主。

這裡以 Apache 2.4.52 穩定版本的主設定檔為例介紹，編譯成功方式安裝的主設定檔有 500 多行，而透過 Yum/DNF 安裝的只有 300 行左右，

不過大家放心，缺少的這些行並不是消失了，而是被拆分成了數個小檔案，用來分別管理一些功能，重要的設定項目一個都不會少。

> 註：設定檔中以 "#" 開頭的行都是註釋行，也就是說這些行都是不生效的，想使其生效就需要將行前面的 "#" 去掉。

（1）ServerRoot "/usr/local/httpd"：Apache 的工作目錄（根目錄），同時也是安裝目錄，還記得上文在編譯 httpd 原始程式套件時使用的 "--prefix=" 選項嗎？這兩者之間是對應關係，不到萬不得已千萬不要嘗試修改，因為有很多檔案是與這個路徑相對產生的，採用的也是相對路徑，相對的就是這個根目錄。

（2）Listen 80：該設定項目的格式是「Listen IP 位址：通訊埠編號」，其中 IP 位址為可選項，預設監聽所有 IP 位址；Apache 預設監聽 80 通訊埠，可以透過多次使用該設定項目來監聽多個通訊埠。

（3）LoadModule *.so：httpd 模組化設計，用來加載模組，範例如下：

```
# Example:
# LoadModule foo_module modules/mod_foo.so
# 關鍵字        模組名稱              相對路徑，相對於 "ServerRoot"
LoadModule authn_file_module modules/mod_authn_file.so
#LoadModule authn_dbm_module modules/mod_authn_dbm.so
#LoadModule authn_anon_module modules/mod_authn_anon.so
```

（4）設定實際提供服務的子處理程序的使用者和使用者群組，範例如下：

```
<IfModule unixd_module>
   User daemon      #Apache 預設是以 daemon 使用者的身份執行的
   Group daemon     # 使用者群組
</IfModule>
```

（5）ServerAdmin you@example.com：設定管理員郵寄位址，當 Apache 伺服器發生錯誤時，郵寄位址就會出現在錯誤頁面上。

（6）#ServerName www.example.com:80：設定伺服器，用於辨識自己的主機名稱和通訊埠編號，一般在企業生產環境中用來設定域名（此行設定預設未開啟 / 不生效）。

（7）<Directory> 和 </Directory>：用來封裝一組指令，使之僅對某個目錄及其子目錄生效，這組設定是針對作業系統根目錄 "/" 下所有的存取權限進行控制。預設 Apache 對根目錄的存取都是拒絕的。該設定項目的範例如下：

```
<Directory />
   AllowOverride none
   Require all denied
</Directory>
```

（8）DocumentRoot "/usr/local/httpd/htdocs"：設定預設網站根目錄，也就是網站存放的目錄。

（9）透過 <Directory> 和 </Directory> 這組指令對預設網站根目錄進行造訪權限設定，預設對網站的根目錄具有存取權限，範例如下：

```
<Directory "/usr/local/httpd/htdocs">
   Options Indexes FollowSymLinks  # 屬於安全方面的設定，防止顯示根目錄
   AllowOverride None
   Require all granted
</Directory>
```

範例中的各項參數含義如下：

■ Options：設定在特定目錄中適用哪些特性。Indexes 表示開啟目錄的索引功能，用瀏覽器存取時會顯示檔案清單；FollowSymLinks 表示允許在該目錄中使用連結檔案；ExecCGI 表示在該目錄下允許執行 CGI 指令稿；SymLinksIfOwnerMatch 表示當使用符號連

接時，只有在符號連接的檔案擁有者與實際檔案的擁有者相同時才可以存取。

- AllowOverride：允許存在於 .htaccess 檔案中的指令類型。none 表示不搜尋該目錄下的 .htaccess 檔案。
- Require：控制誰能存取。all granted 表示允許所有人存取；all denied 表示拒絕所有人存取。

（10）Apache 的預設首頁設定，預設只支援 index.html 首頁，如果需要支援其他類型的首頁（例如 index.php），可以在此進行增加，並用空格進行分隔。該設定項目的範例如下：

```
<IfModule dir_module>
    DirectoryIndex index.html
</IfModule>
```

（11）設定對 ".ht*" 類型檔案的造訪控制，可以防止 .htaccess 和 .htpasswd 檔案被刪除，預設是拒絕存取網站根目錄下所有的 ".ht*" 檔案，範例如下：

```
<Files ".ht*">
    Require all denied
</Files>
```

（12）ErrorLog "logs/error_log"：用來定義錯誤記錄檔的位置。

（13）LogLevel warn：設定記錄檔等級，控制記錄到錯誤記錄檔的消息數。可選的記錄檔等級包括偵錯（debug）、普通資訊（info）、注意（notice）、警告（warn）、錯誤（error）、致命（crit）、必須立即採取措施（alert）和緊急（emerg）等。

（14）定義記錄檔內容的顯示格式，用不同的代號表示；還定義了存取記錄檔的位置和格式（通用記錄檔格式）。該設定項目的範例如下：

```
<IfModule log_config_module>
    LogFormat "%h %l %u %t \"%r\" %>s %b \"%{Referer}i\" \"%{User-Agent}i\""
```

```
combined
    LogFormat "%h %l %u %t \"%r\" %>s %b" common

    <IfModule logio_module>
      # You need to enable mod_logio.c to use %I and %O
      LogFormat "%h %l %u %t \"%r\" %>s %b \"%{Referer}i\" \"%{User-Agent}i\"
%I %O" combinedio
    </IfModule>

    CustomLog "logs/access_log" common
</IfModule>
```

範例中，combined 表示混合模式，common 表示通用模式。

（15）URL 重新導向、別名、cgi 模組設定說明等相關設定，範例如下：

```
<IfModule alias_module>
    # Example:
    # Alias /webpath /full/filesystem/path
    ScriptAlias /cgi-bin/ "/usr/local/httpd/cgi-bin/"
</IfModule>
<IfModule cgid_module>

</IfModule>

<Directory "/usr/local/httpd/cgi-bin">
    AllowOverride None
    Options None
    Require all granted
</Directory>

<IfModule headers_module>
    RequestHeader unset Proxy early
</IfModule>
```

（16）主要設定一些 mime 檔案支援，同時透過增加一些指令在替定的檔案副檔名與特定的內容類別型之間建立映射關係。舉例來說，增加對 PHP 檔案副檔名的映射關係，範例如下：

```
<IfModule mime_module>
    TypesConfig conf/mime.types
    #AddType application/x-gzip .tgz
    #AddEncoding x-compress .Z
    #AddEncoding x-gzip .gz .tgz
    AddType application/x-compress .Z
    AddType application/x-gzip .gz .tgz
    #AddHandler cgi-script .cgi
    #AddHandler type-map var
    #AddType text/html .shtml
    #AddOutputFilter INCLUDES .shtml
</IfModule>
```

（17）設定錯誤頁面的顯示內容，支援 3 種方式：明文、本地重新導向、外部重新導向。範例如下：

```
# Some examples:
#ErrorDocument 500 "The server made a boo boo."
#ErrorDocument 404 /missing.html
#ErrorDocument 404 "/cgi-bin/missing_handler.pl"
#ErrorDocument 402 http://www.example.com/subscription_info.html
```

（18）#EnableMMAP off：設定是否啟動記憶體映射的功能，屬於最佳化機制。

（19）#EnableSendfile on：該設定項目用於控制 httpd 是否可以使用作業系統核心的 sendfile 支援來將檔案發送到使用者端，也是一種最佳化機制。

（20）此區域的功能都放在拆分後的輔助設定檔 "conf/extra/*.conf" 中，這裡採用的是相對路徑（相對於 "ServerRoot" 設定項目）。這些功能具體包括伺服器池管理、多語言錯誤消息、動態目錄清單形式設定、虛擬主機、語言和各種預設設定等，範例如下：

```
# Supplemental configuration
#
```

```
# Server-pool management (MPM specific)
#Include conf/extra/httpd-mpm.conf

# Multi-language error messages
#Include conf/extra/httpd-multilang-errordoc.conf

# Fancy directory listings
#Include conf/extra/httpd-autoindex.conf

# Language settings
#Include conf/extra/httpd-languages.conf

# User home directories
#Include conf/extra/httpd-userdir.conf

# Real-time info on requests and configuration
#Include conf/extra/httpd-info.conf

# Virtual hosts
#Include conf/extra/httpd-vhosts.conf

# Local access to the Apache HTTP Server Manual
#Include conf/extra/httpd-manual.conf

# Distributed authoring and versioning (WebDAV)
#Include conf/extra/httpd-dav.conf

# Various default settings
#Include conf/extra/httpd-default.conf

<IfModule proxy_html_module>
Include conf/extra/proxy-html.conf
</IfModule>
```

（21）基於 ssl_module 模組實現 httpd 對 ssl 的支援，也就是設定使用 HTTPS 連接的地方。

```
<IfModule ssl_module>
SSLRandomSeed startup builtin
```

```
SSLRandomSeed connect builtin
</IfModule>
```

相比 httpd-2.2 版本，httpd-2.4 版本的設定檔更加趨向於模組化，將主設定檔內容進行了分割，便於設定和管理。

15.6 Apache 虛擬主機

虛擬主機有單獨的設定檔，Apache 將虛擬主機的設定單獨拆分出來，放到檔案 <httpd 安裝目錄 >/conf/extra/httpd-vhosts.conf 中。

我們在修改設定檔之前需要在主設定檔中進行 3 項設定，這 3 項設定是硬性要求，不修改則無法完成虛擬主機的架設。

（1）註釋起來設定項目 DocumentRoot "/usr/local/httpd/htdocs"，因為虛擬主機的本質是能夠在一台物理主機上虛擬出多個同時執行的網站，多個網站表示有多個網站根目錄，因此需要將主設定檔中的網站根目錄註釋起來，使其故障。這樣 Apache 就從一個中心主機變成了虛擬主機。如果沒有註釋這行設定，由於主設定檔的優先順序高，造訪網站還是會被解析到 DocumentRoot 指定的網站目錄，虛擬主機無法架設。

（2）通訊埠編號，若想設定基於不同通訊埠的虛擬主機需要用到多個通訊埠編號，這就需要修改設定項目 Listen 80，用多少個通訊埠編號就設定多少個。

（3）上文介紹過關於虛擬主機的設定檔引用，不過預設是被註釋的狀態，這裡要刪掉設定項目中的 "#"，使虛擬主機的設定檔生效，範例如下：

```
# Virtual hosts
#Include conf/extra/httpd-vhosts.conf
```

接下來就要設定虛擬主機的設定檔了，設定檔 httpd-vhosts.conf 本身是一個範本檔案，也就是說我們不用再手動逐字逐句地設定了，直接在設定檔的基礎上修改即可。

虛擬主機的類型有以下 3 種：

（1）基於域名的虛擬主機：相同 IP 位址，相同通訊埠，不同的域名。

（2）基於通訊埠的虛擬主機：相同 IP 位址，相同域名，不同的通訊埠。

（3）基於 IP 的虛擬主機：相同通訊埠，相同域名，不同的 IP 位址。

設定檔中每一行的作用註釋如下：

```
[root@noylinux extra]# pwd
/usr/local/httpd/conf/extra
[root@noylinux extra]# vim httpd-vhosts.conf
<VirtualHost *:80> # 指定監聽通訊埠和主機範圍(可以透過這裡設定基於通訊埠或 IP 的虛擬主機)
    ServerAdmin webmaster@dummy-host.example.com # 管理員電子郵件
    DocumentRoot "/usr/local/httpd/docs/dummy-host.example.com" # 網站根目錄
    ServerName dummy-host.example.com  # 網站域名(可以透過這裡設定基於域名的虛擬主機)
    ServerAlias www.dummy-host.example.com # 綁定多個域名，用空格進行分隔
    ErrorLog "logs/dummy-host.example.com-error_log" # 指定錯誤記錄檔
    CustomLog "logs/dummy-host.example.com-access_log" common  # 指定存取記錄檔
</VirtualHost>

<VirtualHost *:80>
    ServerAdmin webmaster@dummy-host2.example.com
    DocumentRoot "/usr/local/httpd/docs/dummy-host2.example.com"
    ServerName dummy-host2.example.com
    ErrorLog "logs/dummy-host2.example.com-error_log"
    CustomLog "logs/dummy-host2.example.com-access_log" common
</VirtualHost>
```

註：每一組 <VirtualHost IP: 通訊埠編號 > </VirtualHost> 表示一個虛擬主機，可以設定多組，設定多組表示增加多個虛擬主機。

設定項目 ServerAlias 對剛入門的讀者來說有些陌生，一般在企業中會有很多域名，正常情況下若是想將多個域名指向同一網站則需要設定多個虛擬主機，但是有了這個設定項目後就不用那麼麻煩了，要綁定多少個域名都可以寫在設定項目 ServerAlias 後面，域名與域名之間用空格隔開即可。

範例

設定多個基於不同通訊埠的虛擬主機。

（1）建立 3 個虛擬主機的網站根目錄，每個虛擬主機對應一個網站根目錄，並在每個網站根目錄下建立簡單的網頁（html）檔案。

```
[root@noylinux htdocs]# cd /usr/local/httpd/htdocs/
[root@noylinux htdocs]# mkdir a b c
[root@noylinux htdocs]# ll
drwxr-xr-x. 2 root root  6 1月   8 22:52 a
drwxr-xr-x. 2 root root  6 1月   8 22:52 b
drwxr-xr-x. 2 root root  6 1月   8 22:52 c
[root@noylinux htdocs]# cat a/index.html
<html><body><h1>This Is  A!</h1></body></html>
[root@noylinux htdocs]# cat b/index.html
<html><body><h1>This Is  B!</h1></body></html>
[root@noylinux htdocs]# cat c/index.html
<html><body><h1>This Is  C!</h1></body></html>
```

（2）開啟 Apache 的主設定檔，進行主設定檔中 3 項設定的修改。

```
[root@noylinux htdocs]# cd ..
[root@noylinux httpd]# ls
bin  build  cgi-bin  conf  error  htdocs  icons  include  logs  man  manual
modules
[root@noylinux httpd]# ./bin/apachectl -v      # 查看 httpd 的版本編號
Server version: Apache/2.4.52 (Unix)
Server built:   Jan  3 2022 23:51:09
[root@noylinux httpd]# vim conf/httpd.conf     # 編輯主設定檔
----- 省略部分內容 -----
Listen 80
```

```
Listen 81
Listen 82
Listen 83
----- 省略部分內容 -----
#DocumentRoot "/usr/local/httpd/htdocs"
----- 省略部分內容 -----
# Virtual hosts
Include conf/extra/httpd-vhosts.conf
----- 省略部分內容 -----
[root@noylinux httpd]#
```

（3）編輯虛擬主機設定檔，增加 3 個虛擬主機，分別監聽不同的通訊埠。

```
[root@noylinux httpd]# vim conf/extra/httpd-vhosts.conf
[root@noylinux httpd]# cat conf/extra/httpd-vhosts.conf
<VirtualHost *:81>                                # 監聽本機所有 IP 位址的 81 通訊埠
    #ServerAdmin admin@qq.com                     # 因為沒有電子郵件，所以用 # 註釋起來
    DocumentRoot "/usr/local/httpd/htdocs/a"
    ServerName localhost                          # 這裡用 localhost 代替域名，表示本機
    #ServerAlias www.dummy-host.example.com # 因為沒有多餘域名，所以用 # 註釋起來
    ErrorLog "logs/a-error_log"
    CustomLog "logs/a-access_log" common
</VirtualHost>

<VirtualHost *:82>                                # 監聽本機所有 IP 位址的 82 通訊埠
    #ServerAdmin admin@qq.com
    DocumentRoot "/usr/local/httpd/htdocs/b"
    ServerName localhost
    #ServerAlias www.dummy-host.example.com
    ErrorLog "logs/b-error_log"
    CustomLog "logs/b-access_log" common
</VirtualHost>

<VirtualHost *:83>                                # 監聽本機所有 IP 位址的 83 通訊埠
    #ServerAdmin admin@qq.com
    DocumentRoot "/usr/local/httpd/htdocs/c"
    ServerName localhost
    #ServerAlias www.dummy-host.example.com
```

```
    ErrorLog "logs/c-error_log"
    CustomLog "logs/c-access_log" common
</VirtualHost>
[root@noylinux httpd]#
```

（4）透過 **httpd -t** 命令對設定檔進行語法檢查。

```
[root@noylinux httpd]# ./bin/httpd -t
AH00558: httpd: Could not reliably determine the server's fully qualified
domain name, using 192.168.1.128. Set the 'ServerName' directive globally to
suppress this message
Syntax OK
```

這裡的 "AH00558：…" 是一筆提示，解決的方法也非常簡單，預設主設定檔中的 'ServerName' 設定是被註釋起來的，我們使其生效並寫上主機名稱即可。

```
[root@noylinux httpd]# vim conf/httpd.conf
#ServerName www.example.com:80          #將這一行的註釋去掉，並進行修改
改成這樣即可：ServerName localhost

[root@noylinux httpd]# ./bin/httpd -t #再次對設定檔進行語法檢查，這次沒有問題了
Syntax OK
```

（5）啟動 **httpd** 服務並進行檢查，依次存取 3 個新建的虛擬主機。

```
[root@noylinux httpd]# ./bin/apachectl start       #啟動 httpd 服務

[root@noylinux httpd]# ps -ef | grep httpd         #檢查 httpd 的處理程序
root    8058 1    0 00:05 ? 00:00:00 /usr/local/httpd/bin/httpd -k start
daemon  8059 8058 0 00:05 ? 00:00:00 /usr/local/httpd/bin/httpd -k start
daemon  8060 8058 0 00:05 ? 00:00:00 /usr/local/httpd/bin/httpd -k start
daemon  8061 8058 0 00:05 ? 00:00:00 /usr/local/httpd/bin/httpd -k start

[root@noylinux httpd]# netstat -anpt | grep httpd  #檢查 httpd 佔用的通訊埠編號
tcp6    0    0 :::80    :::*    LISTEN    8058/httpd
tcp6    0    0 :::81    :::*    LISTEN    8058/httpd
tcp6    0    0 :::82    :::*    LISTEN    8058/httpd
tcp6    0    0 :::83    :::*    LISTEN    8058/httpd
```

由圖 15-8 可見，3 個虛擬主機都已成功啟動了，這裡我們只是建立了 3 個簡單的 html 檔案，在企業實際應用中這就是 3 個不同的網站，而且這 3 個網站的資源是相互隔離的。

▲ 圖 15-8　3 個虛擬主機成功啟動

CHAPTER 16

Web 伺服器架構系列之 PHP

16.1 PHP 簡介

1994 年，Rasmus Lerdorf 創造了 PHP，PHP 的全稱為 PHP Hypertext Preprocessor，翻譯過來就是超文字前置處理器，PHP 的 Logo 是一頭大象（見圖 16-1）。

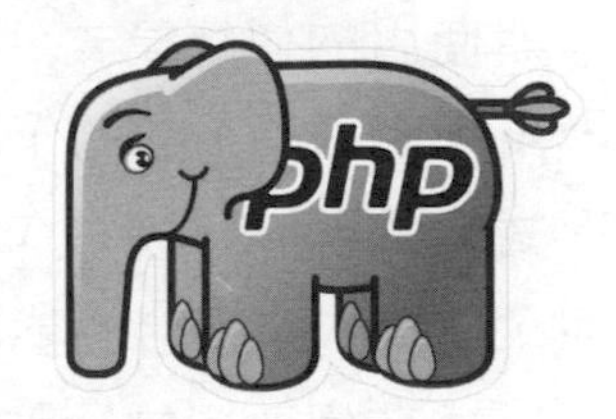

▲ 圖 16-1　PHP 的 Logo

PHP 確實是一門非常優秀、值得很多使用者討論的語言，它的跨平台、開放原始碼、學習成本低、開發效率高、性能穩定和生態圈豐富等優勢使它成為最受歡迎的 Web 開發語言之一。

PHP 後端應用程式通常部署在伺服器上，專門用來解析 PHP 語言撰寫的網站。但是要注意，PHP 本身並不能提供 Web 功能，想要提供 Web 功能，就必須借助於 Web 伺服器，舉例來說，Nginx、Apache 等。

這裡要用到第 14 章介紹的兩個架構：LAMP 和 LNMP，兩個架構都是用來架設 PHP 網站的，架構名稱中的 L、A、N、M、P 具體含義如下：

- L 表示 Linux 作業系統；
- A 表示 Apache，用來提供 Web 服務；
- N 表示 Nginx，用來提供 Web 服務；
- M 表示 MySQL 資料庫，用來儲存網站資料；
- P 表示 PHP，屬於後端服務，用來解析 PHP 請求。

PHP 的常見執行模式有以下 4 種：

（1）Module 模式，也稱為動態函數庫方式，其實就是在 Apache 上內建了一個 PHP 解譯器，也可以看作是將 PHP 作為 Apache 的子模組載入進來執行，這個模組的作用是接收 Apache 傳遞過來的 PHP 請求，並處理這些請求，最後將處理結果傳回 Apache，這樣 Apache 既能夠提供 Web 服務又能夠解析 PHP 請求。

（2）通用閘道介面（Common Gateway Interface，CGI）模式，這是早期使用的傳統模式，目前已經少有人用了。PHP 服務作為一個獨立的應用程式執行，它的作用就像是一座橋，把 Web 服務和獨立執行的 PHP 程式連接起來，接收 Web 服務傳遞過來的 PHP 請求，再將處理結果傳回。CGI 的跨平台性能極佳，幾乎可以在任何作業系統上實現。不過這種模式有個致命的缺點，即每接收一個使用者請求，都要先建立子處理程序，然後處理請求，處理完後結束這個子處理程序，這就是 fork-and-execute 模式，這種模式在使用者請求數量非常多的時候，會大量擠佔作業系統的資源，導致性能下降。子處理程序的反覆載入是導致性能下降的主要原因。

（3）FastCGI 模式，該模式是基於 CGI 的升級版本，也是目前主流的模式，它類似於一個常駐（Long-live）型的 CGI，可以一直執行著，每當 PHP 請求到達時，不必每次都要花費時間去衍生（fork）一次，這也就解決了 CGI 模式的缺陷。FastCGI 以獨立的處理程序池執行 CGI 介面，穩定性高；而且 FastCGI 介面方式採用 C/S 結構，可以將 Web 伺服器和 PHP 解析伺服器分開，安全性強；在性能方面 FastCGI 模式也比前兩種模式更好。

（4）CLI 模式，也就是命令列執行模式，透過輸入命令的方式來執行 PHP 服務，例如 "php -m" 命令，可以用來查看 PHP 載入了哪些模組。

接下詳細介紹 Module 和 FastCGI 兩種模式。

16.2 Module 模式（Apache）

Apache 是一款高度模組化的軟體，而 PHP 的 Module 模式就是 PHP 和 Apache 相結合的一種方式，其實就是將 PHP 作為 Apache 的子模組載入執行，這樣 Apache 既能夠提供 Web 服務又能夠解析 PHP 請求。

本節主要演示如何將 PHP 透過模組化的方式和 Apache 結合起來，Apache 和 PHP 都採用編譯原始程式套件方式進行安裝，為什麼不用 Yum 或 DNF 軟體套件管理器安裝呢？因為在企業生產環境中，編譯原始程式套件安裝更符合需求，一是所有相關的檔案都可以集中存放在同一目錄中，不至於過度分散，便於管理維護；二是編譯安裝可以更加方便自訂 PHP 服務的功能，支援什麼功能、不需要什麼功能，都可以編譯成功選項來訂製，這可以使 PHP 不那麼臃腫。

這麼解釋並不是說透過軟體套件管理器安裝不好，恰好相反，透過軟體套件管理器安裝是最便捷的，只需要執行一行命令即可，可以省下很多時間和精力，但這種方式的訂製功能不如編譯安裝，軟體套件管理器安裝方式更適合應用在企業的測試環境中，效率很高。

Apache 的安裝過程上文已經演示過，不再贅述。從官網上下載 PHP 原始程式套件，這裡用 7 系列的版本進行演示。

在編譯 PHP 原始程式碼前，先熟悉一下一些常用的編譯選項：

- --prefix=：指定 PHP 的安裝路徑。
- --with-apxs2=：啟用 Module 模式，將它編譯成 Apachc 的模組。
- --enable-fpm：啟用 FastCGI 模式。

- --with-config-file-path=：PHP 設定檔的目錄。
- --with-pdo-mysql=：MySQL 支援，指向 MySQL 的編譯安裝目錄，如果沒有值或寫為 mysqlnd，則將使用 MySQL 本機驅動程式。
- --with-mysqli=：MySQLi 支援，如果沒有值或寫為 mysqlnd，則將使用 MySQL 本機驅動程式。
- --with-jpeg-dir：支援 jpeg 格式圖片。
- --with-png-dir：支援 png 格式圖片。
- --with-freetype-dir：自由的、可移植的字型庫，能夠引用特定字型。
- --with-iconv-dir：指定 iconv 在系統裡的路徑，否則會掃描預設路徑。
- --with-zlib-dir:PDO_MySQL：將路徑設定為 libz 安裝首碼。
- --with-bz2：包括 bzip2 支援。
- --with-openssl：支援 openssl 功能。
- --with-mcrypt：支援加密功能，額外的加密函數庫。
- --enable-soap：啟用 SOAP 支援。
- --enable-mbstring：啟用多位元組字元串支援。
- --enable-sockets：讓 PHP 支援基於通訊端的通訊。
- --enable-exif：啟用 EXIF（來自影像的中繼資料）支援。

PHP 的編譯選項非常多，以上只是其中的一小部分，其他的編譯選項需要根據不同的部署需求來進行選擇。

接下來開始真正的實戰操作。

（1）將編譯環境部署好，PHP 原始程式碼編譯所依賴的環境透過 DNF 安裝最為方便，安裝依賴環境的命令為

sudo apt install libxml2 libxml2-devel sqlite-devel bzip2-devel autoconf automake libtool

（2）上傳、解壓並編譯安裝 oniguruma，oniguruma 是一個處理正規表示法的函數庫，之所以需要安裝它，是因為在編譯 php7 原始程式套件

的過程中，mbstring 的正規表示法處理功能對這個函數庫有依賴性，不裝的話會顯示出錯。

```
[root@noylinux ~]# tar xf oniguruma-6.9.4.tar.gz
[root@noylinux ~]# cd oniguruma-6.9.4/
[root@noylinux oniguruma-6.9.4]# ./autogen.sh && ./configure --prefix=/usr
Generating autotools files.
libtoolize: putting auxiliary files in '.'.
libtoolize: copying file './ltmain.sh'
----- 省略部分內容 -----
config.status: executing libtool commands
config.status: executing default commands

[root@noylinux oniguruma-6.9.4]# make && make install
Making all in src
make[1]: 進入目錄 "/root/oniguruma-6.9.4/src"
make  all-am
make[2]: 進入目錄 "/root/oniguruma-6.9.4/src"
----- 省略部分內容 -----
make[2]: 離開目錄 "/root/oniguruma-6.9.4"
make[1]: 離開目錄 "/root/oniguruma-6.9.4"
[root@noylinux oniguruma-6.9.4]#
```

（3）編譯所依賴的環境都已經準備現在開始上傳、解壓並編譯安裝 PHP 原始程式套件。進入解壓後的目錄下，透過 configure 關鍵字加編譯選項來檢測目前作業系統的環境是否支援本次編譯安裝。

```
[root@noylinux ~]# tar xf php-7.4.9.tar.gz
[root@noylinux ~]# cd php-7.4.9/
[root@noylinux php-7.4.9]# ./configure --prefix=/usr/local/php7 --with-
apxs2=/usr/local/httpd/bin/apxs --with-config-file-path=/usr/local/php7/etc
--with-pdo-mysql=mysqlnd --with-mysqli=mysqlnd --with-libxml-dir --with-gd
--with-jpeg-dir --with-png-dir --with-freetype-dir --with-iconv-dir --with-
zlib-dir --with-bz2 --with-openssl --with-mcrypt --enable-soap --enable-gd-
native-ttf --enable-mbstring --enable-sockets --enable-exif
configure: WARNING: unrecognized options: --with-libxml-dir, --with-
gd, --with-jpeg-dir, --with-png-dir, --with-freetype-dir, --with-mcrypt,
--enable-gd-native-ttf
```

```
checking for grep that handles long lines and -e... /usr/bin/grep
checking for egrep... /usr/bin/grep -E
checking for a sed that does not truncate output... /usr/bin/sed
----- 省略部分內容 -----
config.status: creating main/php_config.h
config.status: executing default commands

+--------------------------------------------------------------------+
| License:                                                           |
| This software is subject to the PHP License, available in this     |
| distribution in the file LICENSE. By continuing this installation  |
| process, you are bound by the terms of this license agreement.     |
| If you do not agree with the terms of this license, you must abort |
| the installation process at this point.                            |
+--------------------------------------------------------------------+

Thank you for using PHP.
# 註：下面的警告表示無法辨識這些選項，因為新舊版本的更新迭代，有些舊版本的選項在新版本就不支援了
configure: WARNING: unrecognized options: --with-libxml-dir, --with-gd, --with-jpeg-dir, --with-png-dir, --with-freetype-dir, --with-mcrypt, --enable-gd-native-ttf
[root@noylinux php-7.4.9]#
```

（4）檢測到目前作業系統的環境符合編譯要求後，開始執行編譯和安裝操作。

```
[root@noylinux php-7.4.9]# make &&  make  install
/bin/sh /root/php-7.4.9/libtool --silent --preserve-dup-deps --mode=compile cc -Iext/date/lib -DZEND_ENABLE_STATIC_TSRMLS_CACHE=1 -DHAVE_TIMELIB_CONFIG_H=1 -Iext/date/ -I/root/php-7.4.9/ext/date/ -DPHP_ATOM_INC -I/root/php-7.4.9/include -I/root/php-7.4.9/main -I/root/php-7.4.9 -I/root/php-7.4.9/ext/date/lib -I/usr/include/libxml2 -I/root/php-7.4.9/ext/mbstring/libmbfl -I/root/php-7.4.9/ext/mbstring/libmbfl/mbfl -I/root/php-7.4.9/TSRM -I/root/php-7.4.9/Zend  -D_REENTRANT -pthread  -I/usr/include -g -O2 -fvisibility=hidden -pthread -Wall -Wno-strict-aliasing -DZTS -DZEND_SIGNALS   -c /root/php-7.4.9/ext/date/php_date.c -o ext/date/php_date.lo
----- 省略部分內容 -----
```

```
chmod 755 /usr/local/httpd/modules/libphp7.so # 注意！這裡就是 PHP 模組的生成位置
[activating module `php7' in /usr/local/httpd/conf/httpd.conf]
Installing shared extensions:     /usr/local/php7/lib/php/extensions/no-
debug-zts-20190902/
Installing PHP CLI binary:        /usr/local/php7/bin/
Installing PHP CLI man page:      /usr/local/php7/php/man/man1/
Installing phpdbg binary:         /usr/local/php7/bin/
Installing phpdbg man page:       /usr/local/php7/php/man/man1/
Installing PHP CGI binary:        /usr/local/php7/bin/
Installing PHP CGI man page:      /usr/local/php7/php/man/man1/
Installing build environment:     /usr/local/php7/lib/php/build/
Installing header files:          /usr/local/php7/include/php/
Installing helper programs:       /usr/local/php7/bin/
  program: phpize
  program: php-config
Installing man pages:             /usr/local/php7/php/man/man1/
  page: phpize.1
  page: php-config.1
/root/php-7.4.9/build/shtool install -c ext/phar/phar.phar /usr/local/php7/
bin/phar.phar
ln -s -f phar.phar /usr/local/php7/bin/phar
Installing PDO headers:            /usr/local/php7/include/php/ext/pdo/
[root@noylinux php-7.4.9]#
[root@noylinux php-7.4.9]# cp php.ini-production /usr/local/php7/etc/php.ini
[root@noylinux php-7.4.9]# ls /usr/local/php7/   # 查看目錄結構
bin  include  lib  php  var
```

至此，PHP 和 Apache 都已經安裝完成了，接下來要透過一系列的微調使 Apache 能夠引用 PHP 模組處理 PHP 的請求。

（5）既然 PHP 被用作 Aapche 的模組，那就需要檢查一下 PHP 模組的存放位置，上文介紹過目錄 /usr/local/httpd/modules/ 是 Apache 專門用來存放各種模組的，查看一下：

```
[root@noylinux bin]# ll  /usr/local/httpd/modules/libphp*
-rwxr-xr-x. 1 root root 47938248 1月  13 15:18 /usr/local/httpd/modules/
libphp7.so
```

可以看到 PHP 模組是存在的。

還有一種方法是透過 httpd -M 命令查看 Apache 目前載入的模組。

```
[root@noylinux bin]# cd /usr/local/httpd/
[root@noylinux httpd]# ./bin/httpd  -M
AH00558: httpd: Could not reliably determine the server's fully qualified
domain name, using fe80::20c:29ff:fe3a:f730. Set the 'ServerName' directive
globally to suppress this message
Loaded Modules:
 core_module (static)
 so_module (static)
 http_module (static)
 mpm_worker_module (static)
----- 省略部分內容 -----
 php7_module (shared)      # 看這裡
```

（6）將 Apache 和 PHP 進行整合，讓 Apache 可以引用 PHP 模組進行工作，這裡就需要對 Apache 的主設定檔進行編輯調整。

```
[root@noylinux ~]# cd /usr/local/httpd/
[root@noylinux httpd]# vim conf/httpd.conf

----- 省略部分內容 -----
# 這一行表示載入 PHP 模組，預設是啟用的
LoadModule php7_module        modules/libphp7.so

----- 省略部分內容 -----
# 設定 ServerName，改為 ServerName localhost，有域名的可以寫域名
#ServerName www.example.com:80

# 設定存取權限
<Directory />
    AllowOverride none
    #Require all denied
   Require all granted
</Directory>

----- 省略部分內容 -----
# 增加 index.php 預設首頁
<IfModule dir_module>
```

```
    DirectoryIndex index.html  index.php
</IfModule>

----- 省略部分內容 -----
# 增加 PHP 應用的解析模組
AddType application/x-compress .Z
AddType application/x-gzip .gz .tgz
AddType application/x-httpd-php .php
----- 省略部分內容 -----

[root@noylinux httpd]# ./bin/httpd -t     # 對設定檔進行語法檢查
Syntax OK
```

（7）最後驗證整個設定的正確性，用 PHP 語言撰寫一個測試網頁，透過瀏覽器進行存取驗證，結果如圖 16-2 所示。

```
[root@noylinux httpd]# pwd
/usr/local/httpd
[root@noylinux httpd]# echo "<?php phpinfo(); ?>" > htdocs/index.php # 用 PHP 寫
一個測試頁
[root@noylinux httpd]# ./bin/apachectl start            # 啟動 httpd 服務
[root@noylinux httpd]# netstat -anpt | grep 80          # 驗證是否啟動成功
tcp6       0      0 :::80       :::*        LISTEN      173134/httpd
```

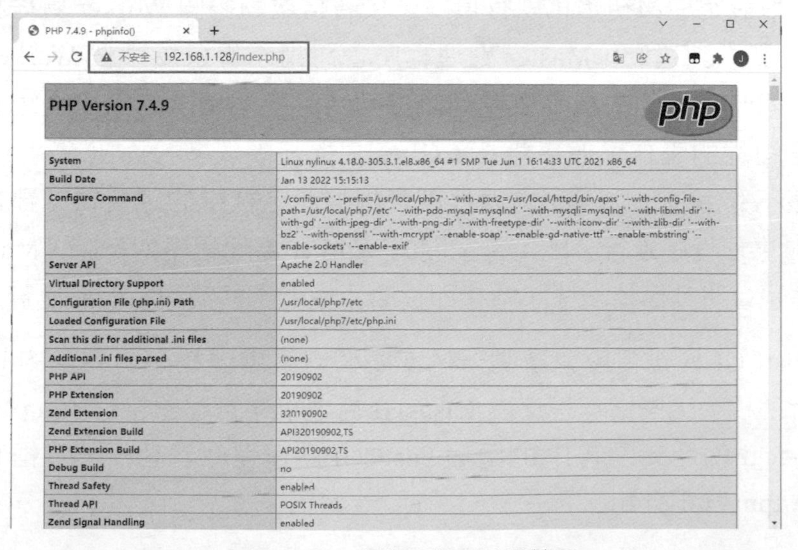

System	Linux nylinux 4.18.0-305.3.1.el8.x86_64 #1 SMP Tue Jun 1 16:14:33 UTC 2021 x86_64
Build Date	Jan 13 2022 15:15:13
Configure Command	'./configure' '--prefix=/usr/local/php7' '--with-apxs2=/usr/local/httpd/bin/apxs' '--with-config-file-path=/usr/local/php7/etc' '--with-pdo-mysql=mysqlnd' '--with-mysqli=mysqlnd' '--with-libxml-dir' '--with-gd' '--with-jpeg-dir' '--with-png-dir' '--with-freetype-dir' '--with-iconv-dir' '--with-zlib-dir' '--with-bz2' '--with-openssl' '--with-mcrypt' '--enable-soap' '--enable-gd-native-ttf' '--enable-mbstring' '--enable-sockets' '--enable-exif'
Server API	Apache 2.0 Handler
Virtual Directory Support	enabled
Configuration File (php.ini) Path	/usr/local/php7/etc
Loaded Configuration File	/usr/local/php7/etc/php.ini
Scan this dir for additional .ini files	(none)
Additional .ini files parsed	(none)
PHP API	20190902
PHP Extension	20190902
Zend Extension	320190902
Zend Extension Build	API320190902,TS
PHP Extension Build	API20190902,TS
Debug Build	no
Thread Safety	enabled
Thread API	POSIX Threads
Zend Signal Handling	enabled

▲ 圖 16-2　瀏覽器存取驗證結果

可以看到，透過 PHP 語言撰寫的網頁能夠正常被 Apache 解析，這也就說明 Apache 和 PHP 模組整合成功了。

16.3 FastCGI 模式（Nginx）

FastCGI 模式是 CGI 模式的升級版本，解決了 CGI 模式的缺陷。PHP 的 Module 模式常用於和 Apache 搭配起來使用，而 FastCGI 模式的最佳拍檔則是 Nginx，在 Nginx 主設定檔中有一段設定是專門為 PHP 的 FastCGI 模式設計的，該設定項目預設是關閉的，當需要與 PHP 進行搭配時，刪除註釋符號就能直接啟用。

當 PHP 處於 FastCGI 模式時，它是作為一個獨立的應用程式去執行的，這個獨立的應用程式如果想要對外提供服務必然要佔用某個通訊埠，這樣別的程式才可以透過這個通訊埠與 PHP 服務通訊，在 FastCGI 模式中，PHP 服務預設佔用的是 9000 通訊埠。

接下來介紹一下 FastCGI 模式下 PHP 的工作方式，這種工作方式與 Nginx 有些類似。預設 FastCGI 在啟動時會先啟動一個 Master 處理程序，讀取設定檔和初始化執行環境，接著再啟動多個 Worker 處理程序。當 PHP 請求到達時，Master 處理程序會將請求傳遞給某個 Worker 處理程序，同時立即回去繼續監聽通訊埠等待下一個請求的到來。這樣就避免了重複性的工作，效率相比 CGI 模式提高了很多。而且當 Worker 處理程序不夠用時，Master 處理程序會根據設定檔中的定義預先啟動幾個 Worker 處理程序進行分配。當空閒的 Worker 處理程序太多時，Master 處理程序也會將其停掉一些，這樣即提高了性能，又節約了伺服器資源。

FastCGI 模式預設會啟動一個或多個守護處理程序對到來的 PHP 請求進行解析，這些處理程序由 FastCGI 處理程序管理器管理，php-fpm 和 spawn-fcgi 就是支援 PHP 的兩個 FastCGI 處理程序管理器，這裡我們只對 php-fpm 詳細介紹。

php-fpm 的全稱為 FastCGI Process Manager，是一個協力廠商的 FastCGI 處理程序管理器，它當初是作為 PHP 的更新被開發的，開發的初衷就是將 FastCGI 處理程序管理的功能整合到 PHP 原始程式套件中，從 PHP 5 系列的版本開始已經成功將其整合進 PHP 原始程式套件了，所以只需要在編譯安裝 PHP 原始程式套件時加上編譯選項 "--enable-fpm" 即可。

php-fpm 提供了更好的 PHP 處理程序管理方式，可以有效地控制記憶體和處理程序、可以平滑多載 PHP 設定，php-fpm 比 spawn-fcgi 具有更多優點，它在處理請求方面更加優秀，尤其在處理高併發方面要比 spawn-fcgi 好很多。

需要注意的是，在 FastCGI 模式下的 PHP 服務需要透過 php-fpm 進行啟動（start）、停止（stop）、重新啟動（reload）等操作，而 php-fpm 在 php 5.3.3 版本以後就淘汰了 start | stop | reload 這種操作方式，改用訊號控制，常用的訊號有以下幾種：

- INT：立即終止。
- QUIT：平滑終止。
- USR1：重新開啟記錄檔。
- USR2：重新啟動。

FastCGI 模式的主要優點就是把動態語言解析和 HTTP Server 分離開來，所以 Nginx 與 php-fpm 經常被部署在不同的伺服器上，這樣可以分擔前端 Nginx 伺服器的處理壓力，使 Nginx 伺服器專心處理靜態請求並轉發動態請求，而 php-fpm 伺服器專心解析 PHP 動態請求。

好！接下來請和我一起來動手部署 Nginx 與 php-fpm。

（1）將所有的原始程式套件上傳至伺服器，開始編譯安裝 Nginx 原始程式套件。

```
[root@noylinux opt]# ls -lh
總用量 19M
```

```
-rw-r--r--. 1 root root 1.1M 12月 11 19:04 nginx-1.20.2.tar.gz
-rw-r--r--. 1 root root 2.0M 10月 21 2019 pcre-8.42.tar.gz
-rw-r--r--. 1 root root  16M 1月  12 22:46 php-7.4.9.tar.gz
-rw-r--r--. 1 root root  569K 1月 12 23:12 oniguruma-6.9.4.tar.gz
[root@noylinux opt]# tar xf  nginx-1.20.2.tar.gz
[root@noylinux opt]# tar xf  pcre-8.42.tar.gz

----- 省略編譯安裝 Nginx 的步驟，可回看 14.3 節 -----

[root@noylinux opt]# cd /usr/local/nginx/                    # 進入 Nginx 目錄
[root@noylinux nginx]# ls
conf  html  log  sbin
[root@noylinux nginx]# ./sbin/nginx  -c  conf/nginx.conf  # 啟動 Nginx 服務
[root@noylinux nginx]# ls
client_body_temp  fastcgi_temp  log         sbin       uwsgi_temp
conf              html          proxy_temp  scgi_temp
[root@noylinux nginx]# netstat -anpt | grep nginx
tcp      0    0 0.0.0.0:80      0.0.0.0:*        LISTEN    59700/nginx: master
```

（2）準備 PHP 編譯安裝前的依賴環境，操作的步驟與 16.2 節一致。透過 apt 命令安裝依賴環境，編譯安裝 oniguruma 依賴原始程式套件。

（3）編譯安裝 PHP 原始程式套件，編譯的過程與 16.2 節一致，不過編譯選項會有變化，需要將 "--with-apxs2=" 換成 "--enable-fpm"，表示啟用 FastCGI 模式。

```
[root@noylinux oniguruma-6.9.4]# cd ../
[root@noylinux opt]# tar xf php-7.4.9.tar.gz
[root@noylinux opt]# cd php-7.4.9/
[root@noylinux php-7.4.9]# ./configure --prefix=/usr/local/php7-fpm --enable-
fpm --with-config-file-path=/usr/local/php7-fpm/etc  --with-pdo-mysql=mysqlnd
--with-mysqli=mysqlnd --with-libxml-dir --with-gd --with-jpeg-dir --with-png-
dir --with-freetype-dir --with-iconv-dir --with-zlib-dir --with-bz2 --with-
openssl --with-mcrypt --enable-soap --enable-gd-native-ttf --enable-mbstring
--enable-sockets --enable-exif
----- 省略部分內容 -----
config.status: creating main/php_config.h
config.status: executing default commands
```

```
+--------------------------------------------------------------------+
| License:                                                           |
| This software is subject to the PHP License, available in this     |
| distribution in the file LICENSE. By continuing this installation  |
| process, you are bound by the terms of this license agreement.     |
| If you do not agree with the terms of this license, you must abort |
| the installation process at this point.                            |
+--------------------------------------------------------------------+

Thank you for using PHP.

configure: WARNING: unrecognized options: --with-libxml-dir, --with-
gd, --with-jpeg-dir, --with-png-dir, --with-freetype-dir, --with-mcrypt,
--enable-gd-native-ttf

[root@noylinux php-7.4.9]# make && make install
----- 省略部分內容 -----
Installing shared extensions:  /usr/local/php7-fpm/lib/php/extensions/no-
debug-non-zts-20190902/
Installing PHP CLI binary:     /usr/local/php7-fpm/bin/
Installing PHP CLI man page:   /usr/local/php7-fpm/php/man/man1/
Installing PHP FPM binary:     /usr/local/php7-fpm/sbin/
Installing PHP FPM defconfig      /usr/local/php7-fpm/etc/
Installing PHP FPM man page:      /usr/local/php7-fpm/php/man/man8/
Installing PHP FPM status page:   /usr/local/php7-fpm/php/php/fpm/
Installing phpdbg binary:         /usr/local/php7-fpm/bin/
Installing phpdbg man page:       /usr/local/php7-fpm/php/man/man1/
Installing PHP CGI binary:        /usr/local/php7-fpm/bin/
Installing PHP CGI man page:      /usr/local/php7-fpm/php/man/man1/
Installing build environment:     /usr/local/php7-fpm/lib/php/build/
Installing header files:          /usr/local/php7-fpm/include/php/
Installing helper programs:       /usr/local/php7-fpm/bin/
  program: phpize
  program: php-config
Installing man pages:             /usr/local/php7-fpm/php/man/man1/
  page: phpize.1
  page: php-config.1
/opt/php-7.4.9/build/shtool install -c ext/phar/phar.phar /usr/local/php7-
fpm/bin/phar.phar
ln -s -f phar.phar /usr/local/php7-fpm/bin/phar
```

```
Installing PDO headers:          /usr/local/php7-fpm/include/php/ext/pdo/

[root@noylinux php-7.4.9]# ls /usr/local/php7-fpm/ # 查看 PHP 目錄結構
bin  etc  include  lib  php  sbin  var
[root@noylinux php7-fpm]# cd etc/   # 註：下面的操作屬於安裝後的微調（PHP 設定檔）
[root@noylinux etc]# pwd
/usr/local/php7-fpm/etc
[root@noylinux etc]# ls
php-fpm.conf.default  php-fpm.d
[root@noylinux etc]# cp php-fpm.conf.default   php-fpm.conf
[root@noylinux etc]# cp /opt/php-7.4.9/php.ini-production   ./php.ini
[root@noylinux etc]# ls
php-fpm.conf  php-fpm.conf.default  php-fpm.d  php.ini
[root@noylinux etc]# cd php-fpm.d/
[root@noylinux php-fpm.d]#
[root@noylinux php-fpm.d]# ls
www.conf  www.conf.default
```

（4）啟動 PHP 服務並進行驗證。

```
[root@noylinux php-fpm.d]# cd ../../sbin/
[root@noylinux sbin]# pwd
/usr/local/php7-fpm/sbin
[root@noylinux sbin]# ./php-fpm      # 透過 php-fpm 處理程序管理器啟動 PHP 服務
[root@noylinux sbin]# netstat  -anpt | grep 9000   #PHP 服務啟動後預設監聽在 9000
通訊埠
tcp        0     0 127.0.0.1:9000     0.0.0.0:*     LISTEN     306462/php-fpm: mas
[root@noylinux sbin]# ps -ef | grep php  # 查看 PHP 服務相關的處理程序，注意看處理程
序名稱
root   306462    1  0 15:38 ?  00:00:00 php-fpm: master process (/usr/
localphp7-fpm/etc/php-fpm.conf)
nobody    306463  306462  0 15:38 ?        00:00:00 php-fpm: pool www
nobody    306464  306462  0 15:38 ?        00:00:00 php-fpm: pool www
# 透過處理程序名稱可以極佳地分辨出主處理程序（肯定是帶 master 字樣的是主處理程序）
[root@noylinux sbin]#
```

（5）設定 Nginx 的 fastcgi_params 檔案。由於 Nginx 是 Web 伺服器，所以動態請求需要轉發給後端的 PHP 服務處理，轉發過程中就需要將使用者端請求的一些參數也一起傳遞過去，Nginx 傳遞這些參數是透過

定義 fastcgi_params 檔案來實現的。

```
[root@noylinux sbin]# cd /usr/local/nginx/conf/
[root@noylinux conf]# echo '
> fastcgi_param  GATEWAY_INTERFACE  CGI/1.1;
> fastcgi_param  SERVER_SOFTWARE nginx/$nginx_version;
> fastcgi_param  QUERY_STRING    $query_string;
> fastcgi_param  REQUEST_METHOD  $request_method;
> fastcgi_param  CONTENT_TYPE    $content_type;
> fastcgi_param  CONTENT_LENGTH  $content_length;
> fastcgi_param  SCRIPT_FILENAME $document_root$fastcgi_script_name;
> fastcgi_param  SCRIPT_NAME     $fastcgi_script_name;
> fastcgi_param  REQUEST_URI     $request_uri;
> fastcgi_param  DOCUMENT_URI    $document_uri;
> fastcgi_param  DOCUMENT_ROOT   $document_root;
> fastcgi_param  SERVER_PROTOCOL $server_protocol;
> fastcgi_param  REMOTE_ADDR     $remote_addr;
> fastcgi_param  REMOTE_PORT     $remote_port;
> fastcgi_param  SERVER_ADDR     $server_addr;
> fastcgi_param  SERVER_PORT     $server_port;
> fastcgi_param  SERVER_NAME     $server_name;
> '   > fastcgi_params
[root@noylinux conf]#
```

（6）整合 Nginx 和 PHP，使之能夠相互搭配工作。

```
[root@noylinux nginx]# pwd
/usr/local/nginx
[root@noylinux nginx]# vim conf/nginx.conf
----- 省略部分內容 -----
     # 增加支援 index.php 首頁
       location / {
           root   html;
           index  index.html index.htm  index.php ;
       }
----- 省略部分內容 -----
     # 設定檔中的這一段預設是註釋的，刪除註釋符號進行啟用
     # 為關於 PHP 的請求做反向代理，關於 PHP 的請求會被反向代理到後端的 PHP 服務中
       location ~ \.php$ {
           root           html;
```

```
            fastcgi_pass   127.0.0.1:9000;
            fastcgi_index  index.php;
            fastcgi_param  SCRIPT_FILENAME  /scripts$fastcgi_script_name;
            include        fastcgi_params;
        }
----- 省略部分內容 -----

[root@noylinux nginx]# ./sbin/nginx  -t              # 檢查設定檔的語法是否正確
nginx: the configuration file /usr/local/nginx/conf/nginx.conf syntax is ok
nginx: configuration file /usr/local/nginx/conf/nginx.conf test is successful
[root@noylinux nginx]# cd html/
[root@noylinux html]#  echo "<?php phpinfo(); ?>" >  index.php # 用 PHP 語言寫一
                                                                個測試頁

[root@noylinux html]# ls
50x.html  index.html  index.php
[root@noylinux html]# cd ..
[root@noylinux nginx]# ./sbin/nginx  -c conf/nginx.conf     # 啟動 Nginx 服務
[root@noylinux nginx]# ps -ef | grep nginx
root      306797      1  0 15:57 ? 00:00:00 nginx: master process ./sbin/nginx
-c conf/nginx.conf
nobody   306798  306797  0 15:57 ? 00:00:00 nginx: worker process
```

（7）存取 index.php 網頁，驗證整個設定是否成功，驗證結果如圖 16-3 所示。

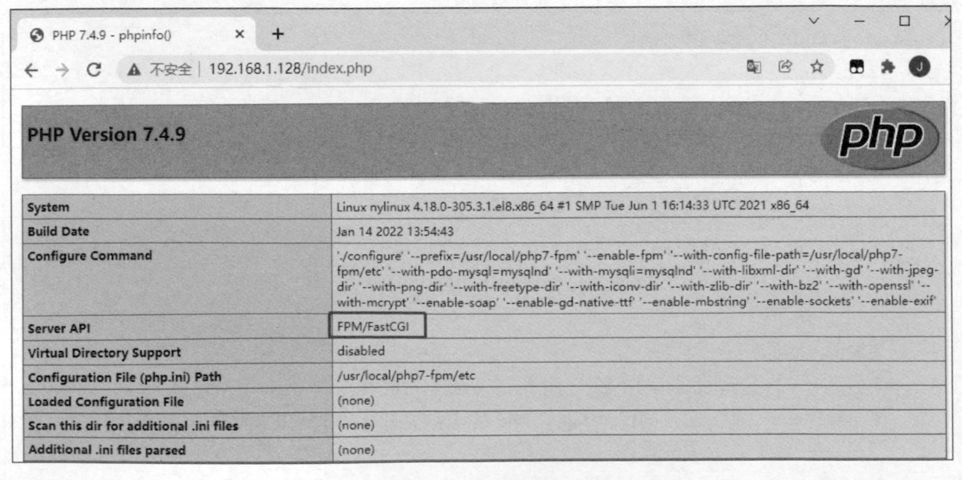

▲ 圖 16-3　驗證設定結果

（8）透過向主處理程序發送訊號的方式關閉 PHP 服務。

```
[root@noylinux sbin]# ps -ef | grep php
root  306462 1 0 15:38 ?  00:00:00 php-fpm: master process (/usr/localphp7-
fpm/etc/php-fpm.conf)
nobody    306463   306462   0 15:38 ?  00:00:00 php-fpm: pool www
nobody    306464   306462   0 15:38 ?  00:00:00 php-fpm: pool www

[root@noylinux sbin]# kill QUIT 306462    # 向 PHP 主處理程序發送停止訊號

[root@noylinux sbin]# ps -ef | grep php
# 再查看與 PHP 相關的處理程序，發現已經沒有了，PHP 服務停止
root        8929    2393  0 23:48 pts/0    00:00:00 grep --color=auto php

[root@noylinux sbin]#
```

16.4 PHP 相關設定檔（FastCGI）

在 PHP 的安裝目錄下存在 3 個設定檔，分別是 php.ini、php-fpm.conf 和 php-fpm.d 資料夾中的 www.conf，除此之外，還有一個設定檔是 Nginx 與 PHP 做連結的 fastcgi_params。本節主要介紹 PHP 中的這 4 個設定檔。

1. php.ini

php.ini 是 PHP 的核心設定檔，在啟動時被讀取，此檔案的設定項目非常多，這裡主要介紹一些重要的設定項目。

```
;;;;;;;;;;;;;;;;;;;;;
; Language Options ; # 語言選項
;;;;;;;;;;;;;;;;;;;;;
# 是否啟用 PHP 解析引擎
engine = On
# 是否使用簡介標識
short_open_tag = Off
```

```
# 浮點數資料顯示的有效期
precision = 14
# 輸出緩衝區大小（位元組），預設為 4096
output_buffering = 4096
# 是否開啟 zlib 輸出壓縮
zlib.output_compression = Off
# 是否要求 PHP 輸出層在每個輸出區塊之後自動更新資料
implicit_flush = Off
# 如果解串器發現有未定義類要被實例化，將呼叫 unserialize() 回呼函數
unserialize_callback_func =
# 將浮點數和雙精度型態資料序列化儲存時，序列化精度指明了有效位數
serialize_precision = -1
# 該指令接受一個用逗點分隔的函數名稱清單，以禁用特定的函數
disable_functions =
# 該指令接受一個用逗點分隔的類別名稱列表，以禁用特定的類別
disable_classes =

;;;;;;;;;;;;;;;;;;;
; Miscellaneous ; # 雜項設定
;;;;;;;;;;;;;;;;;;;
# 在網頁頭部顯示 PHP 資訊
expose_php = On

;;;;;;;;;;;;;;;;;;;;;
; Resource Limits ;     # 資源限制
;;;;;;;;;;;;;;;;;;;;;
# 每個指令稿最大允許執行時間， 按秒計。預設為 30 秒
max_execution_time = 30
# 每個指令稿分析請求資料的最大限制時間 (POST, GET, upload), 按秒計
max_input_time = 60
# 設定一個指令稿所能夠申請到的最大記憶體位元組數
memory_limit = 128M

;;;;;;;;;;;;;;;;;;
; File Uploads ;   # 檔案上傳
;;;;;;;;;;;;;;;;;;
# 是否開啟上傳功能
file_uploads = On
# 最大允許的上傳檔案大小
upload_max_filesize = 2M
```

```
# 最大同時可以上傳 20 個檔案
max_file_uploads = 20

;;;;;;;;;;;;;;;;;;;;
; Module Settings ;      # 模組設定
;;;;;;;;;;;;;;;;;;;;
[Date]
# 設定 PHP 的時區
;date.timezone =
```

2. php-fpm.conf

php-fpm.conf 是 php-fpm 處理程序管理器的設定檔，這個檔案中常用的設定項目如下。

```
;;;;;;;;;;;;;;;;;;;
; Global Options ;# 全域設定
;;;;;;;;;;;;;;;;;;;

[global]
# 設定 pid 檔案的位置，相對路徑（相對於 PHP 安裝目錄）
;pid = run/php-fpm.pid
# 記錄錯誤記錄檔的檔案，相對路徑（相對於 PHP 安裝目錄）
;error_log = log/php-fpm.log
# 指定記錄檔內容的類型。
;syslog.facility = daemon
# 系統記錄檔標示，如果跑了多個 fpm 處理程序，需要用這個來區分記錄檔是誰的
;syslog.ident = php-fpm
# 記錄檔等級
;log_level = notice
# 設定記錄檔單行字元數上限。如果超出此限制，則進行換行處理，預設是 4096 位元組
;log_limit = 4096
# 記錄檔是否記錄緩衝區。設定為 no 表示會直接寫入記錄檔
;log_buffering = no
# 如果子處理程序在 emergency_restart_interval 設定的時間內收到該參數設定次數
# 的 SIGSEGV 或 SIGBUS 退出資訊號，則 fpm 會重新啟動。預設值為 0，表示關閉此功能
;emergency_restart_threshold = 0
# 用於設定平滑重新啟動的間隔時間，預設值為 0，表示關閉此功能
;emergency_restart_interval = 0
```

```
# 設定子處理程序接受主處理程序重複使用訊號的逾時時間，預設值為 0，表示關閉此功能
;process_control_timeout = 0
# 控制最大處理程序數，使用時需謹慎
; process.max = 128
# 處理 nice(2) 的處理程序優先順序別，範圍為－ 19(最高)到 20(最低)
; process.priority = -19
# 後台執行 fpm，預設為 yes，如果為了偵錯可以改為 no
;daemonize = yes
# 設定檔案開啟描述符號的 rlimit 限制。 預設為系統定義值：1024
;rlimit_files = 1024
# 設定核心 rlimit 最大限制值，預設為系統定義值
;rlimit_core = 0
# 事件處理機制，預設自動檢測
;events.mechanism = epoll
# 當 fpm 被設定為系統服務時，多久向系統報告一次狀態，單位有 s、m、h
# 設定為 0 表示禁用，預設為 10
;systemd_interval = 10

;;;;;;;;;;;;;;;;;;;;;
; Pool Definitions ; # 處理程序池設定
;;;;;;;;;;;;;;;;;;;;;
# 引用 etc/php-fpm.d/*.conf 設定檔，也就是 www.conf 設定檔
include=/usr/local/php7-fpm/etc/php-fpm.d/*.conf
```

3. www.conf

www.conf 是 php-fpm 處理程序服務的擴充設定檔，此檔案會在 php-fpm.conf 設定檔中引入，主要包括使用者和使用者群組設定、處理程序池設定、慢記錄檔等。

```
[www]
# 設定工作處理程序執行時期的使用者
user = nobody
# 設定工作處理程序執行時期的使用者群組
group = nobody
# 在 FastCGI 模式下，php-fpm 監聽的位址（IP+Port）
listen = 127.0.0.1:9000
#backlog 數，可以視為 TCP 中的半連接數，預設值為 511，－ 1 表示無限制（由作業系統決定）
;listen.backlog = 511
```

```
;listen.owner = nobody
;listen.group = nobody
;listen.mode = 0660
# 當支援 POSIX 存取控制清單時，可以使用以下命令進行設定
;listen.acl_users =
;listen.acl_groups =
# 允許連接 FastCGI 的位址，設定為 any 表示不限制 IP，建議這裡設定為 127.0.0.1，表示只有本地
可存取
# 預設值就是只有本地可存取，若需要設定多個 IP 位址，需要用逗點分隔
# 若沒有設定或為空，則表示任何伺服器都可以連接。
;listen.allowed_clients = 127.0.0.1
# 指定用於主處理程序的 nice 值，只有當以 root 使用者執行時期才有效。pool 處理程序也會繼承該
優先順序
#-19（最高）到 20（最低）
; process.priority = -19
; process.dumpable = yes
# 選擇處理程序池管理器控制子處理程序的數量的方式，選項有 static、dynamic 和 ondemand
pm = dynamic
# 靜態方式下開啟的 php-fpm 處理程序數量，同一時刻最大存活子處理程序數
pm.max_children = 5
#php-fpm 在啟動時等待請求的子處理程序數量
; 預設值： (min_spare_servers + max_spare_servers) / 2
pm.start_servers = 2
# 伺服器閒置時最少保持的子處理程序數量，不夠這個數就會建立處理程序，只適用於 dynamic 模式
pm.min_spare_servers = 1
# 伺服器閒置時最多保持的子處理程序數量，超出這個數就會殺掉處理程序，只適用於 dynamic 模式
pm.max_spare_servers = 3
# 子處理程序閒置多長時間後會被殺掉
# 注意：僅當 pm 設定為 ondemand 模式時使用
; 預設值： 10s
;pm.process_idle_timeout = 10s;
# 每個子處理程序最多處理 500 個請求就被回收，可防止記憶體洩漏
;pm.max_requests = 500
#php-fpm 狀態網頁
;pm.status_path = /status
#ping url，可以用來測試 php-fm 是否存活並可以應用
;ping.path = /ping
#ping url 的回應正文傳回為 HTTP 200 的 text/plain 格式文字，預設值為 pong
;ping.response = pong
# 存取記錄檔位置
```

```
;access.log = log/$pool.access.log
# 存取記錄檔內容格式
;access.format = "%R - %u %t \"%m %r%Q%q\" %s %f %{mili}d %{kilo}M %C%%"
# 慢記錄檔，配合設定項目 request_slowlog_timeout 使用
;slowlog = log/$pool.log.slow
# 慢記錄檔請求逾時時間，設定為 0 表示關閉（off）
;request_slowlog_timeout = 0
# 慢記錄檔堆疊追蹤的深度，預設值為 20
;request_slowlog_trace_depth = 20
# 設定單一請求的逾時終止時間
;request_terminate_timeout = 0
# 設定開啟檔案描述符號的 rlimit 限制，預設為系統定義值
;rlimit_files = 1024
# 設定核心 rlimit 最大限制值，預設為系統定義值
;rlimit_core = 0
# 啟動時的 Chroot 目錄，所定義的目錄需要使用絕對路徑
# 若沒有設定則表示 chroot 不被使用
;chroot =
# 改變當前工作目錄
;chdir = /var/www
# 重新導向標準輸出和標準錯誤到錯誤記錄檔中
;catch_workers_output = yes
# 建立 Worker 處理程序時是否需要清除環境變數
;clear_env = no
# 為了安全，限制能執行的指令稿副檔名
;security.limit_extensions = .php .php3 .php4 .php5 .php7
```

4. fastcgi_params

Nginx 給 php-fpm 傳遞使用者端參數的方式是透過定義 fastcgi_params 檔案來實現的，檔案中有詳細的可傳遞的所有變數資訊，定義的這些變數作用如下。

```
fastcgi_param  GATEWAY_INTERFACE  CGI/1.1;         #CGI 版本編號
fastcgi_param  SERVER_SOFTWARE nginx/$nginx_version;  #Nginx 版本編號
fastcgi_param  QUERY_STRING     $query_string;     # 請求的參數
fastcgi_param  REQUEST_METHOD  $request_method;  # 請求的動作 (GET,POST)
fastcgi_param  CONTENT_TYPE     $content_type;     # 請求標頭中的 Content-Type 欄位
```

```
fastcgi_param  CONTENT_LENGTH  $content_length; # 請求標頭中的 Content-length
                                                  欄位
fastcgi_param  SCRIPT_FILENAME $document_root$fastcgi_script_name; # 指令稿請求
                                                                     的路徑
fastcgi_param  SCRIPT_NAME     $fastcgi_script_name;  # 指令稿名稱
fastcgi_param  REQUEST_URI     $request_uri;          # 請求的位址沒有參數
fastcgi_param  DOCUMENT_URI    $document_uri;         # 與 $uri 相同。
fastcgi_param  DOCUMENT_ROOT   $document_root;        # 網站的根目錄
fastcgi_param  SERVER_PROTOCOL $server_protocol; # 請求使用的協定，通常是 HTTP/1.1
fastcgi_param  REMOTE_ADDR     $remote_addr;     # 使用者端 IP 位址
fastcgi_param  REMOTE_PORT     $remote_port;     # 使用者端通訊埠編號
fastcgi_param  SERVER_ADDR     $server_addr;     # 伺服器 IP 位址
fastcgi_param  SERVER_PORT     $server_port;     # 伺服器通訊埠
fastcgi_param  SERVER_NAME     $server_name;     # 伺服器主機名稱，通常是域名
```

CHAPTER 17

Web 伺服器架構系列之 Tomcat

17.1 Tomcat 簡介

在企業中，部署在 Linux 作業系統上的動態網站一般有兩種：一種是透過 PHP 語言撰寫的，經過上文的學習我們知道，用 PHP 語言寫的網站必須透過 PHP 服務進行解析才可以使用；另一種則是透過 Java 語言撰寫的，而用 Java 語言寫的網站就需要透過 Tomcat 服務來進行解析了。

不同開發語言撰寫的網站需要不同的 Web 伺服器來進行架設，而 Tomcat 就是目前應用最廣泛的 Java Web 伺服器。

Tomcat 最初是由 James Duncan Davidson 在 Sun Microsystems 擔任軟體工程師期間（1997–2001）開發的，因為他希望將此專案以一個動物的名字命名，而且這種動物能夠自己照顧自己，想來想去，最終將其命名為 Tomcat，而 Tomcat 的 Logo 兼吉祥物也被設計成了一隻雄貓的樣子（見圖 17-1）。後來 Sun Microsystems 於 1999 年將此專案貢獻給了 Apache 軟體基金會，Tomcat 的名稱也自此改成了現在的 Apache Tomcat。

▲ 图 17-1　Tomcat 的 Logo

Apache Tomcat 實現了 Oracle 的 Java Servlet 和 JavaServer Pages（JSP）規範，並為 Java 程式執行提供了一個「純 Java」的 HTTP Web 伺服器環境。

和 Apache 軟體基金會旗下的其他專案一樣，Tomcat 由該基金會的會員和志願者一起開發維護，並且作為一個被置於 Apache 協定下的開放原始碼軟體，使用者可以根據協定免費獲得其原始程式碼及可執行檔。Tomcat 最初在網際網路上發行出來的版本是 3.0.x 系列。

17.2 Tomcat 架構剖析

若將整個 Tomcat 應用程式解剖開來，我們會發現它的結構從外向內總共有五層，這五層實現的功能各不相同，且又相互協調。Tomcat 的架構如圖 17-2 所示。

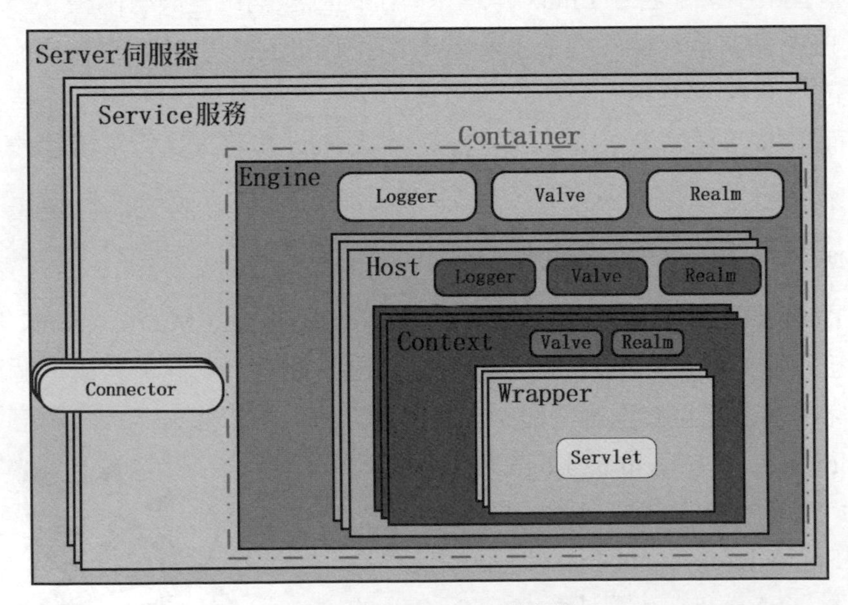

▲ 圖 17-2　Tomcat 的架構

1. 伺服器（Server）

第一層為伺服器（Server），由圖 17-2 可以看出，Tomcat 所有的元件都包含在裡面，這一層主要負責 Tomcat 的啟動、初始化、停止等，同時為第二層（Service）提供執行環境並開放通訊埠讓使用者端可以存取 Service 集合。1 個 Tomcat 只能擁有 1 個 Server，1 個 Server 維護 / 管理著多個 Service。

2. 服務（Service）

第二層為服務（Service），主要負責對外提供服務。1 個伺服器中可以存在多個服務，這樣能夠監聽在不同的通訊埠，對外提供不同的服務。服務本身主要由 Connector 元件和 Container 元件兩部分組成。其中 Connector 元件可以有多個，而 Container 元件只能有 1 個。

（1）Connector 元件。Connector 元件又叫連接器，主要負責監聽指定的通訊埠，用於接收使用者端的請求，並將請求封裝提交給 Container 元件進行下一步處理，最後將處理結果傳回使用者端。Connector 元件可以有多個，這也就表示可以監聽多個通訊埠，不同通訊埠對應不同的 Connector 元件，兩個典型、常用的 Connector 元件如下：

- Coyote HTTP/1.1 Connector：預設監聽 8080 通訊埠，接收使用者從瀏覽器上發過來的 HTTP 請求。
- Coyote AJP/1.3 Connector：預設監聽 8009 通訊埠，接收來自其他 WebServer 的 Servlet/JSP 請求。

註：Tomcat 在啟動後預設會監聽 8080 和 8009 兩個通訊埠。

（2）Container 元件。Container 元件主要負責處理 Connector 元件接收的請求，可以把 Container 元件看作 1 個 Servlet 容器，它會根據請求進行一系列的 Servlet 呼叫。

Container 元件採用的是責任鏈的設計模式，如果不清楚這種設計模式的，可以先理解為父子關係，因為 Container 元件的內部包含 4 個核心子容器，分別是 Engine、Host、Context 和 Wrapper。由圖 17-2 可見，Engine、Host、Context 和 Wrapper 這 4 個核心子容器之間是由上至下的包含 / 父子關係：Engine 包含 Host，Host 包含 Context，Context 包含 Wrapper。

註：Servlet 的全稱為 Java Servlet，是用 Java 撰寫的執行在伺服器端的程式。其主要功能在於互動式地瀏覽和修改資料，生成動態 Web 內容。

Engine 又稱為引擎，是服務（Service）層中的請求處理元件，它的工作主要是接收 Connector 元件傳遞來的請求並進行處理，最終將處理完的結果 / 回應傳回。需要注意的是，每個服務中只能有 1 個引擎。

Host 又稱為主機，它的主要功能大家應該非常熟悉，這裡的 Host 扮演的是虛擬主機的角色。在 Engine 中，可以存在 1 個或多個 Host，每 1 個 Host 都表示為 1 個虛擬主機。虛擬主機的作用主要是負責部署 / 執行多個 Web 應用程式（1 個 Context 表示 1 個 Web 應用程式），它負責安裝、展開、啟動和結束這些應用，並且標識這個應用以便能夠區分它們，另外還會儲存主機的資訊。

Context 又稱為上下文，主要表示在虛擬主機上執行的 Web 應用程式。Context 是 Host 的子容器，每個 Host 中可以定義任意多的 Context。它主要負責管理容器內部的 Servlet 實例，Servlet 實例在 Context 中是以 Wrapper 的身份出現的。

Wrapper 又稱為包裝器，每個 Wrapper 中都封裝著 1 個 Servlet 實例，它主要負責管理 Servlet 實例的加載、初始化、執行和資源回收等操作。Wrapper 作為最底層的容器，內部不再包含子容器，它就是最小的容器。

整體來說，在 Container 元件中，一個 Engine 容器可以處理 Service 中的所有請求，一個 Host 容器可以處理髮向某個虛擬主機的所有請求，一個 Context 容器可以處理某個 Web 應用程式的所有請求。

有的朋友可能會問，了解這些有什麼用呢，這些元件架設完成伺服器後不就自行執行了嗎。這麼想就錯了，因為在架設伺服器時必然會接觸到 Tomcat 的設定檔，我們調整設定檔調整的就是這些元件的工作方式。Tomcat 的主設定檔 server.xml 中的整體內容構造如圖 17-3 所示。

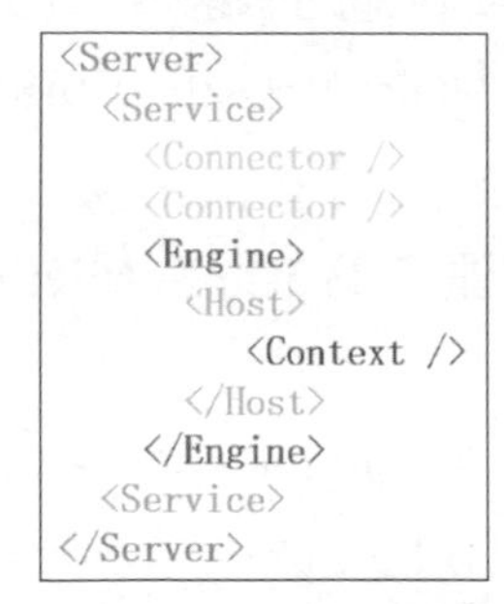

```
<Server>
  <Service>
    <Connector />
    <Connector />
    <Engine>
      <Host>
        <Context />
      </Host>
    </Engine>
  <Service>
</Server>
```

▲ 圖 17-3　Tomcat 的主設定檔案 server.xml 中的整體內容結構

在服務（Service）層中，除了上述核心元件外，還會有著各種支撐元件，這些元件造成了很大的輔助作用，例如以下這些：

- Manager：管理器，用於管理階段，包括重新載入現有 Web 應用程式、監控 JVM 資源等功能。
- Logger：記錄檔器，專門用來管理記錄檔。
- Pipeline：管道元件，配合 Valve 實現篩檢程式功能。
- Valve：閥門元件，配合 Pipeline 實現篩檢程式功能。
- Realm：認證授權元件，提供了一種使用者密碼與 Web 應用的映射關係，從而達到角色安全管理的目的。

接下來介紹這些元件是如何相互協作完成一次完整的請求處理的：

（1）在瀏覽器中點擊網站的某個按鈕時，會觸發一個事件，這個事件會發送一個 HTTP 請求，該請求會到達 Tomcat 伺服器，也就到達了 Server 元件（Server 實例）中。

（2）該請求會被負責監聽通訊埠的 Connector 元件監聽到（預設監聽 8080 通訊埠），獲取請求封包後，將其封裝成 Request 請求，並將該請求發往 Engine 容器進行下一步處理。

（3）Engine 容器根據請求的 URL 判斷使用的是哪一個 Host 容器，找到之後就會將請求發送到指定的 Host 容器中。

（4）指定的 Host 容器接收到請求後，會根據請求中的位址來尋找相對應的 Context 容器進行處理。

（5）Context 容器根據其內部的映射表，獲取對應的 Servlet 元件，並構造 HttpServletRequest 物件和 HttpServletResponse 物件，進行業務處理。

（6）Context 容器將處理完的 HttpServletResponse 物件傳回 Host 容器。

（7）Host 容器將結果傳回 Engine 容器。

（8）Engine 容器將結果傳回 Connector 元件。

（9）Connector 元件將回應結果傳回使用者端。

當回應結果到達使用者端時，瀏覽器就拿到了資料封包，接著以 HTTP 協定的格式解壓縮並解析資料，最終瀏覽器將結果展示在頁面上，一個完整的請求處理流程就完成了。

17.3 Tomcat 的二進位套件安裝方式

Tomcat 一般是透過二進位套件的方式安裝的，在 Apache Tomcat 的官網上有已經編譯好的二進位套件，這種安裝方式就像在 Windows 系統上安裝免安裝軟體一樣，只需要將二進位套件下載解壓後就能直接能用，不過需要提前預先安裝好 JDK 環境，透過這種方式安裝的 Tomcat，它所有相關的檔案和目錄都會集中在同一個目錄下，簡單又高效。

一般在企業中安裝 Tomcat 也都是透過這種方式安裝的，在官網下載二進位套件的方法如圖 17-4 所示。

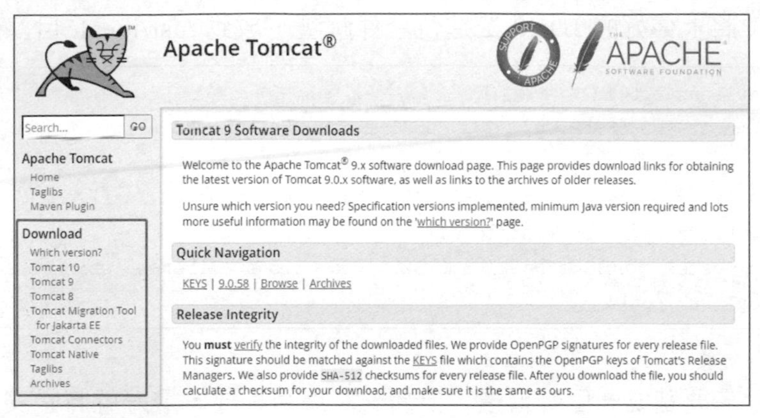

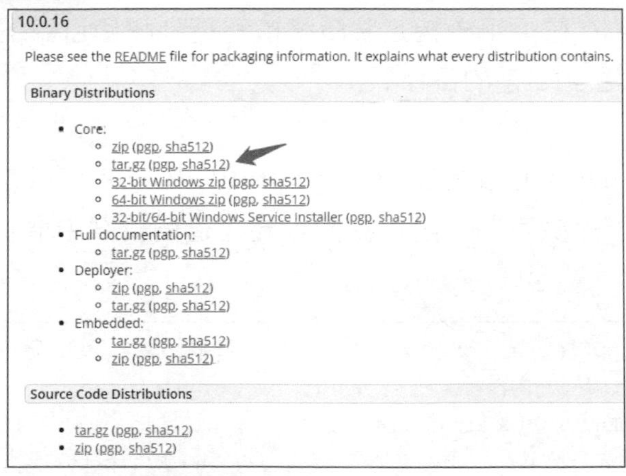

▲ 圖 17-4　在官網下載二進位套件

一般在企業中部署的版本都不太會選擇最新版本，除非是遇到特別危險的 Bug 需要透過升級版本的手段來修復。這是因為最新的版本的穩定性、安全性等均存在改進和完整的空間。

所以這裡我們放棄 Apapche Tomcat 本書使用版本的 10 系列，選擇採用 9 系列的版本為大家進行演示和部署（這兩個系列版本的安裝方式和操作步驟基本一致）。

1. 安裝 JDK 環境

將 Tomcat 和 JDK8 的安裝套件上傳至伺服器中，先安裝 JDK8，讓 Linux 作業系統擁有 JDK 環境，具體步驟如下。

（1）將上傳好的 JDK8 二進位套件解壓，放到 /usr/local/ 目錄下。

```
[root@noylinux opt]# ls
apache-tomcat-9.0.58.tar.gz  jdk-8u321-linux-x64.tar.gz

[root@noylinux opt]# tar xf jdk-8u321-linux-x64.tar.gz -C /usr/local/
[root@noylinux opt]# ls /usr/local/
bin  etc  games  include  jdk1.8.0_321  lib  lib64  libexec  sbin  share  src
[root@noylinux opt]#
```

註：大家要養成一個好習慣，但凡安裝應用程式，最好就將它安裝到 /usr/local/ 下。-C 選項用於指定將壓縮檔解壓到哪個目錄下，若不加 -C 選項則預設解壓到目前的目錄下。

（2）設定 JDK8 的環境變數，/etc/profile 檔案中儲存的內容與 Linux 作業系統的環境變數有關，所以我們需要在這個檔案中增加關於 JDK8 的環境變數。

```
[root@noylinux opt]# vim /etc/profile        # 增加 JDK8 的環境變數
# 在檔案的尾端插入以下 3 行內容
export JAVA_HOME=/usr/local/jdk1.8.0_321
export CLASSPATH=.:$JAVA_HOME/lib/dt.jar:$JAVA_HOME/lib/tools.jar
export PATH=$JAVA_HOME/bin:$PATH

[root@noylinux opt]# source /etc/profile     # 使設定好的環境變數立即生效

[root@noylinux opt]# java -version   # 驗證設定是否成功，可以看到關於 Java 的命令已經
                                       生效
java version "1.8.0_321"
Java(TM) SE Runtime Environment (build 1.8.0_321-b07)
Java HotSpot(TM) 64-Bit Server VM (build 25.321-b07, mixed mode)

[root@noylinux opt]#
```

2. 安裝 Tomcat

（1）安裝 Tomcat 的過程非常簡單，和上面的步驟類似，但省去了設

定環境變數的步驟。對上傳的 Tomcat 二進位套件完成解壓操作，還是解壓到 /usr/local/ 目錄下。

```
[root@noylinux opt]# tar xf apache-tomcat-9.0.58.tar.gz   -C /usr/local/
[root@noylinux opt]# ls /usr/local/
apache-tomcat-9.0.58  etc    include       lib    libexec  share
bin                   games  jdk1.8.0_321  lib64  sbin     src
[root@noylinux opt]#
```

（2）啟動 Tomcat 服務，這裡暫時先不修改設定檔，直接使用預設的設定進行啟動。

```
[root@noylinux opt]# cd /usr/local/apache-tomcat-9.0.58/bin/  # 進入到解壓目錄下的 /bin 目錄

[root@noylinux bin]# ls   # 注意看，此目錄中有 Windows 系統下的各種管理命令 (.bat) 檔案，還有 Linux 作業系統下的各種管理命令 (.sh) 檔案。
bootstrap.jar    ciphers.bat    configtest.bat    digest.sh     setclasspath.sh
startup.sh
tool-wrapper.sh  catalina.bat     ciphers.sh        configtest.sh    makebase.
bat      shutdown.bat
tomcat-juli.jar  version.bat    catalina.sh    commons-daemon.jar  daemon.sh
makebase.sh    shutdown.sh    tomcat-native.tar.gz  version.sh  catalina-tasks.
xml
commons-daemon-native.tar.gz  digest.bat  setclasspath.bat  startup.bat
tool-wrapper.bat

[root@noylinux bin]# ./startup.sh   # 執行 Tomcat 的開機檔案，這是一個 Shell 指令稿
Using CATALINA_BASE:   /usr/local/apache-tomcat-9.0.58
Using CATALINA_HOME:   /usr/local/apache-tomcat-9.0.58
Using CATALINA_TMPDIR: /usr/local/apache-tomcat-9.0.58/temp
Using JRE_HOME:        /usr/local/jdk1.8.0_321
Using CLASSPATH:     /usr/local/apache-tomcat-9.0.58/bin/bootstrap.jar:/usr/
local/apache-tomcat-9.0.58/bin/tomcat-juli.jar
Using CATALINA_OPTS:
Tomcat started.

[root@noylinux bin]#
```

（3）驗證是否啟動成功，有兩種方式：一種是查看記錄檔；另一種是存取 Web 服務。

```
[root@noylinux bin]# cd ..
[root@noylinux apache-tomcat-9.0.58]# tail -f -n100  logs/catalina.out
----- 省略部分內容 -----
28-Jan-2022 23:23:51.087 資訊 [main] org.apache.coyote.AbstractProtocol.start
開始協定處理控制碼 ["http-nio-8080"]
28-Jan-2022 23:23:51.111 資訊 [main] org.apache.catalina.startup.Catalina.
start [2509] 毫秒後伺服器啟動
```

透過記錄檔可以看出，Tomcat 的 Web 服務預設在 8080 通訊埠上監聽，所以直接在瀏覽器上存取 8080 通訊埠即可，出現圖 17-5 所示介面說明安裝成功！

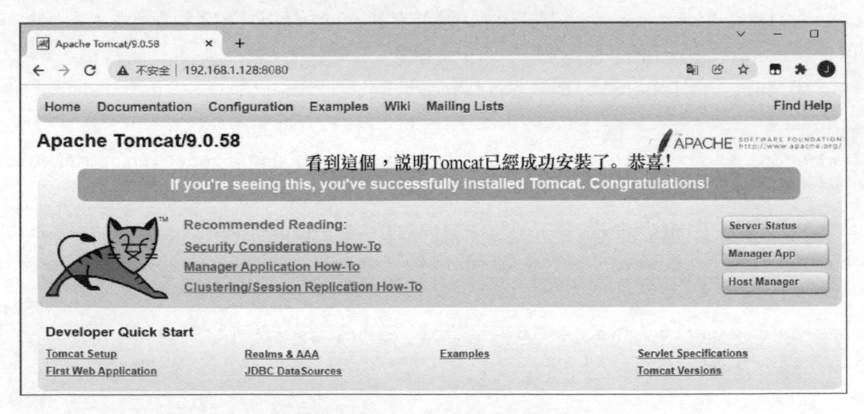

▲ 圖 17-5 Tomcat 安裝成功

17.4 目錄結構和主設定檔

在解壓後的 Tomcat 目錄中會有以下幾個資料夾：

（1）bin 目錄：用於存放在 Linux 系統和 Windows 系統中對 Tomcat 進行啟動、停止等操作的管理指令稿。其中以 ".sh" 結尾的是 Linux 系統下的執行指令稿；以 ".bat" 結尾的是 Windows 系統下的執行指令稿。

- catalina.sh：真正啟動 Tomcat 的指令稿。
- startup.sh：啟動 Tomcat 的指令稿，此指令稿執行到最後會呼叫 catalina.sh 檔案。
- shutdown.sh：停止 Tomcat。
- version.sh：查看 Tomcat 版本等相關資訊。

（2）conf 目錄：用於存放各種設定檔。

- server.xml：Tomcat 的主設定檔，主要包含 Service、Connector、Engine、Realm、Valve、Host 等核心元件的設定資訊。
- web.xml：遵循 Servlet 規範標準的設定檔，用於設定 Tomcat 支援的檔案類型等預設設定資訊。
- tomcat-user.xml：Realm 認證時用到的相關角色、使用者和密碼等資訊，主要用來管理 Tomcat 的使用者與許可權。
- logging.properties：主要用來設定記錄檔，包括記錄檔等級、輸出格式和存放位置等。
- context.xml：主要用來設定所有 Host 的預設資訊，一般不會修改。

（3）lib 目錄：用於存放 Tomcat 執行時期依賴的各種 Jar 套件。

（4）logs 目錄：用於存放 Tomcat 執行時期的各種記錄檔。

（5）webapps 目錄：預設的 Java Web 應用程式部署目錄（war 套件、jar 套件等）。

（6）temp 目錄：用於存放 Tomcat 在執行時期產生的暫存檔案。

（7）work 目錄：用於存放 Tomcat 在執行時期的編譯後檔案，例如 JSP 編譯後產生的 class 檔案。

接下來對 Tomcat 的主設定檔 server.xml 進行詳細介紹。server.xml 主設定檔中的每一個元素都對應了 Tomcat 中的元件，透過對檔案中的各個元素進行設定，可以實現對 Tomcat 中各個元件的控制，範例如下：

```
## 這是 xml 標識，標識該檔案是 xml 格式的
<?xml version="1.0" encoding="UTF-8"?>

## 指定 8005 通訊埠，這個通訊埠負責監聽停止 Tomcat 的請求，也就是 "SHUTDOWN" 請求
<Server port="8005" shutdown="SHUTDOWN">

## 這是一組 Listener（監聽器）定義的元件，一般用於在特定事件發生時執行特定的操作；比如配合
上面定義的操作停止 Tomcat
  <Listener className="org.apache.catalina.startup.VersionLoggerListener" />
  <Listener className="org.apache.catalina.core.AprLifecycleListener"
SSLEngine="on" />
  <Listener className="org.apache.catalina.core.JreMemoryLeakPreventionListen
er" />
  <Listener className="org.apache.catalina.mbeans.GlobalResourcesLifecycleLis
tener" />
  <Listener className="org.apache.catalina.core.ThreadLocalLeakPreventionList
ener" />

## 定義了一種全域資源，透過 pathname 這一行可以看出來該設定是透過讀取 conf/tomcat-users.
xml 檔案實現的
  <GlobalNamingResources>
    <Resource name="UserDatabase" auth="Container"
              type="org.apache.catalina.UserDatabase"
              description="User database that can be updated and saved"
              factory="org.apache.catalina.users.MemoryUserDatabaseFactory"
              pathname="conf/tomcat-users.xml" />
  </GlobalNamingResources>

## 表示此 Service 的名稱，這個名稱主要用於在記錄檔中標識此 Service
  <Service name="Catalina">

## 定義監聽的通訊埠及使用的協定等，通訊埠可以根據企業的需求進行修改
    <Connector port="8080" protocol="HTTP/1.1"
               connectionTimeout="20000" ## 等待使用者端發送請求的逾時時間，單位為 ms
               redirectPort="8443" />    ## 若當前使用的是 http，而使用者端發過來的
                                           卻是 https 請求，則將請求轉發至 8443 通訊埠

## 定義引擎的名稱，並指定處理請求的預設虛擬主機
<Engine name="Catalina" defaultHost="localhost">
```

```
## Realm 提供了一種使用者密碼與 Web 應用的映射關係，從而達到角色安全管理的目的
    <Realm className="org.apache.catalina.realm.LockOutRealm">
        <Realm className="org.apache.catalina.realm.UserDatabaseRealm"
               resourceName="UserDatabase"/>
      </Realm>

## 定義虛擬主機，每個容器中必須至少定義一個虛擬主機，且必須有一個虛擬主機的名稱與在 Engine
容器中定義的預設虛擬主機名稱一致。
      <Host name="localhost"  appBase="webapps" ## 定義虛擬主機的主機名稱與此主機
的 Web 應用程式存放的根目錄，預設在 webapps 目錄下
            unpackWARs="true" autoDeploy="true">## 定義是否先對歸檔格式的 war 套件
解壓再執行；定義在 Tomcat 執行時期，是否對更新的 war 套件進行自動多載。

## 透過 Valve 來生成記錄檔記錄，記錄其所在容器中處理所有請求的過程，這裡把它當成存取記錄檔即
可。Valve 可以與 Engine、Host、Context 進行連結
      ## 規定 Valve 的類型和記錄檔儲存的位置 (logs 目錄下 )
        <Valve className="org.apache.catalina.valves.AccessLogValve"
directory="logs"
              ## 指定記錄檔的首碼與副檔名
               prefix="localhost_access_log" suffix=".txt"
              # 指定記錄記錄檔的格式
               pattern="%h %l %u %t &quot;%r&quot; %s %b" />
      </Host>
    </Engine>
  </Service>
</Server>
```

設定項目 pattern="%h %l %u %t "%r" %s %b" 中各項的含義如下：

- %h：遠端主機名稱或 IP 位址。
- %l：遠端邏輯使用者名稱，一般用 "-" 表示，可以忽略。
- %u：授權的遠端使用者名稱，如果沒有則用 "-" 表示。
- %t：請求到達的時間。
- %r：請求封包的第一行，即請求方法、協定等內容。
- %s：回應狀態碼。
- %b：回應的資料量。
- %D：請求處理的時間，單位為 ms（預設沒有）。

記錄檔的內容如下：

```
[root@noylinux logs]# pwd
/usr/local/apache-tomcat-9.0.58/logs

[root@noylinux logs]# ls
catalina.2022-01-28.log      localhost.2022-01-28.log
catalina.2022-01-29.log      localhost.2022-01-29.log
catalina.out                 localhost_access_log.2022-01-28.txt
host-manager.2022-01-28.log  manager.2022-01-28.log

[root@noylinux logs]# cat localhost_access_log.2022-01-28.txt
192.168.1.1 - - [28/Jan/2022:23:31:51 +0800] "GET / HTTP/1.1" 200 11156
192.168.1.1 - - [28/Jan/2022:23:31:52 +0800] "GET /tomcat.css HTTP/1.1" 200
5542
192.168.1.1 - - [28/Jan/2022:23:31:52 +0800] "GET /tomcat.svg HTTP/1.1" 200
67795
192.168.1.1 - - [28/Jan/2022:23:31:52 +0800] "GET /bg-nav.png HTTP/1.1" 200
1401
192.168.1.1 - - [28/Jan/2022:23:31:52 +0800] "GET /bg-button.png HTTP/1.1"
200 713
192.168.1.1 - - [28/Jan/2022:23:31:52 +0800] "GET /asf-logo-wide.svg
HTTP/1.1" 200 27235
192.168.1.1 - - [28/Jan/2022:23:31:52 +0800] "GET /bg-middle.png HTTP/1.1"
200 1918
192.168.1.1 - - [28/Jan/2022:23:31:52 +0800] "GET /bg-upper.png HTTP/1.1" 200
3103
192.168.1.1 - - [28/Jan/2022:23:31:52 +0800] "GET /favicon.ico HTTP/1.1" 200
21630

[root@noylinux logs]#
```

可以看到，每次存取都會在存取記錄檔中產生一筆記錄，而且每筆記錄的格式都是按照在設定檔中定義的格式生成的。

CHAPTER 18

資料庫系列之 MySQL 與 MariaDB

18.1 資料庫的世界

在我們平常的生活中，像超市、銀行、農場、餐館、旅館、圖書館、學校等這些場所都有資料庫的身影，只是我們未曾察覺到。隨著網際網路的不斷發展壯大，資料庫的應用場景將越來越廣泛。

當我們在超市購物時，眼前所看到的每一件商品的名稱、價格、數量等各種資訊都已經提前儲存在資料庫中，所以當拿著商品去收銀台結帳時，收銀員只需要拿掃描槍對著商品的二維碼掃一掃，關於商品的名稱、價格等資訊都會顯示在螢幕上，這是因為掃描槍附帶的收銀系統會根據掃出來的二維碼去資料庫中查詢對應的能夠匹配的資訊，資訊中就包含對應商品的名稱、價格、二維碼、數量等內容。收銀員甚至就不知道資料庫的存在，也不需要知道資料庫執行的原理。

那資料庫這種便捷的工具是怎麼出現的呢？這就要說到資料管理技術了，談及此技術離不開資料庫管理系統（DBMS），它是資料庫的核心軟體之一，位於使用者與作業系統之間，專門用來建立、使用和維護資料庫。

資料管理技術的發展可以簡單分為 3 個階段：

（1）人工管理階段。20 世紀 50 年代中期以前，在電腦還沒有被發明出來的年代，記錄資料的工具是算盤和小本本，帳本可以稱為最早的「資料庫」。到了 20 世紀 50 年代中期，電腦剛開始出現，還沒有使用磁碟儲存資料，用的是磁帶、紙帶等。這一階段的資料管理技術有以下特點：

- 資料無法長期儲存；
- 資料查詢過於繁瑣；
- 資料與資料之間無法共用和連結，導致重復資料過多。

（2）檔案系統階段。20 世紀 50 年代後期到 20 世紀 60 年代中期，隨著電腦的發展，相繼出現了磁碟、磁鼓等直接存取的存放裝置，在軟體領域還出現作業系統和高級軟體，檔案系統就是這個時代的產物。資料以檔案的形式儲存在磁碟中，作業系統中的檔案系統就是專門用來管理資料的管理軟體。這一階段的資料管理技術有以下特點：

- 資料以檔案的形式可以長期儲存在存放裝置中；
- 資料由檔案系統來進行管理；
- 資料與資料之間無法連結，導致重復資料過多；
- 在資料量大的情況下維護較為困難，會出現不一致的情況；
- 檔案與檔案之間相互獨立，資料連結性弱。

（3）資料庫管理系統階段。20 世紀 60 年代後期，隨著電腦的進一步發展和普及，各種軟體技術也相繼湧現，其中就包括資料庫技術，隨著資料庫技術的出現，資料管理技術也向前邁了一大步，進入資料庫管理系統階段。資料庫管理系統克服了檔案系統的缺陷，提供了對資料更高級、更有效的管理方式。

在這一階段，應用程式和資料之間的聯繫透過資料庫管理系統（DBMS）來實現，使用者可以在資料庫管理系統中建立資料庫，再在資料庫中建立資料表，最後將資料儲存進資料表中。這樣應用程式和使用者都可以直接透過資料庫管理系統來查詢資料表中的資料，也可以對資料表中的資料進行修改、刪除等操作。這一階段的資料管理技術有以下特點：

- 資料庫中的所有資料都統一透過資料庫管理系統（DBMS）進行管理和控制；
- 資料結構化；
- 資料與資料之間實現共用與連結，減少了資料容錯；
- 提供給使用者了介面，方便了對資料的增刪查改操作；
- 資料細微性小；
- 資料獨立性高（這裡的獨立性指的是物理獨立性和邏輯獨立性）。

經過多年的發展，資料管理技術一代比一代方便，一代比一代完善，資料庫是資料管理技術在不斷發展、不斷創新過程中誕生的結晶之一。

MySQL 是一個開放原始碼的、典型的關聯式資料庫管理系統（RDBMS），它的名稱是 "My"（聯合創始人 Ulf Michael Widenius 的女兒的名字縮寫）和 "SQL"（結構化查詢語言的縮寫）兩者的組合。

MySQL 由於性能高、成本低、可靠性好，已經成為最流行的開放原始碼資料庫，隨著 MySQL 的不斷成熟，它也逐漸被應用於更多大規模網站和軟體，比如維基百科、Google 和 Facebook 等。非常流行的兩個開放原始碼軟體組合 LAMP 和 LNMP 中的 "M" 指的就是 MySQL。

MySQL 的 Logo 和吉祥物是一個小海豚（見圖 18-1），這個海豚的名字叫 Sakila（塞拉）。

▲ 圖 18-1 MySQL 的 Logo 和吉祥物

MariaDB 資料庫的出現則是因為 Michael Widenius 擔心 Oracle 公司收購 Sun 公司之後，MySQL 資料庫面臨閉源的風險，無法再保持建立時的初衷（開放原始碼、免費、共用），會漸漸淪為商人賺錢的工具。所以在 Oracle 宣佈收購 Sun 的那一天，Michael Widenius 分叉了 MySQL，推出了 MariaDB 資料庫，並帶走了一大批 MySQL 開發人員。

MariaDB 作為 MySQL 的衍生產品，旨在 GNU 通用公共許可證（GPL）下保持免費和開放原始碼。MySQL 資料庫的名稱中的 "My" 取自 Michael Widenius 女兒的名字縮寫，而 MariaDB 中的 "Maria" 則是他小孫女的名字，這也算是另一種形式的傳承。MariaDB 的 Logo 和吉祥物是一隻海豹（見圖 18-2）。

▲ 圖 18-2　MariaDB 的 Logo 和吉祥物

作為衍生產品，MariaDB 本身就是完全相容 MySQL 的，相對應的版本可以直接進行替換。比如 MySQL 5.1、5.2、5.3、5.5 等系列版本，MariaDB 都有與之相對應的版本編號，與 MySQL 保持著高度的相容性：

- MariaDB 的執行程式、工具程式與 MySQL 名稱相同且互相相容。
- MySQL 5.x 的資料檔案與資料表定義檔案與 MariaDB 5.x 相容。
- 所有使用者端 API 與通訊協定相互相容。
- 所有的設定檔、二進位檔案、路徑、通訊埠編號、通訊端等全都一致。
- mysql-client 使用者端程式也可以用到 MariaDB 資料庫上。

其實這些也都在意料之中，都是從一個「娘胎」裡生出來的，頂多也就是「生得早」和「生得晚」的區別。雖然這「兩個孩子」剛出生時長相和性格都差不多，但是隨著越長越大，各自經歷了不同的生活之後，兩者之間就開始出現了明顯差異，這些差異有好的、也有壞的。以上或許是描述 MySQL 與 MariaDB 之間關係最恰當的比喻。

雖然目前 MySQL 資料庫被逐漸排除在開放原始碼這個大圈子之外，但是其影響力還在，MariaDB 想要追趕上 MySQL 的高度還有一段路程要走，據全球知名資料庫流行度排行榜網站 DB-Engines 的資料顯示，目前 MySQL 資料庫全球排名第二名，而 MariaDB 排在第十二名，如圖 18-3 所示。

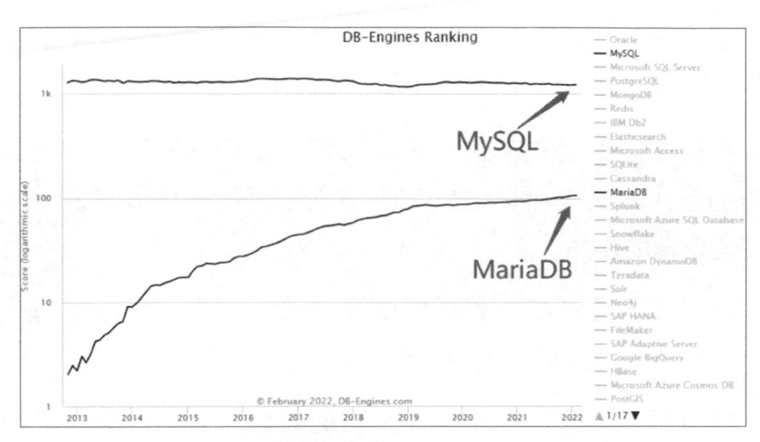

▲ 圖 18-3　全球資料庫評分排名（2022 年 2 月資料）

18.2 資料庫系統結構與類型

本節介紹資料庫系統的組成部分，資料庫系統結構如圖 18-4 所示。

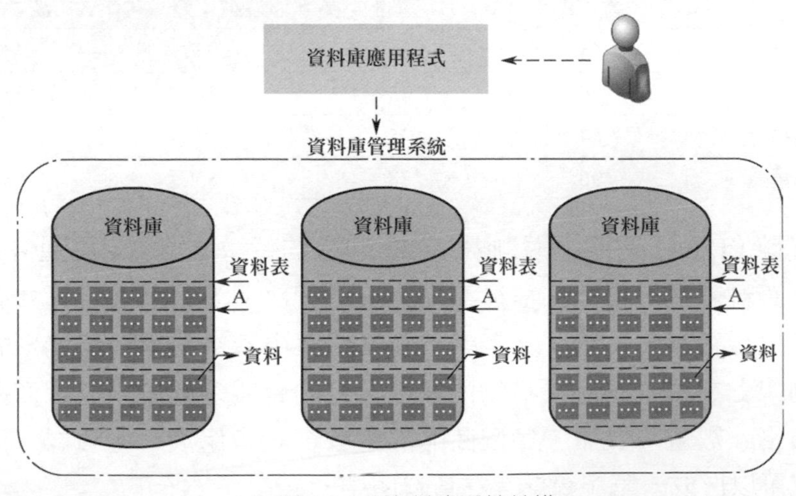

▲ 圖 18-4　資料庫系統結構

資料庫系統（Database System，DBS）指的是在電腦中引入資料庫技術之後的系統，通常一個完整的資料庫系統由使用者、資料庫應用程式、資料庫管理系統和資料庫 4 部分組成。

（1）使用者：一般是指資料庫管理員，負責建立、監控和維護整個資料庫，使資料能被有許可權的使用者有效使用。

（2）資料庫應用程式：配合資料庫管理系統對資料庫中的資料進行存取處理的應用程式，可以透過它來插入、查詢、修改或刪除資料表中的資料，造成輔助作用。

（3）資料庫管理系統：資料庫由資料庫管理系統統一管理，資料的插入、修改和檢索均要透過資料庫管理系統進行。

（4）資料庫：用來儲存和管理資料的倉庫，資料的儲存和管理都是透過由行和列組成的二維度資料表來完成的，在一個資料庫中可以存在多個二維度資料表。

表 18-1 就是一個簡單的二維度資料表。確定一個數值，必須透過行、列兩個條件去定位，這是二維度資料表最顯著的特徵。

▼表 18-1 簡單的二維度資料表

	數 學	英 語	體 育	語 文
小紅紅	65	85	93	43
小藍藍	76	45	38	35
小綠綠	84	25	78	78
小黃黃	96	88	85	68

資料（Data）是透過觀測得到的數位性的特徵或資訊。用通俗易懂的話説，資料就是一種能夠描述事物的符號記錄。資料的表現形式有很多種，可以是數字、符號、文字等，在資料庫中資料是以記錄的形式表現的。例如上文提到的超市購物的案例，人們會關注超市中某個商品的名稱、價格、數量等資訊，每個商品的這些資訊會組成一組資料，而這組資料就可以形成一筆記錄儲存在資料庫中。

- 資料庫應用程式（DataBase Application）是由程式設計師透過程式語言撰寫的應用程式，用於建立、編輯和維護資料庫檔案及記錄，幫助使用者更輕鬆地執行建立記錄、資料輸入、資料編輯、更新和報告等操作。應用程式會根據使用者的操作向資料庫管理系統發出對應的請求，再由資料庫管理系統對資料庫執行對應的操作。具有代表性的資料庫應用程式有 Navicat、PhpMyAdmin、DBeaver 等。

- 資料庫管理系統（Database Management System，DBMS）是一種為管理資料庫而設計的大型電腦軟體管理系統，主要用來建立、維護資料庫以及提供介面供使用者或資料庫應用程式對資料庫進行管理。具有代表性的資料管理系統有 MySQL、MariaDB、Microsoft Access、Microsoft SQL Server、FileMaker Pro、Oracle Database、PostgreSQL 等。常見的資料庫存取介面有 ODBC、JDBC、ADO.NET、PDO。

資料庫（DataBase，DB），即 RDBMS 中的 DB，是結構化資訊或資料（一般以電子形式長期儲存在電腦系統中）的有組織的集合，通常由資料庫管理系統來控制。通俗地講就是按照資料結構來組織、儲存和管理資料的倉庫。

> **註**：一般在企業中，因為資料庫管理系統包含著資料庫，所以資料庫管理系統和資料庫經常會被一起簡稱為資料庫，例如 MySQL 資料庫、Oracle 資料庫。

隨著資料庫的應用越來越廣泛，種類也變得五花八門了，各種不同類型的資料庫也適用於不同的應用場景。

- 關聯式資料庫：在 20 世紀 80 年代成為主流。關聯式資料庫中的項被組織為一系列具有列和行的資料表。關聯式資料庫技術為存取結構化資訊提供了最有效和靈活的方法。

- NoSQL 資料庫：也就是非關聯式資料庫，支援儲存和操作非結構化或半結構化資料（與關聯式資料庫相反）。隨著 Web 應用的日益普及和複雜化，NoSQL 資料庫獲得了越來越廣泛的應用。
- 物件導向資料庫：以物件的形式表示，這與物件導向的程式設計相類似。
- 分散式資料庫：由位於不同網站的兩個或多個檔案組成。資料庫可以儲存在多台電腦上，位於同一個物理位置或分散在不同的網路上。
- 資料倉儲：資料倉儲是資料的中央儲存庫，是專為快速查詢和分析而設計的資料庫。
- 圖形資料庫：根據實體和實體之間的關係來儲存資料。
- OLTP 資料庫：一種高速分析資料庫，專為多個使用者執行大量事務而設計。

以上只是目前使用的幾十種資料庫中的一小部分（另外還有許多針對具體的科學、財務或其他功能而訂製的資料庫）。其中，關聯式資料庫和非關聯式資料庫在企業中很常見，應用範圍也很廣泛。

關聯式資料庫是依靠關係模型建立的資料庫，其目的是將複雜的資料結構歸納為簡單的二元關係（也就是二維度資料表形式）。所謂的關係模型就是在二維度資料表的基礎上增加一對一、一對多、多對多等關係。簡單來說，一個關聯式資料庫是由二維度資料表以及其之間的聯繫組成的資料組織。再凝練一下就是，關聯式資料庫是由多張能夠互相關聯的二維度資料表組成的資料庫。關聯式資料庫有以下特點：

- 容易理解和維護。使用二維度資料表結構，以行和列的方式進行儲存，讀取和查詢都十分方便。
- 使用方便。採用結構化查詢語言（SQL），SQL 獲得了各個資料庫廠商的支援，成為資料庫行業的標準。
- 可實現複雜操作。可透過 SQL 敘述在一個資料表和多個資料表之間做非常複雜的資料 查詢。

- 關聯式資料庫透過關聯式資料庫管理系統（RDBMS）進行管理，其中 R 是關係（Relational）的意思，表示在資料庫中資料表與資料表之間的關係。比較具有代表性的關聯式資料庫有 MySQL、MariaDB、Oracle Database、SQL Server、DB2 和 PostgreSQL 等。

非關聯式資料庫也稱 NoSQL 資料庫，NOSQL 的本意是 "Not Only SQL"，指的是非關聯式的資料庫，區別於關聯式資料庫，具體將在下文詳細介紹。

18.3 MySQL 和 MariaDB 的兩種安裝方式

本節我們將手動安裝 MySQL 和 MariaDB 資料庫，安裝的方式有兩種：手動編譯原始程式套件和透過軟體套件管理器安裝二進位套件。將這兩個資料庫的兩種安裝方式都演示一遍會過於冗長，所以這裡我們中和一下：

1. 透過軟體套件管理器安裝 MySQL 二進位套件

（1）從 MySQL 官網下載編譯好的二進位套件，MySQL 的版本分為多種，一般我們下載的是社區版本的，因為社區版是開放原始碼的、免費的。下載步驟如圖 18-5 和圖 18-6 所示。

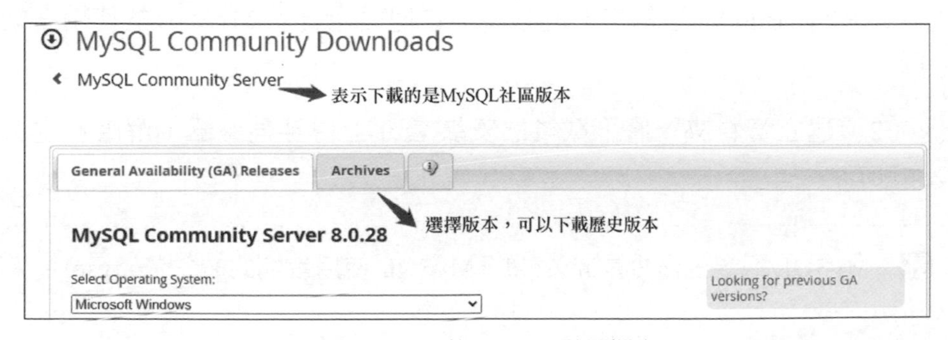

▲ 圖 18-5 下載 MySQL 社區版本

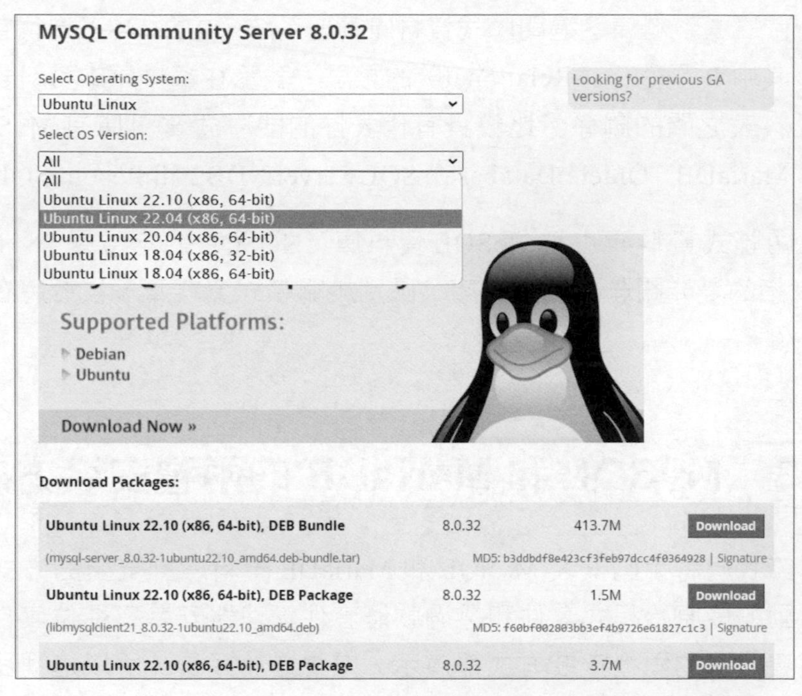

▲ 圖 18-6 選擇 MySQL 安裝套件版本編號、對應的作業系統等

點擊 "Download" 按鈕後會出現一個介面，建議登入 Oracle Web 帳號，若不想登入，則直接點擊 "No thanks,just start my download." 按鈕即可。

MySQL 分為使用者端和伺服器，也就是傳統的 C/S 架構，所以我們要下載 RPM Bundle 這個二進位套件，它裡面包含了 MySQL 的使用者端工具。

（2）建立資料夾，將下載後的安裝套件上傳至伺服器，解壓並進行安裝即可。

> **註**：MySQL 服務的命令是 mysqld，MySQL 使用者端的命令是 mysql。

至此，MySQL 資料庫安裝且啟動完畢，我們透過 MySQL 附帶的 MySQL 使用者端連接上去，這裡有一點要注意，MySQL 安裝完畢後，預設會自動產生一個 root@localhost 使用者，且隨機產生一個密碼，此密碼生成的位置在記錄檔 /var/log/mysqld.log 中。

```
[root@noylinux 123]# cat /var/log/mysqld.log  # 查詢 root 使用者的臨時密碼
----- 省略部分內容 -----
2022-02-04T09:36:41.138720Z 6 [Note] [MY-010454] [Server] A temporary
password is generated for root@localhost: 1_?+oas,%/qU
```

透過 MySQL 使用者端連接資料庫伺服器的命令格式為

mysql -h 資料庫位址 [-P 通訊埠編號] -u 使用者名稱 -p [資料庫] [-e "SQL 敘述 "]

各參數含義如下：

- -h：指定連接資料庫伺服器的位址。可以寫 IP 位址，也可以寫主機名稱，本地連接建議使用 localhost。
- -P：指定連接資料庫伺服器的通訊埠編號。若不使用此選項，使用者端預設連接資料庫伺服器的 3306 通訊埠，這也是 MySQL 和 MariaDB 預設佔用的通訊埠編號。
- -u：指定連接資料庫伺服器的使用者名稱。
- -p：輸入使用者密碼，但是不要在這裡直接輸入密碼，否則會提示你不要輸入純文字密碼，此處留空即可。確認之後，密碼在提示訊息 "Enter password：" 處　輸入。
- [資料庫]：指定連接到某資料庫伺服器，自動登入到該資料庫中。如果沒有指定，預設為 MySQL 系統資料庫。
- [-e "SQL 敘述 "]：指定需要執行的 SQL 敘述，登入到資料庫伺服器之後執行該 SQL 敘述，執行完後退出資料庫伺服器。

（3）登入 MySQL 伺服器，重置 root 使用者的臨時密碼。

```
[root@noylinux 123]# mysql  -hlocalhost  -uroot  -p
Enter password:       # 輸入 /var/log/mysqld.log 記錄檔中的臨時密碼


Welcome to the MySQL monitor.  Commands end with ; or \g.
```

```
Your MySQL connection id is 17
Server version: 8.0.27 MySQL Community Server - GPL

Copyright (c) 2000, 2021, Oracle and/or its affiliates.

Oracle is a registered trademark of Oracle Corporation and/or its
affiliates. Other names may be trademarks of their respective
owners.

mysql> show databases;
# 成功登入之後，必須先重置 root 密碼，不然就會顯示出錯
ERROR 1820 (HY000): You must reset your password using ALTER USER statement
before executing this statement.

# 重置密碼，將 root 密碼改為 Linux123!!!，修改的密碼必須符合複雜度要求
mysql> alter USER 'root'@'localhost' IDENTIFIED BY 'Linux123!!!';
Query OK, 0 rows affected (0.01 sec)

# 退出 MySQL 使用者端
mysql> quit
Bye
[root@noylinux 123]#
```

註：在命令列中不能直接輸入密碼。-p 選項為空，確認後再輸入密碼。

退出資料庫伺服器的方式很簡單，只要在命令列輸入 "exit" 或 "quit" 即可。

透過 DNF 安裝後主要目錄和檔案的位置和作用如下：

- /usr/lib/systemd/system/mysqld.service：服務開機檔案，可以透過輸入以下命令啟動。

```
systemctl  start  mysqld
```

- /usr/sbin/mysqld：MySQL 伺服器二進位檔案（命令）。
- /usr/bin/mysql：MySQL 使用者端二進位檔案（命令）。

- /etc/my.cnf：MySQL 主設定檔。
- /var/lib/mysql：預設的資料儲存目錄。

註：還可以透過命令 rpm -ql mysql-community-server 詳細查看各個檔案的儲存位置。

也可以透過 apt 命令直接安裝 MySQL 資料庫，命令為

```
Sudo apt install mysql mysql-server
```

2. 透過軟體套件管理器安裝 MariaDB 原始程式套件

可以系統中執行以下命令：

```
sudo apt install mariadb  mariadb-server
```

在 Linux 作業系統中，MySQL 與 MariaDB 資料庫無法共存，所以只能選擇一個。這裡我們需要先將剛才安裝好的 MySQL 服務停止並移除，然後再安裝 MariaDB 資料庫。

3. 手動編譯 MariaDB 原始程式套件

接下來我們透過手動編譯原始程式套件的方式來安裝 MariaDB 資料庫，一般編譯成功原始程式碼方式安裝資料庫，都是想自訂資料庫功能和資料庫安裝位置等。

（1）採用手動編譯原始程式碼的方式進行安裝必須提前設定好編譯所依賴的各種環境，這裡我們使用 apt 工具設定編譯所需的依賴環境。

```
[root@noylinux opt]# sudo apt install bison  zlib-devel  libcurl-devel
boost-devel  gcc  gcc-c++  cmake  ncurses-devel  gnutls-devel  libxml2-devel
openssl-devel  libevent-devel  libaio-devel
```

（2）上傳並解壓 MariaDB 原始程式套件，準備安裝的目錄和所需的使用者和組。

```
[root@noylinux opt]# ls
mariadb-10.6.5.tar.gz
[root@noylinux opt]# tar xf mariadb-10.6.5.tar.gz     #解壓MariaDB原始程式套件
[root@noylinux opt]# cd mariadb-10.6.5/
[root@noylinux mariadb-10.6.5]# mkdir /usr/local/mariadb   #建立MariaDB的安裝
                                                              目錄
[root@noylinux mariadb-10.6.5]# mkdir /mydata/data -p      #建立資料檔案儲存目錄
[root@noylinux mariadb-10.6.5]# groupadd -g 306 -r mysql   #建立初始化所需的使用
                                                              者和組
[root@noylinux mariadb-10.6.5]# useradd -u 306 -g mysql -r -s /sbin/nologin
mysql
[root@noylinux mariadb-10.6.5]# chown mysql:mysql /mydata/data    #改變擁有者與
                                                                     群組
```

（3）進行預先編譯，也就是檢測目前的平台是否符合編譯要求。在預先編譯 MariaDB 之前，先介紹一下常用的編譯選項：

- -DCMAKE_INSTALL_PREFIX=：指定 MariaDB 資料庫安裝目錄。
- -DMYSQL_DATADIR=：指定資料檔案存放目錄。
- -DMYSQL_USER=：指定使用者。
- -DWITH_INNOBASE_STORAGE_ENGINE=1：安裝 INNOBASE 儲存引擎。
- -DWITH_ARCHIVE_STORAGE_ENGINE=1：安裝 ARCHIVE 儲存引擎。
- -DWITH_BLACKHOLE_STORAGE_ENGINE=1：安裝 BLACKHOLE 儲存引擎。
- -DWITH_PARTITION_STORAGE_ENGINE=1：安裝 PARTITION 儲存引擎。
- -DWITHOUT_MROONGA_STORAGE_ENGINE=1：不安裝 MROONGA 儲存 引擎。
- -DWITH_DEBUG=0：是否啟動 DEBUG 功能。
- -DWITH_READLINE=1：啟用 READLINE 函數庫支援（提供可編輯的命令列）。

- -DWITH_SSL=system：表示使用系統附帶的 SSL 函數庫。
- -DWITH_ZLIB=system：表示使用系統附帶的 ZLIB 函數庫。
- -DWITH_LIBWRAP=0：禁用 LIBWRAP 函數庫。
- -DENABLED_LOCAL_INFILE=1：啟用本地資料匯入支援。
- -DMYSQL_UNIX_ADDR=：指定 sock 檔案路徑。
- -DDEFAULT_CHARSET=：指定預設的字元集。
- -DDEFAULT_COLLATION=：設定預設的排序規則。

開始預先編譯。

```
[root@noylinux mariadb-10.6.5]# cmake . \
> -DCMAKE_INSTALL_PREFIX=/usr/local/mariadb/ \
> -DMYSQL_DATADIR=/mydata/data \
> -DMYSQL_USER=mysql \
> -DWITH_INNOBASE_STORAGE_ENGINE=1 \
> -DWITH_ARCHIVE_STORAGE_ENGINE=1 \
> -DWITH_BLACKHOLE_STORAGE_ENGINE=1 \
> -DWITH_PARTITION_STORAGE_ENGINE=1 \
> -DWITHOUT_MROONGA_STORAGE_ENGINE=1 \
> -DWITH_DEBUG=0 \
> -DWITH_READLINE=1 \
> -DWITH_SSL=system \
> -DWITH_ZLIB=system \
> -DWITH_LIBWRAP=0 \
> -DENABLED_LOCAL_INFILE=1 \
> -DMYSQL_UNIX_ADDR=/usr/local/mariadb/mysql.sock \
> -DDEFAULT_CHARSET=utf8 \
> -DDEFAULT_COLLATION=utf8_general_ci

-- The C compiler identification is GNU 8.5.0
-- The CXX compiler identification is GNU 8.5.0
----- 省略部分內容 -----
-- Configuring done
-- Generating done
-- Build files have been written to: /opt/mariadb-10.6.5

[root@noylinux mariadb-10.6.5]#
```

（4）使用 make && make install 命令對 MariaDB 進行編譯和安裝。

```
[root@noylinux mariadb-10.6.5]# make && make  install
[  0%] Built target abi_check
[  0%] Built target INFO_BIN
[  0%] Built target INFO_SRC

----- 省略部分內容 -----

-- Installing: /usr/local/mariadb/share/aclocal/mysql.m4
-- Installing: /usr/local/mariadb/support-files/mysql.server

[root@noylinux mariadb-10.6.5]# ls /usr/local/mariadb/  #查看其安裝目錄
bin      include         man         README-wsrep  sql-bench
COPYING  INSTALL-BINARY  mysql-test  scripts       support-files
CREDITS  lib             README.md   share         THIRDPARTY

[root@noylinux mariadb-10.6.5]# cd /usr/local/mariadb/
[root@noylinux mariadb]#
```

（5）安裝後需要進行一些基本設定，設定全域變數、初始化資料庫檔案、準備主設定檔、準備啟動指令稿等。

設定全域變數，並將 MariaDB 安裝目錄的擁有者群組改為 mysql。

```
[root@noylinux mariadb]# echo 'PATH=/usr/local/mariadb/bin:$PATH' > /etc/
profile.d/mysql.sh
[root@noylinux mariadb]# source /etc/profile.d/mysql.sh
[root@noylinux mariadb]# pwd
/usr/local/mariadb
[root@noylinux mariadb]# chgrp mysql ./*
[root@noylinux mariadb]# ll
drwxr-xr-x.  2 root mysql  4096 2月   6 11:10 bin
-rw-r--r--.  1 root mysql  8782 11月  6 04:03 INSTALL-BINARY
drwxr-xr-x.  4 root mysql  235 2月    6 11:10 lib
drwxr-xr-x.  5 root mysql  42 2月     6 11:10 man
drwxrwxr-x.  9 root mysql  4096 2月   6 11:10 mysql-test
-rw-r--r--.  1 root mysql  2697 11月  6 04:03 README.md
----- 省略部分內容 -----
```

使用 MariaDB 的初始化指令稿，對 MariaDB 進行初始化。

```
[root@noylinux mariadb]# ./scripts/mysql_install_db --datadir=/mydata/data/
--basedir=/usr/local/mariadb   --user=mysql

Installing MariaDB/MySQL system tables in '/usr/local/mariadb/data/' ...
OK
----- 省略部分內容 -----

[root@noylinux mariadb]#
```

準備 MariaDB 主設定檔，也就是 my.cnf 檔案。早期版本的 MySQL 和 MariaDB 都會提供 my.cnf 設定檔範本，現在已經不提供了，需要手動建立。

```
cat << EOF > /etc/my.cnf
[client]
port                = 3306
socket              = /tmp/mysql.sock

[mysqld]
port                = 3306
socket              = /tmp/mysql.sock

basedir             = /usr/local/mariadb
datadir             = /mydata/data
#skip-external-locking
key_buffer_size = 16M
max_allowed_packet = 1M
sort_buffer_size = 512K
net_buffer_length = 16K
myisam_sort_buffer_size = 8M
skip-name-resolve = 0
EOF
```

為方便啟動 MariaDB 服務，將 MariaDB 註冊為系統服務，同時設定開機自啟動。

```
[root@noylinux mariadb]# cat << EOF > /usr/lib/systemd/system/mysql.service
[Unit]
Description=MariaDB

[Service]
LimitNOFILE=10000
Type=simple
User=mysql
Group=mysql
PIDFile=/mydata/data/microServer.pid
ExecStart=/usr/local/mariadb/bin/mysqld_safe --datadir=/mydata/data
ExecStop=/bin/kill -9 $MAINPID

[Install]
WantedBy=multi-user.target
EOF

[root@noylinux mariadb]# systemctl daemon-reload # 多載 systemctl 服務使
mysql.service 生效
```

註：這裡使用 systemctl 作為服務（非 service）。

（6）啟動 MariaDB 服務，並查看其執行狀態。

```
[root@noylinux mariadb]# systemctl start mysql.service  # 啟動 MariaDB 服務
[root@noylinux mariadb]# systemctl status mysql.service # 查看其執行狀態
● mysql.service - MariaDB
   Loaded: loaded (/usr/lib/systemd/system/mysql.service; disabled; vendor
preset: disabled)
   Active: active (running) since Sun 2022-02-06 10:44:24 CST; 54min ago
----- 省略部分內容 -----

[root@noylinux mariadb]# netstat -anpt | grep mariadb # 查看佔用的通訊埠編號
tcp      0    0 0.0.0.0:3306    0.0.0.0:*     LISTEN    49945/mariadbd
tcp6     0    0 :::3306         :::*           LISTEN    49945/mariadbd
```

（7）使用 MariaDB 附帶的幫助指令稿來設定 root 使用者的密碼、是否執行遠端登入、是否刪除測試資料表等。

```
[root@noylinux mariadb]# pwd
/usr/local/mariadb
[root@noylinux mariadb]# ./bin/mariadb-secure-installation
----- 省略部分內容 -----
## 輸入 root 使用者當前的密碼，預設沒有密碼，直接確認即可
Enter current password for root (enter for none):
OK, successfully used password, moving on...

## 切換到 unix_socket 通訊端身份驗證，輸入 n，確認即可
Switch to unix_socket authentication [Y/n] n
 ... skipping.

## 是否要重置 root 使用者的密碼，這裡就不重置了（生產環境下必須重置）
Change the root password? [Y/n] n
 ... skipping.

## 刪除匿名使用者？ 選擇 "Y" 進行刪除
Remove anonymous users? [Y/n] Y
 ... Success!

## 不允許 root 使用者遠端登入？安全起見選擇 "Y"（不允許）
Disallow root login remotely? [Y/n] Y
 ... Success!

## 刪除測試資料庫並存取它？選擇 "Y"
Remove test database and access to it? [Y/n] Y
 - Dropping test database...
 ... Success!
 - Removing privileges on test database...
 ... Success!

## 現在重新載入特權資料表嗎？ 選擇 "Y"
Reload privilege tables now? [Y/n] Y
 ... Success!

Cleaning up...
```

```
All done!  If you've completed all of the above steps, your MariaDB
installation should now be secure.

Thanks for using MariaDB!
```

（8）透過使用者端登入 MariaDB 資料庫。

```
[root@noylinux mariadb]# mysql  #透過附帶的使用者端工具登入
Welcome to the MariaDB monitor.  Commands end with ; or \g.
Your MariaDB connection id is 10
Server version: 10.6.5-MariaDB Source distribution

Copyright (c) 2000, 2018, Oracle, MariaDB Corporation Ab and others.

Type 'help;' or '\h' for help. Type '\c' to clear the current input statement.

MariaDB [(none)]> show databases; #查看預設附帶的資料庫
+--------------------+
| Database           |
+--------------------+
| information_schema |
| mysql              |
| performance_schema |
| sys                |
+--------------------+
4 rows in set (0.001 sec)
MariaDB [(none)]> quit    #退出使用者端
Bye
[root@noylinux mariadb]# systemctl enable  mysql.service      #設為開機自啟動
Created symlink /etc/systemd/system/multi-user.target.wants/mysql.service →
/usr/lib/systemd/system/mysql.service.
```

至此，透過手動編譯原始程式碼方式的安裝就完成了，安裝過程比透過軟體套件管理器安裝稍微複雜一些。

安裝二進位套件的方式其實就是官方替我們將原始程式套件編譯直接下載解壓就能使用，與在 Windows 系統上安裝免安裝軟體一樣。

有些朋友可能會問：「我們掌握最簡單的方式就可以了呀，何必費半天勁去學習編譯原始程式套件的安裝方式呢？」學習技術講究的是先苦後甜，大家試想一下，安裝二進位套件的方式其實是別人替我們將編譯的步驟完成了；而軟體套件管理器則不光替我們將編譯的步驟做了，還將安裝的步驟也完成了。這樣留給我們學習技術的空間就十分有限了，剩下的操作學會了也只是學習了皮毛，因此筆者建議大家學習就將最難的部分也學透了，只有這樣才能真正掌握一門技術。

18.4 主設定檔

上文介紹過，MySQL 和 MariaDB 的主設定檔是相互相容的，也就是說兩者完全可以使用同一個主設定檔（my.cnf），即使這兩個資料庫無法在作業系統中共存。MySQL 和 MariaDB 對主設定檔 my.cnf 的預設讀取位置的順序為

```
/etc/my.cnf  →  /etc/mysql/my.cnf  → ~/.my.cnf
```

主設定檔可以隨意放在這 3 個位置中的其中一個，當然了，優先順序最高的是 /etc/my.cnf，當資料庫從這個位置找到主設定檔後，就不再往下繼續尋找了。我們也可以執行以下命令進行查看：

```
[root@noylinux mariadb]# mysqld  --help --verbose
mysqld  Ver 10.6.5-MariaDB for Linux on x86_64 (Source distribution)
Copyright (c) 2000, 2018, Oracle, MariaDB Corporation Ab and others.

Starts the MariaDB database server.

Usage: mysqld [OPTIONS]

## 按給定順序從下列檔案讀取
Default options are read from the following files in the given order:
/etc/my.cnf   /etc/mysql/my.cnf   ~/.my.cnf
The following groups are read: mysqld server mysqld-10.6 mariadb mariadb-10.6
```

```
mariadbd mariadbd-10.6 client-server galera
----- 省略部分內容 -----
```

接下來介紹主設定檔的內部結構，先看看我們剛安裝好的主設定檔內容。

```
[root@noylinux mariadb]# cat /etc/my.cnf
[client]
port            = 3306
socket          = /tmp/mysql.sock

[mysqld]
port            = 3306
socket          = /tmp/mysql.sock

basedir         = /usr/local/mysql
datadir         = /mydata/data
key_buffer_size = 16M
max_allowed_packet = 1M
sort_buffer_size = 512K
net_buffer_length = 16K
myisam_sort_buffer_size = 8M
skip-name-resolve = 0
```

主設定檔（my.cnf）以中括號區分模組作用域，官方名稱為選項群組。MariaDB 可以從一個或多個選項群組中讀取設定項目。常用的選項群組如下：

- [client]：所有 MariaDB 和 MySQL 使用者端程式可以讀取的選項，包括 MariaDB 和 MySQL 使用者端。
- [mysqld]：所有 MariaDB 伺服器和 MySQL 伺服器可以讀取的選項，針對資料庫服務端。
- [mariadb]：MariaDB 伺服器讀取的選項。
- [mariadbd]：MariaDB 伺服器讀取的選項，從 MariaDB 10.4.6 版本開始可用。

- [mysqld_safe]：讀取的選項為 mysqld_safe，包括 MariaDB 伺服器和 MySQL 伺服器。

選項群組裡面包含各種設定項目，MariaDB 和 MySQL 的設定項目非常多，其中在服務端 [mysqld] 中常用的設定項目如下：

- port=：MySQL 或 MariaDB 服務端監聽的通訊埠編號，預設在 3306 通訊埠上監聽。
- socket=：為使用者端程式和伺服器之間的本地通訊指定一個通訊端檔案。
- user=：選擇啟動服務的使用者。
- basedir=：指定 MySQL 或 MariaDB 的安裝目錄。
- datadir=：指定資料庫資料檔案儲存的目錄。
- log_error=：指定錯誤記錄檔的位置和記錄檔名稱。
- pid-file=：PID 處理程序檔案。
- skip-external-locking：避免 MySQL 的外部鎖定，減小出錯機率，提高穩定性。
- key_buffer_size=：指定索引緩衝區的大小，它決定了索引處理的速度，尤其是索引讀取的速度。
- max_allowed_packet=：MySQL 服務端和使用者端在一次傳送資料封包的過程當中最大允許的資料封包大小。
- sort_buffer_size=：connection 級參數，在每個 connection 第一次需要使用 buffer 的時候，一次性分配的記憶體。
- net_buffer_length=：每個使用者端執行緒與連接快取和結果快取互動，每個快取最初都被分配大小為 net_buffer_length 的容量。
- myisam_sort_buffer_size=：在 REPAIR TABLE、CREATE INDEX 或 ALTER TABLE 操作中，MyISAM 索引排序使用的快取大小。
- skip-name-resolve=1：跳過主機名稱解析，如果這個參數設為 0，則 MySQL 服務在檢查使用者端連接的時候會解析主機名稱；如果這個參數設為 1，則 MySQL 服務只會使用 IP 位址。

- max_connections=：允許使用者端併發連接的最大數量。
- default-storage-engine=：指定資料庫預設使用的儲存引擎。

使用者端 [client] 選項群組的設定項目較少，常用的有以下兩個：

- port=：使用者端預設連接的通訊埠。
- socket=：用於本地連接的 socket 通訊端。

在企業環境中，資料庫的主設定檔是需要按照該伺服器的硬體規格進行測試調整的，在不同硬體規格的伺服器上，資料庫主設定檔中的設定項目「數值」也會不一樣。

18.5 資料庫的儲存引擎與資料型態

儲存引擎對剛入門的朋友來說可能是個陌生的詞彙，那究竟什麼是儲存引擎呢？資料庫的功能是儲存資料，這一點是毋庸置疑的，那它是怎麼實現儲存的呢？資料庫會採用各種技術將資料儲存在檔案中，這些技術能夠提供不同的儲存機制、索引技巧等功能。這些技術及配套的相關功能在 MySQL/MariaDB 中被稱為儲存引擎。

簡而言之，儲存引擎就是一套讓我們實現了選擇不同方式儲存資料、為儲存的資料建立索引、查詢更新資料等功能的解決方案。

在 MySQL 和 MariaDB 資料庫中，像這樣的方案有很多種，也就是說，這兩個資料庫中都預設附帶了許多不同的儲存引擎，這些儲存引擎各具特色，需要我們結合企業的業務場景來進行選擇。MySQL 和 MariaDB 資料庫經過了這麼多年還能夠如此受歡迎，除了開放原始碼之外，它們為廣大使用者提供了各種不同的儲存和檢索資料方案（儲存引擎）也是重要原因之一。

輸入 SHOW ENGINES 命令，透過使用者端連到資料庫查看當前資料庫所支援的所有儲存引擎。

```
[root@noylinux ~]# mysql     #連接到 MariaDB 服務端
Welcome to the MariaDB monitor.  Commands end with ; or \g.
Your MariaDB connection id is 4
Server version: 10.6.5-MariaDB Source distribution

Copyright (c) 2000, 2018, Oracle, MariaDB Corporation Ab and others.

Type 'help;' or '\h' for help. Type '\c' to clear the current input statement.

MariaDB [(none)]> SHOW ENGINES;
+--------------------+---------+--------------------------------------------------+
| Engine             | Support | Comment | Transactions | XA | Savepoints |
+--------------------+---------+--------------------------------------------------+
| Aria               | YES     |         | NO           | NO | NO         |
| MRG_MyISAM         | YES     |   省    | NO           | NO | NO         |
| MEMORY             | YES     |   略    | NO           | NO | NO         |
| BLACKHOLE          | YES     |   部    | NO           | NO | NO         |
| MyISAM             | YES     |   分    | NO           | NO | NO         |
| CSV                | YES     |   內    | NO           | NO | NO         |
| ARCHIVE            | YES     |   容    | NO           | NO | NO         |
| InnoDB             | DEFAULT |         | YES          | YES| YE         |
| PERFORMANCE_SCHEMA | YES     |         | NO           | NO | NO         |
| SEQUENCE           | YES     |         | YES          | NO | YES        |
+--------------------+---------+--------------------------------------------------+
10 rows in set (0.000 sec)
註：在 Support 列中，YES 表示支援，DEFAULT 表示預設採用的儲存引擎

MariaDB [(none)]> quit
Bye
[root@noylinux ~]#
```

接下來介紹幾種儲存引擎的特點：

- Aria：MariaDB 在 MyISAM 儲存引擎的基礎上增強改進的版本，支援自動崩潰安全恢復。
- InnoDB：InnoDB 是 MySQL5.5 和 MariaDB10.2 以後版本的預設儲存引擎，通常也是首選引擎。它是一個很好的常規事務型儲存引擎，除了事務支援之外還引入了行級鎖定、外鍵約束和二元樹索引。
- MRG_MyISAM：Merge 和 MyISAM 的一對組合，Merge 將 MyIsam 引擎中的多個資料表進行邏輯分組，並將它們作為一個物件引用。但是它的內部沒有資料，真正的資料依然是在 MyIsam 引擎的資料表中，可以直接進行查詢、刪除、更新等操作。
- MEMORY：將所有資料儲存在記憶體中，以便在需要快速查詢、參考和對比其他資料的時候能夠得到最快的回應，適合存放臨時資料。
- BLACKHOLE：黑洞儲存引擎，只接收資料，但是不儲存任何資料，因此查詢結果都是空的，適用於主從複製環境。
- MyISAM：MySQL/MariaDB 最早的預設儲存引擎，擁有較高的插入和查詢速度，但不支援事務。在實際使用中建議用 Aria 取代 MyISAM。
- CSV：CSV 儲存引擎可以讀取和增加資料到以 CSV（逗點分隔值）格式儲存的檔案中。可以使用 CSV 引擎以 CSV 格式匯入 / 匯出其他軟體和應用程式之間的資料交換。
- ARCHIVE：用於歸檔資料，只支援 SELECT 和 INSERT 操作；擁有很好的壓縮機制；支援行級鎖定和專用快取區；不支援索引。
- PERFORMANCE_SCHEMA：提供了一種在資料庫執行時期即時檢查伺服器的內部執行情況的方法。
- SEQUENCE：允許建立具有給定起始值、結束值和增量的昇冪或降冪數字序列（正整數），在需要時自動建立虛擬的臨時資料表。

儲存引擎規定了按什麼樣的方式去儲存資料，雖然最終的結果都是將資料以檔案格式儲存在作業系統中，但是從資料庫的角度來看可大不一樣。在資料庫層面，資料的儲存和管理都是透過由行（Row）和列（Column）組成的二維度資料表來實現的。

二維度資料表中的列（Column）規定了可以儲存什麼類型的資料以及這個類型的資料最多可以存多少。

可能有人會問：「我就是想往資料庫中存個資料，為什麼一定要指定資料型態呢？」因為在資料庫中會有非常多各式各樣的資料，這就導致資料庫很難高效率地管理這些資料。舉例來説，姓名、籍貫、年齡、性別、住址、出生日期等各類資料混合在一起，怎麼管理？姓名、籍貫、性別、住址的資料型態是文字，年齡和出生日期是數字，同時姓名的資料長度和住址的資料長度又不一樣……各種類型的資料混合在一起就會導致資料庫管理的成本非常高，而資料型態的出現使得資料庫便於管理和儲存，同時還能節省磁碟空間。

所以當我們在資料庫中建立資料表時，需要宣告每一列的資料型態。MySQL 和 MariaDB 支援多種資料型態，常用的有字串（字元）、數字、日期時間和布林等。

（1）字串（字元）：

- char(size)：預設值為 1，最多儲存 255 個字元，且字串長度固定不可變。
- varchar(size)：最多可儲存 65535 個字元，字串長度可變。
- tinytext(size)：最多可儲存 255 個字元。
- text(size)：最多可儲存 65535 個字元。
- ediumtext(size)：最多可儲存 16777215 個字元。
- longtext(size)：最多可儲存 4294967295 個（或 4GB 大小的）字元
- binary(size)：固定長度的二進位字元串。
- varbinary(size)：可變長度的二進位字元串。

> **註**：字串類型預設情況下不區分大小寫，size 表示儲存的字元長度。

（2）整數類型：

- tinyint：微整數，值的範圍為 128 到 127（有號），或 0 到 255（無號）。
- smallint：小整數，值的範圍為 32768 到 32767（有號），或 0 到 65535（無號）。
- mediumint：中等整數，值的範圍為 8388608 到 8388607（有號），或 0 到 16777215（無號）。
- int：標準整數，值的範圍為 2147483648 到 2147483647（有號），或 0 到 4294967295（無號）。
- bigint：大整數，值的範圍為 9223372036854775808 到 9223372036854775807（有號），或 0 到 18446744073709551615（無號）。

（3）浮點數型：

- Float：單精度浮點數。
- Double：雙精度浮點數。

（4）日期時間：

- date：設定值範圍為 1000-01-01 到 9999-12-31，顯示的日期格式為 yyyy-mm-dd。
- datetime：設定值範圍為 1000-01-01 00:00:00 到 9999-12-31 23:59:59，顯示的日期格式為 yyyy-mm-dd hh:mm:ss。
- timestamp：設定值範圍為 1980-01-01 00:00:01 UTC 到 2040-01-19 03:14:07 UTC，顯示的日期格式為 yyyy-mm-dd hh:mm:ss。
- time：設定值範圍為 838：59：59 到 838：59：59，顯示的日期格式為 hh:mm:ss。
- year：設定值範圍為 1901 到 2155，顯示的日期格式為 yyyy。

（5）布林：

- 0：與 False 相連結。
- 1：與 True 相連結。

MySQL/MariaDB 資料庫中的布林類型 BOOL 或 BOOLEAN，是等於微整數 tinyint(1) 的，資料庫本身並沒有實現布林類型，而是借助微整數替代的方式。當在資料庫中將某一列的欄位屬性設定為布林類型時，都會被預設改為 tinyint(1)。

需要注意的是，定義欄位的資料型態對資料庫的最佳化是十分重要的，選擇合適的資料型態不僅可以提高操作速度，還能減少佔用的磁碟空間。

修改儲存引擎的語法格式（針對單一資料表）為

```
ALTER TABLE <資料表名稱> ENGINE=<儲存引擎名稱>
```

關鍵字 ENGINE 用來指明新的儲存引擎。若想修改預設的儲存引擎，就需要修改 my.cnf 設定檔，在 [mysqld] 選項群組中增加一筆設定：「default-storage-engine= 儲存引擎名稱」。

18.6 SQL 敘述命令分類和語法規則

透過 SQL 敘述可以對資料庫進行一系列操作，主要包括查看、建立、修改、刪除、選擇等，這些操作屬於管理資料庫的基礎技術，在企業中用得非常頻繁。

在介紹這些操作之前，需要先搞懂什麼是 SQL 以及怎麼去使用它。結構化查詢語言（Structured Query Language，SQL）是一種國際標準化的程式語言，主要用於管理關聯式資料庫並中的資料執行各種操作。符合 SQL 標準的主流資料庫產品包括：Microsoft SQL Server、Oracle Database、Db2、MySQL 和 PostgreSQL 等。SQL 的特點如下：

- 綜合統一：集資料定義語言 DDL、資料操作語言 DML、資料控制語言 DCL 的功能於一體，語法風格統一，可以完成資料庫中所有的操作需求。
- 高度非過程化：用 SQL 對資料操作時，只需要提出「做什麼」，而不需要告訴「怎麼做」，存取路徑的選擇及 SQL 的整個操作過程全都是由系統自動完成的。
- 集合導向的操作方式：SQL 採用集合操作方式，可以對元組的集合進行一次性的查詢、插入、刪除或更新，且操作（查詢）之後的結果也可以是元組的集合。
- 語言結構靈活多變：SQL 既是獨立的語言，又是嵌入式語言。作為獨立的語言，它能夠直接以命令的方式互動使用，使用者可以輸入 SQL 命令對資料庫操作；作為嵌入式語言，SQL 敘述能夠嵌入到 C、C++、Python、Java 等語言中供程式設計師設計程式時使用。在兩種不同的使用方式下，SQL 的語法結構基本上是一致的。
- 語法簡單：設計巧妙，完成核心功能的只有那麼幾個描述性很強的英文單字，語法十分簡單。

註：元組（Tuple）是關聯式資料庫中的基本概念，在二維度資料表中，每行（即資料庫中的每筆記錄）就是一個元組，每列就是一個屬性。

根據 SQL 的特性，它所包含的命令的類型可以分為以下 5 種：

（1）資料定義語言（Data Definition Language，DDL）。主要用來建立、修改和刪除資料庫、資料表、視圖等物件。

- CREATE：建立資料庫、資料表或其他物件（索引、視圖、觸發器等）。
- DROP：刪除資料庫、資料表或其他物件（索引、視圖、觸發器等）。
- ALTER：修改資料庫、資料表或其他物件（索引、視圖、觸發器等）。

（2）資料操作語言（Data Manipulation Language，DML）。主要用來增加、更改、刪除資料表中的資料內容或其他物件（索引、視圖、觸發器等）。

- INSERT：在資料表中插入資料。
- UPDATE：更新資料表中的資料。
- DELETE：刪除資料表中的資料。

（3）資料查詢語言（Data Query Language，DQL）。主要用來從資料表中獲取特定資料。

- SELECT：查詢資料表中的資料。

（4）資料控制語言（Data Control Language，DCL）。主要用來控制對資料庫中資料的存取，以及控制使用者的許可權。

- GRANT：向使用者指定許可權。
- REVOKE：撤銷使用者的許可權。

（5）事務控制語言（Transaction Control Language，TCL）。主要用來更改某些資料的狀態。

- COMMIT：提交事務。
- ROLLBACK：導回事務。

註：只有 DML 語言才具有事務性。

目前大多數資料庫都支援通用的 SQL 敘述，但是不同的資料庫會有各自特有的 SQL 敘述特性。本節的內容主要是針對 MySQL/MariaDB 資料庫，若在其他資料庫上執行，並不能保證所有的都會適用，某些 SQL 敘述可能需要進行微調。

接下來介紹 SQL 敘述的語法規則。

（1）關鍵字不區分大小寫。也就是說在命令列中無論是用小寫還是大寫或大小寫混合都是可以的。但是一定要注意，關鍵字雖然不區分大小寫，但儲存在資料表中的資料是區分大小寫的。我們往資料庫的資料表中儲存一個大寫的單字，取出來之後也會是大寫的，不區分大小寫的僅是我們執行的這筆 SQL 敘述中的關鍵字。

（2）SQL 敘述要以分號 "；" 結尾。在關聯式資料庫中，SQL 敘述是按「筆」為單位一筆一筆執行的，一筆 SQL 敘述就表示對資料庫進行一個操作。

當很多筆 SQL 敘述整合在一起組成一個 SQL 檔案並匯入資料庫後，應該如何準確找到一筆完整 SQL 敘述的結尾呢？基於這種情況，我們通常會在每筆 SQL 敘述結束的地方加一個分號 "；" 來表示該 SQL 敘述已經結束了。舉例來說，"MariaDB [(none)]> SHOW DATABASES；"。

（3）常數的書寫方式是固定的。在資料庫中免不了要儲存字串、日期或數字之類的資料，我們將這種在 SQL 敘述中直接書寫的字串、日期或數字等稱為常數。常數在資料庫中直接書寫的時候需要注意以下幾點：

- 字串：要使用英文單引號括起來，表示這是一個字串。舉例來說，'database'。
- 日期：同樣需要使用英文單引號括起來，表示這是一個日期。舉例來說，'2023-02-13 '。
- 數字：不需要使用任何符號標識，直接書寫即可。

（4）單字需要用空格或換行來分隔。在一筆完整的 SQL 敘述中會出現多個單字，這些單字與單字之間需要用空格或換行來進行分隔，就如同執行 Linux 作業系統命令一樣。若執行沒有進行分隔的敘述，資料庫會因為無法解析而發生錯誤，結果就是無法正常執行 SQL 敘述。連接子或運算子 or、in、and、＝、<=、>=、+、－等都需要前後各加上一個空格。

註：這裡的空格必須使用英文空格，而非中文空格。

大家可能有注意到，本節並沒有像介紹 Linux 命令那樣直接舉出語法格式，而是只講了執行 SQL 敘述時要注意的格式。因為這裡僅是一個整體概述，接下來筆者會詳細介紹怎樣執行 SQL 敘述。在關聯式資料庫中最核心的物件有資料庫、資料表、資料，因此 18.7 節 ~18.9 節將分別介紹對資料庫、對資料表和對資料的管理。

18.7 SQL 敘述對資料庫的基本操作

資料庫相信大家已經非常熟悉了，它就是一個專門用來儲存各種資料的倉庫，常見的資料庫管理系統如圖 18-7 所示。每一個倉庫都會有一個唯一的名稱來標識自己。資料庫的名稱是由使用者自己命名的，這樣更有利於讓使用者直觀地掌握每個資料庫中都存放了什麼資料。

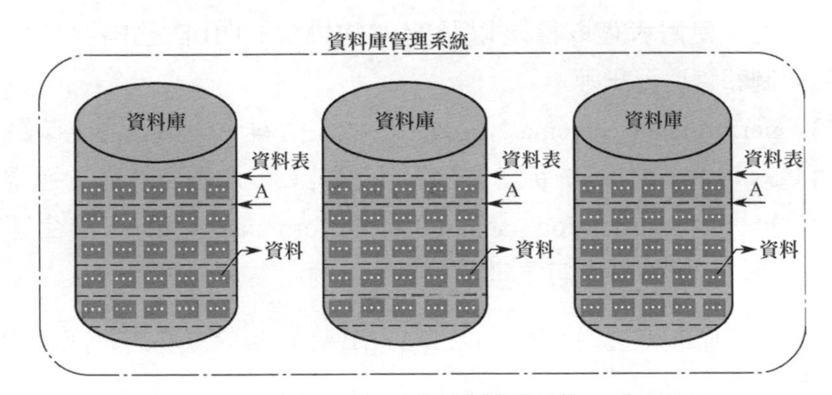

▲ 圖 18-7　資料庫管理系統

在 MySQL/MariaDB 資料庫中，通常會有兩種類型的資料庫，一種是在初始化時由資料庫管理系統預先生成的系統資料庫；另一種在安裝後由使用者手動建立的自訂資料庫。

透過 SHOW DATABASES 命令查看所有資料庫。

```
MariaDB [(none)]> show databases;   # 不區分大小寫
+--------------------+
```

```
| Database           |
+--------------------+
| information_schema |
| mysql              |
| performance_schema |
| sys                |
+--------------------+
4 rows in set (0.397 sec)
```

可以看到，系統安裝完成後附帶了 4 個系統資料庫，這些資料庫各自的作用如下：

（1）information_schema：儲存系統中的一些資料庫物件資訊，如使用者資料表資訊、列資訊、許可權資訊、字元集資訊和分割區資訊等。

（2）mysql：MySQL/MariaDB 的核心資料庫，主要儲存資料庫使用者、使用者存取權限以及 MySQL/MariaDB 自己需要使用的控制和管理資訊等。

（3）performance_schema：主要用於收集資料庫伺服器性能參數。

（4）Sys：MySQL 5.7 新增加的系統資料庫，這個資料庫透過視圖的形式將 information_ schema 和 performance_schema 結合起來，查詢出的資料更容易理解。

建立資料庫的是透過 CREATE DATABASE 命令實現的，完整的語法格式如下：

CREATE DATABASE [IF NOT EXISTS] < 資料庫名稱 > [[DEFAULT] CHARACTER SET < 字元集名稱 >] [[DEFAULT] COLLATE < 校對規則名稱 >]；

註：[ ] 中的內容是可選的。

敘述中每段的具體含義如下：

- CREATE DATABASE：建立資料庫的關鍵命令，固定不變。
- [IF NOT EXISTS]：可選設定，用來避免建立重複名稱的資料庫。
- < 資料庫名稱 >：資料庫名稱。不區分大小寫且不能以數字開頭，名稱儘量做到「見名知意」。
- [[DEFAULT] CHARACTER SET < 字元集名稱 >]：指定資料庫的字元集，避免資料庫中的資料出現亂碼的情況。
- [[DEFAULT] COLLATE < 校對規則名稱 >]：指定字元集的預設校對規則。

> **註**：字元集是一套符號和編碼，在資料庫中指定字元集是為了定義資料庫儲存字串的方式；校對規則是在字元集內用於比較字元的一套規則。

用最簡單的方式建立 test01 資料庫。

```
MariaDB [(none)]> create database  test01;     # 建立一個資料庫
Query OK, 1 row affected (0.001 sec)

MariaDB [(none)]> create database   test01;    # 再一次建立名稱相同資料庫
ERROR 1007 (HY000): Can't create database 'test01'; database exists
                                               # 提示資料庫已存在

MariaDB [(none)]> create database IF NOT EXISTS  test01;  # 加入 [IF NOT
EXISTS] 設定
Query OK, 0 rows affected, 1 warning (0.000 sec)

MariaDB [(none)]> show databases;              # 查看當前資料庫
+--------------------+
| Database           |
+--------------------+
| information_schema |
| mysql              |
```

```
| performance_schema |
| sys                |
| test01             |
+--------------------+
5 rows in set (0.000 sec)
```

可以看到在成功建立資料庫後，出現了 "Query OK, 1 row affected (0.001 sec)" 的提示訊息。其中，Query OK 表示命令執行成功，1 row affected 表示只影響了資料庫中的一行記錄，(0.001 sec) 表示命令執行的時間。

用完整的命令格式建立 test02 資料庫。

```
MariaDB [(none)]> create database  if not exists test02
    -> default character set utf8
    -> default collate utf8_general_ci;
Query OK, 1 row affected (0.001 sec)

MariaDB [(none)]> show create database  test02;    #查看指定資料庫的定義宣告
+----------+------------------------------------------------------------------+
| Database | Create Database                                                  |
+----------+------------------------------------------------------------------+
| test02   | CREATE DATABASE `test02` /*!40100 DEFAULT CHARACTER SET utf8 */ |
+----------+------------------------------------------------------------------+
1 row in set (0.000 sec)     #只有1行資訊，處理時間為0.00s
```

接下來我們看一下如何修改一個資料庫，資料庫能夠修改的屬性只有字元集和校對規則。在 MySQL/MariaDB 中，可以使用 ALTER DATABASE 命令修改已存在的資料庫的相關參數，其語法格式為

ALTER DATABASE 資料庫名稱 { [DEFAULT] CHARACTER SET < 字元集名稱 > | [DEFAULT] COLLATE < 校對規則名稱 >};

註：[ ] 中的內容是可選的。

範例

將已存在的 test01 資料庫修改為指定字元集 UTF-8，並將預設校對規則修改為 UTF-8_unicode_ci。

```
MariaDB [(none)]> show create database test01;   # 查看 test01 資料庫的指定字元集
+----------+-----------------------------------------------------------------+
| Database | Create Database                                                 |
+----------+-----------------------------------------------------------------+
| test01   | CREATE DATABASE `test01` /*!40100 DEFAULT CHARACTER SET utf8mb3 */ |
+----------+-----------------------------------------------------------------+
1 row in set (0.125 sec)

MariaDB [(none)]> alter database test01
    -> default character set UTF-8
    -> default collate UTF-8_chinese_ci;
Query OK, 1 row affected (0.001 sec)

MariaDB [(none)]> show create database test01;     # 查看 test01 資料庫修改後的指
定字元集
+----------+-----------------------------------------------------------------+
| Database | Create Database                                                 |
+----------+-----------------------------------------------------------------+
| test01   | CREATE DATABASE `test01` /*!40100 DEFAULT CHARACTER SET UTF-8 */ |
+----------+-----------------------------------------------------------------+
1 row in set (0.000 sec)
```

在 MySQL/MariaDB 中，若需要刪除已建立的資料庫，可以使用 DROP DATABASE 敘述進行刪除，但是需要注意，如果資料庫被刪除了，資料庫中的所有資料也將一起被刪除。DROP DATABASE 敘述的語法格式為

```
DROP DATABASE [ IF EXISTS ] 資料庫名稱;
```

註：[ ] 中的內容是可選的。自訂資料庫可以根據需要自行刪除，但系統資料庫不能隨意刪除，若把系統資料庫也刪除了，那 MySQL/MariaDB 將無法正常執行，所以 DROP DATABASE 命令要謹慎使用。

刪除已建立的 test01 資料庫。

```
MariaDB [(none)]> show databases;
+--------------------+
| Database           |
+--------------------+
| information_schema |
| mysql              |
| performance_schema |
| sys                |
| test01             |
| test02             |
+--------------------+
6 rows in set (0.210 sec)

MariaDB [(none)]> drop database test01;
Query OK, 0 rows affected (0.137 sec)

MariaDB [(none)]> show databases;
+--------------------+
| Database           |
+--------------------+
| information_schema |
| mysql              |
| performance_schema |
| sys                |
| test02             |
+--------------------+
5 rows in set (0.001 sec)

MariaDB [(none)]> drop database test01;  #當刪除一個不存在的資料庫時，系統會進行顯
示出錯提示
ERROR 1008 (HY000): Can't drop database 'test01'; database doesn't exist
##註：如果加上 IF EXISTS 敘述，可以防止系統報此類錯誤
MariaDB [(none)]>
```

如果建立了非常多的資料庫，那就需要用到一筆專門指定資料庫的命令了，當我們想操作某一個資料庫時，可以使用此命令指定它，這時

MySQL/MariaDB 就會將此資料庫視作預設資料庫，接下來對資料庫中的資料表和資料進行的所有操作都是針對於此預設資料庫的。指定資料庫命令的語法格式為

```
USE  <資料庫名稱>;
```

指定某個已存在的資料庫為預設資料庫。

```
MariaDB [(none)]> show databases;
+--------------------+
| Database           |
+--------------------+
| information_schema |
| mysql              |
| performance_schema |
| sys                |
| test02             |
+--------------------+
5 rows in set (0.001 sec)

MariaDB [(none)]> use test02;
Database changed      ## 出現此提示則表示指定資料庫成功
MariaDB [test02]>
```

當然了，當我們想操作另一個資料庫中的資料時，可以重新透過 UES 命令指向另一個資料庫作為預設資料庫，預設資料庫可以透過 USE 命令隨時切換。

18.8 SQL 敘述對資料表的基本操作

在關聯式資料庫中，資料的儲存和管理都是透過由行和列組成的若干個資料表來完成的。我們可以視為資料都是儲存在資料表中的；反過來說，在關聯式資料庫中資料是以資料表為組織單位儲存的。

通常用來管理資料的二維度資料表在關聯式資料庫中簡稱為資料表（Table），每個資料表由多個行和列組成。圖 18-8 是一張統計學生成績資訊的資料表，我已經在這張資料表中將各個組成部分標注出來了，各部分的作用如下：

- 標頭（header）：每列的名稱。
- 列（column）：具有相同資料型態的資料的集合。
- 行（row）：每一行用來描述某個人 / 物的具體資訊。
- 值（value）：行的具體資訊。
- 鍵（key）：資料表中用來辨識某個特定的人 / 物的方法，值在當前列中具有唯一性。

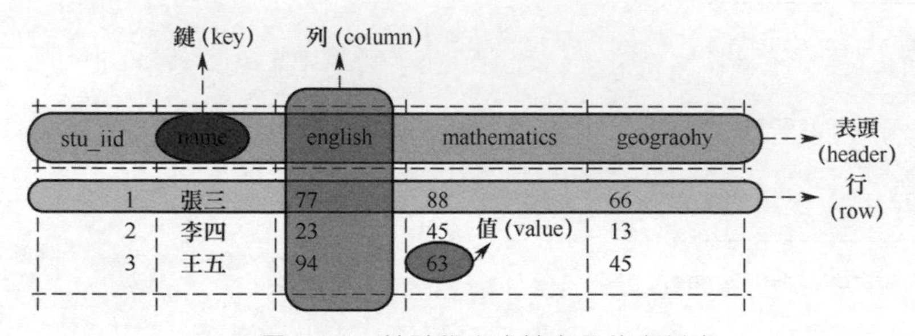

▲ 圖 18-8　統計學生成績資訊的資料表

接下來介紹對資料表的一些基本操作，主要包括資料表的建立、查看、修改和刪除等。

1. 建立資料表

資料庫建立完成後就要建立資料表了，其實建立資料表的過程就是在規定儲存什麼類型的資料和按什麼格式儲存。

建立資料表之前要先用 USE 命令指定資料庫，這個操作的目的是告訴資料庫系統：「我要在這個資料庫中建立資料表」。若沒有執行這項操作就直接建立資料表，資料庫會顯示 "No database selected" 的錯誤訊息。

在 MySQL/MariaDB 資料庫中，建立資料表需要使用 CREATE TABLE 命令，其語法格式為

```
CREATE TABLE [IF NOT EXISTS] 資料表名稱 (
        欄位名稱 資料型態 [(寬度)]  [欄位屬性|約束] [索引] [註釋],
        欄位名稱 資料型態 [欄位屬性|約束] [索引] [註釋],
        ...
)[ENGINE=儲存引擎] [CHARSET=編碼方式];
```

註：[ ] 中的內容是可選的；敘述中的逗點一定要是英文的逗點，不能是中文的；最後一行定義欄位不能有逗點。

敘述中每段的具體含義如下：

- CREATE TABLE：建立資料表。
- [IF NOT EXISTS]：如果資料表不存在就建立資料表（可選）。
- 資料表名稱：要建立的資料表的名稱。命名只能使用小寫英文字母、數字、底線，且必須是英文字母開頭；多個單字之間可以用底線 "_" 隔開；命名簡潔明確；禁止使用大寫字母。
- 欄位名稱：表示列名稱，也就是標頭中的列的名稱。
- 資料型態 [(寬度)]：指定儲存什麼類型的資料；[(寬度)] 表示指定儲存大小（可選）。
- [欄位屬性 | 約束]、[索引]、[註釋]：這 3 個欄位都是可選的，具體有以下設定項目可供選擇（不區分大小寫，可以有多個）：
  - PRIMARY KEY：主鍵約束，表示唯一標識，且一個資料表中只能有一個主鍵。擁有主鍵約束的欄位（列）不能為空，而且不能有重複的值，一般用來約束 ID 之類的內容，舉例來說，學生資訊資料表中的學號是唯一的。
  - UNIQUE KEY：唯一約束，表示該欄位下的值不能重複，能夠確保列的唯一性。與主鍵約束不同的是，唯一約束在一個資料表中可以有多個，並且設定唯一約束的列是允許有空值的，雖然只能有一個空值。
  - FOREIGN KEY：外鍵約束，目的是保證資料的完成性和唯一性，以及實現一對一或一對多關聯性。外鍵約束經常和主鍵約束一起使用，用來確保資料的一致性。

- NOT NULL：不可為空約束，表示該欄位下的值不能為空。
- AUTO_INCREMENT：自動增加長，只能用於數值列，配合索引使用，預設起始值從 1 開始，每次增加 1。
- UNSIGNED：資料型態為無號，值從 0 開始，無負數。
- ZEROFILL：零填充，當資料的顯示長度不夠的時候可以使用在資料前補 0 的方式填充至指定長度，欄位會自動增加 "UNSIGNED"。
- DEFAULT：表示如果插入資料時沒有給該欄位給予值，那麼就使用預設值。

■ [ENGINE= 儲存引擎] [CHARSET= 編碼方式]：可選，用來指定儲存引擎和編碼方式，不寫等於使用資料庫預設指定的儲存引擎與編碼。在 MySQL/MariaDB 資料庫中預設的儲存引擎為 InnoDB，預設的編碼方式是 utf8。

註：在整張資料表中，設為自動增加長限制條件的欄位必須是主鍵。資料寬度和限制條件的關係：資料寬度用於限制資料的儲存，限制條件是在寬度的基礎之上增加的額外的約束。

接下來就讓我們登入到 MariaDB 資料庫中建立一個資料表，這個資料表根據圖 18-8 的學生成績資訊資料表建立，標頭有 ID、學生姓名和英文、數學、地理 3 門課的考試成績。

```
[root@noylinux ~]# mysql
Welcome to the MariaDB monitor.  Commands end with ; or \g.
Your MariaDB connection id is 3
Server version: 10.6.5-MariaDB Source distribution

Copyright (c) 2000, 2018, Oracle, MariaDB Corporation Ab and others.

Type 'help;' or '\h' for help. Type '\c' to clear the current input statement.

```

```
MariaDB [(none)]> create database test01;      #建立資料庫
Query OK, 1 row affected (0.000 sec)

MariaDB [(none)]> show databases;
+--------------------+
| Database           |
+--------------------+
| information_schema |
| mysql              |
| performance_schema |
| sys                |
| test01             |
+--------------------+
5 rows in set (0.001 sec)

MariaDB [(none)]> use test01;             #指定此資料庫，在這個資料庫中建立資料表
Database changed
MariaDB [test01]> create table  stu_score (
    -> stu_id int  not null,
    -> name varchar(20) primary key,
    -> english char(3) not null,
    -> mathematics char(3),
    -> geography char(3) not null
    -> );
Query OK, 0 rows affected (0.004 sec)

MariaDB [test01]>
```

可以看到，我們使用 CREATE TABLE 命令建立了一個名為 stu_score 的資料表，在這張資料表中共增加了 5 個欄位。其中 stu_id 欄位採用 int 資料型態，並且限制條件設定為不允許為空；name 欄位表示學生的名字，採用 varchar 資料型態，並且將這個欄位設定為主鍵，也就是說在這張資料表中，學生的名字是唯一的標識且不允許重複；english 欄位表示英文考試的成績，採用 char 資料型態，欄位中的值不允許為空；mathematics 欄位表示數學考試成績，採用 char 資料型態，沒有增加任何限制條件；最後一個欄位 geography 表示地理考試成績，採用 char 資料

型態，且不允許為空。容易發現，在定義的最後一個欄位，結尾是沒有逗點的，這個地方最容易被忽視。

2. 查看資料表

建立完資料表後我們緊接著就要去查看這張資料表，查看的敘述有兩種：一種是查看在這個資料庫中有多少資料表；另一種是查看指定資料表的資料表結構。

（1）查看在資料庫中有多少資料表之前需要先使用 use 命令指定要查看的資料庫，然後再使用 show tables 命令進行查看。

```
MariaDB [test01]> show databases;
+--------------------+
| Database           |
+--------------------+
| information_schema |
| mysql              |
| performance_schema |
| sys                |
| test01             |
+--------------------+
5 rows in set (0.001 sec)

MariaDB [test01]> use test01;
Database changed
MariaDB [test01]> show tables;
+--------------------+
| Tables_in_test01   |
+--------------------+
| stu_score          |
+--------------------+
1 row in set (0.000 sec)

MariaDB [test01]>
```

（2）查看指定資料表的資料表結構有兩個敘述：

- 以表格的形式展示資料表結構：

```
DESCRIBE  資料表名稱；（簡寫為 DESC  資料表名稱；）
```

- 以 SQL 敘述的形式展示資料表結構：

```
SHOW CREATE TABLE  資料表名稱；
```

先看以表格的形式展示資料表結構，這種方式會以表格的形式展示資料表的欄位資訊，包括欄位名稱、欄位資料型態、是否為主鍵、是否有預設值等。

```
MariaDB [test01]> desc stu_score;
+---------------+-------------+------+-------+-----------+---------+
| Field         | Type        | Null | Key   | Default   | Extra   |
+---------------+-------------+------+-------+-----------+---------+
| stu_id        | int(11)     | NO   |       | NULL      |         |
| name          | varchar(20) | NO   | PRI   | NULL      |         |
| english       | char(3)     | NO   |       | NULL      |         |
| mathematics   | char(3)     | YES  |       | NULL      |         |
| geography     | char(3)     | NO   |       | NULL      |         |
+---------------+-------------+------+-------+-----------+---------+
5 rows in set (0.002 sec)
```

在這張表格中，各個欄位的含義如下：

- Field：欄位名稱 / 列名稱。
- Type：資料型態。
- Null：該列是否允許儲存空值。
- Key：該列是否設定了索引，舉例來說，主鍵（PRI）、唯一索引（UNI）、普通的 b-tree 索引（MUL）等。
- Default：列的預設值，有的話顯示其值，沒有的話為 NULL。
- Extra：列的其他相關資訊，例如 AUTO_INCREMENT(自動增加長) 等。

接著我們再使用 show creat table 命令，以 SQL 敘述的形式展示資料表結構。透過這種方式可以看到更多的資訊，例如儲存引擎、字元編碼等內容，可以在分號前面增加 "\g" 或 "\G" 參數改變內容的展示方式。

```
MariaDB [test01]> show create  table stu_score \G;
*************************** 1. row ***************************
       Table: stu_score
Create Table: CREATE TABLE `stu_score` (
  `stu_id` int(11) NOT NULL,
  `name` varchar(20) NOT NULL,
  `english` char(3) NOT NULL,
  `mathematics` char(3) DEFAULT NULL,
  `geography` char(3) NOT NULL,
  PRIMARY KEY (`name`)
) ENGINE=InnoDB DEFAULT CHARSET=utf8mb3
1 row in set (0.000 sec)
MariaDB [test01]>
```

3. 修改資料表

假如已經建立好了一張資料表，但是由於各種原因需要修改這張資料表，那就需要用到增加 / 刪除欄位的操作。這種情況在企業中很常見，比如企業開發的系統需要增加一個功能，那就需要在目前已建立好的資料表中增加一個欄位來為該功能提供資料儲存支援。

在 MySQL/MariaDB 資料庫中，可以使用 ALTER TABLE 命令來改變現有資料表的結構，舉例來說，增加或刪除列（欄位）、更改列的資料型態、重新命名列或資料表等。

ALTER TABLE 命令修改資料表的基礎知識較多，可以將修改資料表分成兩類來學習掌握：一類是增加或刪除欄位；另一類是修改資料表以及欄位目前的屬性。

（1）增加 / 刪除欄位。

在一張資料表中增加新的列（欄位），可以在開頭、中間、尾端這 3 個位置增加，在這 3 個位置增加列的敘述略微會有一些差異。

在資料表的尾端增加列（欄位），其語法格式為

```
ALTER TABLE 資料表名稱 ADD 新欄位名稱 資料型態 [(寬度)] [欄位屬性 | 約束] [索引]
[註釋];
```

各個欄位的含義如下：

- ALTER TABLE：修改資料表，關鍵字。
- 資料表名稱：要對哪個資料表進行修改。
- ADD：增加新的列（欄位），關鍵字。
- 新欄位名稱：新增加的欄位的名稱。
- 資料型態 [(寬度)]：指定新欄位要儲存的資料型態，寬度可選。
- [欄位屬性 | 約束] [索引] [註釋]：可選。

範例

在資料表的尾端增加列（欄位）。

```
MariaDB [test01]> desc stu_score;
+----------------+--------------+--------+--------+-----------+--------+
| Field          | Type         | Null   | Key    | Default   | Extra  |
+----------------+--------------+--------+--------+-----------+--------+
| stu_id         | int(11)      | NO     |        | NULL      |        |
| name           | varchar(20)  | NO     | PRI    | NULL      |        |
| english        | char(3)      | NO     |        | NULL      |        |
| mathematics    | char(3)      | YES    |        | NULL      |        |
| geography      | char(3)      | NO     |        | NULL      |        |
+----------------+--------------+--------+--------+-----------+--------+
5 rows in set (0.001 sec)

MariaDB [test01]> alter table stu_score add sports char(3) not null;
Query OK, 0 rows affected (0.005 sec)
Records: 0  Duplicates: 0  Warnings: 0

MariaDB [test01]> desc stu_score;
+----------------+--------------+--------+--------+-----------+--------+
| Field          | Type         | Null   | Key    | Default   | Extra  |
+----------------+--------------+--------+--------+-----------+--------+
```

```
| stu_id        | int(11)      | NO   |      | NULL     |         |
| name          | varchar(20)  | NO   | PRI  | NULL     |         |
| english       | char(3)      | NO   |      | NULL     |         |
| mathematics   | char(3)      | YES  |      | NULL     |         |
| geography     | char(3)      | NO   |      | NULL     |         |
| sports        | char(3)      | NO   |      | NULL     |         |
+---------------+--------------+------+------+----------+---------+
6 rows in set (0.001 sec)
```

如果想在資料表的開頭位置增加新的列（欄位），就需要使用 FIRST 關鍵字，其語法格式為

```
ALTER TABLE 資料表名稱 ADD 新欄位名稱 資料型態 [(寬度)] [欄位屬性 | 約束] [索引] [註釋] FIRST;
```

在資料表的開頭位置增加新的列（欄位）。

```
MariaDB [test01]> alter table stu_score add id  int(5) not null first;
Query OK, 0 rows affected (0.005 sec)
Records: 0  Duplicates: 0  Warnings: 0

MariaDB [test01]> desc stu_score;
+--------------+-------------+--------+--------+------------+----------+
| Field        | Type        | Null   | Key    | Default    | Extra    |
+--------------+-------------+--------+--------+------------+----------+
| id           | int(5)      | NO     |        | NULL       |          |
| stu_id       | int(11)     | NO     |        | NULL       |          |
| name         | varchar(20) | NO     | PRI    | NULL       |          |
| english      | char(3)     | NO     |        | NULL       |          |
| mathematics  | char(3)     | YES    |        | NULL       |          |
| geography    | char(3)     | NO     |        | NULL       |          |
| sports       | char(3)     | NO     |        | NULL       |          |
+--------------+-------------+--------+--------+------------+----------+
7 rows in set (0.001 sec)

MariaDB [test01]>
```

如果想在資料表的中間某個指定的位置增加新的列（欄位），就需要用到 AFTER 關鍵字。需要注意的是，AFTER 關鍵字只能在指定欄位的後面增加新欄位，不能在它的前面增加新欄位。其語法格式為

```
ALTER TABLE 資料表名稱 ADD 新欄位名稱 資料型態 [(寬度)] [欄位屬性|約束] [索引]
[註釋] AFTER 指定欄位;
```

指定欄位表示要在該欄位後插入新的欄位。

在 "english" 欄位後面插入一個新欄位。

```
MariaDB [test01]> alter table stu_score add computer  char(5) not null after
english;
Query OK, 0 rows affected (0.005 sec)
Records: 0  Duplicates: 0  Warnings: 0

MariaDB [test01]> desc stu_score;
+---------------+--------------+---------+---------+-----------+---------+
| Field         | Type         | Null    | Key     | Default   | Extra   |
+---------------+--------------+---------+---------+-----------+---------+
| id            | int(5)       | NO      |         | NULL      |         |
| stu_id        | int(11)      | NO      |         | NULL      |         |
| name          | varchar(20)  | NO      | PRI     | NULL      |         |
| english       | char(3)      | NO      |         | NULL      |         |
| computer      | char(5)      | NO      |         | NULL      |         |
| mathematics   | char(3)      | YES     |         | NULL      |         |
| geography     | char(3)      | NO      |         | NULL      |         |
| sports        | char(3)      | NO      |         | NULL      |         |
+---------------+--------------+---------+---------+-----------+---------+
8 rows in set (0.001 sec)

MariaDB [test01]>
```

可以看到，在 "english" 欄位後面插入了一個 "computer" 欄位。

刪除欄位的操作十分簡單，使用 DROP 關鍵字就可以刪除指定的欄位，其語法格式為

```
ALTER TABLE 資料表名稱 DROP 欄位名稱；
```

這裡的欄位名稱表示將要刪除的欄位的名稱。

刪除剛剛新增加的 "computer" 欄位。

```
MariaDB [test01]> alter table stu_score drop computer;
Query OK, 0 rows affected (0.005 sec)
Records: 0  Duplicates: 0  Warnings: 0

MariaDB [test01]> desc stu_score;
+-------------+-------------+------+-----+---------+-------+
| Field       | Type        | Null | Key | Default | Extra |
+-------------+-------------+------+-----+---------+-------+
| id          | int(5)      | NO   |     | NULL    |       |
| stu_id      | int(11)     | NO   |     | NULL    |       |
| name        | varchar(20) | NO   | PRI | NULL    |       |
| english     | char(3)     | NO   |     | NULL    |       |
| mathematics | char(3)     | YES  |     | NULL    |       |
| geography   | char(3)     | NO   |     | NULL    |       |
| sports      | char(3)     | NO   |     | NULL    |       |
+-------------+-------------+------+-----+---------+-------+
7 rows in set (0.001 sec)

MariaDB [test01]>
```

（2）修改資料表及其屬性。

修改資料表及資料表的某項屬性還是得透過 ALTER TABLE 命令，例如修改資料表名稱、資料表中某個欄位的名稱、資料型態或字元集等。

如果想要修改資料表的名稱，可以透過 RENAME 關鍵字實現。修改資料表的名稱並不會涉及資料表的結構，僅是將資料表的名稱換一下而已。其語法格式為

```
ALTER TABLE  舊資料表名稱  RENAME  TO  新資料表名稱；
```

將現有的資料表名稱 stu_score 改成 stu_chengji，再將名稱換回來。

```
MariaDB [test01]> show tables;
+--------------------+
| Tables_in_test01   |
+--------------------+
| stu_score          |
+--------------------+
1 row in set (0.000 sec)

MariaDB [test01]> alter table stu_score rename to stu_chengji;
Query OK, 0 rows affected (0.003 sec)

MariaDB [test01]> show tables;
+--------------------+
| Tables_in_test01   |
+--------------------+
| stu_chengji        |
+--------------------+
1 row in set (0.000 sec)

MariaDB [test01]> alter table stu_chengji rename to stu_score;
Query OK, 0 rows affected (0.003 sec)

MariaDB [test01]> show tables;
+--------------------+
| Tables_in_test01   |
+--------------------+
| stu_score          |
+--------------------+
1 row in set (0.001 sec)

MariaDB [test01]>
```

一般在企業中，每個資料表的名稱設計好後就不會再變更了，因為資料表的名稱更改後，之前程式中與資料庫對接的那部分程式也需要隨之變更。

修改資料表的字元集也可以透過 ALTER TABLE 命令實現，其語法格式為

```
ALTER TABLE 資料表名稱 DEFAULT CHARACTER SET 字元集名稱 DEFAULT COLLATE 校對規則名稱；
```

將資料表 stu_score 的 utf8 字元集改成 UTF-8 字元集。

```
MariaDB [test01]> show create table stu_score \G;
*************************** 1. row ***************************
       Table: stu_score
Create Table: CREATE TABLE `stu_score` (
  `id` int(5) NOT NULL,
  `stu_id` int(11) NOT NULL,
  `name` varchar(20) NOT NULL,
  `english` varchar(10) DEFAULT NULL,
  `shuxue` char(3) DEFAULT NULL,
  `geography` char(3) NOT NULL,
  `sports` char(3) NOT NULL,
  PRIMARY KEY (`name`)
) ENGINE=InnoDB DEFAULT CHARSET=utf8mb3
1 row in set (0.000 sec)

MariaDB [test01]> alter table stu_score default character set UTF-8  default
collate UTF-8_chinese_ci;
Query OK, 0 rows affected (0.004 sec)
Records: 0  Duplicates: 0  Warnings: 0

MariaDB [test01]> show create table stu_score \G;
*************************** 1. row ***************************
       Table: stu_score
Create Table: CREATE TABLE `stu_score` (
  `id` int(5) NOT NULL,
  `stu_id` int(11) NOT NULL,
  `name` varchar(20) CHARACTER SET utf8mb3 NOT NULL,
  `english` varchar(10) CHARACTER SET utf8mb3 DEFAULT NULL,
  `shuxue` char(3) CHARACTER SET utf8mb3 DEFAULT NULL,
  `geography` char(3) CHARACTER SET utf8mb3 NOT NULL,
```

```
  `sports` char(3) CHARACTER SET utf8mb3 NOT NULL,
  PRIMARY KEY (`name`)
) ENGINE=InnoDB DEFAULT CHARSET=UTF-8
1 row in set (0.000 sec)

MariaDB [test01]>
```

若想修改資料表中某個欄位的名稱，需要用到 CHANGE 關鍵字，透過 CHANGE 關鍵字不僅可以修改欄位的名稱，還可以修改欄位的資料型態，其語法格式為

```
ALTER  TABLE  資料表名稱  CHANGE  舊欄位名稱  新欄位名稱  新資料型態；
```

語法格式中的所有部分都不能省略，如果不想更改資料型態，則將其設定成原資料型態即可。

將資料表中 mathematics 欄位的名稱修改為 shuxue。

```
MariaDB [test01]> desc stu_score;
+---------------+-------------+---------+---------+-----------+---------+
| Field         | Type        | Null    | Key     | Default   | Extra   |
+---------------+-------------+---------+---------+-----------+---------+
| id            | int(5)      | NO      |         | NULL      |         |
| stu_id        | int(11)     | NO      |         | NULL      |         |
| name          | varchar(20) | NO      | PRI     | NULL      |         |
| English       | char(3)     | NO      |         | NULL      |         |
| mathematics   | char(3)     | YES     |         | NULL      |         |
| geography     | char(3)     | NO      |         | NULL      |         |
| sports        | char(3)     | NO      |         | NULL      |         |
+---------------+-------------+---------+---------+-----------+---------+
7 rows in set (0.001 sec)

MariaDB [test01]> alter table stu_score change mathematics shuxue char(3);
Query OK, 0 rows affected (0.005 sec)
Records: 0  Duplicates: 0  Warnings: 0

MariaDB [test01]> desc stu_score;
```

```
+---------------+--------------+---------+---------+------------+----------+
| Field         | Type         | Null    | Key     | Default    | Extra    |
+---------------+--------------+---------+---------+------------+----------+
| id            | int(5)       | NO      |         | NULL       |          |
| stu_id        | int(11)      | NO      |         | NULL       |          |
| name          | varchar(20)  | NO      | PRI     | NULL       |          |
| english       | char(3)      | NO      |         | NULL       |          |
| shuxue        | char(3)      | YES     |         | NULL       |          |
| geography     | char(3)      | NO      |         | NULL       |          |
| sports        | char(3)      | NO      |         | NULL       |          |
+---------------+--------------+---------+---------+------------+----------+
7 rows in set (0.001 sec)

MariaDB [test01]>
```

筆者不建議大家修改欄位的資料型態，因為如果資料表中已經有資料，修改資料型態可能會影響到現有的資料。

如果只想修改某個欄位的資料型態，可以透過 MODIFY 關鍵字實現，其語法格式為

```
ALTER TABLE 資料表名稱 MODIFY 欄位名稱 資料型態;
```

將 english 欄位的 char 資料型態修改為 varchar 資料型態，並將儲存寬度提高。

```
MariaDB [test01]> desc stu_score;
+---------------+--------------+---------+---------+------------+----------+
| Field         | Type         | Null    | Key     | Default    | Extra    |
+---------------+--------------+---------+---------+------------+----------+
| id            | int(5)       | NO      |         | NULL       |          |
| stu_id        | int(11)      | NO      |         | NULL       |          |
| name          | varchar(20)  | NO      | PRI     | NULL       |          |
| english       | char(3)      | NO      |         | NULL       |          |
| shuxue        | char(3)      | YES     |         | NULL       |          |
| geography     | char(3)      | NO      |         | NULL       |          |
| sports        | char(3)      | NO      |         | NULL       |          |
```

```
+--------------+-------------+--------+--------+----------+--------+
7 rows in set (0.001 sec)

MariaDB [test01]> alter table stu_score modify english varchar(10);
Query OK, 0 rows affected (0.009 sec)
Records: 0  Duplicates: 0  Warnings: 0

MariaDB [test01]> desc stu_score;
+--------------+-------------+--------+--------+----------+--------+
| Field        | Type        | Null   | Key    | Default  | Extra  |
+--------------+-------------+--------+--------+----------+--------+
| id           | int(5)      | NO     |        | NULL     |        |
| stu_id       | int(11)     | NO     |        | NULL     |        |
| name         | varchar(20) | NO     | PRI    | NULL     |        |
| english      | varchar(10) | YES    |        | NULL     |        |
| shuxue       | char(3)     | YES    |        | NULL     |        |
| geography    | char(3)     | NO     |        | NULL     |        |
| sports       | char(3)     | NO     |        | NULL     |        |
+--------------+-------------+--------+--------+----------+--------+
7 rows in set (0.002 sec)

MariaDB [test01]>
```

4. 刪除資料表

刪除資料表需要透過 DROP TABLE 命令來實現，DROP TABLE 命令可以同時刪除多個資料表或單獨刪除一個資料表，其語法格式為

```
DROP TABLE [IF EXISTS] 資料表名稱 [ ,資料表名稱, 資料表名稱, ...];
```

各個欄位的含義如下：

- DROP TABLE：刪除資料表，關鍵字。
- [IF EXISTS]：如果資料表存在則刪除，如果要刪除的資料表不存在則舉出錯誤訊息，並繼續執行 SQL 敘述。
- 資料表名稱：要刪除的資料表的名稱，如果有多個，則需要使用英文逗點進行分隔。

在企業環境中，如果要刪除資料表，最好先做備份，以免造成無法挽回的損失。刪除資料表的範例如下：

```
MariaDB [test01]> show tables;
+-------------------+
| Tables_in_test01 |
+-------------------+
| stu_score        |
+-------------------+
1 row in set (0.001 sec)

MariaDB [test01]> drop table stu_score;
Query OK, 0 rows affected (0.004 sec)

MariaDB [test01]> show tables;
Empty set (0.000 sec)

MariaDB [test01]>
```

18.9 SQL 敘述對資料的基本操作

SQL 敘述對資料的基本操作有 4 部分，分別是插入資料、查詢資料、修改資料和刪除資料。

1. 插入資料

建立完資料庫和資料表後，接下來就該往資料表中插入資料了，在 MySQL/MariaDB 資料庫中，可以透過 INSERT 敘述向資料庫已有的資料表中插入一行或多行資料。

INSERT 敘述有兩種形式：INSERT...VALUES... 敘述和 INSERT... SET... 敘述。

（1）INSERT...VALUES... 敘述的語法格式為

```
INSERT INTO  資料表名稱  [(列名稱1, 列名稱2, 列名稱3, 列名稱n)]
VALUES (值1, 值2, 值3, 值n),
(值1, 值2, 值3, 值n);
```

各欄位的含義如下：

- 表名稱：插入的資料表的名稱。
- [(列名稱 1, 列名稱 2, 列名稱 3, 列名稱 n)]：將資料插入到哪一列，若指定多個列，需要透過英文的逗點進行分隔；若在資料表中的所有列都插入資料，則可以將所有的列名稱直接省略，採用「INSERT 資料表名稱 VALUES (值 1, 值 2, 值 3, 值 n) 」的形式即可。
- VALUES (值 1, 值 2, 值 3, 值 n)：插入的具體的資料，可以插入多行資料，值的位置會與列的位置依次自動對應。舉例來說，值 1 會被插入到第一列中，值 n 將被插入到第 n 列中。

（2）INSERT...SET... 敘述的語法格式為

```
INSERT INTO 資料表名稱 SET 列名稱1 = 值1, 列名稱2 = 值2, 列名稱n = 值n;
```

這兩種語法格式各具特點，INSERT...SET... 敘述允許在插入資料時列名稱和列的值能夠成雙成對地出現，所呈現出來的效果就是插入的資料與對應的列一目了然；而 INSERT...VALUES ... 敘述允許一次性插入多筆資料，這就省去了多次執行 INSERT 敘述的時間，效率更高。

應用 INSERT...SET... 敘述和 INSERT...VALUES ... 敘述。

```
## 新建立一個資料庫，在這個資料庫中建立資料表，用來演示插入資料
MariaDB [(none)]> create database test01;
Query OK, 1 row affected (0.000 sec)

MariaDB [(none)]> use  test01;
```

```
Database changed

## 新建立一個資料表，注意：stu_id 和 name 和 english 欄位不能為空，其他欄位可以
MariaDB [test01]> create table  stu_score (
    -> stu_id int  not null,
    -> name varchar(20) primary key,
    -> english char(3) not null,
    -> mathematics char(3),
    -> geography char(3)
    -> );
Query OK, 0 rows affected (0.006 sec)

## 查看資料表結構
MariaDB [test01]> desc stu_score;
+---------------+--------------+--------+--------+----------+---------+
| Field         | Type         | Null   | Key    | Default  | Extra   |
+---------------+--------------+--------+--------+----------+---------+
| stu_id        | int(11)      | NO     |        | NULL     |         |
| name          | varchar(20)  | NO     | PRI    | NULL     |         |
| english       | char(3)      | NO     |        | NULL     |         |
| mathematics   | char(3)      | YES    |        | NULL     |         |
| geography     | char(3)      | YES    |        | NULL     |         |
+---------------+--------------+--------+--------+----------+---------+
5 rows in set (0.001 sec)

## 使用 INSERT...VALUES... 敘述插入多筆資料
MariaDB [test01]> insert into stu_score
    -> (stu_id,name,english,mathematics,geography)
    -> values
    -> (1,'小孫','56','44','96'),
    -> (2,'小劉','67','58','74');
Query OK, 2 rows affected (0.001 sec)
Records: 2  Duplicates: 0  Warnings: 0

## 使用 INSERT...SET... 敘述格式插入一筆資料
MariaDB [test01]> insert into stu_score set
    -> stu_id = 3,
    -> name = '小崔',
    -> english = '78',
    -> mathematics = '76',
```

```
    -> geography = '48';
Query OK, 1 row affected (0.001 sec)

## 此命令專門用來查看資料表中所有的資料
MariaDB [test01]> select * from  stu_score;
+----------+---------+----------+-------------+------------+
| stu_id   | name    | english  | mathematics | geography  |
+----------+---------+----------+-------------+------------+
|        2 | 小劉    | 67       | 58          | 74         |
|        1 | 小孫    | 56       | 44          | 96         |
|        3 | 小崔    | 78       | 76          | 48         |
+----------+---------+----------+-------------+------------+
3 rows in set (0.001 sec)

MariaDB [test01]>
```

透過 INSERT...VALUES... 敘述對資料表中所有的欄位都插入資料（插入完整的資料記錄），可以省略欄位部分內容。

```
## 使用 INSERT...VALUES... 敘述時，省略欄位部分內容，對資料表中所有的欄位插入資料（插入完整的資料記錄 ）
MariaDB [test01]> insert into stu_score
    -> values
    -> (4,'小狗','76','39','69');
Query OK, 1 row affected (0.001 sec)

## 針對某幾個欄位插入資料（插入一部分資料記錄）
MariaDB [test01]> insert into stu_score (stu_id,name,english) values (5,'小貓
','88');
Query OK, 1 row affected (0.001 sec)

## 查看目前資料表中的資料
MariaDB [test01]> select * from stu_score;
+----------+---------+----------+-------------+------------+
| stu_id   | name    | english  | mathematics | geography  |
+----------+---------+----------+-------------+------------+
|        2 | 小劉    | 67       | 58          | 74         |
```

```
|        1  | 小孫      | 56        | 44            | 96            |
|        3  | 小崔      | 78        | 76            | 48            |
|        4  | 小狗      | 76        | 39            | 69            |
|        5  | 小貓      | 88        | NULL          | NULL          |
+----------+---------+----------+-------------+------------+
5 rows in set (0.000 sec)

MariaDB [test01]>
```

以上就是透過 INSERT 敘述在資料表中插入資料的具體用法，INSERT 敘述的兩種語法格式精通一種即可，另一種作為備用，在有特殊需求的時候再使用。

2. 查詢資料

透過 SELECT 敘述可以查詢資料表中的資料，而且查詢的方式可以分為好幾種類型。這裡介紹幾種最基礎也最常用的查詢敘述。SELECT 敘述的語法格式為

```
SELECT  {* | 列名稱 1, 列名稱 2, 列名稱 n}  FROM  資料表名稱 1 [, 資料表名稱 2, 資料表名稱 n]
[WHERE  條件運算式 ]
...;
```

各欄位的含義如下：

- {* | 列名稱 1, 列名稱 2, 列名稱 n}：要查詢的欄位名稱。星號是萬用字元，表示查詢資料表中所有的欄位；列名稱表示要查詢指定的欄位，這裡可以寫多個欄位，但是欄位名稱與欄位名稱之間要用英文逗點進行分隔。這兩種方式二選一！
- 資料表名稱 1 [, 資料表名稱 2, 資料表名稱 n]：指定要查詢的資料表。可以在多個資料表中查詢，資料表名稱與資料表名稱之間需要用英文逗點進行分隔。
- [WHERE　條件運算式]：透過指定篩選條件的方式查詢資料，可選。
- ...：除此之外還有其他多種可選的查詢方式。

範例

查詢資料表中所有欄位的資料和指定欄位的資料。

```
## 查看資料表的結構
MariaDB [test01]> desc stu_score;
+---------------+-------------+--------+---------+----------+---------+
| Field         | Type        | Null   | Key     | Default  | Extra   |
+---------------+-------------+--------+---------+----------+---------+
| stu_id        | int(11)     | NO     |         | NULL     |         |
| name          | varchar(20) | NO     | PRI     | NULL     |         |
| english       | char(3)     | NO     |         | NULL     |         |
| mathematics   | char(3)     | YES    |         | NULL     |         |
| geography     | char(3)     | YES    |         | NULL     |         |
+---------------+-------------+--------+---------+----------+---------+
5 rows in set (0.001 sec)

## 查詢資料表中所有欄位中的資料
MariaDB [test01]> select * from stu_score;
+----------+--------+---------+-------------+------------+
| stu_id   | name   | english | mathematics | geography  |
+----------+--------+---------+-------------+------------+
|        2 | 小劉   | 67      | 58          | 74         |
|        1 | 小孫   | 56      | 44          | 96         |
|        3 | 小崔   | 78      | 76          | 48         |
|        4 | 小狗   | 76      | 39          | 69         |
|        5 | 小貓   | 88      | NULL        | NULL       |
+----------+--------+---------+-------------+------------+
5 rows in set (0.114 sec)

## 查詢資料表中指定欄位中的資料
MariaDB [test01]> select name,english from stu_score;
+--------+---------+
| name   | english |
+--------+---------+
| 小劉   | 67      |
| 小孫   | 56      |
| 小崔   | 78      |
| 小狗   | 76      |
| 小貓   | 88      |
```

```
+--------+---------+
5 rows in set (0.000 sec)

MariaDB [test01]>
```

接下來的查詢敘述稍微複雜一些，因為會加上 WHERE 關鍵字，加上 WHERE 關鍵字可以實現篩選資料（也就是滿足查詢準則進行查詢）的功能。查詢準則的類型有很多種，常見的包括：

- 常見運算子：=、>、<、>=、<=、!= 等。
- 區間/範圍：BETWEEN...AND...，表示在某一範圍內；NOT BETWEEN... AND...，表示不在某一範圍內。
- 確定集合：IN，表示包含某元素的資料；NOT IN，表示不包含某元素的資料。
- 是否為空值：IS NULL，判斷資料為空值；IS NOT NULL，判斷資料不為空值。
- 模糊查詢：LINK '字串'，表示匹配條件的字串。支援百分號 "%" 和底線 "_" 萬用字元。百分號 "%" 表示任何多個任意字元；底線 "_" 表示單一任意字元。NOT LINK '字串'，表示不匹配條件的字串。
- 多條件查詢：AND，表示當記錄滿足所有查詢準則時，才會被查詢出來；OR，表示當記錄滿足任意一個查詢準則時，就會被查詢出來；XOR，表示當記錄滿足其中一個條件，並且不滿足另一個條件時，才會被查詢出來。

透過以上查詢準則大家應該能夠感受到 SELECT 查詢敘述的多樣性和複雜性。但在實際應用中，很多查詢準則只有在特定的需求下才會用到，平常只需要透過簡單的幾筆 SQL 敘述就能查看指定欄位中的資料。

實踐各種查詢準則。

```
 [root@noylinux ~]# mysql
Welcome to the MariaDB monitor.  Commands end with ; or \g.
Your MariaDB connection id is 3
Server version: 10.6.5-MariaDB Source distribution

Copyright (c) 2000, 2018, Oracle, MariaDB Corporation Ab and others.

Type 'help;' or '\h' for help. Type '\c' to clear the current input statement.

MariaDB [(none)]> show databases;
+--------------------+
| Database           |
+--------------------+
| information_schema |
| mysql              |
| performance_schema |
| sys                |
| test01             |
+--------------------+
5 rows in set (0.087 sec)

MariaDB [(none)]> use test01;
Reading table information for completion of table and column names
You can turn off this feature to get a quicker startup with -A

Database changed
MariaDB [test01]> show tables;
+--------------------+
| Tables_in_test01   |
+--------------------+
| stu_score          |
+--------------------+
1 row in set (0.001 sec)

MariaDB [test01]> select * fro stu_score;
ERROR 1064 (42000): You have an error in your SQL syntax; check the manual
that corresponds to your MariaDB server version for the right syntax to use
near 'fro stu_score' at line 1
MariaDB [test01]> select * from stu_score;
+---------+---------+----------+------------+------------+
```

```
| stu_id   | name    | english  | mathematics | geography  |
+----------+---------+----------+-------------+------------+
|        2 | 小劉    | 67       | 58          | 74         |
|        1 | 小孫    | 56       | 44          | 96         |
|        3 | 小崔    | 78       | 76          | 48         |
|        4 | 小狗    | 76       | 39          | 69         |
|        5 | 小貓    | 88       | NULL        | NULL       |
+----------+---------+----------+-------------+------------+
5 rows in set (0.105 sec)

MariaDB [test01]>
```

根據資料表中資料的特性演示各種篩選條件。

```
## 篩選出在 mathematics 欄位中值大於 50 的資料記錄（運算子）
MariaDB [test01]> select * from stu_score where mathematics>50;
+----------+---------+----------+-------------+------------+
| stu_id   | name    | english  | mathematics | geography  |
+----------+---------+----------+-------------+------------+
|      2   | 小劉    | 67       | 58          | 74         |
|      3   | 小崔    | 78       | 76          | 48         |
+----------+---------+----------+-------------+------------+
2 rows in set (0.001 sec)

## 篩選出在 english 欄位中值小於 70 的資料記錄（運算子）
MariaDB [test01]> select * from stu_score where english<70;
+----------+---------+----------+-------------+------------+
| stu_id   | name    | english  | mathematics | geography  |
+----------+---------+----------+-------------+------------+
|      2   | 小劉    | 67       | 58          | 74         |
|      1   | 小孫    | 56       | 44          | 96         |
+----------+---------+----------+-------------+------------+
2 rows in set (0.001 sec)

## 篩選出在 geography 欄位中值在 70 至 100 之間的資料記錄（區間 / 範圍）
MariaDB [test01]> select * from stu_score where geography between 70 and 100;
+----------+---------+----------+-------------+------------+
| stu_id   | name    | english  | mathematics | geography  |
+----------+---------+----------+-------------+------------+
|      2   | 小劉    | 67       | 58          | 74         |
```

```
|      1   | 小孫    | 56       | 44           | 96         |
+----------+--------+----------+-------------+------------+
2 rows in set (0.002 sec)

## 篩選出在 name 欄位中值包含小孫、小貓和小崔的資料記錄（確定集合）
MariaDB [test01]> select * from stu_score where name in('小孫','小貓','小崔');
+----------+--------+----------+-------------+------------+
| stu_id   | name   | english  | mathematics | geography  |
+----------+--------+----------+-------------+------------+
|      1   | 小孫    | 56       | 44           | 96         |
|      3   | 小崔    | 78       | 76           | 48         |
|      5   | 小貓    | 88       | NULL         | NULL       |
+----------+--------+----------+-------------+------------+
3 rows in set (0.000 sec)

## 篩選出在 mathematics 欄位中值為空的資料記錄（是否為空值）
MariaDB [test01]> select * from stu_score where mathematics is null;
+----------+--------+----------+-------------+------------+
| stu_id   | name   | english  | mathematics | geography  |
+----------+--------+----------+-------------+------------+
|      5   | 小貓    | 88       | NULL         | NULL       |
+----------+--------+----------+-------------+------------+
1 row in set (0.001 sec)

## 篩選出在 mathematics 欄位中值不為空的資料記錄（是否為空值）
MariaDB [test01]> select * from stu_score where mathematics is not null;
+----------+--------+----------+-------------+------------+
| stu_id   | name   | english  | mathematics | geography  |
+----------+--------+----------+-------------+------------+
|      2   | 小劉    | 67       | 58           | 74         |
|      1   | 小孫    | 56       | 44           | 96         |
|      3   | 小崔    | 78       | 76           | 48         |
|      4   | 小狗    | 76       | 39           | 69         |
+----------+--------+----------+-------------+------------+
4 rows in set (0.000 sec)

## 篩選出在 english 欄位中值以 7 開頭的資料記錄（模糊查詢）
MariaDB [test01]> select * from stu_score where english like '7%';
+----------+--------+----------+-------------+------------+
| stu_id   | name   | english  | mathematics | geography  |
```

```
+----------+---------+----------+-------------+------------+
|     3    | 小崔    | 78       | 76          | 48         |
|     4    | 小狗    | 76       | 39          | 69         |
+----------+---------+----------+-------------+------------+
2 rows in set (0.001 sec)

## 篩選出在 name 欄位中值以小狗結尾的資料記錄（模糊查詢）
MariaDB [test01]> select * from stu_score where name like '%狗';
+----------+---------+----------+-------------+------------+
| stu_id   | name    | english  | mathematics | geography  |
+----------+---------+----------+-------------+------------+
|     4    | 小狗    | 76       | 39          | 69         |
+----------+---------+----------+-------------+------------+
1 row in set (0.000 sec)

## 篩選出在 geography 欄位中值大於 50 並且小於 70 的資料記錄（多條件查詢）
MariaDB [test01]> select * from stu_score where geography>50 and
geography<70;
+----------+---------+----------+-------------+------------+
| stu_id   | name    | english  | mathematics | geography  |
+----------+---------+----------+-------------+------------+
|     4    | 小狗    | 76       | 39          | 69         |
+----------+---------+----------+-------------+------------+
1 row in set (0.000 sec)

## 篩選出在 english 欄位中值大 70 並且在 geography 欄位中值大於 50 的資料記錄（多條件查詢）
MariaDB [test01]> select * from stu_score where english>70 and  geography>50;
+----------+---------+----------+-------------+------------+
| stu_id   | name    | english  | mathematics | geography  |
+----------+---------+----------+-------------+------------+
|     4    | 小狗    | 76       | 39          | 69         |
+----------+---------+----------+-------------+------------+
1 row in set (0.001 sec)

MariaDB [test01]>
```

一定要記住，查詢準則運算式並不是固定的，而是變化的，查詢準則與查詢準則之間可以隨意組合，不同的組合會展現出不同的查詢效果，只要邏輯上能說得通就可以隨機應變。

3. 修改資料

在 MySQL/MariaDB 資料庫中修改資料表中的資料可以直接使用 UPDATE 敘述來實現，其語法格式為

```
UPDATE   資料表名稱   SET   欄位 1= 替換內容 [, 欄位 2= 替換內容，...]
[WHERE ... ]
...;
```

各欄位的含義如下：

- 資料表名稱：指定要修改哪個資料表中的資料。
- SET：關鍵字，指定要修改哪個欄位中的資料。
- 欄位 1= 替換內容 [, 欄位 2= 替換內容，...]：具體的欄位名稱和要替換的值，若修改多個欄位，可用英文逗點進行分隔。
- [WHERE ...]：可選項，用來指定修改資料表中符合查詢準則的行。若不指定，則預設修改指定欄位下的所有資料記錄。
- ...：其他輔助選項，例如 [ORDER BY ...]、[LIMIT ...] 等。

接下來舉出兩個修改資料表中資料的範例，注意看其中的區別：

```
## 修改 english 欄位中的所有值，都將其改為 60
MariaDB [test01]> update stu_score set english=60;
Query OK, 5 rows affected (0.122 sec)
Rows matched: 5  Changed: 5  Warnings: 0

MariaDB [test01]> select * from stu_score;
+---------+-------+---------+-------------+-----------+
| stu_id  | name  | english | mathematics | geography |
+---------+-------+---------+-------------+-----------+
|      2  | 小劉  | 60      | 58          | 74        |
|      1  | 小孫  | 60      | 44          | 96        |
|      3  | 小崔  | 60      | 76          | 48        |
|      4  | 小狗  | 60      | 39          | 69        |
|      5  | 小貓  | 60      | NULL        | NULL      |
+---------+-------+---------+-------------+-----------+
5 rows in set (0.000 sec)
```

```
## 修改資料表中 stu_id=3 那一行的資料記錄，將那一行 mathematics 欄位中的值改為 99
MariaDB [test01]> update stu_score set mathematics=99 where stu_id=3;
Query OK, 1 row affected (0.001 sec)
Rows matched: 1  Changed: 1  Warnings: 0

MariaDB [test01]> select * from stu_score;
+---------+------+---------+-------------+-----------+
| stu_id  | name  | english | mathematics | geography |
+---------+------+---------+-------------+-----------+
|       2 | 小劉  | 60      | 58          | 74        |
|       1 | 小孫  | 60      | 44          | 96        |
|       3 | 小崔  | 60      | 99          | 48        |
|       4 | 小狗  | 60      | 39          | 69        |
|       5 | 小貓  | 60      | NULL        | NULL      |
+---------+------+---------+-------------+-----------+
5 rows in set (0.000 sec)

MariaDB [test01]>
```

一般在企業中使用 UPDATE 敘述修改資料庫時經常會與 WHERE 敘述配合起來使用，用來修改指定行的資料記錄，修改的行可能是一行，也可能是多行，視 WHERE 查詢準則而定。

4. 刪除資料

MySQL/MariaDB 資料庫中提供了兩種刪除資料表中資料的敘述，分別是 DELETE 和 TRUNCATE，其中 DELETE 敘述用於刪除資料表中一行或多行資料記錄，而 TRUNCATE 敘述用於清空白資料表中的資料。具體的語法格式為

```
DELETE FROM  資料表名稱  [WHERE ...] ...;
TRUNCATE  TABLE  資料表名稱;
```

各欄位的含義如下：

- DELETE FROM：關鍵字，用來刪除指定資料表中的某行資料記錄。
- TRUNCATE TABLE：關鍵字，用來清空白資料表中的所有資料記錄。

- 資料表名稱：指定要刪除哪個資料表中的資料記錄。
- [WHERE ...]：可選項。若加上 WHERE 敘述，就能刪除指定符合條件的行；若不加 WHERE 敘述，則表示刪除資料表中所有的資料記錄。
- ...：可選的輔助選項，舉例來說，[ORDER BY ...]、[LIMIT ...] 等。

> **註**：一定要注意，DELETE FROM 敘述若不搭配 WHERE 關鍵字使用，將刪除所有的資料記錄。

應用 DELETE 敘述和 TRUNCATE 敘述刪除資料。

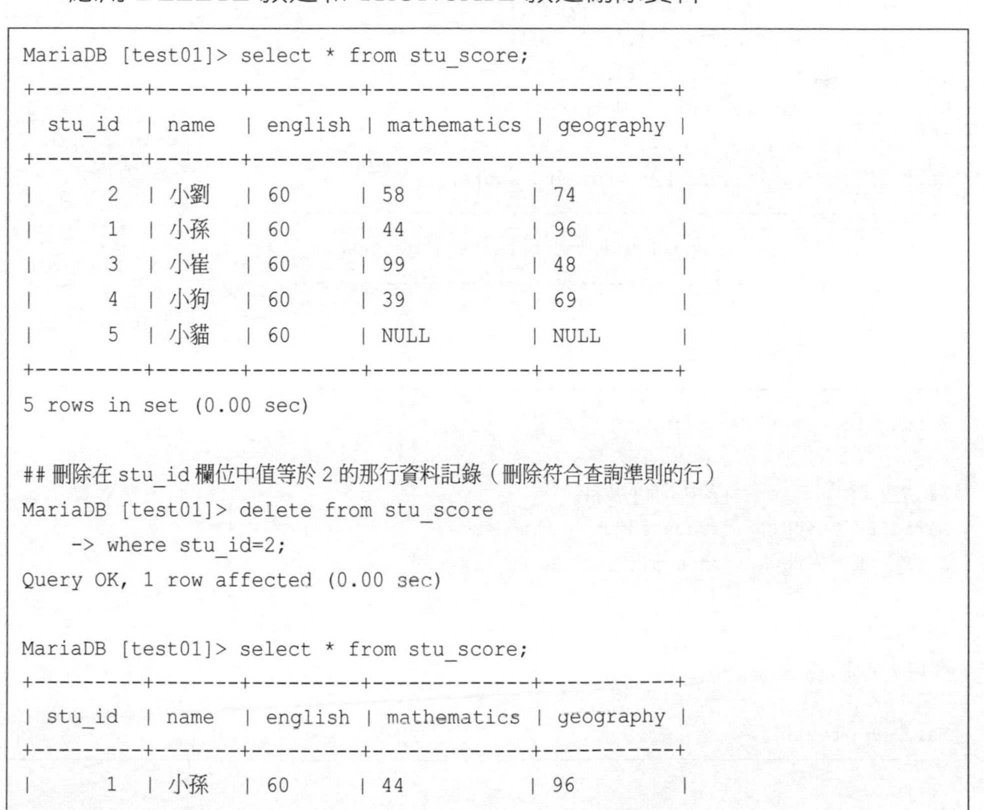

```
MariaDB [test01]> select * from stu_score;
+---------+-------+---------+-------------+-----------+
| stu_id  | name  | english | mathematics | geography |
+---------+-------+---------+-------------+-----------+
|       2 | 小劉  | 60      | 58          | 74        |
|       1 | 小孫  | 60      | 44          | 96        |
|       3 | 小崔  | 60      | 99          | 48        |
|       4 | 小狗  | 60      | 39          | 69        |
|       5 | 小貓  | 60      | NULL        | NULL      |
+---------+-------+---------+-------------+-----------+
5 rows in set (0.00 sec)

## 刪除在 stu_id 欄位中值等於 2 的那行資料記錄（刪除符合查詢準則的行）
MariaDB [test01]> delete from stu_score
    -> where stu_id=2;
Query OK, 1 row affected (0.00 sec)

MariaDB [test01]> select * from stu_score;
+---------+-------+---------+-------------+-----------+
| stu_id  | name  | english | mathematics | geography |
+---------+-------+---------+-------------+-----------+
|       1 | 小孫  | 60      | 44          | 96        |
```

```
|       3  | 小崔   | 60      | 99          | 48        |
|       4  | 小狗   | 60      | 39          | 69        |
|       5  | 小貓   | 60      | NULL        | NULL      |
+---------+-------+---------+-------------+-----------+
4 rows in set (0.00 sec)

## 刪除資料表中所有的資料記錄
MariaDB [test01]> delete from stu_score;
Query OK, 4 rows affected (0.00 sec)

MariaDB [test01]> select * from stu_score;
Empty set (0.00 sec)

## 臨時插入兩筆資料用於演示 truncate table 敘述
MariaDB [test01]> insert into stu_score
    ->      (stu_id,name,english,mathematics,geography)
    ->      values
    ->      (1,'小孫','56','44','96'),
    ->      (2,'小劉','67','58','74');
Query OK, 2 rows affected (0.00 sec)
Records: 2  Duplicates: 0  Warnings: 0

MariaDB [test01]> select * from stu_score;
+---------+-------+---------+-------------+-----------+
| stu_id  | name  | english | mathematics | geography |
+---------+-------+---------+-------------+-----------+
|       2 | 小劉  | 67      | 58          | 74        |
|       1 | 小孫  | 56      | 44          | 96        |
+---------+-------+---------+-------------+-----------+
2 rows in set (0.00 sec)

## 清空 stu_score 資料表中所有的資料
MariaDB [test01]> truncate table stu_score;
Query OK, 0 rows affected (0.01 sec)

MariaDB [test01]> select * from stu_score;
Empty set (0.00 sec)

MariaDB [test01]>
```

由上述案例可見，DELETE 敘述和 TRUNCATE 敘述都能夠實現清除資料表中所有資料記錄的功能，雖然從邏輯上說，TRUNCATE 敘述與 DELETE 敘述作用相同，但是在某些情況下，兩者在使用上還是有所區別的，例如：

- 按指定條件刪除：DELETE 敘述可以附帶 WHERE 關鍵字，所以能夠實現按指定條件刪除；而 TRUNCATE 敘述只能清空整個資料表。
- 交易復原：DELETE 敘述是資料操作型語言（DML），操作時原資料會被放到 rollback segment 中，所以支援導回；而 TRUNCATE 敘述是資料定義型語言（DDL），操作時不會進行儲存，所以不支援交易復原；
- 清理速度：DELETE 敘述刪除資料記錄的過程是一行一行逐行刪除的，雖然速度慢，但因為支援交易復原，安全性會相對高一些；TRUNCATE 敘述則是直接刪除原先的資料表，再重新建立一個資料表結構完全一樣的新資料表，這種方式速度快，但安全性低。
- 傳回值：DELETE 敘述在刪除資料記錄結束後會傳回刪除的行數；而 TRUNCATE 只會傳回 0，沒有任何實際意義。

所謂的交易復原就是在刪除資料後，能夠配合著事件找回原先刪除的資料，在 MySQL/MariaDB 資料庫中包括下列與事務相關的命令（事務控制語言 TCL）：

- 開啟事務：

```
TART  TRANSACTION;
```

- 提交事務：

```
COMMIT;
```

■ 交易復原：

```
ROLLBACK;
```

註：修改資料的命令會自動觸發事務，舉例來說，INSERT、UPDATE、DELETE。

在開啟事務支援的情況下，使用 DELETE 敘述和 TRUNCATE 敘述刪除資料記錄。

```
## 查看資料表中的資料記錄
MariaDB [test01]> select * from stu_score;
+--------+------+---------+-------------+-----------+
| stu_id | name | english | mathematics | geography |
+--------+------+---------+-------------+-----------+
|      2 | 小劉 | 67      | 58          | 74        |
|      1 | 小孫 | 56      | 44          | 96        |
+--------+------+---------+-------------+-----------+
2 rows in set (0.01 sec)

## 開啟事務支援
MariaDB [test01]> start transaction;
Query OK, 0 rows affected (0.01 sec)

## 透過 DELETE 敘述刪除資料表中的所有資料記錄
MariaDB [test01]> delete from stu_score;
Query OK, 2 rows affected (0.00 sec)

## 確認一遍，資料確實都刪除了
MariaDB [test01]> select * from stu_score;
Empty set (0.00 sec)

## 執行交易復原
MariaDB [test01]> rollback;
```

```
Query OK, 0 rows affected (0.00 sec)

## 再次查看資料表，發現剛才被刪除的資料又被恢復了
MariaDB [test01]> select * from stu_score;
+--------+-------+---------+-------------+-----------+
| stu_id | name  | english | mathematics | geography |
+--------+-------+---------+-------------+-----------+
|      2 | 小劉  | 67      | 58          | 74        |
|      1 | 小孫  | 56      | 44          | 96        |
+--------+-------+---------+-------------+-----------+
2 rows in set (0.00 sec)

## 透過 TRUNCATE 敘述再次清空白資料表中的資料記錄
MariaDB [test01]> truncate table stu_score;
Query OK, 0 rows affected (0.00 sec)

## 確認一遍，資料確實都刪除了
MariaDB [test01]> select * from stu_score;
Empty set (0.00 sec)

## 再次執行交易復原
MariaDB [test01]> rollback;
Query OK, 0 rows affected (0.00 sec)

## 可以看到 TRUNCATE 敘述是不支援交易復原的
MariaDB [test01]> select * from stu_score;
Empty set (0.00 sec)

MariaDB [test01]>
```

最後複習一下與刪除相關的命令的適用場景：

- DROP：刪除資料表。
- TRUNCATE：清空白資料表中所有的資料記錄。
- DELETE：刪除資料表中的指定資料記錄。

18.10 資料庫的使用者管理

本節主要介紹 MySQL/MariaDB 資料庫的使用者管理，管理的方面包括使用者的建立、查看、修改、刪除和許可權等內容。

從 18.4 節到現在為止我們都在用 root 使用者進行登入和資料庫操作，這裡使用的 root 使用者與 Linux 作業系統上的 root 使用者性質是一樣的，當安裝好 MySQL/MariaDB 資料庫後，預設會附帶一個 root 使用者，這個 root 使用者就是超級管理員，擁有所有權限，包括建立使用者、刪除使用者和修改使用者密碼等。

在 MySQL/MariaDB 資料庫中並不只存在一個 root 使用者，它是多使用者資料庫，並且可以為不同的使用者指定不同的許可權。

在 MySQL/MariaDB 的 mysql 系統資料庫中存在 4 個控制許可權的資料表，分別是 user 資料表、db 資料表、tables_priv 資料表和 columns_priv 資料表。其中 user 資料表非常關鍵，裡面儲存著使用者帳戶資訊和全域等級（所有資料庫）許可權，輸入指令查看 user 資料表的結構：

```
MariaDB [(none)]> use mysql;
Reading table information for completion of table and column names
You can turn off this feature to get a quicker startup with -A

Database changed
MariaDB [mysql]> desc user;
+---------------------+---------------+------+-----+----------+--------+
| Field               | Type          | Null | Key | Default  | Extra  |
+---------------------+---------------+------+-----+----------+--------+
| Host                | char(255)     | NO   |     |          |        |
| User                | char(128)     | NO   |     |          |        |
| Password            | longtext      | YES  |     | NULL     |        |
| Select_priv         | varchar(1)    | YES  |     | NULL     |        |
| Insert_priv         | varchar(1)    | YES  |     | NULL     |        |
| Update_priv         | varchar(1)    | YES  |     | NULL     |        |
----- 省略部分內容 -----
```

```
| max_statement_time | decimal(12,6) | NO  |     | 0.000000 |       |
+--------------------+---------------+------+-----+----------+-------+
47 rows in set (0.002 sec)

MariaDB [mysql]>
```

這張資料表的前三行決定了使用者是否能成功登入資料庫，其中 Host 欄位表示主機限制，只允許此使用者在哪裡登入資料庫伺服器（本地或其他）；User 欄位表示使用者名稱；Password 欄位表示密碼。這 3 個欄位是在建立使用者時必須確定的。

後面以 "_priv" 結尾的欄位是專門用來設定使用者許可權的（全域等級），這些欄位規定了使用者允許對資料庫進行哪些操作，不允許對資料庫進行哪些操作。

在 MySQL/MariaDB 資料庫中對使用者許可權的驗證分為兩個階段。第一階段驗證此使用者是否有許可權登入資料庫伺服器（使用者名稱、密碼、主機限制），因為在建立使用者時會加上主機限制，所以只允許在指定的地方進行登入；第二階段驗證登入資料庫後的每一步操作是否有許可權進行。例如要查詢某個資料表中的資料，若沒有對這個資料表的查詢許可權則系統會拒絕這一操作。

在 MySQL/MariaDB 資料庫中許可權的等級可以分為以下 3 類：

（1）全域等級許可權：作用於整個資料庫系統 / 資料庫伺服器。user 資料表中啟用的所有權限都是全域等級的，適用於所有資料庫。

（2）資料庫等級許可權：作用於某個指定的資料庫或所有資料庫。

（3）資料庫物件等級許可權：作用於資料庫中的物件，舉例來說，資料表、視圖、預存程序等。

具體的許可權見表 18-2。

▼表 18-2 MySQL/MariaDB 資料庫中的許可權

權限名稱	權限級別	權限說明
create	資料庫、資料表	允許建立新的資料庫和資料表
drop	資料庫、資料表	允許刪除現有資料庫和資料表
grant option	資料庫、資料表	允許將自己的許可權再授權給其他使用者
references	資料庫、資料表	在 MySQL 5.7.6 版本之後引入，表示允許建立外鍵
alter	資料表	允許修改資料表的結構
delete	資料表	允許刪除資料表中的資料記錄
index	資料表	允許建立和刪除索引
insert	資料表	允許在資料表裡插入資料
select	資料表	允許查詢資料表中的資料
update	資料表	允許修改資料表中的資料
create view	視圖	允許建立視圖
show view	視圖	允許查看視圖
alter routine	預存程序	允許修改或刪除預存程序、函數
create routine	預存程序	允許建立預存程序、函數的許可權
execute	預存程序	允許執行預存程序和函數
file	伺服器主機上的檔案存取	檔案存取權限
create temporary tables	伺服器管理	允許建立臨時資料表
lock tables	伺服器管理	允許使用 LOCK TABLES 命令阻止對資料表的存取 / 修改（鎖資料表）
create user	伺服器管理	允許建立、修改、刪除、重新命名使用者
proccess	伺服器管理	允許查看資料庫中的處理程序資訊
reload	伺服器管理	允許執行更新和重新載入資料庫所用的各種內部快取的特定命令
replication client	伺服器管理	允許執行 show master status、show slave status、show binary logs 等命令
replication slave	伺服器管理	允許 slave 主機透過此使用者連接 master 主機以便建立主從複製關係
show databases	伺服器管理	允許透過執行 show databases 命令查看所有的資料庫名稱

權限名稱	權限級別	權限說明
shutdown	伺服器管理	允許關閉資料庫實例
super	伺服器管理	允許執行一系列資料庫管理命令，包括強制關閉某個連接命令、建立複製關係命令和 create/alter/drop server 等命令
usage	建立新使用者之後的預設許可權，其本身代表連接登入資料庫許可權	

接下來介紹如何在資料庫中建立一個使用者，MySQL/MariaDB 資料庫中提供了 3 種建立使用者的方法：

（1）使用 CREATE USER 敘述建立使用者。

（2）使用 GRANT 敘述建立使用者。

（3）在 mysql.user 資料表中增加使用者（不推薦）。

先看第一種方式，透過 CREATE USER 敘述直接建立資料庫使用者，其語法格式為

```
CREATE USER 'username' @ 'hostname' IDENTIFIED BY '密碼' ;
```

各欄位的含義如下：

- CREATE USER：關鍵字，建立使用者。
- 'username'：使用者名稱。
- @：分隔符號，固定不變。
- 'host'：表示主機名稱，用來做主機限制，即允許使用者在什麼地方登入。這裡可以寫 localhost（本地）、ip 位址或 %（任何地方）。
- IDENTIFIED BY：用於指定使用者密碼，可省略但不建議。
- '密碼'：使用者密碼。

建立單一使用者和一次性建立多個使用者。

```
MariaDB [mysql]> create user "xiaosun"@"localhost"  identified by "qwer1234";
Query OK, 0 rows affected (0.126 sec)

## 查看資料庫中有哪些使用者
MariaDB [mysql]> select user,host,password from user;
+-------------+-----------+-------------------------------------------+
| User        | Host      | Password                                  |
+-------------+-----------+-------------------------------------------+
| mariadb.sys | localhost |                                           |
| root        | localhost | *2491CA5000A9614AA28C39036702D965584486EC |
| mysql       | localhost | invalid                                   |
| xiaosun     | localhost | *D75CC763C5551A420D28A227AC294FADE26A2FF2 |
+-------------+-----------+-------------------------------------------+
6 rows in set (0.001 sec)

## 查看已經授權給使用者的許可權資訊（USAGE 表示該使用者對資料庫沒有任何許可權）
MariaDB [mysql]> show grants for 'xiaosun'@'localhost';
+---------------------------------------------------------------------------+
| Grants for xiaosun@localhost                                              |
+---------------------------------------------------------------------------+
| GRANT USAGE ON *.* TO `xiaosun`@`localhost` IDENTIFIED BY PASSWORD 'xxx' |
+---------------------------------------------------------------------------+
1 row in set (0.000 sec)

## 一次性建立多個使用者，使用者與使用者之間用英文逗點進行分隔
MariaDB [mysql]> create user "xiaosun1"@"localhost"  identified by "qwer1234",
    -> "xiaosun2"@"localhost" identified by "qwer1234",
    -> "xiaosun3"@"localhost" identified by "qwer1234",
    -> "xiaosun4"@"localhost" identified by "qwer1234";
Query OK, 0 rows affected (0.002 sec)

MariaDB [mysql]> select user,host,password from user;
+-------------+-----------+-------------------------------------------+
| User        | Host      | Password                                  |
+-------------+-----------+-------------------------------------------+
| mariadb.sys | localhost |                                           |
```

```
| root        | localhost | *2491CA5000A9614AA28C39036702D965584486EC |
| mysql       | localhost | invalid                                   |
| xiaosun     | localhost | *D75CC763C5551A420D28A227AC294FADE26A2FF2 |
| xiaosun1    | localhost | *D75CC763C5551A420D28A227AC294FADE26A2FF2 |
| xiaosun2    | localhost | *D75CC763C5551A420D28A227AC294FADE26A2FF2 |
| xiaosun3    | localhost | *D75CC763C5551A420D28A227AC294FADE26A2FF2 |
| xiaosun4    | localhost | *D75CC763C5551A420D28A227AC294FADE26A2FF2 |
+-------------+-----------+-------------------------------------------+
11 rows in set (0.001 sec)

MariaDB [mysql]>
```

可以看到儲存在資料庫中的使用者密碼是經過雜湊值加密的。

透過 CREATE USER 敘述雖然可以一次性建立多個使用者，但是沒辦法同時設定使用者許可權，每次新建立的使用者擁有的許可權都很少，它們只能執行一些不需要許可權的操作。這樣就導致建立使用者之後還得手動設定使用者許可權。

鑑於 CREATE USER 敘述不能在建立使用者的同時設定許可權，MySQL/MariaDB 資料庫又提供了 GRANT 敘述。

使用 GRANT 敘述建立使用者的語法格式為

```
GRANT 許可權 ON 資料庫.資料表 TO 'username'@'hostname' IDENTIFIED BY '密碼';
```

各欄位的含義如下：

- GRANT：建立使用者 / 指定許可權的關鍵字。
- 許可權：新使用者所具備的許可權。可以寫多個許可權，許可權與許可權之間用英文逗點進行分隔；若想建立管理員使用者，可以在這裡寫 "ALL"，表示具備所有權限。
- ON：關鍵字。
- 資料庫 . 資料表：新使用者的許可權範圍，即只能在指定的資料庫和資料表上使用指定的許可權。其中 "*.*" 表示所有資料庫下的所有資料表。

- TO：關鍵字。
- username’ @ ‘hostname’ IDENTIFIED BY ‘密碼’：與 CREATE USER 敘述中的含義一樣。

建立使用者之後最好透過 FLUSH PRIVILEGES 命令更新一下許可權資料表，重新讀取使用者資訊。

透過 GRANT 敘述建立使用者並指定許可權。

```
MariaDB [mysql]> show databases;
+--------------------+
| Database           |
+--------------------+
| information_schema |
| mysql              |
| performance_schema |
| sys                |
| test01             |
+--------------------+
5 rows in set (0.001 sec)

## 新建 xiaoliu1 使用者，並使此使用者對 test01 資料庫擁有 select、create、alter、delete 許可權
MariaDB [mysql]> grant select,create,alter,delete on test01.* to
"xiaoliu1"@"localhost" identified by "qwer1234";
Query OK, 0 rows affected (0.107 sec)

## 新建 xiaoliu2 使用者，並使此使用者對 test01 資料庫擁有所有權限
MariaDB [mysql]> grant all on test01.* to "xiaoliu2"@"localhost" identified
by "qwer1234";
Query OK, 0 rows affected (0.001 sec)

## 新建 xiaoliu3 使用者，並使此使用者對所有資料庫擁有所有權限（管理員使用者）
MariaDB [mysql]> grant all on *.* to "xiaoliu3"@"localhost" identified by
"qwer1234";
Query OK, 0 rows affected (0.001 sec)
```

```
## 新建 xiaoliu4 使用者，並使此使用者對所有資料庫擁有 select、create、alter、delete 許可權
MariaDB [mysql]> grant select,create,alter,delete  on *.* to
"xiaoliu4"@"localhost" identified by "qwer1234";
Query OK, 0 rows affected (0.000 sec)

MariaDB [mysql]> flush privileges;  ## 每次建立使用者或更新許可權之後記得更新許可權資
料表
Query OK, 0 rows affected (0.000 sec)
```

透過上述案例可以看到，透過 GRANT 敘述建立的 xiaoliu1 和 xiaoliu2 使用者屬於資料庫等級，而之後建立的 xiaoliu3 和 xiaoliu4 使用者屬於全域等級。mysql 系統資料庫的 user 資料表中儲存著使用者帳戶資訊以及全域等級（所有資料庫）許可權，查看使用者許可權有以下這幾種方法：

- 查看全域等級使用者的許可權資訊，語法格式為

```
SELECT * FROM mysql.user WHERE user='使用者名稱' \G;
```

- 查看資料庫等級使用者的許可權資訊，語法格式為

```
SELECT * FROM mysql.db WHERE user='使用者名稱' \G;
```

- 通用查看使用者許可權資訊，語法格式為

```
SHOW  GRANTS FOR  '使用者名稱'@'主機位址';
```

使用 3 種方法查看使用者許可權。

```
MariaDB [mysql]> use mysql;
Database changed

MariaDB [mysql]> SELECT * FROM mysql.db WHERE user='xiaoliu1' \G;
*************************** 1. row ***************************
                 Host: localhost
                   Db: test01
```

```
                 User: xiaoliu1
          Select_priv: Y
          Insert_priv: N
          Update_priv: N
          Delete_priv: Y
          Create_priv: Y
            Drop_priv: N
----- 省略部分內容 -----
1 row in set (0.001 sec)

MariaDB [mysql]> SELECT * FROM mysql.user WHERE user='xiaoliu3' \G;
*************************** 1. row ***************************
                  Host: localhost
                  User: xiaoliu3
              Password: *D75CC763C5551A420D28A227AC294FADE26A2FF2
           Select_priv: Y
           Insert_priv: Y
           Update_priv: Y
           Delete_priv: Y
           Create_priv: Y
             Drop_priv: Y
----- 省略部分內容 -----
1 row in set (0.000 sec)

MariaDB [mysql]> show grants for "xiaoliu4"@"localhost";
+---------------------------------------------------------+
| Grants for xiaoliu4@localhost                           |
+---------------------------------------------------------+
| GRANT SELECT, DELETE, CREATE, ALTER ON *.*              |
|  TO `xiaoliu4`@`localhost` IDENTIFIED BY                |
|  PASSWORD '*D75CC763C5551A420D28A227AC294FADE26A2FF2'   |
+---------------------------------------------------------+
1 row in set (0.000 sec)

MariaDB [mysql]>
```

在 MySQL/MariaDB 資料庫中，可以透過 RENAME USER 敘述對一個或多個已經存在的使用者帳號進行重新命名操作，其語法格式為

```
RENAME USER  舊使用者  TO  新使用者；
```

各欄位的含義如下：舊使用者，資料庫中已經存在的使用者名稱；新使用者，新使用者名稱。

修改使用者名稱。

```
MariaDB [mysql]> use mysql;
Database changed

MariaDB [mysql]> select user,host from user;
+------------+------------+
| user       | host       |
+------------+------------+
| root       | 127.0.0.1  |
| root       | ::1        |
| root       | localhost  |
| xiaoliu1   | localhost  |
| xiaoliu2   | localhost  |
| xiaoliu3   | localhost  |
| xiaoliu4   | localhost  |
| xiaosun    | localhost  |
| xiaosun1   | localhost  |
| xiaosun2   | localhost  |
| xiaosun3   | localhost  |
| xiaosun4   | localhost  |
| root       | noylinux   |
+------------+------------+
13 rows in set (0.001 sec)

MariaDB [mysql]> rename user "xiaosun"@"localhost" to "xiaosun666"@"localhost";
Query OK, 0 rows affected (0.000 sec)

MariaDB [mysql]> select user,host from user;
+------------+------------+
| user       | host       |
+------------+------------+
| root       | 127.0.0.1  |
| root       | ::1        |
| root       | localhost  |
```

```
| xiaoliu1    | localhost  |
| xiaoliu2    | localhost  |
| xiaoliu3    | localhost  |
| xiaoliu4    | localhost  |
| xiaosun1    | localhost  |
| xiaosun2    | localhost  |
| xiaosun3    | localhost  |
| xiaosun4    | localhost  |
| xiaosun666  | localhost  |
| root        | noylinux   |
+------------+------------+
13 rows in set (0.000 sec)
```

不止修改使用者的語法簡單，刪除使用者的語法格式也非常簡單，在 MySQL/MariaDB 資料庫中，可以透過 DROP USER 敘述刪除一個或多個使用者，並撤銷其許可權，其語法格式為

```
DROP USER  使用者名稱 1  [ ,使用者名稱 2,使用者名稱 3,使用者名稱 n ];
```

其中，使用者名稱就是要刪除的使用者帳號，若需要透過 DROP USER 敘述一次性刪除多個使用者，使用者名稱與使用者名稱之間透過英文逗點進行分隔。

同時刪除多個使用者。

```
MariaDB [mysql]> use mysql;
Database changed
MariaDB [mysql]> select user,host from user;
+------------+------------+
| user       | host       |
+------------+------------+
| root       | 127.0.0.1  |
| root       | ::1        |
| root       | localhost  |
| xiaoliu1   | localhost  |
| xiaoliu2   | localhost  |
```

```
| xiaoliu3   | localhost |
| xiaoliu4   | localhost |
| xiaosun1   | localhost |
| xiaosun2   | localhost |
| xiaosun3   | localhost |
| xiaosun4   | localhost |
| xiaosun666 | localhost |
| root       | noylinux  |
+------------+-----------+
13 rows in set (0.001 sec)

MariaDB [mysql]> drop user "xiaosun1"@"localhost",
    -> "xiaosun2"@"localhost",
    -> "xiaosun3"@"localhost",
    -> "xiaosun4"@"localhost";
Query OK, 0 rows affected (0.000 sec)

MariaDB [mysql]> select user,host from user;
+------------+-----------+
| user       | host      |
+------------+-----------+
| root       | 127.0.0.1 |
| root       | ::1       |
| root       | localhost |
| xiaoliu1   | localhost |
| xiaoliu2   | localhost |
| xiaoliu3   | localhost |
| xiaoliu4   | localhost |
| xiaosun666 | localhost |
| root       | noylinux  |
+------------+-----------+
9 rows in set (0.000 sec)

MariaDB [mysql]>
```

假如資料庫管理員在替某個使用者授權完成後突然發現指定的許可權有點過多，因為普通使用者的許可權越大，誤操作的機率也就越高。舉例來說，在企業中資料庫管理員基本上不會給普通使用者指定刪除

（DELETE）許可權，因為那樣會在一定程度上影響到資料庫的安全性。有沒有什麼方法能夠撤銷使用者現有的許可權呢？

在 MySQL/MariaDB 資料庫中，可以透過 REVOKE 敘述撤銷使用者目前已被指定的某些許可權，其語法格式為

```
REVOKE 許可權 ON 資料庫.資料表  FROM 'username' @ 'hostname' ;
```

可以看出，REVOKE 敘述與 GRANT 敘述的語法差不多，只不過將關鍵字 "TO" 換成了 "FROM"。如果要撤銷多個許可權，則許可權與許可權之間需要透過英文逗點進行分隔。

透過 REVOKE 敘述撤銷某個使用者許可權。

```
MariaDB [mysql]> use  mysql;
Database changed
MariaDB [mysql]> SELECT * FROM mysql.user WHERE user='xiaoliu4' \G;
*************************** 1. row ***************************
                  Host: localhost
                  User: xiaoliu4
              Password: *D75CC763C5551A420D28A227AC294FADE26A2FF2
           Select_priv: Y
           Insert_priv: N
           Update_priv: N
           Delete_priv: Y                   ## 注意看這個許可權
           Create_priv: Y
             Drop_priv: N
----- 省略部分內容 -----
1 row in set (0.001 sec)

MariaDB [mysql]> revoke delete on *.* from "xiaoliu4"@"localhost";
Query OK, 0 rows affected (0.000 sec)

MariaDB [mysql]> flush privileges;      ## 建議更新一下許可權資料表
Query OK, 0 rows affected (0.000 sec)
```

```
MariaDB [mysql]> SELECT * FROM mysql.user WHERE user='xiaoliu4' \G;
*************************** 1. row ***************************
                  Host: localhost
                  User: xiaoliu4
              Password: *D75CC763C5551A420D28A227AC294FADE26A2FF2
           Select_priv: Y
           Insert_priv: N
           Update_priv: N
           Delete_priv: N             ## 此使用者的刪除許可權已被刪除
           Create_priv: Y
             Drop_priv: N
----- 省略部分內容 -----
1 row in set (0.001 sec)

MariaDB [mysql]>
```

若想要將某個使用者的所有權限都給刪除，就使用下面的語法格式：

```
REVOKE ALL PRIVILEGES, GRANT OPTION FROM 'username' @ 'hostname' ;
```

撤銷使用者現有的所有權限。

```
MariaDB [(none)]> use mysql;
Database changed

## 查看之前建立的 xiaoliu3 使用者
MariaDB [mysql]>  SELECT * FROM mysql.user WHERE user='xiaoliu3' \G;
*************************** 1. row ***************************
                  Host: localhost
                  User: xiaoliu3
              Password: *D75CC763C5551A420D28A227AC294FADE26A2FF2
           Select_priv: Y
           Insert_priv: Y
           Update_priv: Y
           Delete_priv: Y
           Create_priv: Y
             Drop_priv: Y
           Reload_priv: Y
```

```
       Shutdown_priv: Y
        Process_priv: Y
----- 省略部分內容 -----
1 row in set (0.00 sec)

MariaDB [mysql]> revoke all privileges,grant option from "xiaoliu3"@"localhost";
Query OK, 0 rows affected (0.00 sec)

MariaDB [mysql]>  SELECT * FROM mysql.user WHERE user='xiaoliu3' \G;
*************************** 1. row ***************************
                  Host: localhost
                  User: xiaoliu3
              Password: *D75CC763C5551A420D28A227AC294FADE26A2FF2
           Select_priv: N
           Insert_priv: N
           Update_priv: N
           Delete_priv: N
           Create_priv: N
             Drop_priv: N
           Reload_priv: N
         Shutdown_priv: N
          Process_priv: N
----- 省略部分內容 -----
1 row in set (0.00 sec)

MariaDB [mysql]>
```

18.11 資料庫的備份與恢復

在一家企業中，資料庫屬於重中之重，為什麼這麼説呢？ 企業中的資料庫就好比行軍打仗中的糧倉和武器庫，沒有了糧倉和武器庫，這仗肯定是打不下去的，所以像資料庫這種「軍事重地」可得好好保護起來。

有一段時間頻頻曝出企業內部人員刪資料庫跑路的新聞，這種操作使得企業損失慘重，甚至有些企業因為資料被刪而倒閉。因此，對資料庫透過一些技術手段保護起來變得越來越重要，這樣就算出現了被刪資料庫的情況，也能在最短的時間內即時恢復資料。

能夠損壞資料庫的可不僅是人為因素，意外斷電、硬碟突然損壞、不小心的誤操作、駭客入侵等，都可能會造成資料的遺失。所以為了保護資料庫及資料，必須未雨綢繆，及早對資料庫採取一些技術保護手段。

對資料庫進行保護的技術手段有很多，備份就是其中的一種，也是目前最行之有效的方案之一。我們為了資料安全會提前對資料庫進行備份，這樣即使某一天真的出現了資料遺失的情況，我們也能夠即時將資料完好無損地恢復。

本節重點介紹對 MySQL/MariaDB 資料庫的備份與恢復，根據備份的方法可以分為 3 種類型：

（1）熱備份（Hot Backup）：備份時讀寫都不受影響。

（2）溫備份（Warm Backup）：備份時僅可進行讀取操作。

（3）冷備份（Cold Backup）：離線備份，備份時讀寫入操作都不可以進行。

根據備份資料庫的內容可以分為以下兩種類型：

（1）完全備份：備份整個資料庫。

（2）部分備份：備份部分資料庫，又可分為增量備份和差異備份。增量備份僅備份上次完全備份以來變化的資料；差異備份僅備份上次備份或增量備份以後變化的資料。

備份的內容，除了資料表資料，還包括資料庫設定檔、二進位記錄檔和事務記錄檔等。

不同的儲存引擎的備份也是有所差異的，舉例來說，MyISAM 儲存引擎不支援熱備份，只能用溫備份和冷備份；而資料庫預設使用的 InnoDB 儲存引擎對熱備份、溫備份和冷備份全都支援。

幾種主流的資料庫備份工具如下：

- mysqldump：MySQL/MariaDB 附帶的邏輯備份工具，支援所有的儲存引擎，可進行溫備份、完全備份、部分備份等，特別是對 InnoDB 儲存引擎能夠進行熱備份。
- cp：Linux 作業系統的拷貝命令，也可以充當物理備份工具，備份過程是直接對資料庫的資料檔案進行複製，從而達到備份的目的。
- xtrabackup：物理熱備份工具，能夠實現增量備份。只能備份 InnoDB 和 XtraDB 兩種儲存引擎的資料表資料，對 MyISAM 儲存引擎不支援。
- ibbackup：商業工具，備份速度快，支援熱備份，但價格非常昂貴。

這裡主要介紹 mysqldump，它是 MySQL/MariaDB 附帶的邏輯備份工具，不需要額外安裝其他輔助工具。

mysqldump 的備份原理是透過協定連接到 MySQL/MariaDB 資料庫，再將需要備份的資料查詢出來，接著將查詢出來的資料轉換成對應的 insert 敘述，這些 insert 敘述會集中儲存在一個 SQL 檔案中，這樣就完成了資料的備份。當我們需要還原這些資料時，只要將這個 SQL 檔案再匯入資料庫中即可，這樣就完成了資料的還原。mysqldump 備份時的語法格式如下：

- 單一資料庫：

```
mysqldump  [選項]  資料庫名稱  [資料表名稱]  > 檔案名稱.sql
```

- 多個資料庫：

```
mysqldump  --databases 資料庫名稱 資料庫名稱 資料庫名稱 > 檔案名稱.sql
```

- 所有資料庫：

```
mysqldump  [選項]  --all-databases  > 檔案名稱.sql
```

各欄位的含義如下：

- [選項]：輔助選項。
- 資料庫名稱：要備份的資料庫名稱。
- [資料表名稱]：可選項，表示要備份資料庫中的哪些資料表，可以指定多個資料表。若不寫該參數，則表示備份整個資料庫。
- 右箭頭 >：表示將要備份的資料庫和資料表寫入指定的備份檔案中。
- 檔案名稱 .sql：備份檔案的名稱，檔案的位置可以用相對路徑也可以用絕對路徑。檔案的副檔名要用 ".sql"，這樣可以造成見名知意的作用。

常用的選項如下：

- --host / -h：指定要連接的資料庫 IP 位址。
- --port / -p：指定要連接的資料庫通訊埠編號，預設使用 3306。
- --user / -u：指定登入資料庫時要使用的使用者名稱。
- -- password / -p：指定使用者的密碼。
- --databases：指定要備份的資料庫，多個資料庫之間要用空格進行分隔。
- --all-databases：備份所有資料庫。
- --lock-tables：備份前鎖定所有資料表。
- --no-create-db：禁止生成建立資料庫敘述。
- --force：當出現顯示出錯時仍然繼續備份操作。
- --compatible：匯出的資料將和其他資料庫或舊版本的 MySQL 相相容。

備份單一資料庫。

```
[root@noylinux ~]# mysql
----- 省略開頭的介紹內容 -----
```

```
MariaDB [(none)]> show databases;
+--------------------+
| Database           |
+--------------------+
| information_schema |
| mysql              |
| performance_schema |
| sys                |
| test01             |
+--------------------+
5 rows in set (0.108 sec)

MariaDB [(none)]> use test01;
Reading table information for completion of table and column names
You can turn off this feature to get a quicker startup with -A

Database changed
MariaDB [test01]> show tables;
+--------------------+
| Tables_in_test01   |
+--------------------+
| stu_score          |
+--------------------+
1 row in set (0.001 sec)

MariaDB [test01]> quit;
Bye

## 知道了有哪些資料庫和資料表，接下來就開始備份
## 一定要注意，-p 選項後面不要跟密碼，留空即可，否則會提示不要輸入純文字密碼
## 這裡的 ./ 表示生成的 SQL 檔案在目前的目錄下，使用的是相對路徑，也可以使用絕對路徑
[root@noylinux ~]# mysqldump -uroot -p test01 > ./test01.sql  ## 備份 test01 資料庫
Enter password:                              ## 在這裡輸入資料密碼
[root@noylinux ~]# ll
-rw-r--r--. 1 root root 2134 2月  26 22:32 test01.sql
[root@noylinux ~]#
[root@noylinux ~]# cat test01.sql           ## 查看資料庫備份檔案
-- MariaDB dump 10.19  Distrib 10.6.5-MariaDB, for Linux (x86_64)
--
```

```
-- Host: localhost    Database: test01
-- ------------------------------------------------------
-- Server version 10.6.5-MariaDB

/*!40101 SET @OLD_CHARACTER_SET_CLIENT=@@CHARACTER_SET_CLIENT */;
/*!40101 SET @OLD_CHARACTER_SET_RESULTS=@@CHARACTER_SET_RESULTS */;
/*!40101 SET @OLD_COLLATION_CONNECTION=@@COLLATION_CONNECTION */;
/*!40101 SET NAMES utf8mb4 */;
/*!40103 SET @OLD_TIME_ZONE=@@TIME_ZONE */;
/*!40103 SET TIME_ZONE='+00:00' */;
/*!40014 SET @OLD_UNIQUE_CHECKS=@@UNIQUE_CHECKS, UNIQUE_CHECKS=0 */;
/*!40014 SET @OLD_FOREIGN_KEY_CHECKS=@@FOREIGN_KEY_CHECKS, FOREIGN_KEY_
CHECKS=0 */;
/*!40101 SET @OLD_SQL_MODE=@@SQL_MODE, SQL_MODE='NO_AUTO_VALUE_ON_ ZERO' */;
/*!40111 SET @OLD_SQL_NOTES=@@SQL_NOTES, SQL_NOTES=0 */;

--
-- Table structure for table `stu_score`
--

DROP TABLE IF EXISTS `stu_score`;
/*!40101 SET @saved_cs_client     = @@character_set_client */;
/*!40101 SET character_set_client = utf8 */;
CREATE TABLE `stu_score` (
  `stu_id` int(11) NOT NULL,
  `name` varchar(20) NOT NULL,
  `english` char(3) NOT NULL,
  `mathematics` char(3) DEFAULT NULL,
  `geography` char(3) DEFAULT NULL,
  PRIMARY KEY (`name`)
) ENGINE=InnoDB DEFAULT CHARSET=utf8mb3;
/*!40101 SET character_set_client = @saved_cs_client */;

--
-- Dumping data for table `stu_score`
--

LOCK TABLES `stu_score` WRITE;
/*!40000 ALTER TABLE `stu_score` DISABLE KEYS */;
INSERT INTO `stu_score` VALUES (2,'小劉','60','58','74'),(1,'小孫','60','44',
```

```
'96'),(3,'小崔','60','99','48'),(4,'小狗','60','39','69'),(5,'小貓','60',
NULL,NULL);
/*!40000 ALTER TABLE `stu_score` ENABLE KEYS */;
UNLOCK TABLES;
/*!40103 SET TIME_ZONE=@OLD_TIME_ZONE */;

/*!40101 SET SQL_MODE=@OLD_SQL_MODE */;
/*!40014 SET FOREIGN_KEY_CHECKS=@OLD_FOREIGN_KEY_CHECKS */;
/*!40014 SET UNIQUE_CHECKS=@OLD_UNIQUE_CHECKS */;
/*!40101 SET CHARACTER_SET_CLIENT=@OLD_CHARACTER_SET_CLIENT */;
/*!40101 SET CHARACTER_SET_RESULTS=@OLD_CHARACTER_SET_RESULTS */;
/*!40101 SET COLLATION_CONNECTION=@OLD_COLLATION_CONNECTION */;
/*!40111 SET SQL_NOTES=@OLD_SQL_NOTES */;

-- Dump completed on 2022-02-26 22:32:25
```

備份檔案的開頭記錄了資料庫的名稱、版本和主機位址，在整個檔案中以 "--" 開頭的都表示註釋說明，以 "/*!" 和 "*/" 開頭的內容在其他資料庫中也會被視為註釋，從而忽略，這樣可以提高資料庫的可攜性。

備份多個資料庫。

```
## 備份多個資料庫
[root@noylinux ~]# mysqldump -uroot -p  --databases test01 mysql  > ./many.sql
[root@noylinux ~]# ll
-rw-r--r--. 1 root root 1788108 2月  26 22:55 many.sql
```

備份所有資料庫。

```
## 備份所有的資料庫
[root@noylinux ~]# mysqldump -uroot -p --all-databases > ./all.sql
Enter password:
[root@noylinux ~]# ll
-rw-r--r--. 1 root root 1788102 2月  26 22:57 all.sql
[root@noylinux ~]#
```

仔細觀察備份檔案就會發現，備份多個資料庫和備份所有資料庫這兩種方式所生成的備份檔案中都存在建立資料庫的 SQL 敘述。而備份單一資料庫所生成的備份檔案中沒有與建立資料庫相關的 SQL 敘述，這就表示透過備份單一資料庫生成的備份檔案若想要恢復資料，必須恢復到一個已存在的資料庫中，可以先透過 CREATE DATABASE 敘述建立一個空資料庫，再將備份檔案恢復到這個空資料庫中。

在 MySQL/MariaDB 資料庫中，可以透過 mysql 命令恢復備份的資料。mysql 命令可以依次完整地執行備份檔案中的所有 SQL 敘述，這樣就能夠將備份檔案中所備份的內容（資料庫、資料表、資料等）完全恢復到指定的資料庫中。用來恢復資料的 mysql 命令格式為

```
mysql  -u 使用者名稱 -p  [資料庫名稱]  < 檔案名稱.sql
```

各欄位的含義如下：

- -u：指定使用者名稱。
- -p：指定使用者密碼。
- [資料庫名稱]：可選設定項目，表示要將資料恢復到哪個資料庫中。若備份檔案中包含建立資料庫的 SQL 敘述（備份多個、所有資料庫），則可以不寫。
- 左箭頭 <：表示將備份檔案恢復到資料庫中。
- 檔案名稱 .sql：備份檔案的名稱。

範例

將備份檔案恢復到資料庫中（在恢復之前需要先將目前已備份的資料庫刪除）。

```
[root@noylinux ~]# mysql
----- 省略開頭的介紹內容 -----


## 刪除原先備份的 test01 資料庫
MariaDB [(none)]> drop database test01;
```

```
Query OK, 1 row affected (0.094 sec)

## 成功刪除 test01 資料庫
MariaDB [(none)]> show databases;
+--------------------+
| Database           |
+--------------------+
| information_schema |
| mysql              |
| performance_schema |
| sys                |
+--------------------+
4 rows in set (0.000 sec)

## 建立一個空資料庫用於恢復資料，新建立的資料庫可以任意命名
MariaDB [(none)]> create database test01;
Query OK, 1 row affected (0.001 sec)

MariaDB [(none)]> quit
Bye
[root@noylinux ~]# ll
-rw-r--r--. 1 root root    2134 2月  26 22:32 test01.sql

## 將 test01.sql 備份檔案恢復到 test01 資料庫中
[root@noylinux ~]# mysql -uroot -p test01 < test01.sql
Enter password:
[root@noylinux ~]# mysql
----- 省略開頭的介紹內容 -----

## 查看資料庫，已經恢復成功了
MariaDB [(none)]> show databases;
+--------------------+
| Database           |
+--------------------+
| information_schema |
| mysql              |
| performance_schema |
| sys                |
| test01             |
+--------------------+
```

```
5 rows in set (0.000 sec)

MariaDB [(none)]> use test01;
Reading table information for completion of table and column names
You can turn off this feature to get a quicker startup with -A

Database changed
MariaDB [test01]> show tables;
+--------------------+
| Tables_in_test01   |
+--------------------+
| stu_score          |
+--------------------+
1 row in set (0.000 sec)

## 再查看資料表中的資料，資料都在，完好無損
MariaDB [test01]> select * from stu_score;
+--------+--------+---------+------------+-----------+
| stu_id | name   | english | mathematics | geography |
+--------+--------+---------+------------+-----------+
|      2 | 小劉   | 60      | 58         | 74        |
|      1 | 小孫   | 60      | 44         | 96        |
|      3 | 小崔   | 60      | 99         | 48        |
|      4 | 小狗   | 60      | 39         | 69        |
|      5 | 小貓   | 60      | NULL       | NULL      |
+--------+--------+---------+------------+-----------+
5 rows in set (0.000 sec)

MariaDB [test01]>
```

需要注意的是，如果要恢復帶有建立資料庫 SQL 敘述的備份檔案，例如多個資料庫備份和所有資料庫備份，就要使用以下命令格式：

```
mysql -uroot -p  < all.sql
```

可以看到在這個語法格式中，已經不需要指定資料庫名稱了，這是因為在資料恢復的過程中會根據備份檔案中的 CREATE DATABASE 敘述建立資料庫，所以指定資料庫這一步可以省略。

CHAPTER 19

資料庫系列之 Redis

19.1 Redis 簡介

目前企業中最流行的資料庫模型主要有兩種：關聯式資料庫和非關聯式資料庫，18 章詳細介紹了典型的關聯式資料庫——MySQL 和 MariaDB，本章介紹非關聯式資料庫中的佼佼者——Redis。

有朋友可能會問：既然都學了關聯式資料庫了，還有學習非關聯式資料庫的必要嗎？一般來説，儲存資料使用關聯式資料庫就夠了，但是對於高併發、高性能的環境，關聯式資料庫的處理還有所欠缺，有需求空缺就會有市場產品來填補，非關聯式資料庫就是這樣應運而生的。

非關聯式資料庫也被稱為 NoSQL 資料庫，NoSQL 的含義最初表示為 "Non-SQL"，後來有人轉解為 "Not only SQL"。2009 年，在亞特蘭大舉行過一場 "no:sql(east) " 的討論會，在這場討論會上提出的口號叫 "select fun, profit from real_world where relational=false"。因此，對 NoSQL 最普遍的解釋是「非連結型的」，強調的是鍵值儲存和文件資料庫導向的優點，是傳統關聯式資料庫的有效補充，而非反對關聯式資料庫。

非關聯式資料庫經過多年的發展已經出現了很多種類，常見的有以下幾種：

- 鍵值（Key-Value）儲存：每個單獨的項都儲存為鍵值對，可以透過 key 值快速查詢到其 value 值。鍵值儲存是所有 NoSQL 資料庫中最簡單的資料庫，也是在快取系統中應用範圍最廣的。代表產品有 Redis、MemcacheDB 等。
- 文件（Document-Oriented）儲存：旨在將半結構化資料儲存為文件，文件包括 XML、YAML、JSON、BSON、Office 文件等。代表產品有 MongoDB、Apache CouchDB 等。
- 列（Column-oriedted）儲存：以欄位群的方式儲存，將同一列資料存在一起，查詢速度快，可擴充性強，更容易進行分散式擴充。代表產品有 Hbase、Cassandra 等。
- 圖形（Graph）儲存：將資料以圖的方式儲存，是圖形關係的最佳儲存方案。代表產品有 Neo4J、FlockDB 等。

遠端字典服務（Remote Dictionary Server，Redis）是義大利人 Salvatore Sanfilippo 使用 C 語言撰寫開發的，為保證效率，它將資料以鍵值對的形式快取在記憶體中，所以又稱為快取資料庫。

Redis 之所以應用這麼廣泛，除了免費開放原始碼，還因為它具備以下特性：

- 基於記憶體實現資料儲存，讀寫速度超級快，測試資料顯示它的讀取速度約為 110000 次 /s，寫入速度約為 81000 次 /s。
- 支援透過硬碟實現資料的持久儲存。
- 支援豐富的資料型態。
- 支援主從同步，即 Master-Slave 主從複製模式。
- 支援多種程式語言。

為了儲存不同類型的資料（Value），Redis 提供了以下 5 種基本資料結構：

（1）字串（String）：Redis 最基本的資料型態，是二進位安全的字串，表示不僅能夠儲存字串，還可以包含任何資料，例如圖片或序列化的物件等，一個字串類型的值最多能夠儲存 512 MB 大小的資料。

（2）雜湊雜湊（Hash）：一個鍵值對的集合，可以視為由 string 類型的 key 值和 value 值組成的映射表，key 值就是 key 值本身，但 value 值卻是一個鍵值對（Key-Value）。

（3）鏈結串列（List）：底層實際上是個鏈結串列，可以按照插入順序進行排序，例如增加一個元素到串列的頭部或尾部，其特點是有序且可以重複。

（4）集合（Set）：String 類型的無序集合，其特點是無序且不可重複。

（5）有序集合（Zset）：和 Set 類型一樣，也是 String 類型的集合，但它是有序的。

Redis 的應用場景有很多，但應用最廣泛的是在資料快取（提高存取速度）系統方面。由圖 19-1 可見，資料快取系統會將一些在短時間內不發生變化，且會被頻繁存取的資料（或需要耗費大量資源生成的內容）放到 Redis 快取資料庫中，這樣就可以讓應用程式能夠快速高效率地讀取它們。

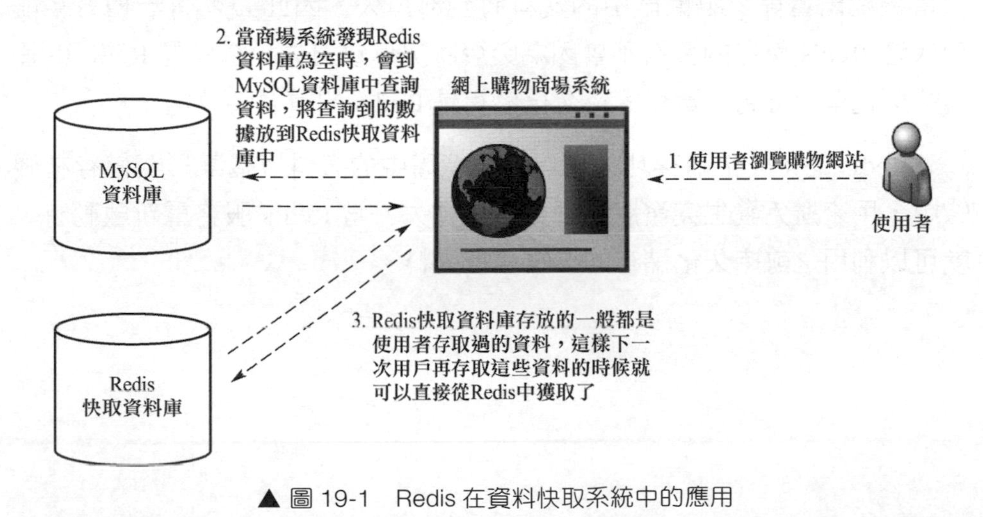

▲ 圖 19-1　Redis 在資料快取系統中的應用

在圖 19-1 中，假如沒有 Redis 快取資料庫，商場系統會直接去 MySQL 資料庫中查詢資料，並將結果傳回使用者。增加 Redis 快取資料庫後，查詢資料的流程就變了，商場系統會先去 Redis 快取資料庫中查詢資料，若沒有，再去 MySQL 資料庫中查詢，查詢到結果後會在 Redis 中存一份，下一次就可以直接從 Redis 中取用了。因為 Redis 是直接將資料儲存在記憶體中，而 MySQL 是將資料儲存在硬碟中，相對而言，操作記憶體中的資料要比操作硬碟中的資料快。究竟有多快呢，舉例說明：

- 固態硬碟讀寫速度大概是 300MB/s；
- 機械硬碟讀寫速度大概是 100MB/s；
- DDR4 記憶體的讀寫速度大約 50GB/s。

透過資料的對比，大家應該能想像到記憶體的讀寫速度有多快，這也是 Redis 快取資料庫被廣泛應用於各大企業運行維護架構的原因，只要將那些被頻繁存取的資料儲存到 Redis 快取資料庫中，就能大幅提高使用者造訪速度，降低網站的負載和 MySQL/MariaDB 資料庫的讀取頻率。

Redis 將資料全部儲存在記憶體中，這樣雖然大大提高了處理資料的速度，但也會帶來安全性問題，一旦 Redis 伺服器發生意外情況，例如突然當機或斷電等，記憶體中的資料將全部遺失。因此必須有一種方案能夠保證 Redis 儲存的資料不會因為突發狀況導致遺失，這就是 Redis 的資料持久化儲存機制，資料的持久化儲存是 Redis 的重要特性之一。

Redis 的持久化儲存功能可以將記憶體中的資料以檔案形式儲存在硬碟中，用來避免發生突發狀況導致資料遺失。當 Redis 服務重新啟動時，就可以利用之前持久化儲存的檔案修復資料。

19.2 Redis 的兩種部署方式

本節介紹如何手動安裝 Redis 資料庫，安裝方式有兩種：軟體套件管理器一鍵安裝和手動編譯安裝原始程式套件。原始程式套件可以去 Redis 官網下載。

1. 軟體套件管理器一鍵安裝

Redis 服務啟動之後預設佔用 6379 通訊埠。軟體套件管理器一鍵安裝方法非常簡單，只需要執行一行命令即可：

```
sudo apt install redis
```

Redis 資料庫安裝完成後可透過下列命令進行管理：

- systemctl start redis：啟動服務。
- systemctl stop redis：停止服務。
- systemctl restart redis：重新啟動服務。
- systemctl enable redis：開機自啟。
- systemctl disable redis：關閉開機自啟。
- systemctl status redis：查看服務狀態。

透過 DNF 安裝的 Redis 資料庫，其主要檔案 / 目錄的安裝位置如下：

- 主設定檔：/etc/redis.conf。
- 服務端啟動命令：/usr/bin/redis-server。
- 使用者端命令：/usr/bin/redis-cli。
- 性能測試工具：/usr/bin/redis-benchmark。
- AOF 檔案修復工具：/usr/bin/redis-check-aof。
- RDB 檔案檢查工具：/usr/bin/redis-check-rdb。
- RDB 檔案預設儲存目錄：/var/lib/redis，RDB 持久化儲存功能可以將 Redis 中所有資料生成快照並以二進位檔案的形式儲存到硬碟中。

■ 記錄檔目錄：/var/log/redis。

2. 手動編譯安裝原始程式套件

手動編譯安裝原始程式套件需要依賴編譯環境，這些依賴環境可以透過 apt 軟體套件管理器一鍵安裝：

```
sudo apt install gcc gcc-c++ make
```

將編譯 Redis 原始程式套件的依賴環境準備好。

手動編譯原始程式套件。

```
[root@noylinux ~]# cd /opt/
[root@noylinux opt]# ll
總用量 2420
-rw-r--r--. 1 root root 2476542 3月   2 22:04 redis-6.2.6.tar.gz

## 對原始程式套件進行解壓縮
[root@noylinux opt]# tar xf redis-6.2.6.tar.gz

## 進入解壓後的目錄中
[root@noylinux opt]# cd redis-6.2.6/

## 進行編譯與安裝操作，結合邏輯與 (&&) 符號可以透過一行命令搞定
## 選項 PREFIX=  用來指定 Redis 的安裝目錄
[root@noylinux redis-6.2.6]# make  &&  make install PREFIX=/usr/local/redis
make[1]: 進入目錄 "/usr/local/redis-6.2.6/src"
    CC Makefile.dep
----- 省略部分內容 -----
    INSTALL redis-server
    INSTALL redis-benchmark
    INSTALL redis-cli
make[1]: 離開目錄 "/opt/redis-6.2.6/src"

## 沒有任何顯示出錯，到這一步就算安裝成功了
[root@noylinux src]# cd ..

## 將 Redis 的設定檔拷貝到 /usr/local/redis/ 目錄下
[root@noylinux redis-6.2.6]# cp redis.conf   /usr/local/redis/
```

```
## 給大家看看編譯安裝後的目錄是什麼樣子。
[root@noylinux redis-6.2.6]# ls /usr/local/redis/
bin  redis.conf
[root@noylinux redis-6.2.6]# ls /usr/local/redis/bin/
redis-benchmark  redis-check-rdb  redis-sentinel
redis-check-aof  redis-cli        redis-server

## 編輯 Redis 設定檔，將 daemonize no 設定改成 daemonize yes，儲存即可
[root@noylinux redis-6.2.6]# vim  /usr/local/redis/redis.conf
----- 省略部分內容 -----
daemonize yes        ## 註：在設定檔的第 258 行

## 修改完成後，就要啟動 Redis 服務了
## 在使用 redis-server 命令啟動 Redis 服務時，需要指定設定檔，最後的 & 符號表示後台執行
[root@localhost redis]# cd /usr/local/redis/
[root@localhost redis]# ./bin/redis-server  redis.conf &
[1] 125191    ## 這裡的提示訊息指的是 Redis 處理程序的 PID 號

## 查看 Redis 處理程序
[root@localhost redis-6.2.6]# ps -ef | grep redis
root  125192  1  0 11:24 ?  00:00:00 /usr/local/redis/bin/redis-server
127.0.0.1:6379
root     125200 119752  0 11:25 pts/1    00:00:00 grep --color=auto redis

## 查看 6379 通訊埠是否被 Redis 佔用
[root@localhost redis-6.2.6]# netstat -anpt | grep 6379
tcp     0     0 127.0.0.1:6379      0.0.0.0:*     LISTEN     125192/redis-server
tcp6    0     0 ::1:6379            :::*          LISTEN     125192/redis-server
```

至此，透過手動編譯原始程式套件的方式安裝 Redis 資料庫就完成了，用這種方式安裝可以自訂程式檔案的位置，我們將所有的程式檔案及設定檔都存放到 /usr/local/redis/ 目錄中，維護起來比較簡單，在安裝時大家也可以按個人習慣自訂安裝位置。

啟動 Redis 資料庫的命令太長，而且也不是透過常規的 systemctl start|stop|restart| status redis 命令管理服務，這裡可以將其最佳化一下。

```
[root@localhost ~]# vim /usr/lib/systemd/system/redis.service

[Unit]
Description=Redis persistent key-value database
After=network.target
After=network-online.target
Wants=network-online.target
## 注意 Redis 命令檔案的位置，請根據實際安裝位置進行修正
[Service]ExecStart=/usr/local/redis/bin/redis-server  /usr/local/redis/redis.conf
  --protected-mode no
ExecStop=/usr/local/redis/bin/redis-cli  shutdown
#Restart=always
Type=forking
#User=redis
#Group=redis
RuntimeDirectory=redis
RuntimeDirectoryMode=0755

[Install]
WantedBy=multi-user.target

[root@localhost ~]# systemctl daemon-reload   ## 使設定生效
[root@localhost ~]# systemctl  start  redis   ## 啟動 Redis 服務
[root@localhost ~]# systemctl  status redis   ## 查看 Redis 服務狀態
● redis.service - Redis persistent key-value database
   Loaded: loaded (/usr/lib/systemd/system/redis.service; disabled; vendor
preset: disabled)
   Active: active (running) since
----- 省略部分內容 -----

## 再次查看 Redis 處理程序
[root@localhost ~]# ps -ef | grep redis
root  126861    1  0 13:31 ?    00:00:00 /usr/local/redis/bin/redis-server
127.0.0.1:6379
root  126876 119752  0 13:31 pts/1    00:00:00 grep --color=auto redis

## 再次查看 6379 通訊埠是否被 Redis 佔用
[root@localhost ~]# netstat -anpt | grep 6379
tcp    0    0 127.0.0.1:6379       0.0.0.0:*       LISTEN      126861/redis-server
```

```
tcp6       0      0 ::1:6379      :::*           LISTEN      126861/redis-server

## 將 Redis 服務設定為開機自啟動
[root@localhost ~]# systemctl  enable redis
Created symlink from /etc/systemd/system/multi-user.target.wants/redis.
service to /usr/lib/systemd/system/redis.service.

## 將 Redis 服務設定為禁止開機自啟動
[root@localhost ~]# systemctl  disable redis
Removed symlink /etc/systemd/system/multi-user.target.wants/redis.service.

## 編輯 /etc/profile/ 檔案，在檔案結尾增加一行設定，將 Redis 的所有命令增加到 PATH 變數中
## 這樣做的好處是可以在系統的任意位置都能執行 Redis 命令

[root@localhost ~]# vim /etc/profile
------ 省略部分內容 -----
PATH=/usr/local/redis/bin/:$PATH

## 使其生效
[root@localhost ~]# source /etc/profile

## 隨意找個位置執行 Redis 命令，可以使用 Tab 鍵進行命令補全
[root@localhost ~]# redis-server --version
Redis server v=6.2.6 sha=00000000:0 malloc=jemalloc-5.1.0 bits=64 build=
f303b5a6203c0b94
```

這樣設定之後，不論是啟動還是停止等操作都可以透過常規的 systemctl start|stop| restart|status redis 命令管理服務，同時還將 Redis 服務的各種命令全域化了。

在企業環境中，一台伺服器中會部署很多服務，這麼多服務的程式檔案和設定檔，如果不進行規整管理的話，會變得錯綜複雜。建議大家編譯成功編程式的方式進行安裝，這樣可以將程式檔案集中到一起，容易維護。

透過軟體套件管理器一鍵安裝的方式也會自動規整檔案，不過是將某一類檔案歸到同一個資料夾下，舉例來說，/etc/ 目錄專門存放各種服

務的設定檔，但凡安裝某個服務，軟體套件管理器都會將該服務的設定檔安裝到 /etc/ 目錄下。

19.3 Redis 的基本操作命令

Redis 命令用於在 Redis 伺服器上執行各種操作，Redis 命令執行的方式與 Linux 差不多，都是在命令列上執行，不過 Redis 命令是透過命令列工具來執行的。

redis-cli 是 Redis 附帶的命令列工具，Redis 安裝完成後即可直接使用，不需要安裝額外的軟體程式。透過 redis-cli 使用者端連接 Redis 伺服器的語法格式為

```
redis-cli  [-h host]  [-p port]  [-a password]
```

各欄位的含義如下：

- redis-cli：使用者端工具，如果從本地登入，並且未設定登入密碼，可以直接透過此命令登入，不需要附加任何選項。
- [-h host]：用於指定遠端 Redis 伺服器的 IP 位址，若 Redis 在本地則不需要。
- [-p port]：用於指定 Redis 遠端伺服器的通訊埠編號，若連接通訊埠是預設的 6379，則可以忽略該選項。
- [-a password]：若 Redis 伺服器設定了密碼，則需要輸入，若沒有則不用管。

本地連接與遠端連接 Redis 伺服器命令的區別。

```
## 從本地可以直接透過命令登入，不需要選項
[root@localhost ~]# redis-cli
127.0.0.1:6379> quit
```

```
## 遠端登入需要指定 Redis 伺服器位址和通訊埠編號
[root@localhost ~]# redis-cli  -h 127.0.0.1 -p 6379
127.0.0.1:6379> quit
[root@localhost ~]#
```

以上只是連接 Redis 伺服器的命令，連接到 Redis 伺服器之後還會伴隨著各種操作，這些操作也需要透過命令完成。對 Redis 資料庫的各種操作，包括伺服器相關命令和對各種類型態資料的操作，值得注意的是，對資料操作的這些命令可以按照資料型態進行分類，不同類型的資料會有一套不同的操作命令。

註：所有命令中關鍵字的大小寫並不區分，在命令列中使用大寫或小寫的含義一致；如果忘記命令，可以透過 Tab 鍵進行補全操作。

1. 鍵值相關命令

常用的鍵值相關命令如下：

- keys*：傳回資料庫中所有的鍵，模糊匹配，my*、m*y…都可以。
- exists 鍵：確認一個鍵是否存在。
- del 鍵：刪除一個鍵。
- expire 鍵 數字（秒）：對一個已存在的鍵設定過期時間。
- persist 鍵：取消為鍵設定的過期時間。
- ttl 鍵：獲取鍵的有效時長，－1 表示此鍵已經過期。
- randomkey：隨機傳回鍵空間值的鍵。
- move：將當前資料庫中的鍵轉移到其他資料庫中。
- select 數字：選擇資料庫，預設進入 0 資料庫，預設有 16 個資料庫。
- rename 鍵名稱 鍵新名稱：重新命名鍵。
- type 鍵：傳回鍵的類型。

2. Redis 伺服器相關命令

常用的 Redis 伺服器相關命令如下：

- Ping：測試連接是否正常。
- select 數字 (0~15)：選擇資料庫，Redis 資料庫編號為 0 ～ 15，可以選擇任意一個資料庫來進行資料存取。
- dbsize：傳回當前資料庫中鍵的數目。
- info：獲取伺服器的資訊和統計。
- config key：即時傳輸與儲存收到的請求。
- flushdb：刪除當前資料庫中的所有的鍵。
- flushall：刪除所有資料庫中的所有的鍵。

3. 字串（String）資料型態

常用的字串（String）資料型態相關命令如下：

- set key value：設定 key 值對應的 String 類型的 value 值，若鍵存在，那麼對應的值會覆蓋原有的值。
- setnx key value：設定 key 值對應的 String 類型的 value 值，若鍵存在則傳回 0，不存在則插入。
- setex key seconds value：設定 key 值對應的 String 類型的 value 值，並指定此鍵值對應的有效期（預設單位為秒）。
- mset key value⋯：批次設定多個 key 的值，成功傳回 OK，失敗傳回 0。
- msetnx key value⋯：批次設定多個 key 的值，成功傳回 OK，失敗傳回 0。不會覆蓋已經存在的鍵值對。
- get key：獲設定值。
- getset key value：將 key 的值設為 value, 並傳回 key 在被設定之前的舊值。
- mget key key key⋯：批次獲取多個 key 的值，若對應 key 不存在則傳回 (nil)。

- incr key：對 key 的值做 ++ 操作，並傳回新的值。
- incrby key increment：同 incr 類似，加指定值，key 不存在則會增加 key，並認為原來的 value 值是 0。
- decr key：對 key 的值做 -- 操作，並傳回新的值。
- decrb key increment：同 incr 類似，減指定值，key 不存在則會增加 key，並認為原來的 value 值是 0。
- append key value：給指定 key 值的字串追加 value 值，傳回新字串的長度。

範例如下：

```
## 透過 Redis 使用者端連接本地 Redis 伺服器
[root@noylinux ~]# redis-cli

## 測試連接是否正常，傳回 PONG 表示連接成功
127.0.0.1:6379> ping
PONG

## 插入 String 類型的資料
127.0.0.1:6379> set str1 hello,noylinux!
OK

## 傳回資料庫中所有的 key
127.0.0.1:6379> keys *
1) "str1"

## 獲取指定 key 所對應的值
127.0.0.1:6379> get str1
"hello,noylinux!"

## 替換對應 key 的值，並傳回此 key 的舊值
127.0.0.1:6379> getset  str1 hi,noylinux!
"hello,noylinux!"
127.0.0.1:6379> get str1
"hi,noylinux!"
127.0.0.1:6379> set str2 hello,word!
OK
```

```
127.0.0.1:6379> keys *
1) "str1"
2) "str2"

## 批次獲取多個 key 的值，若對應 key 不存在則傳回 (nil)
127.0.0.1:6379> mget str1 str2 str3
1) "hi,noylinux!"
2) "hello,word!"
3) (nil)

## 刪除指定 key
127.0.0.1:6379> del str2
(integer) 1
127.0.0.1:6379> keys *
1) "str1"

## 清空當前資料庫中所有的 key
127.0.0.1:6379> flushdb
OK
```

4. 雜湊雜湊（Hash）資料型態

常用的雜湊雜湊（Hash）資料型態相關命令如下：

- hset key field value：設定雜湊表中某個欄位的值。
- hsetnx key field value：僅在欄位尚未存在於雜湊表的情況下，設定它的值。
- hmset key field value [field value …]：同時將多個欄位一值設定到雜湊表中。
- hget key field：傳回雜湊表中給定欄位的值。
- hmget key field [field …]：傳回雜湊表中一個或多個欄位的值。
- hexists key field：檢查給定欄位是否存在於雜湊表中，存在則傳回 1。
- hlen key：傳回指定雜湊表中欄位的數量。
- hdel key field [field …]：刪除雜湊表中指定欄位的值。
- hkeys key：傳回雜湊表中的所有欄位。

範例如下：

```
## 設定一個 hash 表，若 key 不存在則先建立
127.0.0.1:6379> hset hash1 name1 xiaoliu name2 xiaosun name3 xiaozhang
(integer) 3

## 傳回指定 hash 表中的所有的 field
127.0.0.1:6379> hkeys hash1
1) "name1"
2) "name2"
3) "name3"

## 獲取指定 hash 表中的值
127.0.0.1:6379> hget hash1 name2
"xiaosun"

## 傳回指定 hash 表中 field 的數量
127.0.0.1:6379> hlen hash1
(integer) 3

## 獲取 hash 表中 field 的值
127.0.0.1:6379> hmget hash1 name1 name2 name3 name4
1) "xiaoliu"
2) "xiaosun"
3) "xiaozhang"
4) (nil)

## 同時設定 hash 的多個 field 與值，且對應到 hash 表的 key 中
127.0.0.1:6379> hmset hash2 age1 43 age2 66 age3 55 age4 78
OK

## 傳回 hash 的所有 field
127.0.0.1:6379> hkeys hash2
1) "age1"
2) "age2"
3) "age3"
4) "age4"

127.0.0.1:6379> hmget hash2 age1 age2 age3 age4
1) "43"
```

```
2) "66"
3) "55"
4) "78"

## 刪除 hash 表 key 中指定的 field 的值
127.0.0.1:6379> hdel hash2 age1 age2
(integer) 2
127.0.0.1:6379> hmget hash2 age1 age2 age3 age4
1) (nil)
2) (nil)
3) "55"
4) "78"

## 清空當前資料庫中所有的 key
127.0.0.1:6379> flushdb
OK
127.0.0.1:6379> keys *
(empty array)
127.0.0.1:6379>
```

5. 鏈結串列（List）資料型態

常用的鏈結串列（List）資料型態相關命令如下：

- lpush key value [value …]：將一個或多個值插入鏈結串列的標頭，若有多個則按從左到右的順序依次插入。
- rpush key value [value …]：將一個或多個值插入鏈結串列的串列尾，若有多個則按從左到右的順序依次插入。
- linsert key BEFORE|AFTER pivot value：將值插入鏈結串列中，位於 pivot 之前或之後。
- lrange key start stop：傳回鏈結串列中指定區間內的元素，區間以偏移量 start 和 stop 指定。
- lset key index value：設定鏈結串列中指定下標的元素值，可用於替換。第一個下標為 0，依次增加。
- lrem key count value：根據參數 count 的值，移除串列中與 value

相同的元素。count > 0 表示從標頭開始搜尋，移除 count 個與 value 相同的元素。count < 0 表示從表尾開始，移除與 value 相同的元素，數量為 count 的絕對值。count = 0 表示移除表中所有與 value 相同的元素。

- ltrim key start stop：保留從 start 到 stop 之間的值，未保留的全部刪除。
- lpop key：從表的頭部刪除元素，並傳回刪除的元素。
- rpop key：從表的尾部刪除元素，並傳回刪除的元素。
- lindex key index：傳回名稱為 key 的鏈結串列中 index 位置的元素。
- llen key：統計鏈結串列的長度。

範例如下：

```
## 插入一個鏈結串列結構的資料，key 為 l1，value 為 a1 a2 a3
127.0.0.1:6379> lpush l1 a1 a2 a3
(integer) 3

## 顯示這個鏈結串列的長度
127.0.0.1:6379> llen l1
(integer) 3

## 取鏈結串列中的值
## 在鏈結串列結構的資料中，value 的下標是從 0 開始的，－ 1 表示最後一個
127.0.0.1:6379> lrange l1 0 -1
1) "a3"
2) "a2"
3) "a1"

## 在 key 對應的鏈結串列的頭部增加字串元素
127.0.0.1:6379> lpush l1 b1 b2 b3
(integer) 6
127.0.0.1:6379> lrange l1 0 -1
1) "b3"
2) "b2"
```

```
3) "b1"
4) "a3"
5) "a2"
6) "a1"

## 在 key 對應的鏈結串列的尾部增加字串元素
127.0.0.1:6379> rpush l1 c1 c2 c3
(integer) 9
127.0.0.1:6379> lrange l1 0 -1
1) "b3"
2) "b2"
3) "b1"
4) "a3"
5) "a2"
6) "a1"
7) "c1"
8) "c2"
9) "c3"

## 從表的尾部刪除元素，並傳回刪除的元素
127.0.0.1:6379> rpop l1
"c3"
127.0.0.1:6379> lrange l1 0 -1
1) "b3"
2) "b2"
3) "b1"
4) "a3"
5) "a2"
6) "a1"
7) "c1"
8) "c2"

## 從表的頭部刪除元素，並傳回刪除的元素
127.0.0.1:6379> lpop l1
"b3"
127.0.0.1:6379> lrange l1 0 -1
1) "b2"
2) "b1"
3) "a3"
4) "a2"
```

```
5) "a1"
6) "c1"
7) "c2"

## 從某個鍵中刪除 N 個與其他值相同的值（count<0 表示從尾部刪除，count=0 表示全部刪除）
127.0.0.1:6379> lrem l1 1 a3
(integer) 1
127.0.0.1:6379> lrange l1 0 -1
1) "b2"
2) "b1"
3) "a2"
4) "a1"
5) "c1"
6) "c2"

## 設定鏈結串列中指定下標的元素值，用於替換
## 第一個下標為 0，依次增加
127.0.0.1:6379> lset l1 1 b111111
OK
127.0.0.1:6379> lrange l1 0 -1
1) "b2"
2) "b111111"
3) "a2"
4) "a1"
5) "c1"
6) "c2"

## 傳回名稱為 key 的鏈結串列中 index 位置的元素
127.0.0.1:6379> lindex l1 1
"b111111"
127.0.0.1:6379> lindex l1 0
"b2"
```

6. 集合（Set）資料型態

常用的集合（Set）資料型態相關命令如下：

- sadd key member [member …]：向名稱為 key 的集合中增加一個或多個元素。

- srem key member [member …]：刪除名稱為 key 的集合中的元素。
- spop key：隨機彈出並刪除集合中的元素。
- srandmember key [count]：隨機傳回鍵或集合中的元素，但不刪除該元素。
- sdiff key [key …]：傳回集合的全部元素，該集合是所有給定集合之間的差集。
- sinter key [key …]：傳回集合的全部元素，該集合是所有給定集合的交集。
- sunion key [key …]：傳回集合的全部元素，該集合是所有給定集合的聯集。
- smove source destination member：從第一個集合中移除一個元素，並移動到第二個集合中。
- smembers key：傳回集合中所有的元素。
- scard key：傳回集合中元素的數量。

範例如下：

```
## 向名稱為 key 的集合中增加元素
## 集合是 String 類型的無序集合，集合中所有的元素是唯一的
127.0.0.1:6379> sadd s1 mysql redis mongodb oracle mysql mysql mysql mysql
(integer) 4

## 查看集合中元素的個數
127.0.0.1:6379> scard s1
(integer) 4

## 傳回集合中所有的元素
127.0.0.1:6379> smembers s1
1) "redis"
2) "mongodb"
3) "mysql"
4) "oracle"
127.0.0.1:6379> sadd s2 mysql nginx apache tomcat oracle
(integer) 5
127.0.0.1:6379> smembers s2
```

```
1) "tomcat"
2) "mysql"
3) "nginx"
4) "apache"
5) "oracle"

## 傳回所有給定鍵的交集
127.0.0.1:6379> sinter s1 s2
1) "mysql"
2) "oracle"

## 傳回兩個鍵中元素的差集並且儲存到一個鍵中
127.0.0.1:6379> sinterstore s3 s1 s2
(integer) 2
127.0.0.1:6379> smembers s3
1) "oracle"
2) "mysql"

## 隨機傳回鍵或集合中一個或多個元素，但不刪除該元素
## 最後的 2 表示隨機 2 次
127.0.0.1:6379> srandmember s1 2
1) "mysql"
2) "mongodb"
127.0.0.1:6379> srandmember s1 2
1) "mysql"
2) "redis"

## 隨機彈出並刪除集合中的元素
## 最後的 3 表示隨機三次
127.0.0.1:6379> spop s2 3
1) "oracle"
2) "apache"
3) "tomcat"
127.0.0.1:6379> smembers s2
1) "nginx"
2) "mysql"

## 刪除名稱為 key 的集合中指定的元素
127.0.0.1:6379> srem s2 nginx
(integer) 1
```

```
127.0.0.1:6379> smembers s2
1) "mysql"

## 傳回兩個鍵中元素的聯集並且儲存到一個鍵中
127.0.0.1:6379> sunion s1 s2
1) "oracle"
2) "mysql"
3) "mongodb"
4) "redis"

## 從第一個集合中移除一個元素，並移動到第二個對應的集合中
127.0.0.1:6379> smembers s2
1) "mysql"
127.0.0.1:6379> smembers s1
1) "redis"
2) "mongodb"
3) "mysql"
4) "oracle"
127.0.0.1:6379> smove s1 s2 redis
(integer) 1
127.0.0.1:6379> smembers s2
1) "redis"
2) "mysql"
127.0.0.1:6379> smembers s1
1) "mongodb"
2) "mysql"
3) "oracle"
```

7. 有序集合（Zset）資料型態

常用的有序集合（Zset）資料型態相關命令如下：

- zadd key score member [[score member] [score member] …]：向鍵中的元素增加順序，用於排序，若元素存在，則更新其順序。
- zrem key member [member …]：刪除有序集合中指定的元素。
- zrank key member：傳回鍵中元素的排名（按下標從小到大排序），排完序後找索引值。

- zrevrank key member：傳回鍵中元素的排名（按下標從大到小排序），排完序後找索引值。
- zrangebyscore key min max [WITHSCORES] [LIMIT offset count]：先昇冪排序，再傳回給定範圍內的元素。
- zcount key min max：計算在有序集合中指定區間的元素個數。
- zcard key：傳回集合中所有元素的個數。
- zremrangebyrank key start stop：刪除集合中排名在替定範圍中的元素（按索引來刪除）。
- zremrangebyscore key min max：刪除集合中排名在替定範圍中的元素（按順序來刪除）。
- zrange key start stop [WITHSCORES]：在集合中取元素。start 與 stop 為索引，從第一個到最後一個（昇冪）。 WITHSCORES 為輸出順序號。
- zrevrange key start stop [WITHSCORES]：在集合中取元素。start 與 stop 為索引，從最後一個到第一個（降冪）。WITHSCORES 為輸出順序號。

範例如下：

```
## 插入有序集合
## 向鍵中的元素增加順序，用於排序，若元素存在，則更新其順序
127.0.0.1:6379> zadd z1 1 one 2 two 3 there
(integer) 3
127.0.0.1:6379> zadd z2 1 1 2 2 3 3
(integer) 3

## 在集合中取元素。0 與 -1 為索引，從第一個到最後一個（昇冪）
127.0.0.1:6379> zrange z1 0 -1
1) "one"
2) "two"
3) "there"
127.0.0.1:6379> zrange z2 0 -1
1) "1"
2) "2"
```

```
3) "3"

## 傳回集合中所有元素的個數
127.0.0.1:6379> zcard z1
(integer) 3
127.0.0.1:6379> zcard z2
(integer) 3

## 計算在有序集合中指定區間的元素個數
127.0.0.1:6379> zcount z1 0 2
(integer) 2
127.0.0.1:6379> zcount z2 0 2
(integer) 2

## 刪除集合中指定的元素
127.0.0.1:6379> zrem z1 one two
(integer) 2
127.0.0.1:6379> zrange z1 0 -1
1) "there"
```

使用 LNMP 架構架設 DzzOffice 網路硬碟

20.1 LNMP 架構簡介

本章真正的目的其實並不是架設 DzzOffice 網路硬碟本身，而是借助架設網路硬碟的過程幫助大家熟悉 LNMP 架構。

前面的章節已經將 Linux 作業系統、Nginx、MySQL/MariaDB、PHP 介紹得差不多了，接下來就是如何將這些服務一起使用，做到融會貫通。

圖 20-1 是 LNMP 基礎架構的工作流程圖，也是我們本章要手動架設的架構。架構中的 Nginx 專門用來將網站執行起來，對外提供造訪。網站可以分成靜態資源和動態資源（也可以稱為靜態檔案和動態檔案），Nginx 可以處理靜態資源，但解析不了動態資源。所以當使用者透過瀏覽器存取網站時，所產生的靜態資源請求會由 Nginx 本身來進行處理，而對於動態資源請求，Nginx 會將其轉發給後端的 PHP 服務進行處理。

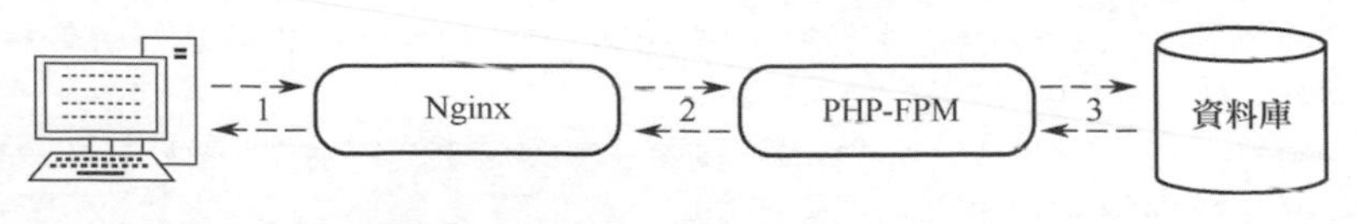

▲ 圖 20-1　LNMP 基礎架構的工作流程

PHP 服務會一直等待動態資源請求的到來，接收到動態資源請求後，先分析請求的內容，若請求與資料查詢有關，則 PHP 會在 MySQL/MariaDB 資料庫中查詢指定的資料，將查詢到的結果回應給 Nginx，Nginx 再將結果回饋給使用者（瀏覽器）。

MySQL/MariaDB 資料庫預設會開放 3306 通訊埠，開放該通訊埠的目的是等待其他應用程式發送操作資料的請求，請求中會包含 SQL 敘述。資料庫本身就是一個資料倉儲，這個倉庫除了提供儲存資料的功能之外，還會對外提供一系列服務，比如對資料的增、刪、查、改等。

以上就是 LNMP 架構的工作原理，所有的網站也都是基於這個原理設計的。網際網路上有很多開放原始碼的網路硬碟系統，這裡選擇 DzzOffice，它是一套開放原始碼辦公套件，適合企業、團隊用來架設自己的類似「Google 企業應用套件」、「微軟 Office365」的企業協作辦公平台。主要功能包括線上協作辦公，公告、檔案分享管理，檔案基本操作，雲端硬碟儲存支援等。功能靈活強大，並且為企業私有部署，安全可靠。選擇 DzzOffice 的主要原因是它開放原始程式碼、操作介面簡潔好用，並且需要在 LNMP 架構的基礎上進行安裝和使用，有利於我們了解、掌握 LNMP 架構。

20.2 架設過程

按上文介紹的方法將 Nginx、PHP 和 MariaDB 在 Linux 作業系統上安裝部署好。

```
[root@noylinux /]# ps -ef | grep MySQLd
MySQL   3399       1  0 21:24 ?    00:00:05 /usr/libexec/MySQLd --basedir=/usr
[root@noylinux /]# ps -ef | grep php
root   149635   1   0 21:46 ?  00:00:00 php-fpm: master process (/usr/local/
php7-fpm/etc/php-fpm.conf)
nobody  149636  149635  0 21:46 ?   00:00:00 php-fpm: pool www
nobody  149637  149635  0 21:46 ?   00:00:00 php-fpm: pool www
```

```
[root@noylinux /]# ps -ef | grep nginx
root     149920       1  0 22:01 ?    00:00:00 nginx: master process ./sbin/
nginx -c conf/nginx.conf
nginx    149921  149920  0 22:01 ?    00:00:00 nginx: worker process
[root@noylinux /]# netstat -anpt | grep 3306
tcp6   0    0 :::3306       :::*              LISTEN      3399/MySQLd
[root@noylinux /]# netstat -anpt | grep 9000
tcp     0    0 127.0.0.1:9000     0.0.0.0:*    LISTEN    149635/php-fpm: mas
[root@noylinux /]# netstat -anpt | grep 80
tcp     0    0      0.0.0.0:80     0.0.0.0:*    LISTEN    149920/nginx: maste
```

Nginx、PHP、MariaDB 安裝完成後，先將 Nginx 與 PHP 之間打通（具體步驟見 16.3 節），設定完成後的效果如圖 20-2 所示。

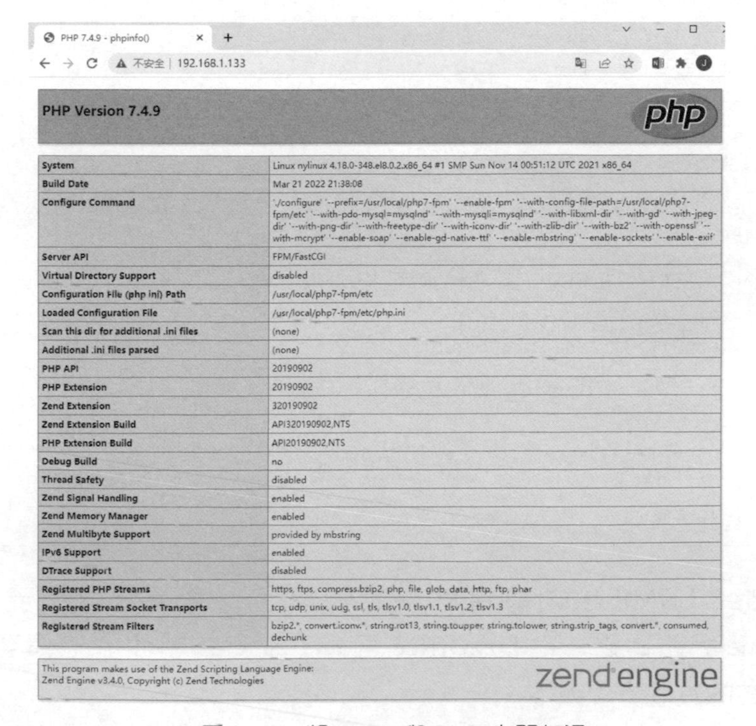

PHP 7.4.9 - phpinfo()
不安全 | 192.168.1.133

PHP Version 7.4.9

System	Linux nylinux 4.18.0-348.el8.0.2.x86_64 #1 SMP Sun Nov 14 00:51:12 UTC 2021 x86_64
Build Date	Mar 21 2022 21:38:08
Configure Command	'./configure' '--prefix=/usr/local/php7-fpm' '--enable-fpm' '--with-config-file-path=/usr/local/php7-fpm/etc' '--with-pdo-mysql=mysqlnd' '--with-mysqli=mysqlnd' '--with-libxml-dir' '--with-gd' '--with-jpeg-dir' '--with-png-dir' '--with-freetype-dir' '--with-iconv-dir' '--with-zlib-dir' '--with-bz2' '--with-openssl' '--with-mcrypt' '--enable-soap' '--enable-gd-native-ttf' '--enable-mbstring' '--enable-sockets' '--enable-exif'
Server API	FPM/FastCGI
Virtual Directory Support	disabled
Configuration File (php.ini) Path	/usr/local/php7-fpm/etc
Loaded Configuration File	/usr/local/php7-fpm/etc/php.ini
Scan this dir for additional .ini files	(none)
Additional .ini files parsed	(none)
PHP API	20190902
PHP Extension	20190902
Zend Extension	320190902
Zend Extension Build	API320190902,NTS
PHP Extension Build	API20190902,NTS
Debug Build	no
Thread Safety	disabled
Zend Signal Handling	enabled
Zend Memory Manager	enabled
Zend Multibyte Support	provided by mbstring
IPv6 Support	enabled
DTrace Support	disabled
Registered PHP Streams	https, ftps, compress.bzip2, php, file, glob, data, http, ftp, phar
Registered Stream Socket Transports	tcp, udp, unix, udg, ssl, tls, tlsv1.0, tlsv1.1, tlsv1.2, tlsv1.3
Registered Stream Filters	bzip2.*, convert.iconv.*, string.rot13, string.toupper, string.tolower, string.strip_tags, convert.*, consumed, dechunk

This program makes use of the Zend Scripting Language Engine:
Zend Engine v3.4.0, Copyright (c) Zend Technologies

zend engine

▲ 圖 20-2　將 Nginx 與 PHP 之間打通

Nginx 與 PHP 之間打通之後，剩下的就是連接 MariaDB 資料庫了，操作也非常簡單，只需要建立一個使用者即可，其目的是讓 DzzOffice 網路硬碟系統能夠有許可權自動建立資料庫並匯入 SQL 檔案，範例如下：

```
[root@noylinux ~]# MySQL
Welcome to the MariaDB monitor.  Commands end with ; or \g.
Your MariaDB connection id is 8
Server version: 10.3.28-MariaDB MariaDB Server

Copyright (c) 2000, 2018, Oracle, MariaDB Corporation Ab and others.

Type 'help;' or '\h' for help. Type '\c' to clear the current input statement.

MariaDB [(none)]> show databases;
+---------------------+
| Database    |
+---------------------+
| information_schema |
| MySQL       |
| performance_schema |
+---------------------+
3 rows in set (0.031 sec)

MariaDB [(none)]> grant all on *.* to "dzzoffice"@"localhost" identified by
"qwer1234";
Query OK, 0 rows affected (0.002 sec)

MariaDB [(none)]> flush privileges;
Query OK, 0 rows affected (0.001 sec)

MariaDB [(none)]> quit
Bye
[root@noylinux ~]#
```

至此，LNMP 基礎架構就架設完成了，接下來就是安裝部署 DzzOffice 網路硬碟。從 DzzOffice 官網下載安裝套件並上傳至伺服器中，安裝的具體步驟如下。

（1）將安裝套件解壓後的檔案拷貝至 Nginx 的 html 目錄下。

```
[root@noylinux opt]# ll
-rw-r--r--. 1 root root 19581039 3月  21 22:04 dzzoffice-2.02.1.tar.gz
```

```
[root@noylinux opt]# tar xf dzzoffice-2.02.1.tar.gz     ## 解壓安裝套件

[root@noylinux opt]# ls
dzzoffice-2.02.1  dzzoffice-2.02.1.tar.gz

[root@noylinux opt]# cd dzzoffice-2.02.1/

# 將解壓後的所有檔案拷貝至 Nginx 的 html 目錄下
[root@noylinux dzzoffice-2.02.1]# cp -rf *  /usr/local/nginx/html/
cp：是否覆蓋 '/usr/local/nginx/html/index.php' ? yes

[root@noylinux dzzoffice-2.02.1]# cd /usr/local/nginx/html/

[root@noylinux html]# ls
50x.html    config          dzz       index.php    misc.php    short.php  user.php
admin       core            favicon.ico            install     oauth.php static
admin.php   crossdomain.xml htaccess_default.txt INSTALL.md README.md UPDATE.md
avatar.php  data            index.html             misc        share.php user

[root@noylinux html]# ../sbin/nginx  -s reload     # 多載 Nginx
```

（2）透過瀏覽器存取 Nginx（http:// 伺服器 IP 位址 /），出現 DzzOffice 安裝的歡迎介面，如圖 20-3 所示。點擊「開始安裝」按鈕。

▲ 圖 20-3　DzzOffice 安裝的歡迎介面（編按：本圖例為簡體中文介面）

（3）開始安裝後，DzzOffice 網路硬碟系統會對剛部署的 LNMP 進行環境檢查，查看是否符合安裝要求，如圖 20-4 所示。

▲ 圖 20-4　環境檢查（編按：本圖例為簡體中文介面）

（4）點擊「下一步」按鈕，對安裝目錄中目錄、檔案的許可權進行檢查，如圖 20-5 所示。若不符合要求則需要單獨對某個目錄或檔案進行授權。因為我們之前沒進行授權操作，所以這裡需要對目錄、檔案手動授予許可權，按照介面提示進行授權即可。

▲ 圖 20-5　目錄、檔案許可權檢查（編按：本圖例為簡體中文介面）

（5）點擊「下一步」按鈕，對資料庫操作，填寫資料庫資訊，如圖 20-6 所示。填寫完成之後點擊「下一步」按鈕，開始驗證資料庫的位址、使用者名稱、密碼，驗證無誤則自動建立資料庫並匯入資料，如圖 20-7 所示。若驗證有誤則需要重新填寫。

▲ 圖 20-6　填寫資料庫資訊（編按：本圖例為簡體中文介面）

▲ 圖 20-7　自動建立資料庫並匯入資料（編按：本圖例為簡體中文介面）

資料庫資訊填寫完成後可以發現，MariaDB 中多了一個資料庫，這就是 DzzOffice 自動建立的，而且資料庫中已經建立好了資料表和資料，資料庫資訊如下：

```
[root@noylinux ~]# MySQL
Welcome to the MariaDB monitor.  Commands end with ; or \g.
Your MariaDB connection id is 13
Server version: 10.3.28-MariaDB MariaDB Server

Copyright (c) 2000, 2018, Oracle, MariaDB Corporation Ab and others.

Type 'help;' or '\h' for help. Type '\c' to clear the current input statement.

MariaDB [(none)]> show databases;
+----------------------+
| Database             |
+----------------------+
| dzzoffice            |
| information_schema   |
| MySQL                |
| performance_schema   |
+----------------------+
4 rows in set (0.000 sec)

MariaDB [(none)]> use dzzoffice;
Reading table information for completion of table and column names
You can turn off this feature to get a quicker startup with -A

Database changed
MariaDB [dzzoffice]> show tables;
+----------------------+
| Tables_in_dzzoffice  |
+----------------------+
| dzz_admincp_session  |
| dzz_app_market       |
----- 省略部分內容 -----
| dzz_usergroup        |
| dzz_usergroup_field  |
| dzz_vote             |
```

```
| dzz_vote_item         |
| dzz_vote_item_count   |
| dzz_wx_app            |
+-----------------------+
87 rows in set (0.001 sec)

MariaDB [dzzoffice]>
```

（6）填寫管理員資訊，包括登入電子郵件、管理員使用者名稱和登入密碼等，如圖 20-8 所示。管理員是整個網路硬碟系統中許可權最高的使用者，一般此使用者由 Linux 運行維護工程師來維護。

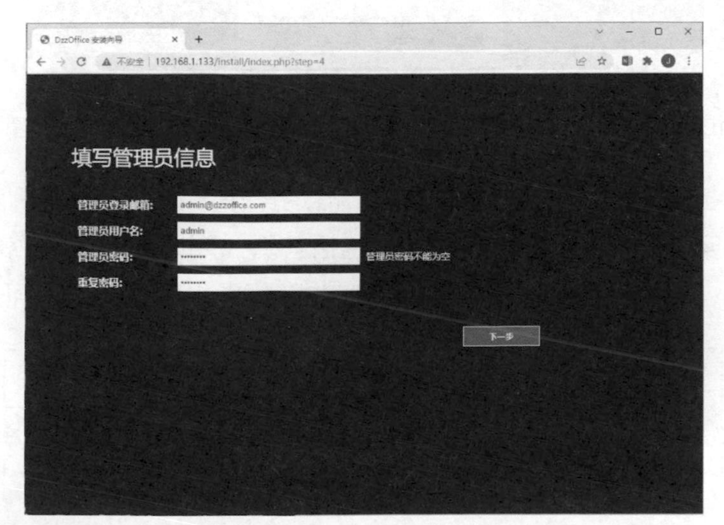

▲ 圖 20-8　填寫管理員資訊（編按：本圖例為簡體中文介面）

（7）安裝完成，如圖 20-9 所示。點擊「進入首頁」按鈕。

▲ 圖 20-9　安裝成功（編按：本圖例為簡體中文介面）

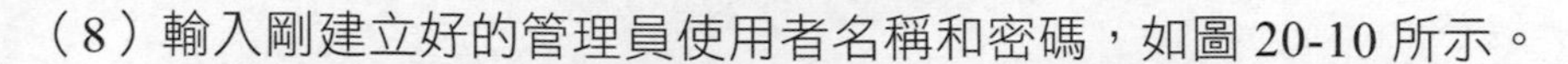

（8）輸入剛建立好的管理員使用者名稱和密碼，如圖 20-10 所示。

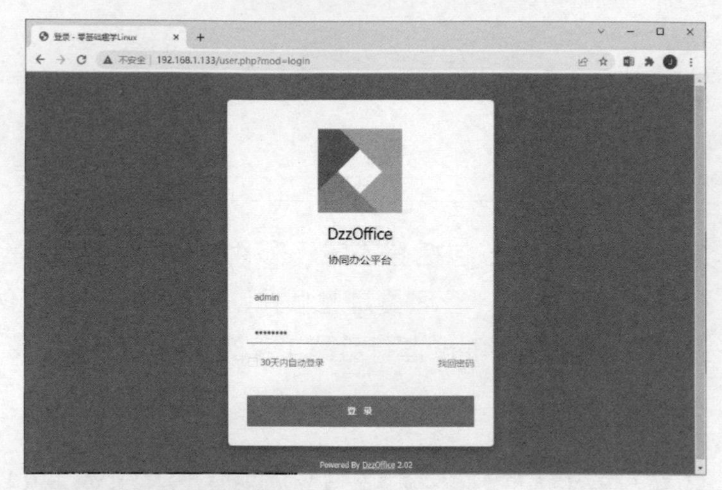

▲ 圖 20-10 輸入剛建立好的管理員使用者名稱和密碼（編按：本圖例為簡體中文介面）

（9）按照頁面提示訊息完成兩筆指定操作，如圖 20-11 所示。應用市場用於安裝 DzzOffice 中的功能，包括首頁、網路硬碟、任務板、討論板、文件、表格、PPT 和記錄等，大家按實際需求選擇安裝即可。

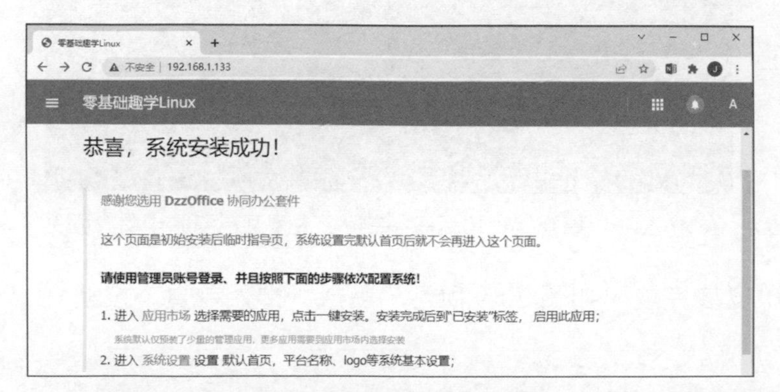

▲ 圖 20-11　按照頁面提示訊息完成兩筆指定操作（編按：本圖例為簡體中文介面）

設定好的效果圖（首頁展示圖）如圖 20-12 所示。

▲ 圖 20-12　設定好的效果圖（首頁展示圖）（編按：本圖例為簡體中文介面）

網路硬碟介面的效果圖如圖 20-13 所示。透過網路硬碟可以非常方便地完成檔案的上傳和下載，若想上傳檔案，可直接從桌面將檔案滑動到網路硬碟介面，還能對檔案進行分享、編輯許可權、重新命名、編輯等操作，也可以針對企業中各個部門實現檔案共用、協作辦公等功能。

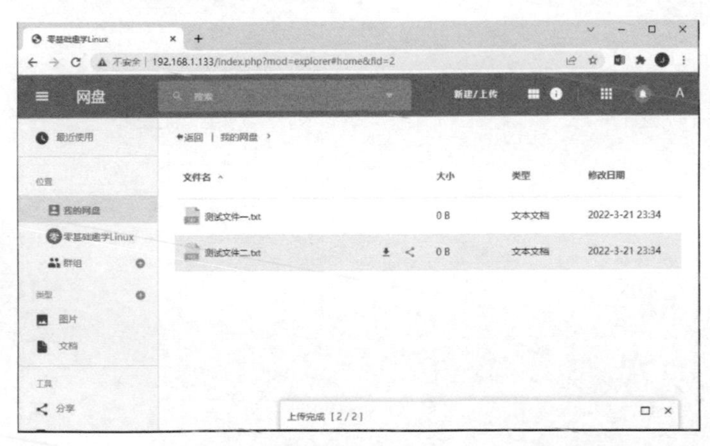

▲ 圖 20-13　網路硬碟介面的效果圖（編按：本圖例為簡體中文介面）

至此，DzzOffice 網路硬碟系統就安裝完成了，本章我們介紹了如何在 LNMP 架構的基礎上架設 DzzOffice 網路硬碟系統，其實不光是 DzzOffice 網路硬碟系統，各類網站、部落格等也是類似的架設原理和流程。

CHAPTER 21

常見的企業服務系列之 FTP

21.1 FTP 工作原理

從本章開始，筆者將逐步介紹幾種常用的企業服務，這些企業服務主要是用來輔助整套運行維護框架和員工日常辦公的。例如本章介紹的檔案共用服務，該功能能夠很大程度提高辦公效率，並且還有助節省 Linux 運行維護工程師的維護成本。

有了檔案共用服務後，只需要一筆 URL 就能將共用檔案拉取下來，省時省力；在開發網站的時候，透過檔案共用服務可以將網頁或程式傳到 Web 伺服器上。

常見的檔案共用服務有以下幾種：

- FTP：檔案共用服務，工作在應用層，允許使用者以檔案操作的方式（如檔案的增、刪、改、查、傳送等）與另一主機相互通訊。
- RPC：遠端程序呼叫，能夠讓位於不同主機上的兩個處理程序基於二進位的格式實現資料通信。
- NFS：網路檔案系統，允許一個系統在網路上與他人共用目錄和檔案。

- Samba：是 CIFS/SMB 協定的實現，能夠實現跨平台檔案共用，共用的機制比較底層。

檔案傳輸通訊協定（File Transfer Protocol，FTP）是 TCP/IP 協定組中的協定之一。可以這樣理解，FTP 既是用於在網路上進行檔案傳輸的一套標準協定，又是一類工具的統稱。作為工具，FTP 是目前網際網路歷史最悠久的網路工具，基於不同的作業系統會有各種不同的 FTP 工具，而這些 FTP 工具在開發的時候都遵守同一種協定（FTP）來實現檔案傳輸。

一套完整的 FTP 工具分為服務端和使用者端，服務端架設在伺服器上提供 FTP 服務，FTP 服務預設監聽在 TCP 21 通訊埠上，主要用來儲存檔案。使用者可以使用 FTP 使用者端，透過 FTP 協定存取位於 FTP 伺服器上的資源，並將檔案下載到本地，伺服器也可以允許使用者端將本地檔案上傳至伺服器。

一個完整的 FTP 檔案傳輸需要建立兩種類型的連接：一種為檔案傳輸命令，稱為 FTP 控制連接；另一種實現真正的檔案傳輸，稱為 FTP 資料連接。

（1）控制連接：當使用者端希望與 FTP 伺服器建立上傳下載的資料傳輸時，它會向伺服器的 TCP 21 通訊埠發起一個建立連接的請求，FTP 伺服器接受來自使用者端的請求，完成連接的建立，這樣的連接就稱為 FTP 控制連接。此連接會一直線上，等待著使用者端的請求。

（2）資料連接：當 FTP 控制連接建立之後，使用者端就會發起資料的上傳 / 下載請求，接著就開始傳輸檔案了，傳輸檔案的連接稱為 FTP 資料連接。當使用者端發起資料傳輸請求時，才開啟這個連接，當資料傳輸完成後，關閉這個連接，隨選開啟，隨選關閉。

其實資料連接的過程就是 FTP 傳輸資料的過程，它有兩種傳輸模式：主動模式（PORT）和被動模式（PASV）。這兩種模式都是從伺服器的角度出發的：伺服器主動連接使用者端，就是主動模式；伺服器處於監聽狀態，等待使用者端連接，就是被動模式。

主動模式（PORT）：使用者端向 FTP 伺服器的 21 通訊埠發送一筆連接請求，FTP 伺服器接受連接，這時就建立起了一筆控制鏈路。當需要傳輸資料時，使用者端就在控制鏈路上用 PORT 命令告訴 FTP 伺服器：「我已開放了某通訊埠，快來連接我吧」。於是 FTP 伺服器就從 20 通訊埠向使用者端已開放的通訊埠發送一筆連接請求，當使用者端接受請求之後，資料連結就建成了，可以傳輸資料了。

被動模式（PASV）：使用者端向 FTP 伺服器的 21 通訊埠發送一筆連接請求，FTP 伺服器接受連接，這時就建立起了一筆控制鏈路。當需要傳輸資料時，FTP 伺服器就在控制鏈路上用 PASV 命令告訴使用者端：「我已開放了某通訊埠，快來連接我吧」。於是使用者端就向 FTP 伺服器已開放的通訊埠發送一筆連接請求，當 FTP 伺服器接受請求之後，資料連結就建成了，可以傳輸資料了。

看到以上描述可能有讀者會疑惑，不是只佔用 21 通訊埠嗎，為什麼圖 21-1 中又多出了 20 通訊埠和隨機通訊埠？有的資料會解釋為 FTP 伺服器使用 TCP 的 20 和 21 通訊埠，這是不太準確的，甚至會誤導大家，實際上，FTP 服務在主動模式下會將 TCP 的 21 通訊埠用於控制連接，將 TCP 的 20 通訊埠用於資料連接；而在被動模式下，21 通訊埠還是用來進行控制連接，但用於資料連接的通訊埠卻變成了隨機通訊埠。所以，Linux 運行維護工程師在設計防火牆規則時一定要了解 PORT 和 PASV 兩種模式的工作原理。

註：FTP 伺服器預設工作在 PORT 模式下。

PORT 和 PASV 這兩種模式哪一種好呢？其實 PORT 和 PASV 之間最大的區別就是資料通訊埠連接方式不同，站在網路安全的角度來看，PORT 模式會更安全一些，因為它使用的是固定通訊埠，更有利於防火牆對伺服器通訊埠的防護；而 PASV 模式是為了解決駭客偷偷抓取資料的隱憂，因為在 PORT 模式中，20 通訊埠是固定的，用來傳輸資料，比較容易被類似 sniffer 的偵測器偵測到，改成隨機通訊埠會大大提高竊取資料的難度。

當然了，在企業中，一套完整的運行維護架構不是裸機執行的，還會有很多網路安全工具與企業內部服務搭配起來使用，例如將 FTP 服務與防火牆結合起來使用，會大大提升運行維護架構的安全性。

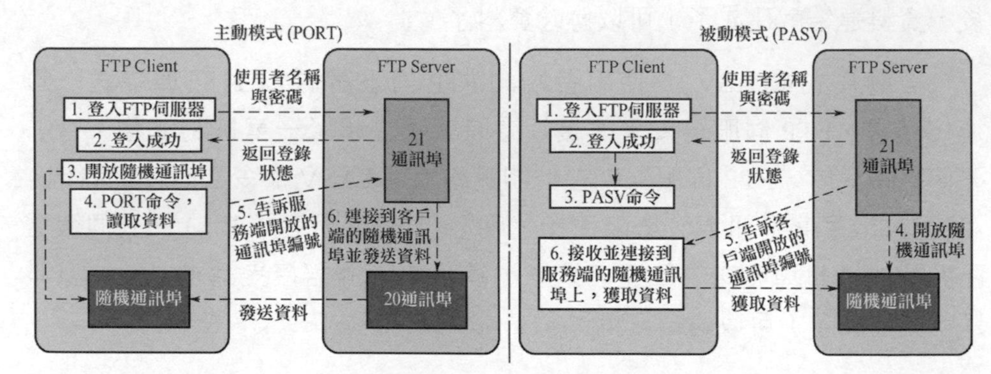

▲ 圖 21-1　主動模式（PORT）和被動模式（PASV）

21.2 FTP 服務的安裝部署

能夠實現 FTP 服務的工具有很多，在 Linux 作業系統中，預設附帶的 FTP 工具為 vsftp。vsftp 的全稱叫 Very Secure FTP，是一款完全免費的、開放原始程式碼的 FTP 伺服器軟體，其特點有小巧輕快、安全好用、穩定、支援虛擬使用者、支援頻寬限制等。目前 vsftp 的市場應用十分廣泛，很多國際性的大公司和自由開放原始碼組織都在使用，舉例來說，Red Hat、Debian、CentOS、Suse、Ubuntu、Rocky Linux 等。

vsftp 工具擁有使用者驗證和設定檔案許可權的功能，這使得 Linux 運行維護工程師可以更進一步地進行管理，例如控管使用者對檔案的下載許可權、上傳許可權和讀取許可權等。vsftpd 服務（由 vsftp 工具提供）允許使用者使用 3 種方式進行登入：

（1）匿名使用者模式：任何人都可以不需要驗證方式直接登入連接，存取的目錄在 /var/ftp 下，一般用來分享不重要的檔案。

（2）本地使用者模式：使用本地使用者登入，存取目錄是登入使用者的家目錄，設定較簡單。

（3）虛擬使用者模式：建立單獨的使用者資料庫檔案，虛擬使用者用密碼進行驗證。

vsftp 工具的安裝過程也非常簡單，若透過 apt 軟體套件管理器安裝，則使用命令 sudo apt install -y vsftpd 即可。

範例

vsftp 工具安裝完成後，其主要設定檔路徑如下：

- /usr/sbin/vsftpd：可執行檔（主程式）。
- /usr/lib/systemd/system/vsftpd.service：啟動指令稿。
- /etc/vsftpd/vsftpd.conf：主設定檔。
- /etc/pam.d/vsftpd：PAM 認證檔案。
- /etc/vsftpd/ftpusers：禁止使用 vsftp 的使用者列表檔案。
- /etc/vsftpd/user_list：禁止或允許使用 vsftp 的使用者列表檔案。
- /var/ftp：匿名使用者家目錄。

主設定檔中每一行設定的含義如下：

```
[root@localhost ~]# cd /etc/vsftpd/
[root@localhost vsftpd]# ls
ftpusers  user_list  vsftpd.conf  vsftpd_conf_migrate.sh
[root@localhost vsftpd]# cat vsftpd.conf
# 這個主設定檔是一個範本檔案，並沒有包含 vsftp 的所有設定選項
# 可以透過 man 手冊更加了解 vsftp 的所有功能

# 是否允許匿名登入 FTP 伺服器，設定為 YES 表示允許，為 NO 表示不允許
# 匿名使用者登入後會進入 /var/ftp/ 目錄下
```

```
# 若想關閉匿名使用者登入，只需要在此選項前面加上 "#" 註釋起來即可
anonymous_enable=YES

# 是否允許本地使用者登入 FTP 伺服器，設定為 YES 表示允許，為 NO 表示不允許
# 本地使用者登入後會進入使用者家目錄下
local_enable=YES

# 是否允許本地使用者對 FTP 伺服器中的檔案具備寫入許可權，預設設定為 YES（允許），設定為 NO 表
示不允許
write_enable=YES

# 本地使用者上傳檔案的許可權遮罩
local_umask=022

# 是否允許匿名使用者上傳檔案，需要先將 write_enable 設定為 YES
#anon_upload_enable=YES

# 是否允許匿名使用者建立新資料夾
#anon_mkdir_write_enable=YES

# 是否顯示目錄說明文件
dirmessage_enable=YES

# 是否生成上傳 / 下載檔案的記錄檔記錄
# 預設記錄檔位置：/var/log/vsftpd.log
xferlog_enable=YES

# 是否啟用 20 通訊埠作為固定的資料通訊埠
connect_from_port_20=YES

# 設定是否允許改變上傳檔案的擁有者
#chown_uploads=YES
# 設定改變上傳檔案的擁有者為誰，輸入系統使用者
#chown_username=whoever

# 設定記錄檔位置，預設是 /var/log/vsftpd.log
#xferlog_file=/var/log/xferlog

# 是否以標準 xferlog 格式書寫傳輸記錄檔
xferlog_std_format=YES
```

```
# 設定資料傳輸中斷間隔時間，預設空閒的使用者階段中斷時間為 600s
#idle_session_timeout=600

# 設定資料連接逾時時間，預設資料連接逾時時間為 120s
#data_connection_timeout=120
#
# 使用特殊使用者 ftpsecure，把 ftpsecure 視作一般存取使用者
# 所有連接 FTP 伺服器的使用者都具有 ftpsecure 使用者名稱
#nopriv_user=ftpsecure

# 是否辨識非同步 ABOR 請求
#async_abor_enable=YES

# 是否以 ASCII 方式傳輸資料
# 在預設情況下，伺服器會忽略 ASCII 方式的請求，啟用此選項將允許伺服器以 ASCII 方式傳輸資料
#ascii_upload_enable=YES
#ascii_download_enable=YES

# 登入 FTP 伺服器時顯示的歡迎資訊
#ftpd_banner=Welcome to blah FTP service.
#
#email 黑名單設定。
#deny_email_enable=YES
# 黑名單檔案位置，需手動建立
#banned_email_file=/etc/vsftpd/banned_emails

# 是否將所有使用者都限制在自己的家目錄中，YES 為啟用，預設為 NO（禁用）
#chroot_local_user=YES

# 是否啟動限制使用者的名單，YES 為啟用，NO 為禁用
#chroot_list_enable=YES
# 是否限制在家目錄下的使用者名單
#chroot_list_file=/etc/vsftpd/chroot_list

# 是否允許遞迴查詢，預設為關閉
#ls_recurse_enable=YES

# 是否以獨立執行的方式監聽服務
listen=NO
```

```
# 設定是否支援 IPv6
listen_ipv6=YES

# 設定 PAM 外掛模組提供的認證服務所使用的設定檔名稱，即 /etc/pam.d/vsftpd 檔案
pam_service_name=vsftpd

# 是否開啟使用者列表存取控制
userlist_enable=YES

# 是否使用 tcp_wrappers 作為主機存取控制方式
tcp_wrappers=YES
```

接下來我們就將 vsftp 工具的本地使用者登入模式實踐一遍，具體步驟如下。

（1）建立使用者。

```
[root@noylinux ~]# useradd noylinux
[root@noylinux ~]# passwd noylinux
更改使用者 noylinux 的密碼
新的密碼：
無效的密碼：密碼少於 8 個字元
重新輸入新的密碼：
passwd：所有的身份驗證權杖已經成功更新
[root@noylinux ~]#
```

在 Windows 上進行驗證，任意開啟一個資料夾，在網址列中輸入 FTP 伺服器位址，確認即可，如圖 21-2 所示。其語法格式為

```
ftp://FTP 伺服器 IP 位址 /
```

▲ 圖 21-2　在網址列中輸入 FTP 伺服器位址

（2）透過 Windows 資料夾管理器連接到 FTP 伺服器。

（3）連接完成後，在空白區域按右鍵登入，如圖 21-3 所示。

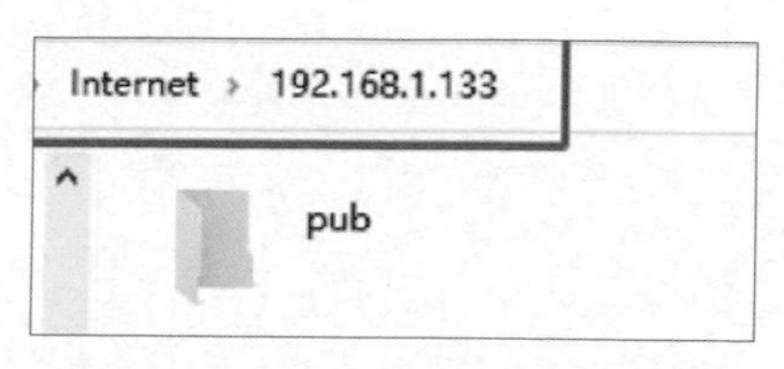

▲ 圖 21-3　在空白區域按右鍵登入

（4）輸入剛建立的使用者名稱與密碼，點擊「登入」按鈕，如圖 21-4 所示。

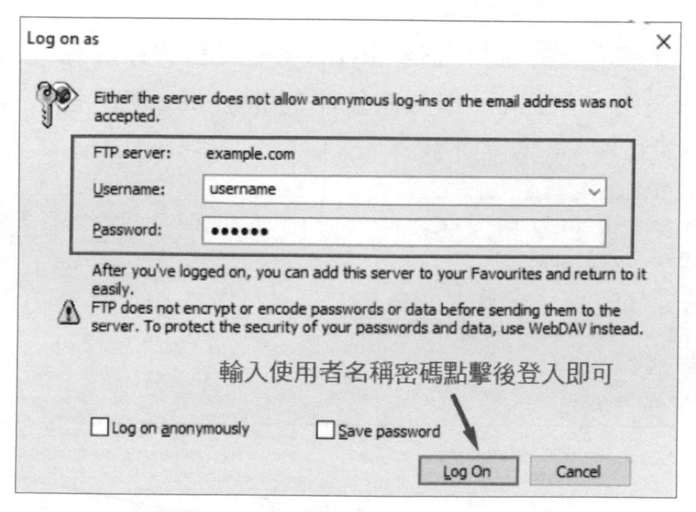

▲ 圖 21-4　輸入剛建立的使用者名稱與密碼

（5）使用本地使用者模式登入到 FTP 伺服器，如圖 21-5 所示。此時 Windows 資料夾管理器就相當於一個 FTP 使用者端，可以在這裡上傳檔案、下載檔案、刪除檔案等。

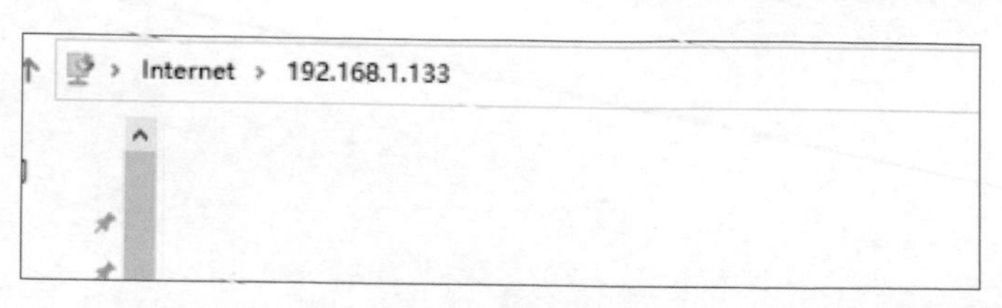

▲ 圖 21-5　使用本地使用者模式登入到 FTP 伺服器

我們滑動上傳一個 TEST.txt 測試一下，如圖 21-6 所示。

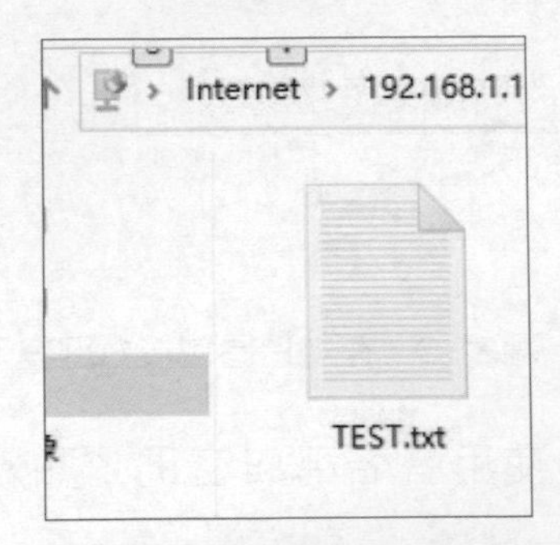

▲ 圖 21-6　滑動上傳一個新資料夾

注意，此時所在的位置就是 noylinux 使用者的家目錄，當往這裡上傳一個資料夾後，在 Linux 作業系統中的 noylinux 使用者家目錄中就出現了一個測試檔案，範例如下。

```
[root@noylinux ~]# cd /home/noylinux/     #開啟 noylinux 使用者的家目錄
[root@noylinux noylinux]# ls
新資料夾  TEST.txt
[root@noylinux noylinux]# cat TEST.txt
測試 FTP 服務的檔案 !!!!!!!
[root@noylinux noylinux]#
```

CHAPTER 22

常見的企業服務系列之 DNS

22.1 DNS 工作原理

說起 DNS 服務，大家可能並不熟悉，但是在我們平常上網的過程中總會有網域名稱系統（Domain Name System，DNS）的身影出現。DNS 服務的作用非常簡單，就是根據域名查詢出對應的 IP 位址。我們可以把它想像成一本巨大的通訊錄，每個人名都會對應一個電話號碼（每個域名都會對應一個 IP 位址）。

各位在上網的過程中是否產生過這樣的疑惑，為什麼我們在瀏覽器中輸入類似 "www.google.com" 的位址就能開啟 Google 的網站？在前面的學習過程中我們知道，存取某台伺服器其實用的都是 IP 位址，那域名是怎麼一回事呢？

早期，人們造訪某個網站都是透過 IP 位址來造訪的，類似於 "192.168.4.23" 的形式。但隨著網際網路的發展速度越來越快，各式各樣的網站也越來越多，再用 IP 位址的方式造訪網站已經非常吃力了。每個網站對應的就是一串 IP 位址，想要瀏覽某個網站就得和以前用市話一樣，專門拿出個通訊錄來查詢該網站對應的 IP 位址，這樣上網的資源和時間成本實在是太高了。

基於這樣的情況，DNS 服務，也就是網域名稱系統，被開發出來。讓 DNS 服務發揮通訊錄的作用，人們只需要記住某個域名，在上網的時候在瀏覽器中輸入域名，由 DNS 服務自動將域名翻譯為對應的 IP 位址，翻譯的過程在後台自動完成。

域名的出現是為了方便人們記憶，記住一串有規律的字元比記住一串數字要簡單得多。以域名 "www.google.com" 為例（見圖 22-1），一個完整的域名是由兩個或兩個以上的部分組成的，各部分之間用英文的句點 "." 來分隔，最後一個 "." 的右邊部分稱為頂層網域名（TLD，也稱為一級域名），最後一個 "." 的左邊部分稱為二級域名（SLD），二級域名的左邊部分稱為三級域名，依此類推，每一級的域名控制它下一級域名的分配。

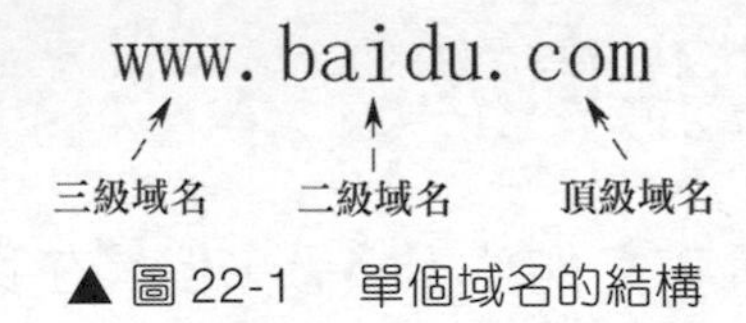

▲ 圖 22-1　單個域名的結構

每一級的域名都由英文字母和數字組成，域名不區分大小寫，每級長度不能超過 63 個位元組，一個完整的域名不能超過 255 個位元組，一般域名的長度都是在 7 ～ 20 個字元左右。

以上是單一域名的結構，從全域來看，DNS 服務採用的是層級式樹狀結構的命名方法，其組織模型如圖 22-2 所示。

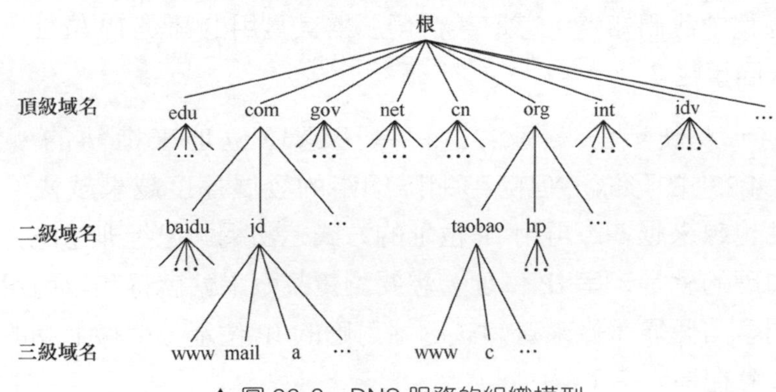

▲ 圖 22-2　DNS 服務的組織模型

在圖 22-2 中，每個節點都是由一台或多台 DNS 伺服器組成的，上層 DNS 伺服器知道下層伺服器的位置，但下層不知道上層位置。單獨一台 DNS 伺服器不可能知道全球所有的域名資訊，所以網域名稱系統就是一個分散式資料庫系統，域名到 IP 位址之間的解析可以由若干個 DNS 伺服器共同完成。每一個網站維護自己的資訊資料庫，並執行一個伺服器程式供網際網路上的使用者端查詢。由於是分散式系統，即使單一伺服器出現故障，也不會導致整個系統故障，這消除了單點故障的隱憂。

在 DNS 中，域的本質其實是一種管理範圍的劃分，最大的域是根域名，向下可以劃分為頂層網域、二級域、三級域、四級域等，每一級的域名控制它下一級域名的分配。

（1）根域名，網際網路的頂層網域名解析服務由根伺服器來完成，根伺服器對網路安全、執行穩定非常重要，被稱為網際網路的「中樞神經」。

（2）頂層網域名，頂層網域一般有兩種劃分方法，按國家劃分和按組織性質劃分。

- 國家頂層網域名（national Top-Level Domainnames，nTLDs）：200 多個國家都按照 ISO3166 國家程式的規定分配了頂層網域名，例如台灣是 .tw、美國是 .us、英國是 .uk、日本是 .jp 等。
- 國際頂層網域名（international Top-Level Domainnames，iTDs）：按照組織性質來進行劃分，比如商業組織用 .com、教育機構用 .edu、非營利組織用 .org、政府部門用 .gov、公司或企業用 .biz、網路服務機構用 .net、軍事部門用 .mil 等。

（3）二級域名，頂層網域名下面是二級域名，網上能夠註冊的域名基本都是二級域名，它們由企業和 Linux 運行維護人員管理。

（4）三級域名，是二級域名的延伸，一般由網站管理員自己命名，三級域名由字母、大小寫和連接子號 3 部分組成，網站管理員可以根據自己網站的特點進行選擇。舉例來說，有個域名為 abcd.com，如果公司是做電子郵件服務的可以叫 mail.abcd.com，如果是做網站的可以叫 www.abcd.com……

上文介紹過，圖 22-2 中的每個節點都是由一台或多台 DNS 伺服器組成的，那麼在一個節點或一個區域中可以存在多種類型的 DNS 伺服器，它們之間相互協助、相輔相成，提高工作效率。DNS 伺服器按工作形式主要可分為以下幾種類型：

- 主 DNS 伺服器（Primary Name Server）：特定域所有資訊的權威性資訊來源，從域管理員構造的本地磁碟檔案中載入域資訊，該檔案（也稱為區域檔案）包含著該服務器具有管理權的一部分域結構的最精確資訊。主 DNS 伺服器是一種權威性伺服器，因為它可以以絕對的權威回答對其管轄域的任何查詢。
- 輔助 DNS 伺服器（Secondary Name Server）：可以協助主 DNS 伺服器提供域名查詢服務，在主機很多的情況下，可以有效分擔主 DNS 伺服器的壓力。它可以從主 DNS 伺服器中複製一整套域資訊。區域檔案是從主 DNS 伺服器中複製出來的，並作為本地磁碟檔案儲存在輔助 DNS 伺服器中。這種複製稱為「區域檔案複製」。在輔助 DNS 伺服器中有一個所有域資訊的完整拷貝，可以權威地回答對該域的查詢。因此，輔助 DNS 伺服器也稱作權威性伺服器。設定輔助 DNS 伺服器不需要生成本地區域檔案，因為可以從主 DNS 伺服器中下載。
- 快取記憶體伺服器（Caching-only Server）：可執行 DNS 伺服器軟體，但是沒有域名資料庫軟體。它從某個遠端伺服器取得每次域名伺服器查詢的結果，一旦取得一個，就將它放在快取記憶體中，以後查詢相同的資訊時就用它予以回答。快取記憶體伺服器不是權威性伺服器，因為它提供的所有資訊都是間接資訊。對於快取記憶體伺服器，只需要設定一個快取記憶體檔案，但最常見的設定還包括一個回送檔案。

■ 轉發伺服器：當本地 DNS 伺服器無法對 DNS 使用者端的解析請求進行本地解析時，可以允許本地 DNS 伺服器轉發 DNS 使用者端發送的查詢請求到其他的 DNS 伺服器。此時本地 DNS 伺服器又稱為轉發伺服器（不會快取資料）。

從本地電腦向 DNS 伺服器查詢的方式有兩種，分別是遞迴查詢和迭代查詢。

（1）遞迴查詢：本地請求，由所請求的 DNS 伺服器（本地直接管理）直接傳回的答案叫權威答案。只需發送一次請求就能得到最終結果。

（2）迭代查詢：需要發出 n 次查詢才能得到最終結果。

圖 22-3 舉出的是一種典型的迭代查詢。當主機不知道某個域名所對應的位置時，會先查詢電腦中的 hosts 檔案，hosts 檔案中若沒有，就查詢本地 DNS 伺服器的快取（DNS 伺服器快取時間需要設定，最多為 1 天），快取上沒有，則查詢 DNS 伺服器的資料檔案，若還是沒有，本地 DNS 伺服器會直接請求根伺服器，根伺服器會告知負責這個區域的 DNS 伺服器位置，再由發送請求的本地 DNS 伺服器進行查詢。根伺服器只會告知負責的 DNS 伺服器，並不負責解析。查詢到 DNS 伺服器後，再直接交給管理查詢使用者端的 DNS 伺服器。因此，設定 DNS 伺服器需要設定好根伺服器的位置。

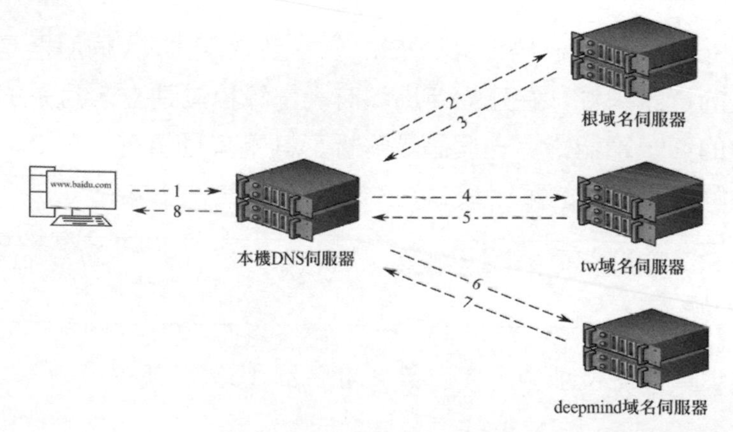

▲ 圖 22-3　典型的迭代查詢

DNS 服務本身可以提供兩種功能：一種是正向解析，另一種是反向解析。

（1）正向解析：從 FQDN（域名）===>IP，使用者端查詢域名所對應的 IP 位址，一個域名可以對應多個 IP 位址。

（2）反向解析：從 IP===>FQDN，使用者端查詢 IP 位址所對應的域名，一個 IP 位址可以對應多個域名。

正反向解析是完全不同的兩棵解析樹，不必在同一個伺服器上，正反向區域記錄也沒必要完全對應。

在 DNS 伺服器的快取表中，每一個對應關係都稱為一個記錄（Record），而記錄根據本身所實現的功能不同可以分為不同的記錄類型，DNS 伺服器有 6 種常用的記錄類型：

（1）A（address）記錄：正向解析的記錄，將域名轉換成 IP 位址的記錄。語法格式為

```
完整主機名稱（FQDN）IN    A    IP 位址
```

（2）指標記錄（PTR）：反向解析的記錄，將 IP 位址轉換成域名的記錄。語法格式為

```
IP 位址    IN    PTR    主機名稱（FQDN）
```

（3）SOA 記錄（起始授權機構）：該記錄表明 DNS 伺服器是 DNS 域中資料表的資訊來源，在建立新區域時，記錄自動建立，且是 DNS 資料庫檔案中的第一筆記錄。一個區域解析資料庫有且僅有一個 SOA 記錄，且必須為解析資料庫的第一筆記錄。SOA 記錄語法格式為

```
區域名（當前） 記錄類型 SOA    主域名伺服器（FQDN） 管理員郵寄位址 （序號 更新間隔
重試間隔 過期間隔 TTL）
```

在管理員郵寄位址中，使用英文句點 "." 代替符號 "@"。

（4）NS 記錄：用於向下授權。標識某一個區域內「最高長官」（SOA）是誰，在一個區域內只能有一個 SOA 記錄，而 NS 記錄可以有多個。NS 記錄的語法格式為

```
區域名  IN  NS  完整域名（FQDN）
```

（5）MX 記錄（郵件交換器）：它規定了域名的郵件伺服器不是處理，就是向前轉發有關該域名的郵件。處理郵件是指將其傳送給其位址所連結的個人，向前轉發郵件是指透過 SMTP 協定將其傳送給最終目的地。為了防止郵遞路由，MX 記錄除了郵件交換器的域名外還有一個特殊參數：優先順序值。優先順序值是一個 0 ～ 99 的不帶正負號的整數，它舉出郵件交換器的優先順序別，一般只出現在正向解析記錄裡（數值越小，優先順序越大）。MX 記錄了發送電子郵件時域名對應的伺服器位址，電子郵件發送使用的是 SMTP 應用層協定。舉例來說，發送郵件到 abc@qq.com，其中的域名部分為 qq.com。MX 記錄的語法格式為

```
區域名 IN   MX  優先順序（數字）郵件伺服器名稱（FQDN）
```

（6）CNME 記錄：別名記錄，也被稱為規範名稱。這種記錄允許將多個名稱映射到同一台電腦，通常用於同時提供網站（www）和電子郵件（mail）服務的電腦。舉例來說，有一台電腦名為 "r0WSPsSx58."（A 記錄），它同時提供網站和電子郵件服務，為了便於使用者存取服務，可以為該電腦設定兩個別名：www 和 mail 。CNME 記錄的語法格式為

```
別名   IN   CNAME   主機名稱
```

註：A 記錄和指標記錄必須分開存放。

22.2 DNS 服務的安裝部署

在 Linux 中用來提供 DNS 服務的軟體套件叫 "bind"，軟體安裝好之後所啟動的處理程序叫 "named"，該處理程序所提供的協定叫 "DNS"。

DNS 服務的安裝過程非常簡單，只需要透過軟體套件管理器執行 sudo apt install bind 命令，將 bind 軟體套件安裝到 Linux 作業系統上。

DNS 服務啟動之後預設佔用 53 通訊埠來做 DNS 解析，另外的 953 通訊埠是 RNDC（Remote Name Domain Controller）的通訊埠，RNDC 是一個遠端系統管理 DNS 服務工具，透過這個工具可以在本地或遠端了解當前伺服器的執行狀況，也可以對伺服器進行關閉、多載、更新快取、增加刪除 zone 等操作。

DNS 服務安裝完成後，其主要設定檔路徑如下。

- /etc/named.conf：主設定檔，bind 處理程序的工作屬性和區域定義。
- /etc/rndc.key：遠端域名服務控制器（秘鑰檔案）。
- /etc/rndc.conf：遠端域名服務控制器（設定資訊）。
- /var/named/：區域資料檔案目錄。
- /var/named/named.ca：存放的是全球的根伺服器。
- /var/named/named.localhost：專門將 localhost 解析為 127.0.0.1。
- /var/named/named.loopback：專門將 127.0.01 解析為 localhost。
- /var/log/named.log：記錄檔。
- /usr/lib/systemd/system/named.service：服務檔案。
- /etc/resolv.conf：Linux 作業系統設定檔，主要用來設定 DNS 伺服器的指向。

主設定檔中每一行設定的含義如下。

```
[root@noylinux ~]# vim  /etc/named.conf
options {
```

```
    #### 監聽在哪一個通訊埠（any 表示監聽所有 IP 位址的 53 通訊埠）
    listen-on port 53 { 127.0.0.1; };
    ## 監聽 IPv6 的 53 通訊埠
    listen-on-v6 port 53 { ::1; };
    ## 資料檔案目錄路徑
    directory "/var/named";
    dump-file "/var/named/data/cache_dump.db";
    statistics-file "/var/named/data/named_stats.txt";
    memstatistics-file "/var/named/data/named_mem_stats.txt";
    secroots-file  "/var/named/data/named.secroots";
    recursing-file "/var/named/data/named.recursing";

## 定義允許查詢的 ip 位址，any 代表所有 ip
    allow-query     { localhost; };

    ## 是否迭代查詢，一般只有快取 DNS 伺服器開啟
    recursion yes;

    ## 是否使用秘鑰
    dnssec-enable yes;
    ## 是否確認秘鑰
    dnssec-validation yes;

    managed-keys-directory "/var/named/dynamic";

    pid-file "/run/named/named.pid";
    session-keyfile "/run/named/session.key";

    include "/etc/crypto-policies/back-ends/bind.config";
};

## 快取檔案的設定
logging {
        channel default_debug {
                file "data/named.run";
                severity dynamic;
        };
};

## 根 zone 檔案的設定
```

```
##zone 表示這是個 zone 設定，引號中間為設定的 zone，IN 為固定格式
zone "." IN {
## 包含多種類型，常用的包括：hint 表示根 DNS 伺服器，master 表示主 DNS 伺服器，slave 表示從
DNS 伺服器
    type hint;
    ## 對應的 zone 檔案的位置
    file "named.ca";
};

## 讀取以下兩個檔案
include "/etc/named.rfc1912.zones";
include "/etc/named.root.key";
```

除了要了解主設定檔之外，還需要知道 /var/named/ 目錄下的所有 zone 檔案。正常在企業中設定 DNS 伺服器，需要我們手動撰寫一個 zone 檔案。

一次完整的 DNS 伺服器設定的大致過程為：架設 DNS 伺服器，解析域名 baidx.com，這裡的 baidx.com 是我們憑空捏造的域名，透過 DNS 伺服器可以將這個域名指向任何一個 IP 位址，當使用者透過架設的 DNS 伺服器存取 baidx.com 域名時，就會存取指定的 IP 位址。

需要注意的是，如果這個演示過程由我們來完成，就是一次正常的 DNS 伺服器維護，若這個過程由駭客來完成，就可能是一次域名綁架攻擊。域名綁架是網際網路攻擊的一種方式，透過攻擊 DNS 伺服器或偽造 DNS 伺服器的方法，把目標網站域名解析到錯誤的 IP 位址從而使得使用者無法造訪目標網站，或蓄意要求使用者造訪指定 IP 位址（網站）。

> **註**：可以將這裡所用的域名 baidx.com 換成某個知名網站的域名，實驗效果會更好！

DNS 伺服器設定的具體步驟如下：

（1）修改主設定檔，增加關於 baidx.com 域名的 zone 設定（正向解析）。

```
[root@noylinux ~]# vim /etc/named.conf
----- 省略部分內容 -----

## 增加關於 baidx.com 域名的 zone 設定（正向解析）
zone "baidx.com" IN {
        type master;                ## 類型為主 DNS 伺服器
        file "baidx.com.zone";      ## 對應的 zone 檔案名稱
};
```

（2）在 /var/named/ 目錄下建立第一步中定義的 zone 檔案。

```
[root@noylinux ~]# cd /var/named/
[root@noylinux named]# ls
data      named.ca     named.localhost  slaves
dynamic   named.empty  named.loopback

## 直接拷貝一個範本，改成對應的 zone 檔案名稱
[root@noylinux named]# cp named.localhost   baidx.com.zone

[root@noylinux named]# vim baidx.com.zone

$TTL 1D      ## 生存週期
## 定義 SOA 記錄      主 DNS 伺服器     管理員電子郵件位址
@        IN SOA     baidx.com     root.baidx.com. (
                                            0        ; serial  ## 序號
                                            1D       ; refresh ## 更新間隔
                                            1H       ; retry   ## 重試間隔
                                            1W       ; expire  ## 過期間隔
3H )      ; minimum ## 無效記錄快取時間
## 從這裡開始就可以寫針對此域名的各種類型的記錄
## 可以寫 A 記錄、NS 記錄等，記錄格式在上文已經介紹過，可以按照對應的語法格式填寫
        IN NS    www
        IN NS    mail
www     IN A     192.168.1.130
mail    IN A     192.168.1.130

## 檢查設定檔中的語法錯誤
[root@noylinux named]# named-checkconf
[root@noylinux named]# named-checkzone  baidx.com /var/named/baidx.com.zone
```

```
zone baidx.com/IN: loaded serial 0
OK
[root@noylinux named]#
```

筆者這裡將 www.baidx.com 和 mail.baidx.com 對應到 192.168.1.130 伺服器上，在這個伺服器上架設一個網站頁面。如果使用者透過該 DNS 伺服器存取這兩個域名，將直接轉到 192.168.1.130 伺服器上的網頁。

> 註：可以想像一下，假設這兩個域名本來指向的是某個網站，而使用者透過 DNS 伺服器造訪這兩個域名，造訪成功的並不是這個網站，而是另一個網站。其實駭客的 DNS 綁架就是透過修改 DNS 伺服器上域名與 IP 位址的對應關係，來達到讓使用者造訪指定網站的目的。

（3）修改新建立的 zone 檔案的許可權和群組。

```
[root@noylinux named]# ll
----- 省略部分內容 -----
-rw-r-----. 1 root  root   211 3月  13 16:09 baidx.com.zone
[root@noylinux named]#  chown :named baidx.com.zone
[root@noylinux named]# chmod o=  baidx.com.zone
[root@noylinux named]# ll
----- 省略部分內容 -----
-rw-r-----. 1 root  named  211 3月  13 16:09 baidx.com.zone
```

（4）讓 DNS 服務重新載入設定檔。

```
[root@noylinux named]# systemctl  reload named
```

（5）使用 dig 命令驗證剛才設定的域名。

```
[root@noylinux named]# dig -t A www.baidx.com

; <<>> DiG 9.11.26-RedHat-9.11.26-6.el8 <<>> -t A www.baidx.com
;; global options: +cmd
;; Got answer:
;; ->>HEADER<<- opcode: QUERY, status: NOERROR, id: 41728
;; flags: qr aa rd ra; QUERY: 1, ANSWER: 1, AUTHORITY: 2, ADDITIONAL: 2
```

```
;; OPT PSEUDOSECTION:
; EDNS: version: 0, flags:; udp: 1232
; COOKIE: d5010828799f372eabbc530f622da75bfe6db932eec3440f (good)
;; QUESTION SECTION:
;www.baidx.com.      IN A

;; ANSWER SECTION:
www.baidx.com.    86400IN A  192.168.1.130

;; AUTHORITY SECTION:
baidx.com.    86400IN NS mail.baidx.com.
baidx.com.    86400IN NS www.baidx.com.

;; ADDITIONAL SECTION:
mail.baidx.com.   86400IN A  192.168.1.130

;; Query time: 0 msec
;; SERVER: 127.0.0.1#53(127.0.0.1)
;; WHEN: 日 3月 13 16:12:11 CST 2022
;; MSG SIZE  rcvd: 135

[root@noylinux named]#
```

透過 dig 命令可以查詢到域名對應關係是否設定成功。

（6）找一台主機，讓主機的 DNS 服務位址指向這台 DNS 伺服器，這樣就達到了使用者透過 DNS 伺服器查詢域名對應關係的目的。直接在 Linux 作業系統上修改 DNS 服務的指向。

```
[root@noylinux named]# vim /etc/resolv.conf ## 修改本系統的 DNS 服務指向
# Generated by NetworkManager
search localdomain
## 指向到本機所架設的 DNS 服務，這樣這台機器所存取的域名都會經過這台 DNS 伺服器來解析
nameserver 127.0.0.1

[root@noylinux named]# nmcli c reload ens33   ## 重新載入網路卡，讓設定生效

[root@noylinux named]# ping www.baidx.com    ## 測試一下此域名對應的 IP 位址，已生效
```

```
PING www.baidx.com (192.168.1.130) 56(84) bytes of data.
64 bytes from 192.168.1.130 (192.168.1.130): icmp_seq=1 ttl=64 time=0.722 ms
64 bytes from 192.168.1.130 (192.168.1.130): icmp_seq=2 ttl=64 time=0.721 ms
64 bytes from 192.168.1.130 (192.168.1.130): icmp_seq=3 ttl=64 time=0.572 ms
64 bytes from 192.168.1.130 (192.168.1.130): icmp_seq=4 ttl=64 time=0.596 ms
^C
--- www.baidx.com ping statistics ---
4 packets transmitted, 4 received, 0% packet loss, time 3102ms
rtt min/avg/max/mdev = 0.572/0.652/0.722/0.076 ms
[root@noylinux named]#
```

（7）在 Linux 作業系統的桌面上用瀏覽器直接存取域名，效果如圖 22-4 所示。

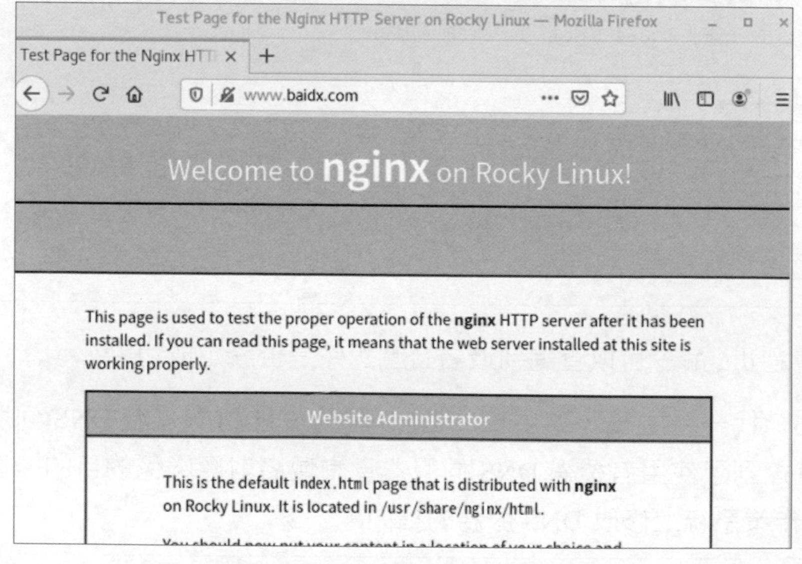

▲ 圖 22-4　用瀏覽器直接存取域名

至此，一台 DNS 伺服器已經架設完成了，剩下的步驟就是完善 DNS 服務內部的域名對應記錄。綜上所述，任何一台網路裝置只要將 DNS 服務指向指定的 DNS 伺服器，則所有的域名請求都會在該伺服器進行解析。

CHAPTER 23

常見的企業服務系列之 DHCP

23.1 DHCP 工作原理

動態主機設定通訊協定（Dynamic Host Configuration Protocol，DHCP）是一個區域網的網路通訊協定，使用 UDP 協定工作。DHCP 是從 BOOTP（Bootstrap Protocol）演變而來的，在 BOOTP 協定的基礎上引進了租約、續租等功能，成為現在的 DHCP。

DHCP 主要有兩個用途：第一個是為企業 / 家庭內部網路自動分配 IP 位址；第二個是為企業中的 Linux 運行維護工程師提供集中管理網路的條件。

早期在電腦還未推廣的時候，人們都是透過手動設定 IP 位址的方式上網，那時候，每到一個新地方，連線不同的網路，都得重新設定 IP 位址，十分麻煩。基於這種情況就出現了 BOOTP，BOOTP 被創造出來就是為連接到網路中的裝置自動分配位址，經過一段時間的技術更新迭代，BOOTP 被 DHCP 取代。相比 BOOTP，DHCP 功能更強大，而且引進了租約、續租等功能。

目前，基本上家家戶戶都在使用 DHCP 服務，網際網路上能買到的所有路由器大都帶有 DHCP 功能，而且還都是預設開機自啟動的。為什麼 DHCP 服務會如此受路由器廠商寵倖？這是因為它極大地簡化了路由器的操作，偵錯簡單，使用方便。

在企業中使用的路由器與家用的還是不同，因為企業中的員工太多，家用路由器的性能難以支撐，容易造成卡頓、連不上網等現象。那怎麼辦呢？進行路由器的功能分離：路由器專門用來提供網路連接和路由管理，DHCP 功能被單獨剝離出來做成 DHCP 伺服器，對外提供 DHCP 服務，這樣就能夠為更多的人提供上網服務。

DHCP 服務在企業中的應用也比較廣泛，因為它能自動設定裝置的網路參數，包括 IP 位址、子網路遮罩、閘道位址、DNS 伺服器等。DHCP 服務還統一了 IP 位址的分配，方便網路管理。接下來簡單介紹 DHCP 伺服器在企業中的工作過程：

（1）最初使用者端並沒有設定任何 IP 位址資訊，使用者端以廣播的方式發送資訊尋找 DHCP 伺服器。

（2）此時，網路中有 DHCP 伺服器收到了資訊，它會提供 IP 位址、閘道等位址資訊。

（3）使用者端獲得的 IP 位址是有租約期限的，不是永久的。到期後，DHCP 伺服器將回收 IP 位址給其他使用者端使用。

（4）當使用者端的 IP 位址租期到期後，可以續租。DHCP 續租的時間都比較早，可以自訂。

（5）當使用者端的 IP 位址使用期限到達續租時間後，若 DHCP 伺服器不回應，IP 位址可繼續使用。

（6）當使用者端的 IP 位址使用期限到達一半時間後，再去尋求 DHCP 伺服器續租，若伺服器不回應，那就繼續用。

（7）若使用者端的 IP 位址使用期限到達總租期的 3/4 時間，再去尋求 DHCP 伺服器續租，若伺服器不回應，還接著用。

（8）若到達最後的時間段，DHCP 伺服器依然不回應，則這個 IP 位址就不要了，重新再尋找新的 DHCP 伺服器。

（9）還是使用廣播方式尋找新的 DHCP 伺服器。

（10）若找到多個 DHCP 伺服器，哪一個回應速度快，就使用該 DHCP 伺服器。

DHCP 協定封包採用 UDP 方式封裝，伺服器（DHCP Server）監聽的通訊埠編號是 67，使用者端（DHCP Client）的通訊埠編號是 68。伺服器與使用者端之間透過發送和接收 UDP 67 和 UDP 68 通訊埠的封包進行協定互動。

伺服器與使用者端的通訊協商過程如圖 23-1 所示，具體可分為 4 個階段，即發現階段、提供階段、請求階段和確認階段。

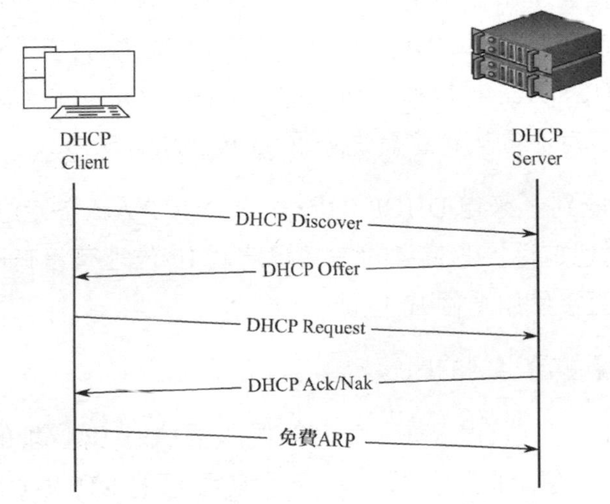

▲ 圖 23-1　伺服器（DHCP Server）與使用者端（DHCP Client）的通訊協商過程

（1）發現階段。假設一台新電腦（使用者端）開機後發現未設定 IP 位址等網路資訊，那它就會在本地網路中廣播一個 DHCP Discover 封包，目的是尋找能夠分配 IP 位址的 DHCP 伺服器。

（2）提供階段。DHCP 伺服器收到使用者端廣播的 DHCP Discover 封包後，會響應 DHCP Offer 封包，DHCP Offer 封包中包含了使用者端 IP 位址、使用者端 MAC 位址、租約過期時間、伺服器的辨識符號及其他資訊參數。使用者端透過對比 DHCP Discover 封包和 DHCP Offer 封包中的 xid 欄位是否相同來判斷 DHCP Offer 封包是不是發給自己的。

（3）請求階段。如果網路中有多個 DHCP 伺服器存在，那麼它們接收到使用者端請求之後都會回應一個 DHCP Offer 封包，而使用者端會全部接收這些響應封包，但是，使用者端最終只會選擇最先收到的 DHCP Offer 封包。

使用者端接收到最先發送過來的 DHCP Offer 封包後，會廣播 DHCP Request 封包，這個封包是為了告訴其他的 DHCP 服務：「我已經選擇了某 DHCP 伺服器，無須再回應了」。如果使用者端並沒有收到來自 DHCP 伺服器的 DHCP Offer 封包，那它就會重新發送 DHCP Discover 封包。

（4）確認階段。當 DHCP 伺服器收到 DHCP Request 封包後，會發送 DHCP Ack 封包作為回應，DHCP Ack 封包中包含關於使用者端的網路參數。回應的 DHCP Ack 封包和之前發送的 DHCP Offer 封包內的網路參數不能有衝突，若存在衝突，會發送一個 DHCP Nak 封包。

使用者端收到了來自 DHCP 伺服器的 DHCP Ack 封包，會再發送一個免費 ARP 封包進行探測，目的是確認這個 IP 位址有沒有被別人使用，如果沒有，就直接使用這個 IP 位址。

接下來介紹關於租約的問題。

從整個通訊協商過程來看，DHCP 伺服器擁有 IP 位址的所有權，而使用者端只有 IP 位址的使用權，別忘了在響應的 DHCP Offer 封包中還有一個租約過期時間。IP 位址的租約時間預設都是 24 h，這個時間可以自訂。在租期內，使用者端可以使用此 IP 位址，租約到期後不能再使用，但是可以在還未到期時向 DHCP 伺服器申請續租。

使用者端申請續租一般會在兩個時間內發起，第一次是租期一半的時候發起一次，若 DHCP 伺服器未響應，則第二次會在租期到達 3/4 的時候再發起一次，如果直到租約到期還未收到 DHCP 伺服器的響應封包，那使用者端會停止使用原來的 IP 位址，再從發現階段重新走一遍流程。

除了以上通訊封包之外，再介紹幾個常見的通訊封包：

- DHCP Decline 封包：如果 DHCP 伺服器給分配的 IP 位址被其他使用者端使用了，則使用者端會發送這個封包來拒絕分配的 IP 位址，讓 DHCP 服務器重新發送一個新的位址。
- DHCP Release 封包：當使用者端想要釋放當前獲得的 IP 位址時，會向 DHCP 伺服器發送這個封包，DHCP 伺服器收到該封包後，就會將這個 IP 位址分配給其他使用者端使用。
- DHCP Inform 封包：當使用者端透過手動設定的方式獲得 IP 位址後，還想向 DHCP 伺服器獲取更多的網路參數，舉例來說，閘道位址、DNS 伺服器位址等，就會向 DHCP 伺服器發送此封包。

最後問一個問題：DHCP 封包互動過程的最後，終端為什麼要對外發送一個免費 ARP 封包？

使用者端最後對外進行一次免費 ARP 請求，對整個 VLAN 進行廣播，告知網路中的各個終端，自己將要使用這個 IP 位址，如果有人回應了，那證明這個 IP 位址存在衝突的可能。如果沒有回應，則證明在網路中這個 IP 位址是唯一的，可以正常使用。

當使用者端收到回應後，發現 IP 位址可能衝突，就會釋放自己已獲取的 IP 位址，並透過 DHCP Decline 封包與伺服器協商取消並重新獲取新的 IP 位址以避免衝突。免費 ARP 在這裡造成避免 IP 位址衝突的重要作用。

23.2 DHCP 服務的安裝部署

DHCP 伺服器有 3 種給使用者端分配 IP 位址的機制：

（1）自動分配方式（Automatic Allocation）：DHCP 伺服器可以為指定使用者端保留永久性的 IP 位址，一旦使用者端第一次成功從 DHCP 伺服器中租用到了這個 IP 位址，就可以永久使用該位址。

（2）動態分配方式（Dynamic Allocation）：DHCP 伺服器給使用者端分配具有時間限制的 IP 位址（租約），時間到期或使用者端明確表示放棄該位址後，該位址回收，回收後還可以被其他的使用者端使用。

（3）手動分配方式（Manual Allocation）：使用者端的 IP 位址是由網路系統管理員手動設定的，DHCP 伺服器只是將指定的 IP 位址告訴使用者端而已（不推薦）。

註：在這 3 種位址分配方式中，只有動態分配方式可以重複性回收使用使用者端不用的 IP 位址。

DHCP 的安裝過程與 DNS、FTP 服務類似，都非常簡單，透過軟體套件管理器安裝，只需要指定一行命令即可：

```
sudo apt -y install  dhcp-server
```

或

```
sudo apt -y install  dhcp
```

DHCP 服務安裝完成後，其主要設定檔路徑如下：

- /etc/dhcp/dhcpd.conf：主設定檔（空）。
- /usr/share/doc/dhcp-server/dhcpd.conf.example：主設定檔的範本檔案。

- /usr/lib/systemd/system/dhcpd.service：啟動命令檔案。
- /var/lib/dhcpd/dhcpd.leases：租約檔案。

DHCP 服務安裝完成後的第一件事就是設定主設定檔，先開啟主設定檔。

```
[root@noylinux ~]# cat /etc/dhcp/dhcpd.conf
#
# DHCP Server Configuration file.
#   see /usr/share/doc/dhcp-server/dhcpd.conf.example
#   see dhcpd.conf(5) man page
#
[root@noylinux ~]#
```

可以看到主設定檔中除了一些註釋資訊之外什麼都沒有，其實「秘密」就在這幾行註釋資訊中，透過註釋資訊可以獲得主設定檔的設定範本檔案的位置，我們只需要將這個範本檔案拷貝過來覆蓋現在的主設定檔，再在這個範本檔案的基礎上修改即可。

```
[root@noylinux ~]# cp /usr/share/doc/dhcp-server/dhcpd.conf.example/etc/
dhcp/dhcpd.conf
cp：是否覆蓋 '/etc/dhcp/dhcpd.conf' ? yes
[root@noylinux ~]#
```

原有的空主設定檔被換成了範本設定檔，對這個範本檔案進行修改。

```
[root@noylinux ~]# vim /etc/dhcp/dhcpd.conf

##DNS 伺服器的名稱（全域）
option domain-name "example.org";
## 設定 DNS 伺服器位址（全域）
option domain-name-servers 114.114.114.114,223.5.5.5;

## 預設租約時間，單位為秒（全域）
default-lease-time 600;
## 最長租約時間，單位為秒（全域）
max-lease-time 7200;
```

```
## 設定 DNS 更新方式
#ddns-update-style none;

## 表示權威伺服器
#authoritative;

## 指定記錄檔裝置
log-facility local7;

## 註：從 "{" 開始到最後一個 "}" 結束表示子網屬性。DHCP 服務主要是設定大括號中的內容。一個
設定檔可以存在多個子網屬性
## 所分配的 IP 位址是 192.168.0.0 網段的，其子網路遮罩為 255.255.255.0
subnet 192.168.0.0 netmask 255.255.255.0 {
  range 192.168.0.10  192.168.0.254;   ## 分配的 IP 位址範圍為
192.168.0.10~192.168.0.254
  option routers 192.168.0.2;                  ## 預設閘道器
  option broadcast-address 192.168.0.255;      ## 廣播位址
  default-lease-time 600;                      ## 預設租約時間，單位為秒（局部）
  max-lease-time 7200;                         ## 最長租約時間，單位為秒（局部）
}

## 為某一個機器分配固定的 IP 位址範本
## noylinux-1 為主機名稱，隨意命名
#host noylinux-1 {
   ## 綁定的使用者端 MAC 位址
#  hardware ethernet 08:00:07:26:c0:a5;
   ## 分配給使用者端的固定 IP 位址
#  fixed-address 192.168.0.5;
#}
## 意思是：我們給 mac 位址為 08:00:07:26:c0:a5 的使用者端分配的固定 IP 位址為 192.168.0.5
```

註：在主設定檔中設定的 IP 位址網段要與本機網段一致的情況下才能啟動 DHCP 服務。

主設定檔修改完畢之後就可以啟動 DHCP 服務了，啟動 DHCP 服務的命令與上文介紹的其他服務類似。

```
[root@noylinux ~]# systemctl  start dhcpd   #啟動 DHCP 服務

[root@noylinux ~]# ps -ef | grep dhcpd      #查看其執行處理程序
dhcpd  16550 1  0 16:46 ?  00:00:00 /usr/sbin/dhcpd -f -cf /etc/dhcp/dhcpd.
conf -user dhcpd -group dhcpd --no-pid

[root@noylinux ~]# netstat -anp | grep dhcp #DHCP 服務預設佔用 UDP 協定的 67 號通訊埠
udp        0      0 0.0.0.0:67            0.0.0.0:*                 16550/dhcpd
```

伺服器啟動後，我們透過使用者端進行實驗，看看是否能透過 DHCP 伺服器自動獲取 IP 位址等網路資訊。使用者端無論選用 Linux 還是 Windows 都可以，甚至用手機都是沒有問題的，前提條件是與 DHCP 伺服器處於同一個區域網中。

圖 23-2 是系統的桌面網路設定介面，該主機與 DHCP 伺服器處於同一個區域網中，按照圖中的步驟將獲取網路的方式改為透過 DHCP 獲取，重新啟動網路卡。

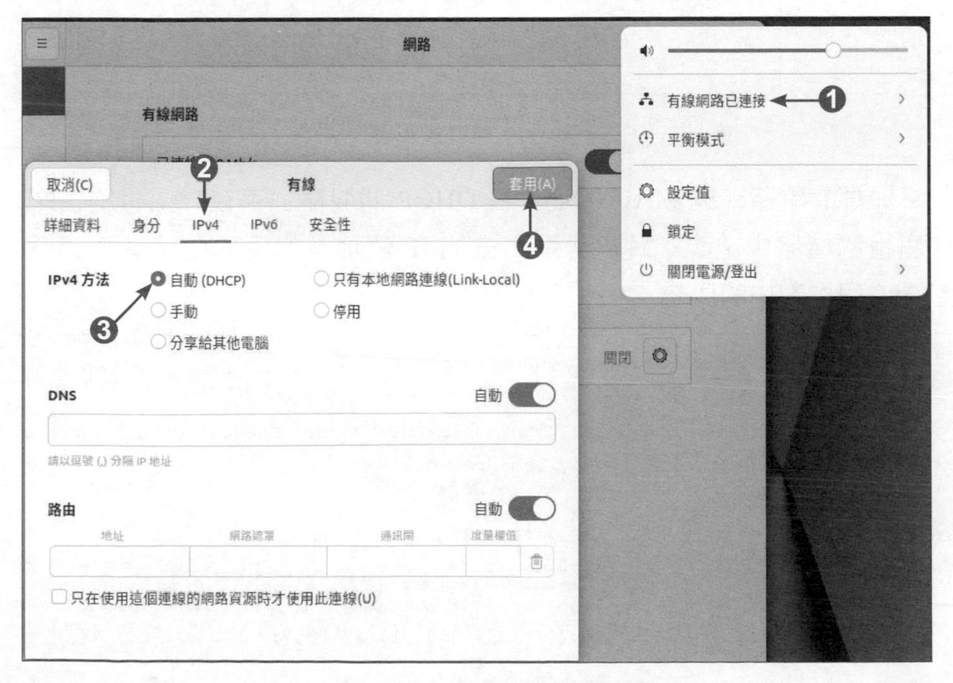

▲ 圖 23-2　桌面網路設定介面

這時使用者端就會按照 23.1 節中介紹的流程尋找 DHCP 伺服器，經過一系列的封包協商後，使用者端就獲取到了 DHCP 伺服器發過來的 IP 位址及其他網路資訊，由圖 23-3 可見，使用者端獲取了 IP 位址、閘道位址（預設路由）、DNS 等資訊。

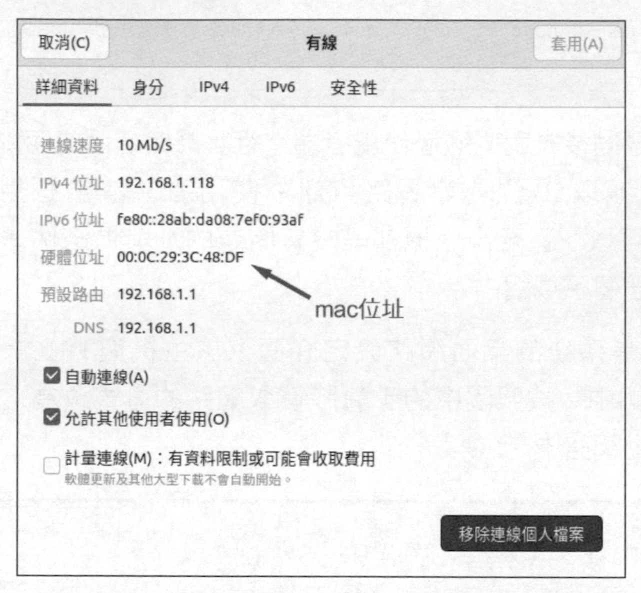

▲ 圖 23-3　客端獲得的 IP 位址及其他網路資訊

注意看網路卡的 MAC 位址，在 DHCP 伺服器上存在一個租約檔案，這個租約檔案中記錄了關於分配出去的 IP 位址及對應的使用者端資訊，查看這個檔案中的內容：

```
[root@noylinux ~]# cat /var/lib/dhcpd/dhcpd.leases

# The format of this file is documented in the dhcpd.leases(5) manual page.
# This lease file was written by isc-dhcp-4.3.6

# authoring-byte-order entry is generated, DO NOT DELETE
authoring-byte-order little-endian;

server-duid "\000\001\000\001*\240\303N\000\014)#Y\035";

lease 192.168.0.10 {      ##注意這裡，這就是剛才分配出去的 IP 位址記錄
```

```
  starts 2 2022/08/30 12:50:43;
  ends 2 2022/08/30 13:00:43;
  cltt 2 2022/08/30 12:50:43;
  binding state active;
  next binding state free;
  rewind binding state free;
  hardware ethernet 00:0c:29:d6:d5:d1; ## 重點在這裡！記錄了使用者端網路卡的 MAC 位址
}                                       ## 這裡的 MAC 位址正好與圖 23-2 中使用者端的 MAC 位址對應

[root@noylinux ~]#
```

若使用 VMware 虛擬機器進行實驗需要注意一點，VMware 的網路卡驅動是附帶 DHCP 服務的，也就是說若再額外安裝 1 個 DHCP 伺服器，在一個區域網中就會出現 2 個 DHCP 伺服器。為了排除影響實驗過程的因素，保證實驗的準確性，需要將 VMware 附帶的 DHCP 服務關閉，關閉步驟如圖 23-4 所示。

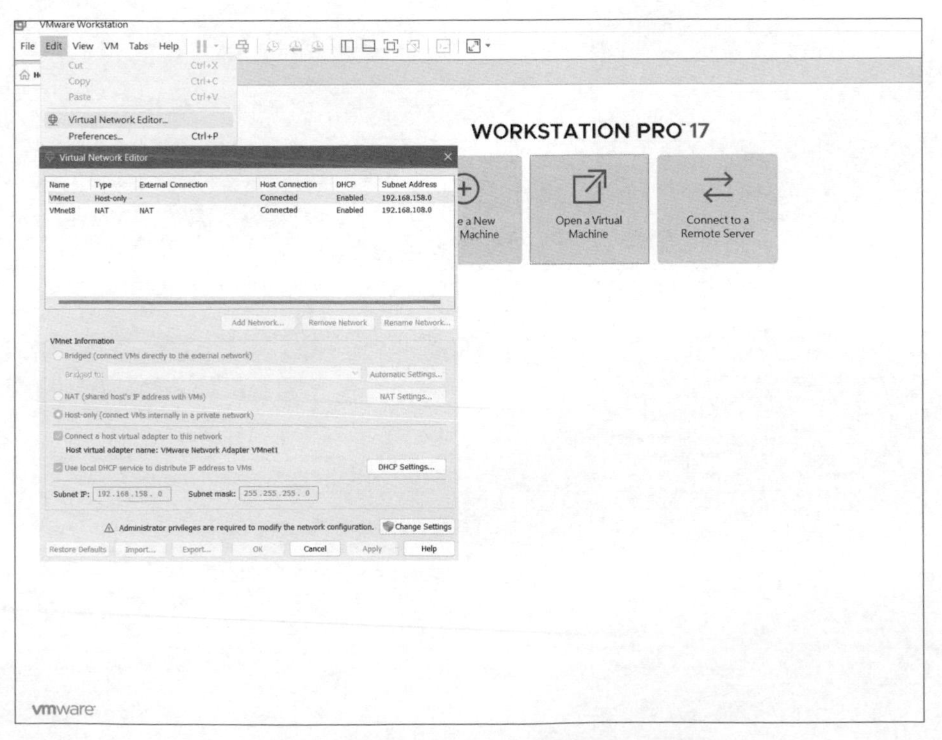

▲ 圖 23-4 關閉 VMware 附帶的 DHCP 服務

註：實驗中別忘了考慮 Linux 防火牆因素。

NOTE

NOTE